贵阳建设生态文明城市年鉴

GUIYANG ALMANAC OF ECOLOGICAL AND CIVILIZED CITY CONSTRUCTION

2010

贵阳建设生态文明城市年鉴编辑部 编

新 华 出 版 社

图书在版编目(CIP)数据

贵阳建设生态文明城市年鉴.2010/《贵阳建设生态文明城市年鉴》编辑部编
北京：新华出版社，2010.7
ISBN 978-7-5011-9299-1

Ⅰ.①贵… Ⅱ.①贵… Ⅲ.①城市环境：生态环境—城市建设—贵阳市—2010—年鉴 Ⅳ.①X321.273.1-54

中国版本图书馆CIP数据核字(2010)第121003号

贵阳建设生态文明城市年鉴（2010）

编　　者：贵阳建设生态文明城市年鉴编辑部
责任编辑：米春改
装帧设计：王 浩
出版发行：新华出版社
网　　址：http：//www xinhuapub.com
地　　址：北京石景山区京原路8号
邮　　编：100040
经　　销：新华书店
印　　刷：深圳市佳信达印务有限公司
开　　本：787mm × 1092mm　1/16
印　　张：21.5
字　　数：544千字
版　　次：2010年7月第一版
印　　次：2010年7月深圳第一次印刷
书　　号：ISBN 978-7-5011-9299-1
定　　价：180元

本社购书热线：（010）63077122
中国新闻书店电话：（010）63072012
图书如有印装问题，请与印刷厂联系调换
电话：（0755）26471234

图例
省政府驻地
市政府驻地
区政府驻地
乡镇政府
街道办事处驻地
行政村寨
自然村寨
地级行政区界
县级行政区界
铁路及车站
规划轻轨一号线
高等级公路及编号
国道及编号
省道及编号
县道
乡、村道
城区主街道
城区次街道
城区三级街道
开发区界
城区街区、绿地
河流、水库
学校、医院、宾馆
旅游景点 温泉
企事业单位、工厂
主要山峰
黔灵山1396
小河区
花溪区
贵筑
清溪
溪北
黄河
长江
平桥
二戈寨
三江
金竹
石板镇
久安乡
党武乡
孟关苗族布依族乡
沪昆高速
株六复线
天河潭风景区
镇山村（民族风俗博物馆）
花溪公园
花溪立体生态观光农业科技示范园
孟关林场度假区
松柏山水库生态示范基地
贵阳“景春谷”喀岩

编辑说明

一、《贵阳建设生态文明城市年鉴》是中共贵阳市委、贵阳市人民政府批准创办，贵阳市委政策研究室承办，《贵阳建设生态文明城市年鉴》编辑部编辑，新华出版社出版的一部综合反映贵阳市生态文明城市建设的资料工具书。

二、《贵阳建设生态文明城市年鉴》编纂宗旨是：以邓小平理论、“三个代表”重要思想为指导，深入贯彻落实科学发展观，全面反映贵阳市年度生态文明城市建设情况，为各级党政领导决策提供参考依据，为生态文明城市建设的理论研究和实践提供详实的资料。

三、《贵阳建设生态文明城市年鉴》资料收录范围为：1.省、市领导关于生态文明城市建设的重要讲话、重要文章；2.本市及相关部门制定的有关生态文明建设的工作报告、政策性文件；3.市属各区、县（市）、各部门（单位）在生态文明城市建设中的基本情况；4.本市国民经济和社会发展的主要统计资料。

四、《贵阳建设生态文明城市年鉴》（2010）资料收录时限主要是2009年1月1日至12月31日。为全面反映贵阳市生态文明城市建设的有关情况，部分收录内容的时限有所延长。

五、《贵阳建设生态文明城市年鉴》（2010）采用分类编辑法，以事业（或事业相近因素）为主分类，不受行政隶属关系制约。全书设“专文”、“特载”、“生态文明贵阳会议”、“市情概况”、“生态城市基础设施建设”、“生态环境建设”、“生态经济建设”、“生态文化建设”、“生态社会建设”、“生态政治建设”、“区（县、市）生态文明建设”、“文献选编”、“建设生态文明城市大事记”、“媒体关注”、“附录：建设生态文明城市外地动态”15编，由编目、分目、条目3个层次组成框架结构的主体部分。少数分目中增设子目层次。条目统一用【 】表示。

六、《贵阳建设生态文明城市年鉴》所载稿件，均由各区（县、市）及市直各相关部门（单位）指定专人撰写提供，并经单位领导审阅，具有权威性和可靠性。

七、《贵阳建设生态文明城市年鉴》所载国民经济和社会发展统计资料，为市统计局提供的年度快报数；各类目中的相关数据，以部门（单位）的统计数为准。

八、为使《贵阳建设生态文明城市年鉴》更好地发挥资政、研究、存史、服务等作用，希望读者提出宝贵意见和建议，以资改进。

《贵阳建设生态文明城市年鉴》编辑部

2010年6月

《贵阳建设生态文明城市年鉴》编辑委员会

《贵阳建设生态文明城市年鉴》编辑部

目 录

生态城市基础设施建设

生态环境建设

生态经济建设

生态文化建设

生态社会建设

生态政治建设

区（县、市）生态文明建设

文献选编

建设生态文明城市大事记

媒体关注

附录

建设生态文明城市外地动态

汉语拼音音序索引

Major Catalogue

ZHUAN　　WEN

大局大势、任务和执行力

——在市委八届八次全体（扩大）会议第一次会议上的讲话

（2009年12月29日）

省委常委、市委书记　李　军

为了帮助大家更好地理解提交这次全会审议的《关于提高执行力、抢抓新机遇，纵深推进生态文明城市建设的若干意见》，我讲三个问题。

第一个问题，关于大局大势

这次全会的主要任务是安排部署全市明后两年的工作，而清醒认识和准确把握当前的大局大势，是正确谋划和科学安排工作的重要前提。古人讲“不谋全局者，不足以谋一域；不谋万世者，不足以谋一时”，讲“审时度势”，讲的就是这个道理。那么，当前的大局大势是什么呢？我认为有“三大事件”、“三大信号”、“三大转变”值得高度关注。

中共贵州省委常委、贵阳市委书记　李军

先说说“三大事件”。第一大事件，联合国气候变化大会召开。关注新闻的同志可能都知道，12月7日至19日，在丹麦首都哥本哈根召开了《联合国气候变化框架公约》第15次缔约方会议，但不一定都知道这次会议规模之大，有1.5万名代表参加讨论，规格之高，有超过130位国家和国际组织的领导人参加会议，影响之大，全球几十亿人密切关注。联合国秘书长潘基文认为，类似的会议在联合国历史上是没有过的。

为什么这次会议如此备受瞩目呢？因为这次会议讨论的是事关地球和人类命运的应对气候变化问题。近年来，海啸、飓风、凝冻、干旱、高温、暴雨、洪涝等灾害性极端天气在全球到处肆虐，而且频率越来越高。大家应该对去年初的特大凝冻灾害还记忆犹新吧，前不久，欧洲和北美又遭遇了罕见暴风雪的袭击。那么，是什么导致灾害性极端天气频发的呢？研究表明，这与地球变暖有直接关系，而变暖的原因，主要是以二氧化碳为主的温室气体排放，使地球保留的热能增加。工业革命200年以来，全球二氧化碳排放量剧增，目前已达281亿吨，地球平均气温上升了2摄氏度。据测算，全世界二氧化碳排放量2015年将达343亿吨，2030年将达423亿吨。按照这种趋势，全球平均气温在未来50年内将升高2到3度。专家指出，地球平均气温再升高1度，非洲乞力马扎罗峰的冰雪将完全消失；升高2度，全球海平面将升高7米，许多海岛国家将被淹没，约有三分之一以上的物种面临灭绝；升高5到6度，就可能导致包括人类在内的生物大灭绝。就算没灭绝，像最近为强烈呼吁人们关注气候变化，马尔代夫在海底开内阁会、尼泊尔在珠穆朗玛峰下开内阁会那样的事情恐怕真的要成为现实。前段时间热映的影片《2012》，就向人们描述了气候变暖后的灾难场面。为了拯救人类赖以生存的地球家园，从上个世纪90年

代开始，各国联手控制温室气体排放、应对气候变化。然而，由于发达国家对排放的历史责任认识不到位，以及与发展中国家在减排量、减排技术转让、减排资金支持等方面存在巨大分歧，人类应对气候变化走过的历程异常曲折和缓慢。这次哥本哈根大会，自始至终充满了观点的交锋、利益的博弈，在中国政府卓有成效的努力推动下，最终达成了《哥本哈根协议》。这个协议维护了《联合国气候变化框架公约》及其《京都议定书》确定的“共同但有区别的责任”原则，就发达国家实行强制减排和发展中国家实行自主减缓行动作出安排，并就全球长期目标、资金和技术支持、透明度等焦点问题形成广泛共识。总体而言，应对气候变化谈判是在艰难中向前推进。完全可以肯定，今后人类对减排温室气体、遏制地球变暖的重视程度会越来越高，世界各国应对气候变化的沟通、协商、合作会越来越多。可以说，这次哥本哈根会议以及今后的应对气候变化谈判，将对全球未来产生深远影响。

第二大事件，国家推进新一轮西部大开发。从2000年中央实施西部大开发战略以来，西部地区的基础设施建设、生态建设、结构调整、改革开放和科技教育等社会事业取得了长足进步。以我省为例，以交通为重点的基础设施建设、以“西电东送”为重点的能源建设、以退耕还林为重点的生态建设、以“两基”攻坚为重点的教育和科技事业发展都有重大突破。尽管目前西部地区和东中部地区的发展差距仍在扩大，但是，如果没有西部大开发，差距会更大。到今年，西部大开发已经10周年，国家正在部署西部大开发新的10年战略，明确提出努力把西部地区建设成为现代产业发展的重要集聚区域、统筹城乡改革发展的示范区域、生态文明建设的先行区域。国家正在制定《关于深入实施西部大开发战略的若干意见》，并把西部大开发作为正在编制的“十二五”规划的重点板块。我认为，这一轮西部大开发在理念方面，特别强调生态文明建设，更加切合西部生态环境脆弱的实际状况；在政策、资金、项目支持方面，由于东中部地区基础设施基本完善，对西部的支持力度将会更大，十分有利于西部地区实现快速发展。能否抓住新一轮西部大开发的机遇，关系到包括贵州在内的西部地区的前途和命运。今年10月17日至19日，中共中央政治局常委、国务院副总理李克强在贵州考察时，殷切期望我们抢抓新机遇，实现新跨越。在上一轮西部大开发中，贵阳市抓住了一些机遇，办成了一些多年想办而没有条件办的大事，经济总量、基础设施、城乡面貌、人民生活等方面都上了一个大台阶。在新一轮西部大开发中，贵阳建设生态文明的理念已经“先行”，占有一定的“先机”。只要我们发挥优势，牢牢抓住新的重大机遇，进一步争取国家的更大支持，贵阳发展完全能够再上新的更大台阶。

第三大事件，我省争创生态文明示范区。在目前我国的体制框架下，将区域发展战略上升为国家战略，十分有利于争取政策、项目、资金等方面的支持。近年来，国家先后批准了武汉城市圈和长株潭城市群全国资源节约型和环境友好型社会建设综合配套改革试验区、重庆和成都统筹城乡综合配套改革试验区等，今年又批准了建设海峡西岸经济区、关中—天水经济区、江苏沿海地区、辽宁沿海经济带等10个区域发展规划，给这些区域注入了发展的强大活力。我们贵州、贵阳这样的地方，自身发展能力比较弱，更需要取得中央的更大支持，建设国家层面的“试验区”、“示范区”。早在1988年，时任贵州省委书记胡锦涛同志就倡导成立毕节试验区，成为国务院批准建立的全国第一个以可持续发展为主题的农村综合改革试验区。20年来，毕节试验区围绕“开发扶贫、生态建设、人口控制”三大主题，创新发展模式，走出了一条符合岩溶贫困山区特点的科学发展之路。今年6月，省委、省政府向中央报告，请求国家支持贵州推广毕节试验区经验、建设生态文明示范区。这是对贵州发展战略的进一步提升，是把中央精神和贵州实际紧密结合的创造性举措。国家发改委已复函明确表示积极支持，并将到我省进行调研。在这样的情况下，各兄弟市（州、地）都力图在建设生态文明中有所作为。贵阳是省会城市，理所当然要为全省生态文明建设作出更大贡献。而且，贵阳的工作如何、效果怎样，也关系到能否在全省真正“做表率、走前列”。

这“三大事件”，既有涉及全球的，也有涉及全国的，还有涉及全省的，极大地强化了“三大信号”：

第一大信号，低碳经济。这次哥本哈根会议不仅推动了应对气候变化谈判，而且广泛传播了低碳经济理念。低碳经济最早是英国提出来的，本质是提高能源效率、推广清洁能源，核心是能源技术创新、政策创新和人类生存发展观念的根本性转变。2003年英国能源白皮书《我们能源的未来:创建低碳经济》认为，发展高效的低碳技术并进行全球推广是应对气候变化的关键。今年8月，英国前首相布莱尔之所以来参加生态文明贵阳会议，一个很重要的原因就是推广低碳经济理念。在全球气候变暖的大背景下，随着低碳经济理念的传播，像碳交易、碳期货、碳税、碳关税、碳汇、碳足迹、碳捕捉、碳储存等与碳有关的新事物、新名词也不断涌现。比如碳交易，就是把二氧化碳排放权作为商品进行交易，目前全球已经有4个交易所专门从事碳交易，预计到2012年全球碳交易市场交易额将达到1500亿美元。比如碳税，就是针对二氧化碳排放所征收的税，目前丹麦、芬兰、荷兰、挪威和瑞典都实施了碳税政策，法国也将从2010年起开征碳税。伴随着气候变化危机的日益加剧，应对气候变化谈判成为最激烈的多边谈判之一，气候外交已经成为各国外交工作的一项重要内容，低碳经济已经演变为一个重大国际政治问题。对低碳经济，国家回避不了，地区回避不了，企业回避不了，普通老百姓也回避不了。大家都知道，我们坚决反对一些西方国家利用“人权”来干涉我国内政，以至于过去一段时间我们对“人权”这个词比较忌讳，甚至谁跟我们谈“人权”，我们就跟谁急。但后来我们调整方略，不仅大大方方谈人权，而且将人权写进了党章和宪法。这次，我们国家对“低碳经济”这个概念接受得很快，顺势而为，主动应对，还明确提出大力发展低碳经济，在国际社会树立了开放的、负责任的大国形象。国内不少地方纷纷开展低碳经济试点。贵阳市已经向国家发改委申报低碳经济试点，将根据自身特点，积极发展低碳经济。低碳经济成为当前最热门的话题之一。很多年轻人加入“低碳一族”，见面打招呼就问“今天，你低碳了吗？”可见，在不经意间，低碳经济已经走进我们的生活。面对如此强烈的信号，如果还视而不见、无动于衷，那就真的是太迟钝了，太老土了。说句开玩笑的话，今后的年轻人，如果不知道低碳，恐怕恋爱都谈不成。

第二大信号，绿色发展。上个世纪80年代以来，一个以环境保护、污染治理为主要内容的绿色发展理念在国际上蓬勃兴起。绿色代表健康和生命，代表生机和活力，代表希望和未来。绿色多一点，就意味着代表污染的黑色、黄色、白色少一点。现在，绿色发展理念已经广泛渗透到产品、产业、就业、投资等诸多方面。比如绿色产品，泛指生产过程及其本身节能、节水、低污染、可再生、可回收的产品。不论是农副产品，还是家用电器，只要拥有“绿色”标签，就会好卖得多。比如绿色就业，就是通过发展绿色环保产业，推动节能减排工程、生态恢复工程以及环境基础设施建设等，创造大量就业岗位。据联合国环境规划署统计，近10年来全球从事环保工作的人数大幅度增长。生态文明贵阳会议之前，联合国教科文组织、联合国环境规划署、世界银行、联合国劳工

组织在贵阳举办的未来论坛，就把绿色就业作为主题。比如绿色GDP，就是扣除资源成本和环境成本后的GDP，简言之就是没有污染的GDP。去年以来，为了应对国际金融危机，世界各国纷纷打出了“绿色”旗号。美国奥巴马政府推出“绿色新政”，日本制定了“绿色经济和社会变革”方案，欧盟提出以发展新能源为核心的“绿色刺激计划”。我国也在积极推进绿色发展，一些省市谋求实现“绿色转身”，大力发展绿色产业、绿色产品、绿色就业，积极建设绿色校园、绿色社区、绿色建筑。有媒体形容绿色发展已经渗透到了中国人生活的方方面面，中国正在“变绿”。《爽爽的贵阳》歌词中，有一句“绿绿的贵阳”，一方面是赞美现在贵阳的绿色比较多，另一方面也是希望贵阳将来绿色更多，千万不能由“绿绿的贵阳”变成“黄黄的贵阳”、“黑黑的贵阳”、“白白的贵阳”。

第三大信号，生态文明。2007年，党的十七大明确把“建设生态文明”作为我国全面建设小康社会新的更高要求，强调要在全社会牢固树立生态文明观念。之后，我们党的重要文件和中央领导重要讲话都把生态文明建设与经济建设、政治建设、文化建设、社会建设并列。这标志着我们党对社会主义现代化建设规律的认识进一步深化，是对人类文明发展的历史性贡献。贵阳市结合实际，把建设生态文明城市作为贯彻科学发展观和党的十七大精神的切入点，作为推动各项工作的总抓手。以往，贵阳提这样那样的发展思路，总有人提出不同意见。但提建设生态文明城市，大家都表示赞同。通过全市上下两年多的努力，贵阳建设生态文明城市的实践取得了初步成效，在国内产生了一定影响，一些兄弟城市也来贵阳参观、考察。现在，放眼全国，建设生态文明已汇成大潮。国家今年以来新批准的区域发展规划，如《鄱阳湖生态经济区规划》、《黄河三角洲高效生态经济区发展规划》等，都与生态文明密切相关。山东、四川、海南、广西、云南等省区提出建设生态文明省和示范区。深圳、厦门、珠海、杭州、苏州、南宁、海口等城市纷纷力推生态文明建设。“生态”这个词来源于古希腊，不是中国人的发明，但“生态文明”是地地道道的“中国创造”。现在，这个中国特色的概念得到了国际社会的认同。在生态文明贵阳会议上，国内外嘉宾对贵阳建设生态文明城市的理念、做法和成效给予高度评价，会议形成的《贵阳共识》指出：“生态文明是人类社会发展的潮流和趋势，不是选择之一，而是必由之路。”

如果把目前的地球比喻成一个“病人”，低碳经济、绿色发展和生态文明这“三大信号”都是给地球治病开的“药方”。所不同的是，低碳经济是减排二氧化碳的直接措施，直达“病灶”；绿色发展包括环境保护、污染治理等等，“药方”相对大一些；而生态文明则包含了自然生态、经济生态、政治生态、文化生态、社会生态的诸多方面，是系统疗法。不管“治病”的方式和疗效如何，“三大信号”都进一步揭示了当前发展的动态和未来发展的趋势，这就是“三大转变”。

第一，发展方式的转变，即由高消耗、高污染转向低消耗、低污染。传统发展模式主要依靠增加生产要素的投入实现经济增长，实质上就是高消耗、高污染，因而是低效益的。形象地说，这种增长就是燃烧，烧掉的是能源、资源，产生的是GDP，留下的是污染。传统发展模式不仅引发了严重的能源危机，世界能源理事会预测，地球上蕴藏的可开发利用石油将在三四十年内耗尽；还带来严重的污染问题，全球大气中的二氧化碳，有80%是发达国家排放的。显而易见，这样的发展模式，资源支撑不住，环境容纳不下，社会承受不起。但是，人类又不可能为了少消耗、少污染而回到原始社会去。既要保持高质量、现代化的生活，又要减少消耗、减少污染，必须在二者之间找到平衡点。因此，世界各国纷纷转变发展方式，掀起了以低碳、绿色为特征的结构调整浪潮，力图抢占未来发展的制高点。对我国而言，转变发展方式刻不容缓。2008年，我国经济总量达到31.4万亿元。据预测，一两年内，中国经济总量将超过日本，位居世界第二，仅次于美国。但是，由于我国能源结构中煤炭占到70%左右，加上发展方式粗放，国际上要求中国加强节能减排的压力越来越大。去年国际金融危机对我国经济的冲击，表面上是对经济增长速度的冲击，实质上是对经济发展方式的冲击。正因为如此，今年中央经济工作会议明确提出，要把加快经济发展方式转变作为深入贯彻科学发展观的重要目标和战略举措，推进产业结构调整，发展战略性新兴产业，培育新的经济增长点。对贵州、贵阳来说，转变发展方式尤为紧迫。高消耗、高污染是贵州、贵阳发展方式粗放的一个突出表现，2008年贵州单位生产总值能耗是全国平均水平的2.61倍，工业固体废弃物排放总量占到全国的7.1%，而生产总值只占全国的1%，贵阳对此也“功不可没”啊！如果不抓紧调整产业结构，发展低碳经济、循环经济、绿色经济，推进节能、减排、降耗，尽快实现发展方式转变，贵州、贵阳只会更加被动、更加落后。

第二，生活方式的转变，即由奢华转向简约。工业文明带来物质财富的急剧增长，也带来了物欲膨胀和过度消费。汽车越来越多，房子越来越高，都市越来越繁华，生活越来越奢华……然而，这样的生活方式是要大量消耗能源、资源，是要大量排放的。比如，美国每年人均能源消费为11.5吨标准煤，是我国的11倍，以美国为首的西方发达国家人均碳排放远高于发展中国家。这样的生活方式，必将严重破坏地球家园，等于加速毁灭自己。为了人类社会的永续发展，越来越多的人开始追求自然、绿色、健康的简约生活方式，比如选择少开车、多走路，少坐电梯、多爬楼梯，夏天少着正装、多穿便装等等。联合国气候变化大会之所以选择在哥本哈根召开，一个重要原因就是那里的简约生活方式十分普遍，家家住的是节能房，户户用的是节能灯，人人出行首选自行车。有人也许要问，提倡简约是不是要倒回原始状态？显然不是。简约是更高层次、更高形态的生活方式。简约不是不要汽车，只是不要“油老虎”；简约不是不要电器，只是不要耗电太多；简约不是不要包装物，只是不要包装过度；简约不是不要住楼房，只是不要过分依赖空调。当然，贵州贫困人口还比较多，贫困程度还比较深，我们必须从实际出发，既要大力发展经济、让广大群众过上现代化生活，特别是让困难群众尽快摆脱贫困状态，又要清醒认识生活方式从奢华向简约转变这个大趋势。

第三，思维方式的转变，即由斗争哲学转向和合哲学。在过去相当长的历史时期内，斗争哲学主导了人类社会的思维方式，往往只强调对立，不考虑统一；只强调一分为二，不讲求合二为一。人要改造自然、战胜自然，人和人之间、国家与国家之间的争端主要通过武力来解决，正所谓“与天斗，其乐无穷；与地斗，其乐无穷；与人斗，其乐无穷”。但斗来斗去结果是什么呢？大多是两败俱伤。看看国际，两次世界大战给人类造成了那么深重的灾难；再看看国内，长达10年的“文化大革命”，坚持“以阶级斗争为纲”，什么“斗资批修”、“狠斗私字一闪念”，斗得人际关系空前紧张，斗得国民经济陷入崩溃边缘。在座很多同志经历过，一定不堪回首吧。实际上，客观世界是矛盾的统一体，既有对立，又有统一；既存在斗争性，又存在同一性；既一分为二，又合二为一。近些年来，斗争哲学的惨痛经历使人类变得聪明，和合哲学逐步主导思维方式，成为处理社会关系的主调。看看国际，通过谈判协商,诞生了欧盟，实现了欧洲的统一，前不久还产生了首位欧盟“总统”范龙佩；通过密切磋商，联合应对，今年以来，世

界经济在较短时期内摆脱了国际金融危机带来的被动局面，并逐渐复苏，从而避免了上个世纪30年代那样的经济大萧条。再看看国内，我们党提出以“一国两制”的方式解决祖国统一问题，就是运用和合哲学的成功范例，通过多轮谈判，香港、澳门实现了顺利回归。特别是党的十七大以来，以胡锦涛同志为总书记的党中央继承和弘扬中华民族传统文化中“和合”的宝贵遗产，提出了建设和谐社会的战略思想，在内政外交包括处理海峡两岸关系等方面采取了一系列促进和谐的重大举措，赢得了党心、民心，赢得了国际社会的普遍好评。

由此看来，和合哲学是唯物辩证法的应有之义，共生共赢、互利合作、求同存异理应成为我们思考问题、处理问题的基本思维方式。比如，在招商引资中，只有让投资者有钱赚，他们才肯来投资，特别像贵州、贵阳这样 “不沿海、不沿江、不沿边”的地方，对投资者的吸引力还比较差，我们更要善于算大账、算长远账，让投资者赚钱、甚至赚大钱，实现“我让你发财、你帮我发展”。比如，在一个领导班子里，成员之间有时有不同意见，这是难免的，也是完全正常的，不值得大惊小怪。就是天天在一张床上睡觉、在一口锅里吃饭的两口子，日常生活中也难免会吵架、会闹别扭。实际上，大家都是共产党的干部，都是为人民服务，没有根本性的利害冲突，只是思考问题的角度不同、处理问题的方式不同而已。关键是要遵循和合哲学，坚持大事讲原则、小事讲风格，做到谦让、包容、谅解，换位思考，必要时妥协。这不仅是思想方法，也是政治品格。只要彼此之间是诚恳的而不是虚伪的，是善意的而不是恶意的，是出以公心的而不是出以私利的，有什么意见不可以商量呢？有什么分歧不可以化解呢？有什么隔阂不可以消除呢？毛主席说得好，“我们都是来自五湖四海，为了一个共同的革命目标，走到一起来了，一切革命队伍的人都要互相关心，互相爱护，互相帮助。”

我之所以用了40来分钟讲“三大事件”、“三大信号”、“三大转变”，就是要与同志们共同分析当前世界、中国、贵州的物质世界乃至精神世界正在发生什么，将要发生什么。孙中山先生讲过：“历史潮流，浩浩汤汤，顺之者存，逆之者亡。”希望大家切实把本地区、本部门的工作，把本人的工作放在这样的大局大势下来思考、来谋划，找准发展方向，增强前瞻性，赢得主动权。

第二个问题，关于任务

无论是“三大事件”、“三大信号”，还是“三大转变”，都充分表明，贵阳建设生态文明城市的决策，顺应了世界的潮流，踩准了国家政策导向的点子，契合了全省发展战略的方向。2007年底召开市委八届四次全会，我们确定了建设生态文明城市的总纲；2008年底召开市委八届六次全会，我们针对当时国际金融危机的严峻形势，部署了如何在应对挑战中加快生态文明城市建设。这次全会要明确的主要任务，就是把创建“国家卫生城市”、“国家环境保护模范城市”、“全国文明城市”和举办2011年第九届全国少数民族传统体育运动会（简称“三创一办”）作为载体，坚定不移地纵深推进生态文明城市建设。

“三创一办”是有机联系、有机统一的。创建“国家卫生城市”和“国家环境保护模范城市”，是创建“全国文明城市”的必要条件。拿不到“国家卫生城市”和“国家环境保护模范城市”这两块牌子，就迈不进创建“全国文明城市”的门槛。创建“全国文明城市”，涵盖了经济、政治、文化、社会、生态等各个方面，是对一个城市综合发展水平的检验，与建设生态文明城市是一致的。今年9月，中共中央政治局委员、中央书记处书记、中宣部部长刘云山同志在我市《以生态文明城市建设为抓手，奋力创建全国文明城市》的汇报材料上作出重要批示：贵阳市生态文明城市创建符合科学发展观的要求，“八抓”的做法和经验很好。云山同志的重要批示，充分肯定了我市把创建全国文明城市与建设生态文明城市统一起来的做法。而办好民运会，是展示贵州、贵阳形象的重要平台，是对创建“国家卫生城市”、“国家环境保护模范城市”和“全国文明城市”成效的重大检验。当年我们党确立打倒蒋介石、解放全中国的目标，主要是通过打胜辽沈、淮海、平津三大战役实现的。我们在纵深推进生态文明城市建设的过程中，也必须一个战役一个战役地打，明年先打创建“国家卫生城市”和“国家环境保护模范城市”这两场战役，后年再打创建“全国文明城市”和举办民运会这两场战役。如果我们打赢了“三创一办”这四场战役，就意味着朝生态文明城市的目标前进了一大步。

“三创一办”既涉及硬实力，也涉及软实力，内容很多，标准很高，要求很严，难度很大。我们具备了一定基础，但还存在较大差距。对下一步必须着力的方向、必须缩小的差距、必须解决的问题，我们要有足够的、清醒的认识。这里，我提出“八个推进”，供同志们思考。

第一，从战略向细节推进。战略是非常重要的，没有战略就没有全局，就没有方向。但是，战略确定之后，细节就是决定性的因素。细节虽细，但细中见用心；细节虽小，但小中见功力。因为细、因为小，细节往往被轻视、被忽视、被漠视。大量事实表明，哪怕只有0.1%的失误，也会导致100%的失败。所以说，细节既是“天使”，又是“魔鬼”。

对一个城市来讲，任何一个细节都折射出城市工作者的品位和水平，反映出城市负责人的理念和能力。我们贵阳乍一看还不错，高楼林立，人流如织，车马喧嚣，灯火辉煌，真不像一个西部城市，连见多识广的英国前首相布莱尔乘车参观时也频频点头。但是一深究，我们就得承认，贵阳这个城市在很多方面不那么注重细节。规划是城市建设和管理的“宪法”，我这里就集中讲讲规划的问题。应该说，我们的城市总体规划理念和内容很好，得到了住房和城乡建设部的肯定，有些片区规划比如金阳新区的规划编制得不错，得到了省内外的好评，但贵阳总体上还缺乏高水平的详细规划和城市设计。看看建筑风格，每个城市本来都应该体现自身的地域特色、历史特色、文化特色，但贵阳的建筑有民族的、有现代的，有中式的、有西式的，还有不古不今的、不中不西的，从全市看就是典型的“有建筑没风格”，没有鲜明的个性。贵阳又叫“筑城”，也可理解为“建筑之城”，但很可惜，缺乏建筑艺术，甚至有不少建筑垃圾。在这方面，我们真的不如老祖宗。像西江苗寨、肇兴侗寨、安顺屯堡，都是经过数百年积淀而成的建筑艺术，多有特色啊！因此吸引了那么多游客参观，卖了大价钱。看看街景设计，本来建筑物应该与街道形成流畅、和谐的关系，但贵阳的大街上，建筑物有的“肩膀”朝街，有的“屁股”向外，有的“斜站歪立”，大家走在延安路上，看着两边建筑的时候，能感受到街景的美吗？看看建筑色彩，一个区域本来应该形成一个主色调，但贵阳的建筑一会儿白、一会儿黄、一会儿绿，颜色反差太大，看上去实在别扭。看看建筑外饰面，本应廉价耐用又美观大方，但是贵阳的建筑用瓷砖、马赛克太多，效果不好不说，过几年日晒雨淋，掉下来几块没办法补，即使补上去，也像在旧衣服上加新补丁，难看得很。我在这里从风格、街景、色彩、外饰面四个方面点了贵阳规划方面不注意细节的问题，不是要追究责任，而是要总结教训，不是要算旧账，而是要向前看。规划是百年大计，必须经得起历史的检验，不能因为忽视细节而成为败笔、留下遗憾。对目前我市规划中存在的细节问题，怎么办？第一，能够改进的，想办法改进。贵阳的广告牌大小不一，高低不同；路灯造型各异，位置失当；地砖破损严重，颜色太杂，还不防滑；护栏有铁丝网的、钢筋的、塑料的、水泥的，有白色的、绿色的、黑色的，真是五花八门。

下一步，在市容市貌的整治中，必须精心规划、精心设计、精心实施，使广告牌、路灯、地砖、护栏真正给城市“添彩”而不是“挂彩”。第二，不能改进的，想办法弥补。比如天际轮廓线，本来应该错落有致、线条优美，但高达220米的凯宾斯基大酒店，孤零零地耸立在那里，就像姚明站在一群小学生中间，很不般配。本来老城区是要“稀化”的，但为了弥补这个区域天际轮廓线的严重缺陷，市规委会只得同意在旁边修建另一个高楼，我开玩笑说，这是给凯宾斯基找个“老婆”，当然老婆不能比老公高，所以限高180米。贵阳山多、林多，天际轮廓线还必须与之相协调，但我们的建筑不注意处理与山体的关系，压迫了山，破坏了视觉的美感。金阳市民广场背后有山，前面有湖，令人心旷神怡。但前不久，山背后冒出一栋高层建筑，破坏了市民广场的整体氛围，袁周市长对此十分生气，想拆掉它几层。我说，能不能用种大树遮高楼的方式弥补呢？第三，有些“怪物”改也没法改、补也没法补、拆也没法拆，就只能留在那里，让我们的后人“欣赏”吧！

当然，不仅城市规划，我们贵阳其他很多工作包括办文、办会、办事也存在许多不注意细节的问题。同志们也许见怪不怪了。我多次经历这样的场面。主持人宣读来宾名单时，念到张厅长，大家热烈鼓掌，但人没到；念到刘厅长时，大家又热烈鼓掌，但人还是没到；念到王厅长的时候，王厅长真的到了，大家以为他没到，就没鼓掌；而赵厅长、李厅长来了，主持人没介绍，弄得场面实在尴尬。活动开始之前，为什么不用那么一丁点时间、花那么一丁点精力把到场的领导名单核对一下呢？这样的例子还很多。可以说，贵阳市与发达城市和省内部分兄弟城市的差距，不是差在战略上，而是差在细节上。如果说建设生态文明城市是绘制一幅壮美画卷的话，现在还只是粗线条的“写意画”，接下来还要填充内容、描绘细节、着

中共贵州省委常委、贵阳市委书记李军劝阻违章过马路行人

好色彩，最终才能成为“工笔画”。海不择细流，故能成其大；山不拒细壤，方能就其高。希望我们全市的干部既不要做夸夸其谈、光说不练的“战略家”，也不要做粗枝大叶、粗心大意的“活动家”，而要做精雕细琢、精耕细作的实干家。

第二，从单一向系统推进。事物的发展具有不平衡性，某项工作在某个时段实现单项推进，是有一定道理的。但事物又是互相联系、互相制约的系统，如果就是“单打一”，不能实现系统推进，单项推进注定会受阻，甚至成为影响整个系统正常运转的障碍。就像打仗一样，单兵突进、孤军深入，没有坚强的后援，就可能弹尽粮绝，以致全军覆没。特别是城市本身是一个十分复杂的系统，具有多功能、多层次、高度综合的性质，更需要注重以综合的、系统的观念进行建设、管理。大家对贵阳的修路比较关心，我这里集中讲讲这个问题。一是要把贵阳的路网系统放在全国的路网大系统中谋划。市委、市政府之所以下决心启动市域快速铁路网建设，就是要将贵阳融入国家快速铁路大系统。现在，国内快速铁路、城际铁路发展非常迅速，已有北京——天津、石家庄——太原、合肥——武汉、宁波——台州——温州等多条客运专线运营，中国正在进入“高铁时

代”。本月26日，武广快速铁路正式运营，时速达到350公里，武汉到广州由原来的11个小时缩短到现在的3个小时。试运行的时候，最高时速达394公里。贵阳市域快速铁路网接入国家快速铁路网，就是市域网进入了国家网，贵阳的铁路交通一下子就达到了全国先进水平。三四年后，任何一个区（市、县）都可以通过市域快铁网，2小时到成都、重庆、长沙、南宁、昆明，3小时到武汉，4小时到广州、西安，5小时到郑州，6小时到上海，7小时到北京。同时，“和谐号”动车组从金阳出发，能够快速准点直达任何一个区（市、县）。2005年春节，胡锦涛总书记视察贵州时，殷切寄语贵州的同志要有志气、有信心，努力实现经济社会发展的历史性跨越。市域快速铁路网建成了，就是贵阳交通的历史性跨越。近段时间以来，武汉、长沙、南宁等城市也都提出建设环城快速铁路。铁路建得越早，成本就越低。贵阳市域快铁网现在总投资336亿元，建1公里只需8000多万元，铁道部拿90%的资本金，我们只拿10%的资本金和征地拆迁费，而且还纳入项目股份。几年后总投资恐怕要翻几倍，铁道部还会投这么多钱吗？可以说，建设市域快速铁路网是我们着眼全国、着眼长远，系统谋划贵阳交通基础设施建设的重大举措。1年前，我们说，贵阳要在应对国际金融危机中化危为机，建设市域快速铁路网就是全市上下抢抓到的重大机遇。二是要把路网系统放在整个城市系统中谋划。不能就路谈路，还必须考虑沿线的城市建设和改造，以及产业布局和发展等问题。贵阳环城高速公路的建设以前之所以进展缓慢，一个重要原因就是我们有些同志认为那只是省里建的绕城路，没有把它放在贵阳的城市系统中去考虑。后来，我们把绕城路看成是环城路，认识到这条路不仅是贵阳交通循环的大动脉，而且是贵阳产业发展的大走廊、促进贵阳城镇化的大杠杆、展示贵阳城市形象的大平台，对贵阳城市发展具有十分重大的意义。这样，建贵阳环城高速公路就不简单是修路，而是一项系统工程，因而大家的积极性得到充分调动，两年多时间干成了过去多年没有干成的事情。三是要把修路放在城市道路系统中谋划。特别是要分清轻重缓急。市委、市政府之所以强力推进“两路二环”建设，就是因为要尽快完成我市“三条环路十六条射线”的骨干路网工程，提高道路面积和路网密度，缓解中心城区日益严重的交通拥堵。四是要把施工组织作为一个系统来谋划。修路本身也是一个有机系统，有前期手续、资金筹措、征地拆迁、施工组织、竣工验收等环节，必须系统谋划，环环相扣，紧密衔接。但我们有时候违背修路的客观规律，“粮草未动、兵马先行”，资金的问题八字还没有一撇，很多手续还没有办完，就宣布开工，结果欲速不达，开工有准，竣工没准。这次修建“两路二环”，就吸取了教训，做到程序严密、准备充分，从11月29日第一次领导小组会召开以来，各项工作推进得很快，春节前后陆续开工，1年半可以建成，也就是2011年8月全国民运会之前就可以通车。

总之，有些工作，孤立地看不那么重要、不那么紧迫，系统地看就很重要、很紧迫；有些事情，孤立地看可能是对的，但系统地看可能是错的；有些东西，孤立地看是废料、是包袱，但系统地看可能是原料、是财富。反之亦然。因此，我们做城市工作，都要进行系统的思考，从系统的目标出发，采取系统的方法，系统地加以推进，达到系统的效果。尤其是，谋划贵阳的全局工作，一定要跳出贵阳看贵阳，把贵阳放在全国的大系统当中去考虑；谋划贵阳的各项工作，一定要跳出单项工作的视野局限，把单项工作放在全市工作的大系统中去考虑。

第三，从抓点向面上推进。推动工作，要抓点，比如抓典型、抓示范点，这是我们党的优良传统和工作方法。但抓点是手段，面上推开才是目的。不能“为点而点”，光有“点”没有“面”，那“点”就真成“点

缀”了。近年来，我市很多工作从“点”来讲都是有的，抓得也不错，可以说“亮点纷呈”。但有的工作仅限于“点”，从面上看就很不够。比如发展循环经济。我市2002年就被国家环保总局确定为全国首个循环经济试点城市，2005年又被国家发改委等六部委确定为第一批全国循环经济试点城市。但是这么些年过去了，还是“试点”，基本上只在个别生产环节、个别企业、个别产业、个别园区有一些循环经济的理念、技术、设施和产品，离建成循环经济城市还有很大差距。下一步，必须从生产环节推进到企业层面，抓紧实现从原料进厂到产品出厂整个周期资源能源利用的最大化，把资源“吃干榨尽”；必须从企业推广到园区、产业层面，通过建设循环经济工业园区，将众多能够共享资源、互换产品的上中下游产业集聚在一起，解决单个企业的废物利用“循环但不经济”的矛盾；必须从企业、产业、园区推广到整个城市层面，建立再生资源回收利用系统、中水回用系统、绿色消费系统等，实现资源利用最大化、能源消耗最小化，最终实现企业小循环、园区中循环和社会大循环的统一。比如新农村建设。花溪区摆贡寨通过实施农村危房改造，村寨基础设施、产业发展、村容村貌等有了根本性的改变。类似这样的点，各区（市、县）都有。下一步，要统一规划、分步实施，向面上推开，实现整区推进、整县推进、整市推进。有一个农民给我写信说，还是住在公路边好，公路边的房子都改得很漂亮，危房不是公路边才有，不知道党的阳光什么时候能照耀到我们这些比较偏远的地方。在这方面，我们要向遵义“四在农家”学习。遵义就是一个点一个点地搞，坚持若干年，把“点”积累成“片”、积累成“面”。总之，在我们贵阳，很多方面、很多领域，类似循环经济、新农村建设这样的“亮点”、“闪光点”不少，要把这些点进行放大或者集聚，使其逐步连成一个“片”、形成整个“面”，由“小气候”变成“大气候”，由“星星之火”变成“燎原之火”。古诗云，“等闲识得东风面，万紫千红总是春”，我改一个字，叫“万紫千红才是春”！

第四，从见物向见人推进。改革开放后，为了摆脱物资极其匮乏、人民生活困难的局面，特别强调“见物”，突出发展经济，这是完全必要的，效果也是很好的。但逐渐地，一些地方单纯追求物质财富的增加，甚至是片面追求GDP的增长，而忽视老百姓的幸福感和满意度，忽视人的全面发展。这就是马克思讲的“异化”，颠倒了手段和目的的关系，变成了物主宰人、人被物所奴役。现在不是有“房奴”、“车奴”的说法吗？为什么科学发展观特别强调以人为本，从根本上来说就是要“见人”。所谓见人，就是要更加注重民生。一是认识要再深化。在当前形势下，更加注重民生不仅有直接的经济意义，而且有重大的政治意义。民生不改善，消费需求就上不去，扩大内需政策就落实不了，经济持续增长就会受到严重影响；民生不改善，老百姓的就业、吃饭、住房、社会保障问题得不到有效解决，社会稳定就缺乏牢固基础，社会和谐就是一句空话。因此，我们在指导思想上必须始终坚持“民生至上”。二是重点要再突出。一方面，要高度关注最困难的群体。经历一年多的金融危机，部分企业效益下滑，或者生产经营比较困难，甚至破产倒闭，导致部分职工进入困难群体。还有一些其他弱势群体，生活上的困难也比较多。我得到信息，从12月中旬开始，前往市救助站求助的人员比以往陡增了5倍，而且这个数字还在逐日递增，大部分都是求职无门、没钱回家的农民工。俗话说，“饥寒起盗心”，如果我们不把困难群体特别是社会最底层那部分人的生活安排好，就很难从根本上解决社会治安问题。“朱门酒肉臭，路有冻死骨”描绘的是封建社会的现象，如果今天有人冻死、饿死，就会严重影响社会主义社会的形象，是绝不容许的。而且，以我们现在的物质积累，完全可以给困难群体“托底”，如果我们解决不好，就说明我们的执政立场和执政能力有问题，就会极大地影响党和政府的威信。另一方面，要集中解决最急迫的问题。就业是民生之本，关系到老百姓的“饭碗”问题，必须放在改善民生的首要位置来抓，在帮助保住现有“饭碗”的同时，要尽可能创造更多的“饭碗”。住房问题关系千家万户。要通过保障性住房建设、发展租赁型住房以及商品房等多种途径，满足各类群体不同层次的住房需求。特别是对居无定所的农民工、流浪乞讨人员，要给他们提供一个“遮风挡雨”的住所，绝不能让他们露宿街头。最近，市民政、城管部门建立了“农民工救助服务中心”，通过夜间巡逻搜救等方式，让露宿街头的农民工免费住宿，得到了各方的肯定。这项工作要形成制度。近段时间以来，房价上涨过快，我们对此非常关注，将认真落实国家出台的税收、差别利率以及土地等调控政策，努力稳定房地产价格。同时，坚决打击捂盘惜售、占地不用、哄抬房价等违法犯罪行为，维护房地产市场秩序。养老问题关系每个人的切身利益。养老保障一要“扩大面”，让更多的群众享受到养老保险服务，特别是要让更多农民加入农村社会养老保险，解除他们的养老之忧；二要“提标准”，根据经济社会的发展，逐步提高全社会的养老保障水平，让老百姓共享改革发展的成果。三是投入要再加大。财政取之于民，就要用之于民。现在，贵阳市有个不好的现象，就是有的单位、有的干部讲排场、比阔气，大操大办、大手大脚。这与我们“欠发达”的市情不相称。老百姓对此很有意见。有的甚至挖苦说，现在有的人“一顿饭一头牛，屁股压着一栋楼”，还说“富人一道菜、穷人半年粮”。我到贵阳市工作以来，一直提倡厉行节约，反对铺张浪费，多次强调在办公、办文、办会以及其他各项经费使用上精打细算、严格把关，特别是对于各种名目繁多的“节庆”活动，一再要求限制使用财政资金。为此，有人说我是“抠门书记”。但是，对民生方面的支出我一点都不“抠门”，坚决支持市政府的“民生财政”，多次跟财政局的同志讲，财政资金对民生的支出完全可以大方一点。本月23日，市委、市政府启动了筑城“送温暖”活动，支出从去年的5100多万元增加到今年的5900多万元。今年市本级财政用于民生方面的资金是28.1亿元，同比增长16.1%，比重达52.5%。明后两年，财政对民生方面的投入增幅要继续确保高于财政收入增幅。所谓见人，就是要切实维护民权。民权包括群众的政治民主权利和社会经济权益等。维护政治民主权利，就是要保障群众的知情权、参与权、监督权。近年来，市委、市政府在作出重大决策之前，都通过各种形式广泛听取群众意见；开展工作的效果如何，不是由领导机关评判，而是由群众评判。比如，这次市委全会召开之前，我和袁周市长就发表公开征求市民意见书，市民踊跃建言，提出了很多真知灼见，我们都进行了认真研究，吸收到决策之中。比如，我们开展“三保三实”工作，以群众满意度为检验工作效果的标准。下一步，我们要总结经验，全面推行党务公开、政务公开，切实提高各项工作的透明度，让群众广泛了解党委、政府的所思所想、所干所办，并接受群众监督。维护社会经济权益，就是当群众的劳动权、财产权等受到损害的时候，政府和司法部门要履行维护社会公平、公正的责任。比如，要解决好拖欠农民工工资的问题，保证“劳有所得”；要解决好企业开矿污染水源、毁坏农田的问题，保障老百姓的合法权益。所谓见人，就是要悉心体察民情。民情就是群众的情绪。当前，全市广大群众的情绪总的讲是顺的，但对一些工作还有意见，对党风和社会风气还有看法，对一些遇到的困难得不到及时解决还有怨言。少数市民在表达情绪的时候，往往不那么规范、雅致，不那么有条

理、有分寸，有时甚至表现得比较尖锐、火辣，可能会使人感到不那么舒服。但我们是人民的公仆，要有承受能力。不要说大多数市民的批评是有道理的，我们要及时改正，即使少数市民因为不了解情况，批评得不那么对，甚至骂人，我们也要有胸怀、气量。市委、市政府设立“百姓——书记市长交流台”的目的之一，就是要疏解百姓情绪。的确也有市民在“交流台”上骂我们，有些还骂得很难听。我们就让这些市民骂，骂完了他们的气也就顺了。让群众骂几声，我们垮不了台；如果哪个领导挨几句骂就垮了，那他也真该下台了。春秋时期，郑国的老百姓到乡校聚会，议论朝政得失，免不了骂几句，郑国大夫然明很不舒服，建议主持国政的子产把乡校毁掉。子产认为，老百姓聚在乡校，只不过议论一下施政的好坏，没有什么大不了的。他说，“其所善者，吾则行之；其所恶者，吾则改之。是吾师也，若之何毁之？我闻忠善以损怨，不闻作威以防怨。”意思是，老百姓赞成的，我们就推行；老百姓反对的，我们就改正。为什么要毁掉它呢？我听说，只有尽力做好事，才能减少民怨，从未听说依仗权势能制止民怨的。这就是著名的“子产不毁乡校”典故。1300多年后，唐代思想家、文学家韩愈对子产这份政治遗产仍然津津乐道，专门写下《子产不毁乡校颂》，说：“川不可防，言不可弭。下塞上聋，邦其倾矣！”意思是，河流是不能壅塞的，言论是不可压制的。如果老百姓的意见不能上下畅通，执政者就是聋子，最终政权是要垮台的。的确，压制言论就相当于制造“堰塞湖”啊。所以，各级领导干部要深入到群众中去，与群众坦诚相见，不回避问题，把我们面临的困难讲清楚，把我们工作中的不足、失误讲清楚，把我们将要采取的措施讲清楚。这样，群众才会感到，贵阳市的领导干部真是值得信任，真是值得依靠，心情就会舒畅起来。邓小平同志讲过，“群众高兴了，事情就好办，也容易办好”。

第五，从领导向基层推进。领导，就是统领、指导。组织一项活动、推进一项工作、成就一番事业，必须有强有力的领导，但光有领导行动，没有基层行动，是实现不了目标的。这就像打仗，光有司令在前面冲，士兵不跟上，司令就是“光杆司令”，肯定要吃败仗。建设生态文明城市同样如此。领导要首先理解，带头行动，同时广大基层也要理解，也要行动。两年来，我们举办了一系列有关生态文明的讲座、论坛、研讨班、研讨会，花了很大的功夫帮助领导干部强化意识、提高能力，成效很明显，绝大多数领导干部对建设生态文明城市大体都能说个一二三，也能够比较自觉地去实践。在起步阶段，这样做是必要的，而且今后各级领导干部在强化意识、提高能力上仍然不能松懈。但是，客观地讲，城市社区、村寨、企业、学校等广大基层还没有充分行动起来，对生态文明了解不够、理解不够、参与不够、行动不够。如果不改变这种状况，建设生态文明城市就只能是空中楼阁。因此，这次全会提出，要以环境优良、邻里互助、家庭和美为主要内容，创建生态文明社区（村）；以校园整洁、校风良好、文明向上为主要内容，创建生态文明学校；以医德高尚、医技过硬、医患和谐为主要内容，创建生态文明医院；以诚信守法、文明生产、节能高效为主要内容，创建生态文明企业；以公开透明、执行有力、便民利民为主要内容，创建生态文明机关；以经济发达、生态良好、社会和谐为主要内容，创建生态文明区（市、县）、乡（镇、街道）。所有这些，就是要把各个层次、各个方面组织起来、发动起来，根据自身特点，采取有效方式，扎实开展生态文明创建活动。希望每个创建单位也要坚持从领导向基层推进，把每一个人都发动起来，让每一个人都参与进来。如果从市到县，从县到乡，从乡到村，从村到组，所有的社会细胞都行动起来了，建设生态文明城市就真正“落了地”、“扎了根”，不但会“开花”、“结果”，而且会“结硕果”！

第六，从被动向主动推进。对新生事物，干部群众一般会有一个从不认识到有所认识，再到充分认识的过程；有一个从不接受到部分接受，再到自觉自愿接受的过程。建设生态文明城市，是一项没有先例可循的崭新事业，刚开始的时候，确实需要通过发指示、下指标、压任务等方式对干部群众进行约束性引导、推动，这是必要的，而且能够在短时间内取得明显成效。但是，如果不变成干部群众自觉自愿的行为，即使能取得一时、一事、一地的成功，也不能取得持续、广泛、全面的成功。那么，如何把建设生态文明城市变成广大市民的自觉行动，实现从“要我做”到“我要做”转变呢？一方面，要采取生动活泼的方式，加强宣传教育，帮助广大市民充分认识到，建设生态文明城市能够让贵阳的天更蓝、水更清、空气更好，关系到全市每个人的生活质量；充分认识到自己是城市的主人，是建设生态文明城市的参与者而不是旁观者；充分认识到生态文明道德是应该遵守的重要道德规范，以参与生态文明为荣，以破坏生态文明为耻。最近，我市广泛开展了“绿丝带”志愿服务活动，效果很好。我们倡议，全市10万国家工作人员不拘形式、不拘内容、不拘地点，尽己所能、不计报酬、帮助他人、服务社会，每人每年志愿服务时间不少于48小时。这10万人就是“风向标”，就是要带动全体市民自觉、自愿、自动地参与到生态文明城市建设中来。另一方面，要运用价格调节等方式，进行利益诱导，让广大市民在建设生态文明过程中得到看得见、摸得着的实惠，在践行生态文明生活方式中享受到既方便又节省的好处。这样，久而久之，就能形成习惯，建设生态文明城市就会从外在压力变成内在动力，成为市民生活中不可缺少的内容。

中共贵州省委常委、贵阳市委书记李军到北京西路建设工地调研

第七，从临时向常态推进。现在我市有的地方存在一个比较突出的问题，就是一些本来应该只是临时出现的现象成为了常态，一些本来应该是常态的工作搞成了临时突击。比如，脏乱差在某个地段、某个时段偶尔出现一下难免，怎么能成为一个城市的常态呢？“整脏治乱”应该是常态，怎么就变成了临时突击呢？有个社区的同志给我写信说：“李书记，我住的那个地方，平时脏兮兮、乱糟糟的，头天下午听说您要来检查，我们办事处的书记连夜紧急动员，一边通知占道经营的小摊小贩赶紧避一避，一边组织我们打扫卫生。一宿功夫，第二天上午您来的时候，干干净净。您走后不久，又是脏兮兮、乱糟糟的。我心情很矛盾，一方面希望您来，因为可以干净一阵子；另一方面又不希望您来，因为我们要通宵突击，睡不成觉。”看了这封信，我的心里也很矛盾。不去检查吧，对脏兮兮、乱糟糟大家都有意见，下去检查吧，搞临时突击的同志又有意见。真是左右为难啊！当然，实事求是地讲，有时候临时突击是必要的，能够在很短的时间内集中力量，迅速改变局面。但是，如果仅仅是临时突击，以前的问题必然死

灰复燃，甚至变本加厉，群众就更不满意。因此，我们必须纠正这个毛病，探索行之有效的办法，使各项工作成为常态。比如，严打“两抢一盗”必须成为常态。这两年来，我们持续开展严打“两抢一盗”专项行动，应该说成效是明显的，老百姓满意度有所提升，如果没有这些工作，难以想象贵阳的治安会乱到什么程度。但是，必须清醒地看到，进入冬季以来，有的区县特别是两城区“两抢一盗”发案较多，市民反映较大。现在社会矛盾比较多，“两抢一盗”形成的原因很复杂，解决起来需要一个长期的过程，不可能“一打永逸”。公安政法部门的同志无论有多苦、有多累，都必须坚持“严打”不动摇，始终保持高压态势，反复打，打反复，打得犯罪分子闻风丧胆，打得老百姓拍手称快。比如，严管交通秩序必须成为常态。10多天前，我和市委、市人大、市政府、市政协的领导同志以及市直机关的500多名同志一起上街去当志愿者，维护交通秩序，亲眼目睹了有些街道车辆乱行、行人乱穿，一幅乱象，哪里像省会城市？简直跟乡镇集贸市场差不多。现在，大家对贵阳老城区严重堵车反映很大。造成堵车的原因很多，与道路面积和路网密度不够有关，与交通组织管理不够科学有关；也与少数司机、少数行人不遵守交通规则有关，他们一边埋怨街上太堵，一边自己又在“添堵”。因此，我要求交警部门开展执法风暴，新闻媒体设立曝光台，狠抓司机、行人不遵守交通法规的典型。希望这两项活动常态化，不要搞一段时间就草草收兵。也希望广大市民起码做到不“添堵”，争取做到帮“缓堵”。比如，“整脏治乱”必须成为常态。首先要肯定，贵阳市这几年“整脏治乱”取得了很大成绩，主干道卫生水平有所提高，但是有些背街小巷特别是城乡结合部、集贸市场、饮食摊点、车站码头，垃圾、污水、痰涕、烟头随处可见。有些厕所污垢遍地，臭气熏天，有的游客说，贵阳的厕所很好找，闻着臭味就能找到。有些地方乱搭乱建十分严重，市民很有意见。说实话，讲卫生，贵阳不如遵义，遵义是“国家卫生城市”；讲秩序，贵阳不如凯里，凯里交通秩序有口皆碑。贵阳的脏乱差是从哪里来的，是从天上掉下来的吗？是从外地运来的吗？不是。是我们贵阳人自己造成的，而人的陋习不是一朝一夕就能改变的。因此，我们要坚持不懈，把“整脏治乱”进行到底。

第八，从人治向法治推进。人类社会文明进步，很重要的标志就是从人治到法治。在法制不健全的阶段，往往依靠人治，否则就“不治”，就会陷入混乱。但是，人治具有随意性、多变性的特点，尤其是权大于法、情高于法，弊端实在太多。而法治具有稳定性，不因人的改变而改变；法治具有全局性，任何人都在法律法规的制约之下；法治具有强制性，违法违规就要受到处罚。现代社会是法治社会，建设生态文明城市要求有良好的政治生态，要求所有的人都在法律法规范围内活动，要求所有的事都要依法依规处理。我到贵阳工作以来，特别注意强调法治，强调规矩。一方面带头遵守法规，从不搞以权代法；另一方面，与人大、政府、政协的同志一起不遗余力地推进建章立制、依法治市。比如推动设立了环保法庭，高举法律的旗帜保护“两湖一库”和环城林带；推动制定了《贵阳促进生态文明建设条例》和《贵阳市禁止生产销售使用含磷洗涤用品规定》，将建设生态文明城市一些好的经验和做法上升为法规制度，还推动省人大常委会修订了《贵州省红枫湖百花湖水资源环境保护条例》。在维护法规尊严、维护公共利益过程中，我甚至还可能得罪了一些人。在肯定依法治市取得成绩的同时，必须看到，我市有法不依、执法不严、违法不究的问题依然严重存在，离法治社会还有很大差距。少数政府官员不依法行政，群众来办事，他不说行也不说不行，就说研究研究，其实是不给好处不办事、给了好处乱办事；少数商人为了牟取暴利，千方百计行贿政府官员，变着花样违法违规；少数市民为了一己私利，采取违法方式表达诉求。这些行为与建设生态文明城市的指向是背道而驰的。有的人说，贵阳落后的一个重要表现就是法治落后。因此，我们要更加强调依法治市，增强从领导干部到普通群众的法治意识，切实提高全社会的法治化水平。法规要健全，没有法规的要抓紧立法，现有的法规如果不适应实践发展需要就要及时修订；执法要严厉，法规制度一旦确定，就必须成为碰不得的“高压线”，不管什么人、什么原因，只要违法违规了，就必须受到惩处。通过这些努力，推进生态文明城市建设的法治化、制度化。

第三个问题，关于执行力

抢抓新机遇，完成“三创一办”，纵深推进生态文明城市建设，最重要、最关键的就是靠全市各级干部的执行力。什么是执行力？执行力就是态度好，接受任务后立即行动，全力以赴，不讲任何借口；执行力就是能力强，有破解难题、完成任务的实招；执行力就是效果优，任务完成得漂亮。在企业，老板给员工加薪，在军队，将军给下属晋升，在机关，领导提拔重用干部，关键看什么呢？就看执行力。除非这个老板不想赚钱，除非这个将军不想打胜仗，除非这个领导不想干事，才会好比有个段子说的那样，“重用了指鹿为马的，提拔了溜须拍马的，冷落了当牛做马的”。美国著名的巴顿将军要提拔人时，常常把所有的候选人排在一起，提一个想要他们解决的问题。有一次，他要求候选人到仓库后面挖一条8英尺长、3英尺宽、6英寸深的战壕。任务布置之后，有人开始争论，有人开始抱怨，但其中一个说，“让我们把战壕挖好离开这里吧，那个老家伙想用战壕干什么都没关系。”后来这个人得到了提拔。巴顿在回忆录中写道：“我必须挑选不找任何借口完成任务的人。”我想，在座的各位领导干部都是想干事的，各位军官都是想打胜仗的，各位企业家都是想赚钱的，相信大家都会像巴顿将军那样做吧。

总体上说，我市干部队伍的执行力是强的。各级各部门执行市委、市政府的决策部署是坚定的而不是软弱的、是认真的而不是敷衍的、是扎实的而不是表面的。两年来，面对百年一遇的特大凝冻灾害，面对上个世纪30年代以来最严重的国际金融危机，全市广大干部以饱满的精神状态，扎实开展工作，克服了许多困难，取得了卓著成绩，有的甚至创造了省内、国内的奇迹。我的脑海里时常像放电影一样闪现着一幕一幕的画面，从建成贵阳环城高速公路到开工建设市域快速铁路网，从建成甲秀南路、北京西路、黔灵山路、机场路、水东路到启动建设“两路二环”，从治理“两湖一库”到保卫环城森林，从开展贵阳“避暑季”活动到举办生态文明贵阳会议，从开工建设一系列重大工业、服务业和农业、水利项目到启动建设九大工业园区，从成立11大投融资平台公司到组建七大专业招商组，从严打“两抢一盗”、治理交通拥堵到全面推进“六有”民生行动计划，从推进干部人事制度改革到开展深入学习实践科学发展观活动，等等，都让我难以忘怀。胡锦涛总书记说过：“在贵州每干成一件事，都很不容易，都要比别人多付出数倍的辛劳。”我深切地感觉到，为了干成这些事，大家付出了很多艰辛，流了很多汗珠子，背地里可能还流了一些泪珠子。贵阳的干部队伍是很有执行力的，是能打大仗、能打硬仗的，是可信、可亲、可敬的，让我非常感动。包括省直部门和广大市民，也感到这两年贵阳的干部作风有明显转变，工作效率有明显提高。

那么，为什么这次全会还要特别强调执行力？首先，这是形势所迫。执行力就是竞争力。当前，在抢抓机遇、加快发展的时代潮流中，区域之间、城市之间的竞争十分激烈，省内各兄弟城市也各有高招，都力图抢先争位，寻求新的突破。形势十分逼人。

我们耽搁不得，耽搁了，机遇就会擦肩而过；我们失误不起，失误了，就会陷入被动地位。这就要求全市干部进一步提高执行力，切实做到先人一步、高人一筹，把机遇牢牢抓在手上，在激烈的竞争中抢占先机、赢得主动。第二，这是“病灶”所在。必须清醒地看到，与我市绝大多数党员干部执行力较强形成鲜明对照的是，确有极少数干部在执行力上还存在一些突出问题。有的目无组织，对上级安排的工作置若罔闻；有的阳奉阴违，表面上说好，实际上不办；有的看人下菜，不在乎事情该不该办，主要看是谁让办；有的当“二传手”，满足于传上传下、转来转去甚至推来推去；有的执行不到位，干活粗糙，质量太差；有的机械执行，看似很坚决，其实是最大的懒汉；有的不计成本，完成任务的代价太高；等等。这些问题虽然发生在极少数同志身上，或者发生在极少数同志的极少数时段，但如果不加以警示，就会影响个人的进步，如果不加以解决，就会影响全市的发展。第三，这是民心所望。老百姓在充分肯定贵阳市的干部作风转变的同时，对市委、市政府狠抓执行力建设还有新的期待。一段时期以来，不少市民通过“百姓——书记市长交流台”等渠道给我们提出建议，比如一位市民就这样说：“贵阳建设生态文明的思路很好，要把这些思路变成现实，关键看各级干部，现在有些干部的执行力差，希望各级干部说了算、定了干、干必成、成必优，只为成功想办法，不为落后找借口。”民有所呼，我有所应。对老百姓的这些意见，我们必须高度重视，并以实际行动回应，以取信于民。讲到这里，我想起曾经担任贵州省委副书记的申云浦说过一件事。1949年贵州解放前夕，他到南京去向邓小平同志报告进军贵州的有关情况，讲了一些干部由于怕走山路、贵州经济不好等原因，不愿到贵州工作。小平同志讲，“县以下干部组织上服从，思想上不通是可以原谅的；县以上干部不仅组织上要服从，思想上也得服从，不服从就得强制。原因很简单，你吃共产党的饭太多了。”今天重温小平同志的教导，感到很有现实针对性。全市各级干部一定要认真贯彻石宗源书记在全省经济工作会议上关于“切实增强广大干部执行力”的重要指示精神，提高自己的执行力，以过硬的执行力履行好职责。

提高执行力，最重要的是树立鲜明的用人导向，要用执行力强的人。在中国现有的体制下，领导职位是稀缺资源，用什么样的人，不用什么样的人，十分敏感，直接影响干部把心思、精力用在什么地方。两年来，市委通过公开选拔、公推竞岗、组织推荐等多种方式，提拔重用了一批干部，比如从贵阳环城高速公路指挥部提拔重用了7名县级干部，从重点工程、重要工作、应对重大突发事件中提拔了近50名县级干部。这些同志为什么会受重用、被提拔？原因很简单，就是德才兼备，就是执行力强，敢抓敢管、敢作敢为、敢闯敢试，得到群众的认可，得到组织的肯定。对此，我市绝大多数干部是服气的，但有极个别的同志晋升心切，看到别人被提拔、受重用而自己没有，就在那里埋怨、发牢骚。“牢骚太盛防肠断”，我希望这极个别同志好好想一想，没有被提拔，原因到底在哪里？在组织交办任务的时候，你的态度怎么样？在组织希望你解决难题的时候，你的招数在哪里？在组织验收工作的时候，你的任务完成得如何？

怎样保证执行力强的人得到重用，并形成鲜明的用人导向呢？关键是有好的制度作为保障。这次全会文件进一步明确和完善了相关制度，就是要用这套制度把执行力强的干部选拔出来，把执行力差的干部淘汰下去，实现优胜劣汰。之所以强调明确责任，是因为执行要落实，责任先落实。只有把目标任务量化分解到主管领导、责任单位和责任人，把谁去执行、执行什么、什么时候完成任务界定清楚，才能为考核、奖惩提供依据。以前，当某项工作完成得好的时候，往往人人争功，不知道应该奖励谁；当某项工作出现失误的时候，往往人人推诿，不知道应该处分谁。主要原因就是责任不明确、不落实。这两年，市里对需要重点突破的工作，实行了项目负责制，责任落实到人。比如建设贵阳环城高速公路，都知道马长青同志是指挥长，好坏就找他。这次建设“两路二环”，市委、市政府成立了4个指挥部，分别由刘文新同志、帅文同志、徐恒同志任指挥长，好坏也能找到主儿。这是一条宝贵经验，不仅在市政道路建设中要推广，而且在全市其他各项工作中都要推广；不仅在市这个层面要推广，而且在各级各部门都要推广。之所以强调监督检查，是因为执行要有力，监督先有力。有些人是有惰性的，一项工作缺乏有力的监督，执行人难免松懈，等最后上级部门发现完不成任务或者任务完成得不好的时候，已经补救不及了。一方面，要强化体系内监督，也就是“官要督官”。纪检监察部门、人大、政协都要发挥作用。特别是这次政府机构改革合并组建的市督办督查局，一定要围绕市委、市政府的中心工作、重点工作，整合力量，盯住不执行的人，盯住不执行的事，切实加强督办督查。王建忠同志在参加公推竞岗时公开承诺，“坚决做落实的朋友，不怕做渎职的对手。”贵阳市的老百姓都听到了，希望你兑现承诺。另一方面，要强化体系外监督，也就是“民要督官”。老百姓的心里有杆秤，你的工作干得好不好、成效怎么样，他们的评判最客观，公道自在人心啊。对与群众切身利益密切相关的工作，要向社会公开承诺，并定期发布工作进展和完成情况。没有完成目标的，负责人要向公众说明情况；属于主观原因的，要向全市人民作出检讨。之所以强调严格奖惩，是因为执行要到位，奖惩先到位。古人讲，“国家大事，唯赏与罚。赏当其劳，无功者自退；罚当其罪，为恶者咸惧。”奖惩一要坚决，二要及时。对那些执行得好的，要抓紧褒奖、重用、提拔，并大力宣传报道，让他们感到光荣、受到尊重；对那些迟迟不能完成任务，或者完成任务差的，要果断予以调整。一句话，在我们贵阳，绝不能执行、不执行一个样，执行得好、执行得差一个样。

同志们，我听到一些反映，现在贵阳的干部普遍感到工作压力比较大，这次全会又特别强调执行力的问题，以后大家的压力可能会更大。实际上，压力是个好东西。对身体来讲，压力就是活力，压力使人年轻，压力使人健康，对女同志还可以加一句，压力使人美丽。有专家指出，适度的压力能够帮助人们抵御关节炎和心脏病，能够帮助修复脑细胞。现在欧洲还兴起了一种“压力”抗衰老疗法。对事业来讲，压力就是动力，压力使人奋进，压力使人成功。有这样一个说法，在非洲的大草原上，每天早晨羚羊睁开眼睛想的第一件事是，我必须跑得比最快的狮子还要快，否则就会被吃掉；狮子睁开眼睛想的第一件事是，我必须跑得比最慢的羚羊快，不然就会饿死。于是，羚羊和狮子都拼命奔跑，羚羊成了奔跑的“健将”，狮子成了草原的“猎手”。动物尚且如此，何况我们人类，何况我们共产党人？因此，为了抢抓新机遇，实现“三创一办”，纵深推进生态文明城市建设的宏伟事业；同时，为了身体健康，为了永远年轻，为了在这个充满竞争的社会成为强者，让我们高高兴兴地张开双臂，拥抱压力吧！

（根据录音整理）

在市委八届八次全体（扩大）会议上的讲话

（2009年12月30日）

市委副书记、市长　袁周

昨天上午，李军书记作了重要讲话，深刻分析了当前面临的形势，明确了纵深推进生态文明城市建设的主要任务，并就提高执行力提出了具体要求。我和大家的感受一样，非常受教育、受启发。会后，大家要认真抓好李军书记重要讲话精神的贯彻落实。我的书面讲话稿已印发给大家，已经市委常委会议研究通过，主要内容是今年工作总结和明年工作安排。下面，我用三句话概括一下今年工作、当前经济形势和明年工作安排：

第一句话：事非经过不知难

去年夏秋之交发生的一件事情大家可能记忆犹新，就是我市农民栽种的西红柿价格低至1角钱1斤还卖不出去，有的就烂在地里。当时有同志认为是西红柿栽种太多导致供过于求的缘故，实则不然，其深层次的原因是当时国际金融危机已开始露头，有相当数量的企业停工停产，大量农民工返乡，沿海地区对蔬菜的市场需求急剧萎缩，传感到贵阳，就出现了西红柿卖难问题。从去年第四季度开始，我市经济增长速度明显放缓，去年第四季度、今年第一季度经济环比持续下跌，增速放缓。

对全市经济起支撑作用的工业经济所受冲击尤为严重，市场订单持续下滑，企业普遍开工不足，用电负荷大幅度下降。最困难时，全市黄磷企业开工率不足10%，铁合金企业开工率仅为39%，中铝贵州分公司开工率仅为50%，老干妈公司50%的生产线停产。全市用电量较最高时减少40%。进入今年第一季度以后，全市企业停产率曾高达60%，开工率严重不足。氧化铝、黄磷价格从每吨两万元下滑到八九千元钱。1——7月，我市工业发展受挫，规模以上工业4月、5月、7月单月出现负增长，面临着前所未有的困难，同时消费市场等也受到严重冲击，确实是“非常之时”。

贵阳市委副书记、市长　袁周

面对极其复杂严峻的形势，我们在省委、省政府和市委的正确领导下，坚持以科学发展观为统领，坚决贯彻落实中央和省的决策部署，全力应挑战、保增长、重民生、推改革、促开放、善领导，有效地顶住了国际金融危机的严重冲击，“非常之时”采取了“非常之策”。

（一）千方百计抓投资

全市固定资产投资预计完成（下同）782亿元，增长30%，投资对经济增长的贡献率达52%以上。我们积极抢抓中央扩大内需增加投资的机遇，成立了贵阳市扩大内需增加投资工作领导小组，千方百计跑项目、上项目、找资金。在国家下达的四批扩大内需项目中，有283个市属项目获得24.93亿元中央财政投资支持，已开工271个，完工179个，开工率、完工率分别达95.8%、63.3%，带动各级各类配套资金70亿元。这不仅强劲拉动今年经济增长，而且增强了发展后劲，主要有三个亮点：一是城市发展基础极大夯实。全长121公里的贵阳环城高速公路全线通车，甲秀南路、北京西路、机场路、水东路、黔灵山路、西南环线一期、金朱东路、兴筑东路等城市道路建成通车或即将通车，这10多条道路总投资达到100多亿元，将城市路网主骨架全部拉开，为实施北拓南延东扩西连城市拓展计划初步奠定了交通基础。贵阳市域快速铁路已开工白云至龙里北联络线等5个项目；城市轻轨一号线已开工建设市政配套工程会展中心车站，城市快捷交通体系雏型初显。今年是建国60周年来我市交通基础设施投资规模最大，开工、竣工项目最多的一年。二是实施了一批龙头型、基地型产业项目。在今年开工的工业项目中，首钢贵阳特殊钢新特材料循环经济工业基地、贵州广铝年产80万吨氧化铝、中化开磷息烽小寨坝磷煤精细循环经济园区等3个项目投资均超过200亿元，中航贵阳高新区飞机发动机产业基地、兖矿开阳50万吨合成氨两个项目投资均超过50亿元，中国电子工业园区投资超过30亿元。这些大项目的实施将形成1000亿元工业固定资产投资，超过过去60年全市工业固定资产投资的总和。贵阳国际会展中心、奥体中心主体育场等服务业项目建设进度加快。全年实施3000万元以上产业化项目74个，其中亿元以上有41个。三是城市保障能力得到加强。华电清镇塘寨电厂2×60万千瓦机组项目顺利推进，赵斯变电站建成供电，为城市发展提供持续稳定的电力支撑；贵阳护理职业学院建成投入使用；总投资27.2亿元、可年新增3000万立方米用水、日新增供水10万吨的鱼洞峡水库开工，日产气30万立方米的华能焦化四号焦炉、日处理污水25万吨的新庄污水处理厂建成投入使用，为增强城市供水、供气及污水处理等保障能力奠定了基础。

（二）打好工业提速增效攻坚战

一年来，我们认真落实振兴工业经济大会精神，大力实施“工业强市”战略，努力促进工业提速增效，逐步扭转工业持续下跌状态，从8月起稳步回升，9月起规模以上工业增加值单月增幅均达15%以上。全年工业增加值达300亿元以上，增长10%。工业提速增效攻坚战取得明显成效：一是突出抓“四个”十大重点企业和重点工业项目取得明显成效。对占贵阳市工业总产值和税收50%以上的开磷集团、三大基地、贵阳卷烟厂、贵州轮胎厂、老干妈等10个重点工业企业进行重点调度和重点服务，目前除061系统经济尚未回暖以外，其余九大企业已全面提速回升；对占贵阳市药业企业总产值60%以上的益佰、同济堂、神奇、维康、远程等十大重点制药企业在技改资金、市场开拓等方面进行重点扶持和服务，在贵州电视台以及从清镇至贵阳沿线的10块高杆广告牌，由市里出资为这些企业做义务广告宣传。这10家药业企业取得快速发展，工业增加值增速均超过30%，撑起了贵阳工业的半边天；大力扶持朗玛科技等十大重点高新技术企业发展，通过高新技术企业重新认定的达53家，高新技术工业增加值增长20%以上；扶持中烟工业贵阳卷烟厂异地搬迁、詹阳重工高效节能环保特种工程机械产业化项目等10个在建工业重点技改和建设项目，增加了贵阳市工业的发展后劲。今年建成1000万元以上工业项目65个，达产后新增产值逾110亿元。同时，通过实施“小巨人企业成长计划”，对中小企业扶优扶强，使规模以上工业企业由520家增加到550家。二是工业集聚发展基础夯实。编制完成了九大工业园区控制性详细规划，高新开发区区位调整获得国务院批准，沙文生态工业园金苏大道、麦沙大道建设顺利推进；理顺小河——孟关装备制造业生态工业园领导体制，涉及花溪区管理的村整体交小河区托管，目前园区内的贵航军转民高新技术产业

园已完成“八通一平”。

（三）加快发展服务业

社会消费品零售总额达412亿元，增长20%。服务业占全市生产总值的比重达49%以上。一是旅游业持续高速增长。以贵阳避暑季为龙头，相继掀起京津唐、长三角、珠三角“百万游客游贵阳”、“万名台湾游客游贵阳”及省内“百元悠游贵阳”热潮。开通贵阳至台北定期航班、贵阳至普吉岛包机等新航线，龙洞堡机场运送旅客数连续跨越500万、600万大关。入选“中国十大特色休闲城市”。接待海内外游客3117.94万人次，旅游总收入294亿元，分别增长24.3%、57%。二是房地产业快速健康发展。房地产开发投资204亿元，增长20%；商品房销售面积844万平方米，增长105%；销售额283亿元，增长120%。我市房地产市场没有出现大起大落，保持了平稳健康有序增长，体现市委、市政府对房地产价格、供给的调控比较到位。

今年是新世纪以来我国经济发展最困难的一年，也是全市人民解放思想、埋头实干，迎难而上、共克时艰的一年，全市经济又好又快发展，人民生活继续改善，社会保持稳定，“非常之时”创下“非常之绩”。

——全力保增长，全市经济实现又好又快发展。初步预测，全市生产总值达900亿元以上，比上年增长13%左右。其中：第一产业增加值增长8.8%，第二产业增加值增长10.7%，第三产业增加值增长16%。增长较“快”的同时，经济效益明显向“好”。全市财政总收入260亿元左右；地方一般预算收入100亿元以上。单位生产总值能耗下降4%左右；化学需氧量排放控制在5.07万吨；二氧化硫排放量控制在17.9万吨，提前完成“十一五”规划目标。居民消费价格指数为98，下降2个百分点。

——倾力保民生，人民生活进一步改善。城市居民人均可支配收入15061元，增长9%；农民人均纯收入5300元，增长10%。全市新增就业岗位5.2万个，城乡统筹就业7.9万人，城镇登记失业率3.5%，96.6%的返乡农民工、5.9万名高校毕业生实现就业。

——奋力保稳定，平安贵阳建设成效明显。连续4次、16年获“全国社会治安综合治理优秀地市”荣誉称号，市民安全感比上年提高一个百分点,建国60周年等重大节庆活动中社会总体稳定。安全生产事故起数和死亡人数实现“双下降”。

在困难前所未有，挑战和冲击接踵而至的不利形势下，我市经济发展取得的成绩确实来之不易，值得倍加珍惜。这些成绩归功于省委、省政府的正确领导，归功于全市人民的埋头实干、奋力攻坚。

第二句话：把握新机遇迎接新挑战推动新发展

宏观经济走势是决定明年我市经济是否反复的重要因素，也是我们谋划明年经济社会发展目标任务的重要基点。对当前国内外经济形势作出准确判断，我认为理解“一个大势”、“一个判断”、“一个政策”、“一个压力”至关重要。

一个大势是：明年经济发展环境将好于今年。今年3月以来全球股市出现较为持续的反弹，越来越多的国家和地区的国内生产总值在第三季度已从衰退转变为增长，表明世界经济形势向好的趋势在增强。我国已经有效遏止了经济增长明显下滑态势，在全球率先实现经济形势总体回升向好。我省经济发展走出低谷，生产总值达3620亿元，增长11%，好于预期目标。我市经济增长速度继续高于全省两个百分点，实现了好字优先、能快则快的要求，经济发展处于新一轮上升周期。

一个判断是：明年世界经济形势好于今年，但影响全面复苏的不稳定不确定因素依然较多。这次经济危机“病灶”在金融领域，但时至今日，国际金融体系中所谓的“有毒资产”只解决了一半，大多数金融机构需要继续清理坏账和增加资本，引发国际金融危机的体制机制问题不能有效解决，就

贵阳市委副书记、市长袁周到市北路二期调研

不能完全排除再度出现局部性金融动荡以及再度冲击实体经济的可能。从社会层面看，包括美国等主要发达国家在内的多数经济体信贷规模呈现下降趋势或增长微弱，失业率居高不下，私人消费疲软，企业投资意愿较弱，经济缺乏新的增长点，经济稳定回升的态势还未形成。

一个政策是：特别要处理好保持经济平稳较快发展、调整经济结构和管理好通胀预期的关系。中央经济工作会议提出明年经济工作的主要任务是继续保持和稳定经济增长向好的势头，同时偏重结构调整。为此，明年将继续实施积极的财政政策和适度宽松的货币政策。这些政策、措施能否继续推进，关键取决于市场价格情况。从明年的通胀预期来看，有三个方面值得关注：一是我国具备通货膨胀的条件。为扭转经济下滑态势，今年我国放宽信贷门槛，信贷增长较快。上半年全国信贷达6.1万亿元，比去年全年4.9万亿元还多1.2万亿元，今年信贷总量可能达到9万多亿元，接近去年的两倍。同时，世界各国纷纷降低利率，美联储维持联邦基金利率在零至0.25%的水平，“零利率”实行1年多来，西方经济复苏仍然缓慢，利率再低投资人也不愿投资。在中国经济保持8%以上增速时，外国资本一定会涌入中国。根据“恒定货币数量原理”，在一定经济条件下，货币过度供给，就会引发通货膨胀。而从国内以往的实践看，如果广义货币M2连续多个季度超过18%，必定在后面的时间带来通胀。今年连续超常规的货币扩张，使得新一轮通胀预期不断加强。二是我国有条件进行有效的通胀预期管理。一方面是我国已经加强了货币管理，在上半年信贷达6.1万亿元后，央行从7月开始就进行了适当调整，7月信贷减到3000多亿元，8月为4000多亿元，9月为5000多亿元，10月为2530亿元，单从一个月的货币投放量看，2530亿元在正常年份都是紧缩政策，但从全年乃至更长一个时期看，这是信贷有弹性的管理，是要实现信贷的动态均衡。另一方面看，我们可以有效加强市场供给。产能过剩、市场需求不足仍是当前主要问题，基本物资供应充足，一般物价是上不去的。但我们仍然要注意“猪周期”、房地产商捂盘等结构性通胀引起的通货膨胀。现在，国家不管是在房地产市场或其他商品市场，都在加强市场管理，打击囤积，保证市场供应，坚定市场信心。三是管理通胀预期难点在输入型通胀。我国工业经济增长方式对资源性产品的依赖度很高，同国际市场价格的关联度也很高，今年国际油价几次上涨，都导致国内油价调整，对价格变动影响明显。随着投资和生产的进一步增长，就会在推动资源性产品和消费品成本上升方面体现出来，可能导致再次推动成本型通胀。而我国对石油、铁矿石等国际大宗商品价格缺少“定价权”，这是我国管理通胀预期的难点所在。结合以上分析，加上通货膨胀有一定时滞，我预计明年的CPI会控制在中央经济工作会议提出的3%以内，但又有一定阶段性，上半年低于3%，下半年可能超过3%。如果这一预期实现，国家可能在五六月份通货膨胀来临之前“踩”财政政策和货币政策的“刹车”，就是经济工作会议提出的“根据新形势新情况着力提高政策的针对性和灵活性”。

一个压力是：贵阳市经济很大程度上是化石燃烧型经济，烧煤、烧铝、烧磷，然后得到GDP、财政收入和就业。联合国哥本哈根气候大会也好，中央经济工作会议也好，都提出了转变经济发展方式和调整结构，实行绿色发展、循环发展、可持续发展的问题。对于我市这种依靠资源性增长、依靠燃烧化石增长的城市来说，明年发展的压力仍然较大。

综合以上分析，明年我市面临的经济发展环境仍是挑战和机遇并存，面对新形势，我们宁可把问题看得更严重一些，把困难估计得更大一些，切实增强做好明年经济工作的紧迫感、责任感，切实把心思、精力、时间都用到科学发展上来。针对新形势，市委、市政府明确了我市明年经济社会发展的总体要求和主要预期目标：

总体要求：贯彻落实党的十七届四中全会、中央经济工作会议和省委十届七次全会、全省经济工作会议精神，高举中国特色社会主义伟大旗帜，以邓小平理论和“三个代表”重要思想为指导，深入贯彻落实科学发展观，积极抢抓国家新一轮西部大开发、我省加快推进西南交通枢纽建设的重大机遇，坚持好字优先、能快则快，着力推进经济结构调整，着力推动产业创新发展，着力提升城乡规划、建设和管理水平，着力深化改革扩大开放，着力改善民生，扎实抓好“三创一办”工作，切实增强执行力，全面完成“十一五”规划各项目标任务，纵深推进生态文明城市建设。

主要预期目标：全市生产总值增长13%以上，其中，第一产业增加值增长8%，第二产业增加值增长12%，第三产业增加值增长17%。财政总收入增长12%，地方财政收入增长12%。全社会固定资产投资增长30%。外贸进出口总额增长15%。社会消费品零售总额增长17%。城市居民人均可支配收入增长10%，农民人均纯收入增长10%。城镇登记失业率控制在4.5%以内。居民消费价格指数增长控制在3%以内。人口自然增长率控制在5.5‰以内。单位生产总值能耗比上年降低4%，主要污染物排放控制在省下达目标内。其中两个关键性指标需要说明一下：

一是全市生产总值增长13%以上，突破1000亿元。从近年我市经济指标执行情况看，2005年以来，我市经济增长均在13%以上，是改革开放以来发展最快的一个时期。今年我市经济增长速度年初普遍预期在12%——13%之间，实际执行结果仍然高于13%。明年总体形势好于今年，我们将目标仍定在13%，是希望在保持经济平稳较快发展的同时，让各级各部门腾出时间和精力转变发展方式、调整结构、提高经济增长的质量和效益。同时，我们也看到，明年经济形势不确定、不稳定因素仍很多，完成13%的任务也有一定压力。但我市基本市情仍然是“欠发达、欠开发”，发展基础、条件都不如别人，在当前“前有标兵、后有追兵，不进则退、慢进亦退”的激烈竞争态势下，我们只有保持一定的发展速度，才能跟上发展的队伍，才能不掉队。因此，制定13%的经济发展目标是在充分考虑需要和可能的情况下制定的，既为结构调整留出了空间，又不是“幸福指标”，需要我们发扬“跳起来摘桃子”的精神才能实现。

二是固定资产投资增长30%，突破1000亿元。按照发展经济学的观点，人均GDP在2000——10000美元为加速成长阶段，经济增长属于投资驱动型。从理论和我市实践看，我市目前经济增长主要靠投资驱动。但近年来我市投资增长均低于发达地区和城市，其他城市利用已经形成的市场优势、交通优势在这次扩大内需中大上快上了一批大项目、好项目，我们仍在加快建设现代综合交通体系和现代产业体系。所以，继续千方百计扩大投资，仍是我市今年工作的重中之重。实现固定资产投资增长目标，我们要把握以下三点：一是中央投资政策向西部倾斜有利于我市增加投资。为深入推进西部大开发，中央已明确扩大内需新增投资将重点投向西部地区民生工程、基础设施、生态环境等领域。这次在征求西部大开发意见时，国家发改委等部门还提出加大中央财政性投资、预算内投资和国债投资向西部地区倾斜力度，当年占全国投资比重不低于总量的40%，并逐步提高；中央部门专项建设资金也将提高对西部地区水利、公路、铁路、民航等建设项目投资补助标准和资本金注入比例。二是我市增加投资有项目支撑。这里我给大家讲一个最近发生的事情印证一下，今年我市投资实现了历史上少有的30%以上的增长，引起各方关注。12月17日，国家统计局、省统计局为此专门派出检查组进行核查，在实地对市域快速铁路、轻轨一号线市政配套工程会展中心车站、农村危房改造及村庄整治、国际会展中心及世纪城房开等项目察看后，又多方听取汇报、查阅资料报表，检查组消除了疑虑，得出我市投资数据是真实可信的结论，检查组还对我市明年实施的两路二环、龙洞堡机场改（扩）建等项目投资进行了综合分析，对我市明年投资快速增长的前景充满信心。三是强化落实抓好资金、土地保障。从近年国家实施宏观调控的情况来看，实行从紧政策往往先控资金、土地，所以我们要抓紧做好资金落实，财政性资金要重点保续建、保“三创一办”急需项目，资金不落实严禁新上项目、新铺摊子，要加快推动政银企对接，争取在第一季度落实好资金盘子。要抓紧落实土地，对急需建设用地抓紧报批，已落实的项目优先安排土地，争取项目早开工、资金早落实，为实现全年固定资产投资目标奠定基础。

第三句话：突出重点狠抓落实全面完成2010年经济社会发展目标任务

明年是全面完成“十一五”规划、衔接“十二五”规划的关键一年。做好明年工作，意义十分重大。昨天李军书记专门强调了执行力的问题，核心就是要大家在工作中求实务实，狠抓落实。围绕明年工作的总体思路和预期目标，我们重点要在六个方面狠抓落实。

（一）努力增加投资扩大消费，拉动经济快速增长

1.从提升城市发展能力的战略高度抓投资。明年我市固定资产投资要突破1000亿元大关，任务是艰巨的。许多同志会想到一个敏感的话题，就是我市财政处于偿债高峰期，担忧投资会拖累财政，甚至因负债过多影响今后的发展。基于这一考虑，有人通过不同渠道建议我们减少投资规模。作为市长，量力而行从来是我们财政工作的基本理念，而通过融资搞建设，我是这样看的：一是通过融资加快发展是现代社会发展的普遍规律。过去我们总认为，一个国家或城市财政金库盈余越多，就越发达；而财政债务越多、发生赤字的，就是欠发达国家或城市。但事实却正好相反。比较1600年左右的几个国家，当时我国明朝国库存银1250万两，印度国库存银6200万块，土耳其帝国存金1600万块，账面上这几个国家都是当时最富有的，但到现在都还是发展中国家；而同时期的西班牙、英国、法国、荷兰则负债累累，靠朝廷、王室举债资助一批航海家探险，通过一系列地理大发现才逐渐富强，现在都还是发达国家。而我国清朝更为明显，从第一次鸦片战争到1895年财政年年盈余，但这些“存款”最后都变为战争赔款，成为国家之耻、民族之恨。今天我讲这段历史，主要是想告诉大家一个事实，现代社会已经进入金融时代，用借来的钱为今后的发展打基础，是现代社会的常态，是一个长期过程，也是一个现代政府、有责任和担当的政府最明智的选择。二是靠举债发展一定要注意投资风险和结构。这次国际金融危机发生后人们发现，当年靠负债消费、以虚拟经济为主的美国、英国等国家经济发展困难重重，而法国、德国等不轻言放弃支柱制造业的国家受影响程度较浅，走出危机相对较快。这启示我们，投资一定要优先考虑债务风险，切

实遏止资产泡沫，关键是要注重投资规模和投资结构问题。从实际情况看，我市财政总收入、财政一般预算收入都处于中西部省会城市前列，而债务量则较低，债务规模总体处于公认的安全范围内。但我们的基础设施落后，产业发展水平不高，这些都需要靠加大投资来改变。所以，现在我们不是争论要不要投资的问题，而是要千方百计、齐心协力通过加大投资来提升发展能力，实现科学发展、率先发展的问题。明年重点：一是着眼于提升我市在西南城市体系中的地位，优先加快基础设施建设。积极配合省抓好龙洞堡国际机场二期扩建、贵阳至广州、重庆、昆明、长沙、成都等5条快速铁路（客运专线）和沪昆、汕昆高速公路贵阳段建设。特别要注意的是，省委、省政府确定的贵阳市通往全国省会城市7小时快铁交通圈和全省“3388”交通骨架网形成后，我市在西南地区乃至于整个西部地区的交通枢纽地位将得到恢复和巩固。贵阳到广州只需要3个小时，到重庆只需要1个半小时，到成都不到2个小时，时间大大缩短。但同时，外地客商到贵阳、重庆、成都等地时间都很快，就会出于交易成本考虑在哪个地方投资发展。如果我们不加快城市基础设施建设，不尽快把城市档次提升上去，就会错失这个历史性发展良机。同时，明后两年是推进“三创一办”的关键年，其他城市举办重要赛事的实践证明，通过筹办大型活动，有利于争取各方支持完善市政基础设施。因此，我们不仅要继续加快推进市域快速铁路网工程、城市轻轨等重大工程，还要考虑这些重大交通基础设施的便捷互通。抓好市域现代交通体系建设，明年要开工建设或建成北二环、东二环、北京东路、甲秀北路、白修线、太金线、开发大道三期，积极做好开阳至息烽、清镇至黔西、清镇至织金高速公路等项目前期工作，建设金阳至清镇市政干道。同时，新建金阳客运站、将军山货运站、贵阳客运南站等，改善物流条件。二是着眼于产业调整振兴加快重大产业项目建设。近年来是我市重大产业项目建设取得突破性进展的时期，除有关部门和单位的主观努力外，项目得以成功引进和实施主要有两方面客观因素：一方面是现有优势资源、支柱产业、骨干企业。如浙江今飞、广州铝业、西洋肥业进入我市发展铝、磷资源深加工项目；首钢进入重组建设新特材料循环经济工业基地也是因为看中贵阳钢厂在我国钎钢市场较高的占有率等。另一方面是我市中心城市的区位优势。如军工企业为吸引和留住人才，将原有一些布局在深山沟的高技术企业搬到我市，以及会展中心、物流园区等项目均如此。我们常说我市产业散、小、弱，这是历史长期形成的。但近年来我市新上重大产业项目的事实说明，贵阳只要充分发挥优势，就能争取大投资，发展大产业。明年重点要加快重大工业项目续建进度。切实抓好开磷集团息烽精细磷煤化工基地、首钢贵阳特殊钢新特材料循环经济工业基地、贵航军转民高新技术产业园、华电清镇塘寨电厂2×60万千瓦机组、贵州广铝年产80万吨氧化铝等重大项目工程建设。要滚动完善项目库，注重项目库规模和结构，产业项目库投资规模要动态保持500亿元以上，高新技术产业和新兴产业投资规模占项目库总量要达30%以上。进库项目要提高标准，突出考察投资规模、产业强度、财力贡献、就业机会和产业带动效应等指标。

2.努力扩大消费需求。扩大消费需求是今年中央经济工作会议强调的重点，但由于中央和各地调控层面、面对群体不同，中央、省将重点在完善消费政策、改革收入分配制度等宏观层面加大力度，我们一方面要落实好中央、省的政策措施，另一方面要从实际出发，重点抓好：一是促进旅游业大发展。旅游经济是近年来持续升温的一大热点，我们要继续加大城市品牌的宣传推介，办好一系列旅游节庆活动带动我市旅游、商贸、住宿、餐饮、娱乐等行业的快速发展。

近年来，我市将旅游事业局改名旅游局到现在再更名为旅游委员会，体现了市委、市政府对发展旅游业的高度重视。近几年我市每年举办一次旅游业发展大会，每次推出一个重点扶持旅游县。如南江大峡谷前几年还没多少人知道，现在已经变为贵州省十大旅游景区之一，成为国家级4A级旅游景区。青岩古镇通过加强推介，在海内外打响了品牌。今年我们重点打造阳明文化，明年将着重打造一个年旅游收入5000万元以上的景点，具体的选点正在进行研究。要以避暑季、温泉月为载体，办好药博会、农博会、亚洲青年动漫大赛、花溪之夏艺术节、美食节、购物节等系列活动。同时抓好旅游配套设施建设，目前全市已有和在建的五星级酒店有12家，其中国际连锁酒店就有7家。这是促进我市的旅游硬件设施快速升级的大事，必须抓紧抓好。二是稳定扩大住房消费。国家明年在住房建设领域的投资额度将达到4000亿元，重点是廉租房和棚户区改造。我市要抓住这个机遇，启动10个城中村改造项目，开工一批重点城镇、工矿区的棚户区改造项目，全面完成农村危房改造任务。同时，支持中小型普通商品住房开发，对符合条件的低收入群体购买保障性住房实行货币直补，让大学生就业十年就有能力购买商品房。还有一项措施，就是凭借贵阳凉爽的气候条件，联合房开企业、银行到全国大中城市开展“避暑之都购房休闲游”活动，放宽异地购房贷款限制，推动旅游地产开发。

（二）着力推动产业优化升级

全市振兴工业经济大会提出大调整、大开放、大实干的工作思路。调整振兴产业之路在哪里？必然先要找准我市的优势特色产业。六大产业振兴计划里面就体现了“优”和“特”，我们必须盯紧铝及铝加工、磷煤化工、现代药业、烟草和特色食品、装备制造业、物流业等加快发展。

1.铝。我市铝储量是3.8亿吨，占到了全国储量的18%，铝产业做大做好可以达到500亿元产值，这是我们最大优势。当前要重点抓项目建设，提高增量。明天上午，贵阳市铝及铝加工基地暨贵州今飞轮毂股份有限公司120万只铝轮毂项目开工仪式将在白云区举行，利用中铝贵州分公司每年供应5万吨铝水就地生产汽车铝轮毂，不用二次溶化，节约了大量电费，这是今年铝工业的一项重大突破。另一个是在清镇加快建设80万吨氧化铝项目，尽快建成我市第二大铝厂。还有就是市工业投资公司收购原磊庄5708厂生产设备用于生产铝箔，是铝加工的一项突破。

2.磷。我市磷储量是4.5亿吨，占全国储量的20%，其中五氧化二磷含量高于38%的优质富矿占全国总量的78%，原来每年卖300多万吨磷矿石，实际上是把1000多亿元的附加值源源不断地向四川、上海、广东输出。现在市委、市政府明确磷矿石的就地转化率3年后必须达到100%，明年必须达到60%。开阳磷矿现在已变成全国最大的高浓度磷肥生产基地，每年产量300万吨，现在正在加快建设合成氨和硝铵项目，同时在息烽小寨坝建设3平方公里的精细磷煤化工基地，其中列入863计划的无水氟化氢中试已经成功，即将建设成生产线。

3.煤。水晶集团今年已投入7亿元进行技术改造扩能，建设的3万吨醋酸生产线和华能焦化四号炉已投产，可以增加10亿——20亿元煤化工产值。下一步重点是抓已建项目的达产和加快五号焦炉等新项目。

4.现代药业和食品。贵阳市是全国重要的民族药、中成药生产基地，今年将达到100亿元产值，云岩区的益佰，修文县的维康，乌当区的远程、新天、天安、威门等药业企业，今年都是30%——40%的高速增长，所以一定要把药业做大做强。还有食品，老干妈二期生产线已经建成，明年将会有更快发展，南明龙洞堡食品工业园就是要以老干妈为主加快引进新项目。烟草方面，贵阳卷烟厂新建的200万大箱的生产线正在试生产，加上产品结构调整，其产值可以达到200亿元。

5.装备和电子制造。一方面是壮大现有优势企业，如我市三大军工企业、贵州轮胎厂等等。二是新上大项目。近几年我市装备和电子、高新技术产业异军突起。小河——孟关工业园区正在修开发区大道和金戈路，贵航高新技术军转民工业园区已有4个项目进场开始施工，产值可达100亿元左右；盘江煤电拥有几十亿吨煤炭资源，是贵州省实力非常强的企业，总部大楼将建在金阳新区，现在正准备以工业机械为主建设一个装备工业园；麦架——沙文——扎佐高新技术生态产业经济带加快基础设施建设。这些都将是我市工业的后发优势和增长点。

服务业是我市产业结构调整的重点，刚才我在讲扩大消费时已经讲了旅游业、房地产业，其他新兴产业，包括软件产业、创意产业和新材料产业，也要积极谋划，加快发展。

（三）以“三创一办”为重点，努力建设宜居宜业宜游城市

这次会议通过的《若干意见》已经明确，明年我市要力争获得国家卫生城市、国家环保模范城市称号，为2011年创建全国文明城市和协办好第九届全国少数民族传统体育运动会奠定良好的基础。市委、市政府确定这样的目标，对提高城市品位，扩大城市影响力有着重要意义。一是国家对卫生城市、环境保护模范城市、全国文明城市有着严格的考核标准。前段时间我带队到成都、兰州、绵阳考察，给大家的一个深刻印象就是通过创建全国文明城市，几个城市不仅城市变得更加干净、漂亮，城市建设、管理水平得到极大提升，而且市民文明素质有了质的变化。大家目前对贵阳环境脏乱差、城市拥堵、社会治安等“城市病”意见很大，如何实现根本改观，就是通过扎实推进“三创”，变以前部门自己评价为全国城市一把尺子考核，变整脏治乱等单项评价、政府为主、可突击应付为全面综合评价、市民广泛参与、工作靠平时积累转变。二是协办好全国少数民族传统体育运动会有助于提升城市影响力。第八届全国少数民族传统体育运动会于2007年在广州举行，盛况空前，使民运会从一个不引人注目的运动会推向众人瞩目的焦点，也成功展示了广州城市形象。第九届全国少数民族传统体育运动会是我省首次承办的全国大型运动会，开幕式、闭幕式及主要比赛均由我市协办，这是对我市城市功能、政府组织动员能力和市民文明素质的一次集中考验。市委、市政府下大力抓“三创一办”不是图虚名、急功近利，而是以此为抓手，提升城市宜居宜业宜游品质。

贵阳市委副书记、市长袁周劝阻违反交通规则的行人

1.强力实施城市拓展计划。世界上较成功的城市规划一般都遵循“保护历史城市另辟新区扩建”的原则，如巴黎在保护旧城区的同时，注重加强周边新城的规划建设，并在20世纪70年代起主轴线继续向西延伸，规划建设了德方斯商务金融区。我国传统城市建设也大多如此，如后周汴梁及宋东京（开封）是同心圆式向四周扩张，也有相当多的城市采用在老城的一侧另辟新区扩建的，如明南京建都之初在原有城市基础上向东发展另辟皇城区；福州是从屏山逐渐向南开拓而成；明扬州城逐步向东面运河方向发展，待修城墙后定型；明太原城的发展则是在原宋

城基础上在东侧扩建晋王府的结果；即使是北京的发展，金中都城在战乱中宫城被毁，原有城市也并未多触及，元世祖忽必烈另在当时的东北郊（今北京琼岛为核心）另经营新城，即元大都。这种新区偏向旧城一侧或周边发展的形式，其优点在于对原有城区无须太多变动，而新区的发展可以根据现实的需要，布局较主动。我市已编制完成《贵阳市城市总体规划（2009——2020年）》和《贵阳市土地利用总体规划（2009——2020年）》，省委、省政府已经同意这两个规划并报国务院审批。城市总体规划中提出到2020年，贵阳市主城区规模将达到400平方公里，总人口达到400万人。现在我市主城区大概有127平方公里，人口160万人左右，实际上要增加两倍。土地利用规划中提出从2009年到2020年，要用250平方公里建房、盖楼、修工厂、筑道路。我市建市几百年来才用了100多平方公里。未来11年要用250平方公里的地，为拓宽城市发展空间提供了用地保障，贵阳市将迎来一个建设大都市、现代化城市的一个重要战略机遇期。今年建成的贵阳环城高速公路已经把城市拓展的轮廓装进去了。往东走，龙洞堡机场年吞吐量超过600万人，预计很快将超过1000万人，必须把龙洞堡片区开发提上重要议事日程。我们把花溪小碧乡、乌当永乐乡97平方公里土地调到了南明区，南明区的土地面积扩大了一倍。明天上午机场路将开通，大家不用交过路费就可以到达龙洞堡片区，城市“豁然开朗”，“东扩”了近百平方公里；往东北面，随着水东线的开发，也打通了30平方公里土地的城市空间；通过北京西路“西连”，27平方公里的三马片区划给云岩区整体开发，再往清镇发展，轻轨已规划到了清镇。往清镇的城市主干道明年也要开通，40米宽的大道已经修到了朱昌，同时清镇“市改区”正在上报国务院，为清镇“长入”城区奠定了基础；往北走，从瑞金北路到贵阳一中门口的黔灵山路通车以后，往金阳新区更加便捷，麦架、沙文、扎佐高新技术产业集群整体“北拓”，麦架至修文40米宽的城市干道即将招投标，届时由金阳新区到修文县城所需时间大为缩短。整个贵阳市就会形成一个400平方公里的主城区。今后我们就要围绕这个规划目标，一是切实抓好各片区的规划建设和管理。在新区建设中常常存在规划与发展脱节，见物不见人的弊病。去年我去苏州工业园考察，发现工业园内不仅规划了产业区，而且在产业区周边都布局了商场、房地产项目等设施，园区内生产区、生活区相互补充、有机融合。贵阳市民曾经戏称中心城区是“堵城”、小河是“睡城”、金阳新区是“鬼城”，就是各片区功能不合理，市民不能就近就业、就医。所以现在要抓紧做规划和细部设计，做好客货运场站、大型专业市场、中心城区环卫设施等专项规划，使城市形成各具特色、功能完善的“有生命的整体”。今年重点是沿贵阳环城高速公路抓好加快二戈寨、金阳等物流园区和孟关汽车商贸城建设，同时抓紧搬迁、置换三马片区内一些货运场站和五里冲农贸市场、客车站、批发市场等。二是实行严格的城市规划管理。2003年金阳新区搬迁时，三桥到金阳新区的百花大道周边几乎都是空地，但仅几年时间，这些地方就到处都是农民自建房，形成新的“城中村”。现在我们的城市范围一下扩大到400多平方公里，许多地方违法建筑已经“露头”。这是对我们各级党委、政府执政能力、行政能力的考验，大家一定要树立“守土有责”的意识，按照规划加强管理，严防新一轮违法建设形成气候。

2.提高城市精细化管理和人性化服务水平。现在大家都在关注城市堵、脏、乱，这既有客观原因，又有主观原因。据统计，目前全市每天车辆上牌270余辆，机动车保有量将达到40万辆，超过了香港。而贵阳市的交通规划、管理和香港都不是一个档次。所以，改善城市面貌，除了修快铁、修轻轨、修两路二环、修“三环十六射”以外，还要

加强管理。一是采取科技手段加强管理。我市交通智能指挥系统和城市数字化管理系统明天上午就要启用，明年还将增加5000个摄像头，将实现对整个主城区城管、交通、社会治安、环境卫生状况的无缝隙监控，我市将跻身于全国现代化、数字化、管理先进城市之列。二是提高市民文明程度。在座的领导干部以及全市公务员首先要带头提高素质，同时通过开展志愿者活动，生态社区、学校创建活动等，使广大市民从城市管理对象变为参与人，自觉维护城市卫生和秩序。

（四）大力建设低碳城市，进一步强化生态优势

上个月市政府正式向国家环保部提出建设低碳经济试点城市的申请。这一方面是有利于争取国家支持，加快我市低碳经济发展；另一方面也是自加压力，加快城市发展方式转型。低碳城市建设涉及方方面面，需要开展的工作很多，这里我强调四点：一是加强林业绿化建设和保护增强碳汇能力。继续开展植树造林和石漠化治理，加强环城林带等森林资源、野生动植物及绿地资源的建设、保护和利用，城区建设10公里公园山体步道，完成2个山体公园建设，抓好贵遵、贵新、贵毕高等级公路境内沿线景观绿化建设，新增绿地面积45万平方米以上，完成营造林15万亩，确保全市森林覆盖率提高一个百分点以上。二是先行先试开展碳贸易。支持阳光产权交易中心创建贵州环境交易所，率先完成环境权益交易试点，打造成国内知名的碳贸易平台。力争完成开阳户用沼气打捆碳贸易项目在国外拍卖成功，让人民群众享受到碳减排的实惠。三是发展低碳产业。完成中铝贵州分公司工业炉窑余热利用节能技改、贵州轮胎股份有限公司蒸汽供热系统优化节能改造、市公交总公司城市公交车清洁燃料技改等项目建设，继续实施好开阳紫江公司磷渣水泥、新强公司甲酸等项目。加快贵阳钢厂、清镇发电厂、贵州水泥厂等重点污染源企业异地改造项目建设，淘汰一批不符合产业政策和环保要求的小型企业。四是倡导低碳生活方式。开展低碳社区、低碳学校试点，加强低碳宣传教育，推广使用节能灯等清洁能源产品，实行每周少开一天车，使低碳化生活方式、消费模式逐渐深入人心。

（五）大力抓“四化”促“三建”，推进城乡一体化协调发展

近年来我市农业农村面貌发生了深刻变化，农业产业化进程加快。几年以前，我市鸡蛋要到石家庄、保定调运，现在不但可以自给而且还有盈余向外供应；禽以前需要从广西调运，现在每年除了有3000万只禽供应贵阳市场外，还可以有盈余供应其他省市（包括出口）；猪的存栏数已达到200万头；5年前奶牛存栏数是2000头，产奶11吨，而全省一天需要150多吨奶，现在我市奶牛存栏数是4万头，明年底产奶量将扩展到110吨，税收将达到6亿元，可以保证全省80%的奶供应量，既满足了市场需求，又带动了财政增收、农民增收；以前主要靠外供应的蔬菜，现在黔山牌、贵山牌蔬菜供应到全国市场，还出口到香港。中央农村工作会议透露，明年的一号文件十分重视城乡统筹和大力推进农业产业化。贵阳市是大城市、大农村格局，60%——70%的土地在农村、50%的人口在农村，我们要更加关注、更加重视“三农问题”。

强力促“四化”。促进农业产业规模化。加大对龙头企业的扶持和培育力度，重点扶持50家市级龙头企业，培育10家产值超亿元的龙头企业。进一步完善土地流转办法，有序推动土地向大户、向龙头企业、向产业园区集中，帮助农民实现就地就业，探索耕地得到切实保护、发展用地得到切实保障、土地效益得到切实发挥、农民权益得到切实维护的土地流转新格局。促进农业产业特色化。继续大力实施畜、禽、蛋、奶、果、蔬、花、药、茶等现代农业示范工程，加快推进国家级农业科技示范区建设，新建4

个大型奶牛养殖场，新建一批中药材基地、花卉基地、无公害果树基地、无性系茶园和规模生态蔬菜基地。促进农业产业标准化。加强无公害农产品、绿色食品和有机食品示范基地建设和认证，推进农业标准化生产。完善10个县级农产品检测中心，确保主要农产品基地产品抽检合格率达98%以上，促进城乡公共服务均等化。着力完善农村教育、卫生、文化、体育等公共服务体系。继续实施农村广播电视户户通工程。重点解决3.53万农村人饮安全问题，建成50个农村规模养殖企业大中型沼气池工程及排污设施，健全农村垃圾处置体系。坚持开发式扶贫、开放式扶贫和救助式扶贫，对有劳动能力的农村低保对象全面实施扶贫。

扎实强“三建”。加强农业基础设施建设。建成鱼洞峡水库主体工程，开工建设库关水库、金龙水库等一批骨干水利工程，实施乌当中型灌区等节水改造，完成一批病险水库除险加固和重点水源区水土保持治理工程；改造农村公路1000公里。加强城镇化建设。注重城镇规划、载体建设、产业调整的对接、融合，提高清镇市区和修文、开阳、息烽县城的综合承载能力，加快站街、扎佐、双流、小寨坝等中心镇规划建设，提高产业聚集和人员吸纳能力。深化户籍制度改革，促进农民向城镇集中。加强新农村建设。巩固提高新农村建设12个省级示范点、38个市级试点和10个精品民族村寨的创建成果，全力抓好100个重点村庄规划、建设。

（六）以改善民生为最终目的，全面推进社会事业发展

保障和改善民生是我们发展经济的最终目的。近年来，我市大力实施“六有”民生行动计划，取得了良好成效。明年要重点抓好以下工作：一是教育均等化。重点要解决择校问题，一方面是支持名校办分校、办连锁，另一方面要实行师资、经费的均等、均衡和教育资源的循环，落实中小学校长、教师交流制度和学区内划片入学制度，新建或改（扩）建20所农村标准化学校，在云岩区、南明区、小河区各扩建或新建1所接收进城务工人员随迁子女学校，推动义务教育均衡发展，逐步消除“择校”现象。二是医改要大突破、大推进。要强力推进医疗卫生体制改革，对公办卫生事业单位要实行财政预算管理，实行收支两条线，使其逐步成为以政府主导的财政全额拨款公益性事业单位，社区卫生服务机构、乡镇卫生院和村卫生室实行国家基本药物零差率销售，使老百姓真正看得起病、吃得起药。三是抓好就业和社会保障工作。就业方面，确保新增城镇就业4.5万人，转移农村富余劳动力2.5万人，特别培训计划培训0.6万人，开发公益性岗位4500个，城镇登记失业率控制在4.5%以内，40%的社区建成“充分就业社区”，继续保持“零就业”家庭动态为零。社会保障方面，提高城乡低保标准。加大社会保险扩面征缴力度，抓好新型农保、城镇居民医保、老年居民以及被征地农民参保等工作，强化社保基金监管，实现养老保险扩面5万人、城镇职工医保扩面4万人、城镇居民医保扩面3万人、失业保险扩面3万人、工伤保险扩面3.5万人、生育保险扩面4万人。四是切实维护社会稳定。继续深入开展“严打两抢一盗、保卫百姓平安”、“扫黄打非”、禁毒等专项行动，健全完善扁平化指挥网格式警区防控机制，加强社会治安综合治理。做好信访工作，加强人民调解、行政调解工作。进一步完善应急管理体制，不断提高应急反应和处置能力。严格落实安全生产责任制，严查安全事故隐患，抓好突发事故处置，确保安全生产事故发生起数、死亡人数控制在省下达目标之内。

今天我讲了三个问题，重点对明年工作进行了阐述，不足之处，请各位领导、同志们、市民朋友们提出宝贵意见。

（根据录音整理）

TE ZAI

中共贵阳市委 贵阳市人民政府

关于提高执行力 抢抓新机遇 纵深推进生态文明城市建设的若干意见

——2009年12月30日中共贵阳市第八届委员会第八次全体会议通过

为深入贯彻党的十七届四中全会、中央经济工作会议和省委十届七次全会、全省经济工作会议精神，进一步提高全市各级干部执行力，抢抓国家继续实施西部大开发战略和我省积极争取建立生态文明示范区等机遇，纵深推进生态文明城市建设，现提出如下意见。

一、坚定信心，切实增强纵深推进生态文明城市建设的自觉性

（一）生态文明城市建设的初步成效。市委八届四次全会以来，全市上下深入贯彻落实科学发展观，坚持以建设生态文明城市总揽工作全局，在遭受特大凝冻灾害和国际金融危机严重影响的不利条件下，经济保持了平稳较快健康发展，地方生产总值和财政收入实现了两位数增长；产业结构进一步优化，以旅游业为龙头的服务业长足发展，三二一的产业结构基本形成；城市基础设施逐步完善，贵阳环城高速公路、新庄污水处理厂等一批重要基础设施相继建成；生态环境持续改善，“两湖一库”水质提升，环城林带得到有效保护；人民生活水平明显提高，“六有”民生行动计划全面推进，群众普遍关注的一批热点难点问题得到有效解决；推动科学发展的体制机制逐步完善，建立了生态补偿机制，出台了《生态功能区规划》，制定了《贵阳市促进生态文明建设条例》等一系列法规，搭建了11个投融资平台；生态文明观念逐步强化，成功举办了生态文明贵阳会议、建设生态文明城市领导干部专题研讨班和研讨会；干部队伍建设切实加强，通过公推竞岗、公开选拔、实施“双百”工程等方式选拔干部，激发了干部队伍活力。实践证明，建设生态文明城市，完全符合中央和省委的要求，完全符合贵阳的实际，顺应了世界城市发展的潮流，是实现科学发展、促进社会和谐的必由之路。

同时，也要清醒地看到，我市生态文明城市建设尚处于发展初期，还存在许多不足，突出表现在：经济发展方式尚未根本转变，生态产业发展仍较缓慢；城市规划建设和管理仍较粗放，城市品位亟待提高；发动基层和群众广泛参与建设生态文明城市不够深入，群众性生态文明创建活动不够丰富；一些涉及群众切身利益的民生问题还比较突出；有的干部素质和作风不适应新形势、新任务要求，执行力不强。

（二）当前面临的机遇。当前，国际经济逐步趋暖，世界主要经济体正缓慢复苏，能源短缺、环境污染、气候变化已成为全球关注的焦点，绿色经济、低碳经济和循环经济将引领世界经济转型。我国经济形势总体回升向好，国家将继续实施积极的财政政策和适度宽松的货币政策，更加注重结构调整，更加注重保障和改善民生，大力推进生态建设和环境保护；继续实施西部大开发战略，把西部地区建设成为现代产业发展的重要集聚区域、统筹城乡改革发展的示范区域、生态文明建设的先行区域。省委、省政府正积极争取建立生态文明示范区。这一系

列新的重大机遇，必将极大地促进我市生态文明城市建设。

（三）近期工作目标。建设生态文明城市是一个长期过程，必须准确把握每个阶段的重点，逐步把生态文明城市建设推进到全市经济社会发展的各个领域、各个层次、各个环节。当前和今后一个时期，要超前做好“十二五”发展规划编制工作,重点做好创建国家卫生城市、国家环境保护模范城市、全国文明城市和协办第九届全国少数民族传统体育运动会（简称“三创一办”）的各项工作，力争2010年获得国家卫生城市、国家环境保护模范城市称号，2011年进入全国文明城市行列，推动生态文明城市建设向纵深发展。

二、全面加强城乡规划、建设和管理，提升城市品位

（一）扩大城乡规划覆盖面。围绕《贵阳市城市总体规划（2009——2020年）》，抓紧编制分区规划、各类专项规划以及城市设计和修建性详细规划，增强各类规划之间的协调性，强力推进规划实施。2011年完成主城区1230平方公里和全市乡镇镇区范围控制性详细规划编制。进一步完善农民建房的相关政策，突出民族和地域特色，加强道路沿线农房和重点村寨的整体规划和设计。编制完成《贵阳市客货运场站建设规划》、《贵阳市大型专业市场建设规划》、《贵阳市中心城区环卫设施规划》等专项规划。

（二）加强城市细部规划建设。重点做好主要景观轴线和主要节点、地标性建筑、城乡接合部、城市主要出入口的规划设计，突出广场、绿地、河道等公共开放空间的功能和特色。精心做好城市建筑物的外观设计，加快推进主干道两侧建筑立面规划整治。加强中心城区绿化，2011年人均公共绿地达10平方米以上。严禁乱批滥占林地开发房地产。积极发展绿色建筑，全面推进绿色设计和绿色施工，开展绿色建筑认证。严格执行建筑节能环保标准，推广使用节能环保建筑材料，加强既有建筑节能改造。结合地域、气候和周边环境等特点，充分利用自然通风和自然采光，合理安排区域建筑布局和朝向。

（三）强力推进基础设施建设。精心组织贵阳市域快速铁路网、城市轻轨、北京东路、甲秀北路、北二环、东二环等重大交通项目规划建设，提高投资决策透明度，严格控制投资概算，加强监督管理。统筹沿线土地开发和片区建设，按照建设城市新社区的思路做好拆迁安置工作。加快雨污分流、城市污水收集管网和处理设施建设，加强供排水特许经营管理。新建的规模以上住宅小区、宾馆、写字楼、办公楼等场所必须建设雨污分流排水系统，鼓励支持建设中水回用工程，逐步对已建成的大型住宅小区和公共建筑实施雨污分流和中水回用系统改造。2011年完成花溪片区及市西河、贯城河流域等老城区的雨污分流管网改造。加快垃圾中转站及无害化处理设施建设，2011年建成南郊垃圾卫生填埋场。

（四）提高城镇化发展水平。提升金阳新区综合服务功能，加快商场、学校、医院、公交等配套设施建设，增强城市人口集聚力。加快三桥马王庙片区开发，着力推进金西大道（云岩段）、新马王街等市政设施建设，促进老城区、三桥马王庙片区、金阳新区的融合。按照属地管理原则，加大违法建筑查处治理力度。2010年启动10个城中村改造工作。进一步完善花溪、乌当、白云、小河的城市服务功能，提高清镇市区和修文、息烽、开阳县城的综合承载能力，逐步放宽城镇户籍限制；加快站街、扎佐、青岩、双流、小寨坝等中心镇规划建设，提高产业聚集和人口吸纳能力。

（五）严格市容市貌管理。加大“五脏五乱”整治力度。选择一批社区和单位开展垃圾分类收集试点工作，逐步形成城市垃圾源头削减、分类收集、分类运输、综合利用、无害化处理的运行机制。实施餐饮业油烟污染、环境噪声污染、扬尘污染和机动车排气污染综合整治。2010年，群众对全市卫生状况满意率高于90%。

（六）完善城市建管体制。加快制定市、区（市、县）和投资建设主体三方利益联动建设基础设施的具体措施和办法。整合城市管理资源，加快建立交通、治安、城管等共用的城市数字信息化管理平台，实现网格化管理。强化“两级政府、三级管理、四级服务”的城市管理体制，理顺市、区、街道、社区的管理工作职责。积极推进政府购买公共服务，对污水处理、清洁卫生、园林绿化等逐步实行社会化、市场化运作。

三、加大结构调整力度，提高生态经济发展质量

（一）积极培育新的经济增长点。进一步突出“爽爽的贵阳——中国避暑之都”城市品牌，深化“贵阳避暑季”、“贵阳温泉月”活动内容和形式。加快国际会展中心建设，扩大生态文明贵阳会议在国内外的影响力。加快二戈寨、金阳等物流园区和孟关汽车商贸城建设。积极引进招商银行、花旗银行等国内外金融机构。2010年成立贵阳市农村商业银行。2011年服务业增加值占全市生产总值的比重达50%。抓好中航贵阳高新区飞机发动机产业基地、贵航军转民（装备制造）高新技术产业基地等重大项目建设。大力发展战略性新兴产业，积极支持锂离子电池正极材料、太阳能级多晶硅等新材料、新能源项目建设。加快无污染、无公害农产品基地建设，2011年主要农产品中有机、绿色及无公害产品的比重达80%以上。

（二）加快传统产业改造升级。2010年编制完成铝、磷等矿产资源开发利用专项规划，优化矿产资源配置。强力推进铝、磷、煤等资源型企业技术改造，能源资源消耗指标达到国内同行业先进水平。加强磷渣、粉煤灰、赤泥等工业固体废物的综合利用和处置。发展精深铝加工和精细磷煤化工，延长产业链，提高产品附加值。加快资源就地转化，新建的铝、磷等资源型项目，资源就地转化率必须达到100%，2011年现有磷矿企业资源就地转化率达到60%，铝矿原矿和焙烧熟矿企业资源就地转化率达到100%。运用信息技术和现代经营管理方式，加快商贸、餐饮等传统服务业优化升级。

（三）加大工业污染防治力度。坚持绿色招商，严禁不符合国家产业政策、污染严重的项目落户。推广清洁生产，逐步实行强制性清洁生产审核。严格执行排污许可证和污染物总量控制制度，完善企业污染源档案。加大整治违法排污力度，对污染物排放不达标的企业限期治理或关停。加强以二氧化硫和可吸入颗粒物为重点的工业大气污染治理，加快清镇发电厂、贵阳钢厂、贵州水泥厂等重点污染源的异地改造项目建设。2010年全市重点工业企业污染物排放稳定达标。

（四）强化生态植被恢复治理。采取科学、有序、合理的开采方式，提高矿产资源回收率和综合利用率，减少对生态环境的影响。严格执行矿山地质环境恢复治理保证金制度，督促矿山企业恢复治理矿山地质环境。大力实施国家天然林资源保护、水土流失、石漠化和沙石采掘场综合治理、巩固退耕还林成果等林业生态重点工程。加大交通干线绿化力度。进一步发挥市中级人民法院环境保护审判庭和清镇市人民法院环境保护法庭的作用，强化以环城林带、“两湖一库”为重点的森林资源管理和保护。到2011年全市建成区新建4个山体公园，完成营造林24万亩，森林覆盖率达43%。

（五）加大节能环保资金投入。调整市工业技改资金和市应用技术研究与开发资金投向，每年用于支持高新技术、节能减排、循环经济、清洁生产等项目的资金不低于60%。设立市创业投资引导基金，支持战略性新兴产业和科技型创业企业发展。创新生态建设投入机制，鼓励和引导各种投资主体以多种形式投资、建设和营运生态环保项目，

确保环境保护投资指数高于2.0，并逐年提高。

（六）完善节能环保相关政策。推进居民用水、煤气阶梯式计价收费，非居民生活用水实行超计划加价收费。制定支持中水、雨水开发利用和循环用水的相关政策，环卫、绿化等市政用水逐步使用中水、雨水，洗车、洗浴、游泳等经营单位，应采用低耗水技术，安装使用循环用水设施。清理整顿自备水源，并逐步关闭。切实做好水资源费、污水处理费、排污费和垃圾处置费的征收工作。落实好国家电价调整政策。进一步完善和落实生态补偿机制，探索启动排污权交易市场，积极争取在特定区域或行业内探索性开展碳排放交易

四、深入推进“六有”民生行动计划，切实解决民生热点问题

（一）稳步提升群众安全感。继续深入开展“严打两抢一盗，保卫百姓平安”专项行动，加大对“黄、赌、毒”等违法犯罪以及社会黑恶势力的打击力度。加强对城郊接合部、娱乐场所、出租房屋等重点区域和特种行业的管理整治。健全110扁平化指挥网格式警区防控机制，提高快速反应能力和街面见警率。组建和充实各种形式、不同类型的群防群治队伍，着力解决楼群院落尤其是散居院落的治安防范问题。

（二）着力缓解老城区交通拥堵。大力推进智能化交通管理，提高重点区域、路口、路段通行能力，力争交叉路口阻塞率不高于2%。严格执行限制大货车进入中心城区等管理措施。加强城市停车场规划建设和管理，制定分区域、分时段的差别停车收费政策。优化公交线路、站点设置，加快公交车辆更新，提高公交服务水平，制定鼓励公交出行的优惠政策。2011年市民对公交站点布局与交通便捷的满意度不低于60%。依法严厉打击非法营运，理顺出租车营运管理模式，逐步形成中心城区与各片区统一的客运市场。积极开展“步行日”、“无车日”活动，完善城市步行系统、无障碍系统。

（三）切实解决“择校”问题。促进义务教育均衡发展，加快中小学区域布局调整，推进城郊接合部和新建住宅区配套公办学校、农村寄宿制标准化学校建设和薄弱学校改造。深化义务教育学区管理改革，逐步提高农村学校教师待遇，严格落实中小学校校长、教师交流制度和学区内划片入学制度，进一步缩小城乡之间、区域之间、校际之间的教育差距。

（四）提高医疗卫生服务质量。积极推进医药卫生体制改革，启动贵阳市区域卫生信息网络建设。2010年起，社区卫生服务机构、乡镇卫生院和村卫生室实行国家基本药物零差率销售。加快社区卫生服务机构体制改革，逐步成为以政府主导的全额拨款公益性事业单位。完善疾病预防控制体系，加强疫情防控工作。深入开展惠民医疗服务，改善困难群众健康水平。加大城乡卫生对口帮扶力度，增强基层医疗卫生机构的服务能力。2010年，全市新农合参合率达96%以上，群众对医疗卫生行业的满意度不低于80%。

（五）加强城乡就业和社保工作。进一步加强区（市、县）、乡（镇、街道）劳动保障平台建设，大力开展职业技能、实用技能和创业培训，促进高校毕业生、农民工、就业困难对象就业。2010年开发公益性就业岗位4500个，完成“充分就业社区”创建40%，继续保持“零就业”家庭动态为零。积极推进新型农村社会养老保险，全面推进居家养老工作。继续加大价格调节基金对低收入困难群体的补贴，逐步提高城乡低保水平。推进社会保险的扩面征缴，力争2011年城镇职工基本养老保险覆盖率达79%，城镇职工基本医疗保险参保率达87%。

（六）多渠道解决群众“住房难”问题。做好廉租住房项目库建设，积极申请中央投资补助，力争2010年开工建设廉租住房50万平方米。建立健全廉租住房进入和退出机制。加强经济适用住房的建设管理，建立

完善经济适用住房租赁制度。稳步推进普通商品房建设，规范发展二手房市场。继续做好农村危房改造整区推进工作。

五、加强宣传引导，提高市民生态文明素质

（一）开展专题教育宣传活动。广泛开展文明创建金点子征集、市民评论等形式多样、寓教于乐的生态文明教育宣传活动。积极创建一批生态文明教育基地，推行现场式、体验式公众教育。提倡节能环保简约化的生活方式，提高公众的绿色消费意识。市级新闻媒体要开设生态文明城市建设专题或专栏，各社区（村）宣传栏要定期刊登生态文明城市建设有关内容。重要公共场所设置宣传创建活动和道德建设的大型公益广告，商业中心、车站、主干道等重点场所公益广告比例不低于20%。确保市民对“三创一办”工作的知晓率高于90%，对创建工作支持率高于80%。

（二）建立生态文明道德规范。围绕“争创全国文明市，喜迎民族运动会”，组织形式多样的文明养成教育，提高市民文明素质，规范市民日常行为。着力整治互联网低俗之风、网吧和文化娱乐场所、校园周边环境，坚决遏制淫秽色情等违法有害信息传播。大力弘扬“知行合一、协力争先”的贵阳精神，增强市民的城市认同感、归属感和自豪感。每年评选表彰一批“城市精神年度人物”、“见义勇为市民”、环保“绿色卫士”。

（三）深入开展“绿丝带”志愿服务活动。组建贵阳市志愿者协会，实行志愿者注册制度，到2011年注册志愿者人数占城市人口总数的比例不低于8%。积极开展“三创一办”、温暖“空巢老人”等“绿丝带”志愿服务活动。全市各级行政事业单位工作人员每年参加不少于48小时的志愿服务。鼓励和引导大中专生、中小学生和社会各界积极参与志愿服务。积极发展环保协会、生态协会等各类公益性、服务性民间组织。

六、广泛动员，扎实开展生态文明创建活动

（一）开展生态文明社区（村）创建活动。以环境优良、邻里互助、家庭和美为主要内容，建立和完善生态文明社区(村)创建标准。开展全市性生态文明家庭评比，2011年区级以上（含区级）文明家庭的比例不低于20%。深入开展整村推进整治活动，美化村容村貌。推进农村“五改一气”工程建设。巩固提高我市新农村建设12个省级试点、38个市级试点和10个精品民族村寨的创建水平，扎实抓好农村公益事业“一事一议”试点工作。

（二）开展生态文明学校创建活动。以校园整洁、校风良好、文明向上为主要内容，建立和完善生态文明学校创建标准。开展生态文明教育和社会实践活动。加强师德师风建设，探索教师职称评定师德“一票否决制”。全面实施素质教育，减轻学生课业负担。2011年全市80%以上中小学校（含幼儿园）、中等职业学校和大专院校达到生态文明学校标准，学生生态文明知识普及率达100%。

（三）开展生态文明医院创建活动。以医德高尚、医技过硬、医患和谐为主要内容，建立和完善生态文明医院创建标准。打造绿色医疗环境，加强“平安医院”建设。严格控制放射性污染，医疗废弃物无害化处理率达100%。完善医德医风检查考核制度，建立医德医风档案。建立医患沟通制度，优化服务质量，提高患者满意度。

（四）开展生态文明企业创建活动。以诚信守法、文明生产、节能高效为主要内容，建立和完善生态文明企业创建标准。推动企业依法生产、依法经营、依法管理，自觉承担社会责任。引导企业树立生态环保理念，采用有利于保护生态、清洁生产的工艺流程，使用绿色原料，生产绿色产品，减少资源能源消耗及废弃物排放。积极构建和谐的企业经营环境、劳资关系。2011年前，全

市50%以上的规模以上企业达到生态文明示范企业标准。

（五）开展生态文明机关创建活动。以公开透明、执行有力、便民利民为主要内容，建立和完善生态文明机关创建标准。继续开展"整治发展软环境、建设服务型机关"专项活动，努力为群众提供方便、快捷、优质、高效的公共服务。厉行节约，勤俭办事，大力压缩公用经费和一般性开支，降低行政成本。推进无纸化办公，提高办公设备节能效果。建立健全政府绿色采购制度，政府采购目录中的绿色产品应占40%以上，并逐年提高比重。

（六）开展生态文明区（市、县）、乡（镇、街道）创建活动。以经济发达、生态良好、社会和谐为主要内容，2010年编制完成生态文明区（市、县）、乡（镇、街道）建设规划，明确工作任务和时限。加强基层组织建设，强化街道办事处的社会管理和服务职能，明确乡（镇）党委、政府在生态文明城市建设中的职责职能。

七、强化责任，切实提高各级干部执行力

（一）明确责任主体。对"三创一办"等全市性重要工作、重大项目、重点工程实行项目负责制。按照分工负责与项目负责相结合的原则，统筹市领导工作安排，整合相关部门资源，建立市领导牵头的专项工作推进机制，把工作目标、工作任务、完成时限，逐一分解落实到具体的牵头领导、责任单位和责任人。

（二）加大督查力度。建立督查专员制度，强化督查督办机构职责职能。改进和创新督查方式，对全市重点工作实行专项督查、全程督查。建立健全人大代表、政协委员、专家学者、新闻媒体等社会各界参与的大督查机制。健全重要工作责任报告制度和通报制度，责任单位和责任人要定期或不定期报告目标任务完成情况，并在一定范围内通报。凡向社会公开承诺的重大工作进展及目标任务完成情况要通过电视、报纸、政府公众信息网等新闻媒体向社会公布。

（三）严格干部考核。严格执行党政领导班子和领导干部绩效考核办法，完善考核方式，增强考核工作透明度，加大群众满意度在考核评价中的分量。把执行力作为干部考核的重要内容，重点考核领导班子和领导干部在重点工程、重要工作、重大突发事件和关键时刻履行职责、完成任务情况。考核结果在一定范围内通报、公示，并作为干部选拔任用、培养教育、监督管理和激励约束的重要依据。

（四）加大奖惩力度。大力倡导"敢抓敢管、敢作敢为、敢闯敢试"精神，对执行力强、目标任务完成好、群众满意度高的干部进行精神和物质奖励，对在重点工程、重要工作、重大突发事件中有突出贡献的干部优先选拔重用；认真贯彻中央关于从严管理干部和党政领导干部问责的有关规定，严格责任追究制度，按照党政领导干部问责的有关规定，对执行不力、敷衍塞责、无所作为的领导干部坚决进行党纪政纪处分和组织处理。

（五）加强教育培训。充分利用党校（行政院校）、高等院校和其他专业培训机构的资源，创新培训方式和内容，按照"干什么学什么、缺什么补什么"的原则，分级分类对全市干部进行全覆盖、多手段、高质量的培训。强化干部实践培训，加大定期选派干部到基层一线、重点建设工程挂职锻炼的工作力度。把提高执行力作为干部培训的重要内容，两年内对全市所有县级和科级干部进行一次提高执行力专项培训。

贵阳市人大常委会工作报告

——2010年2月3日在贵阳市第十二届人民代表大会第五次会议上

市人大常委会主任　李跃南

各位代表：

我受市人大常委会的委托，向大会报告工作，请予审议，并请列席会议的同志提出宝贵意见。

过去的一年，市人大常委会在中共贵阳市委的领导和上级人大常委会的指导下，坚持以邓小平理论和“三个代表”重要思想为指导，深入贯彻落实科学发展观，紧紧依靠全市人民和全体人大代表，坚定信心、迎难而上、万众一心、共克时艰，围绕中心工作，切实履行职责，推动科学发展，促进社会和谐，为发展社会主义民主政治，加快生态文明城市建设，推进全市经济社会又好又快发展，发挥了积极作用，做出了应有的贡献。

一、突出立法重点，为生态文明建设提供法制保障

围绕建设生态文明城市，更好地发挥地方立法的促进、规范和引导作用，坚持科学立法、民主立法，坚持以提高立法质量为重点，大力开展立法工作。制定了《贵阳市促进生态文明建设条例》《贵阳市劳动保障监察条例》《贵阳市人民调解条例》《贵阳市水污染防治规定（修正）》等地方性法规；审议了《贵阳市燃气管理办法（草案）》；对《贵阳市科学技术进步条例》等项目开展了立法调研；对全国人大常委会和省人大常委会交付的《中华人民共和国选举法修正案》《中华人民共和国可再生能源法修正案》《贵州省土地整治条例》10余部法律法规草案认真组织研究和讨论，及时整理相关修改意见和建议，为国家和省立法提供参考。

为促进我市生态文明建设，促进经济社会全面协调可持续发展，实现生态文明建设的法定化，常委会坚持立法决策与改革发展决策的有机统一、生态文明建设理论与实践的有机统一、生态文明建设权利与责任的有机统一，坚持遵循立法规律与实现立法创新的有机结合，突出特色，突出重点，突出实用性，深入开展调查研究，充分听取各方意见，有效凝聚大家智慧，及时起草、制定了全国第一个生态文明建设专项法规——《贵阳市促进生态文明建设条例》。《条例》根据市委决定要求，贯穿生态文明建设主线，紧紧围绕全市环境资源实际、建设发展实际、执法管理实际，牢牢把握影响、制约生态文明建设的主要问题，在“促进”上下功夫，在“保障”上做文章，规定了促进生态文明建设的一系列体制、机制、办法和措施，为有力、有序、有效推进生态文明城市建设提供了法制保障。

为积极防范水污染，确保广大人民群众饮用水安全，审议通过了《贵阳市水污染防治规定（修正）》，针对饮用水水源保护中存在的问题，明确规定了饮用水水源保护区的禁止行为，进一步强化了防治水污染的措施，为我市水环境保护工作提供了法制保障。

为规范我市劳动保障监察执法工作，维护劳动双方合法权益，促进劳动关系和谐稳定，审议通过了《贵阳市劳动保障监察条

例》，使新形势下的劳动保障监察工作得到积极规范。

为进一步发挥人民调解组织和人民调解员的职能作用，预防和减少矛盾纠纷，维护社会稳定，构建和谐社会，审议通过了《贵阳市人民调解条例》，完善了人民调解工作的程序，强化了人民调解工作的法律地位，提高了人民调解工作的公信力和影响力。

二、监督紧扣民生，切实维护人民群众利益

积极实施监督法，围绕建设生态文明城市的目标要求，围绕全市中心工作，围绕“六有”民生计划的实施，围绕人民群众关注的热点、难点，精心选择监督项目，深入开展检查、视察和调研，进一步规范和改进监督工作，跟踪监督审议意见的落实情况，增强监督工作的实效，促进依法行政和公正司法。

一年来，检查了水土保持、公园和绿化广场管理方面法律法规的实施情况；听取和审议了依法行政、机动车尾气污染防治监督管理、进城务工农民子女义务教育、发展城市社区卫生服务、价格调节基金使用管理、农村“四改一气”工程、环保法庭工作、贵阳市城市总体规划（2009——2020年）等专项工作报告；听取和审议了2008年市本级财政预算执行和其他财政收支审计工作报告、市本级财政决算报告，作出相应决议；听取和审议了2009年国民经济社会发展计划、财政预算上半年执行情况的报告。积极配合省人大常委会对文物保护、中小企业促进、畜牧等法律法规贯彻实施情况进行检查，对中小学法制教育进课堂、学校周边环境治理开展调研。

水土保持法的实施事关生态文明建设大局，常委会针对贯彻执行中存在的问题提出审议意见，市政府高度重视，积极整改，目前，市级水土保持规划的编制已基本完成；红枫湖区域水土保持监测站进入试运行阶段。通过对公园和绿化广场管理执法检查，市政府根据常委会审议意见，认真进行整改，加大了宣传力度，加大了投入力度，加大了管理力度;以绿地系统规划为基础，编制完成了山体公园总体规划大纲;针对长坡岭国家森林公园内长期存在的违法违规行为及时出台了整治方案。

常委会听取审议依法行政专项报告后，提出依法行政的一系列审议意见，督促政府进一步增强行政机关工作人员推进依法行政的责任感和自觉性，要求政府部门进一步转变职能，加强依法行政的制度建设和各项基础工作，严格行政程序，规范执法程序，强化责任追究，提高目标管理考核中依法行政工作所占分值，促进依法行政工作进一步制度化、规范化；听取审议城市社区卫生服务工作的专项报告后，提出完善社区卫生服务机构，转变服务模式，加强卫生健康知识宣传，提高社区卫生服务在群众中的知晓率和信任度，加大社区卫生服务投入，不断创新社区卫生服务机构运行机制，加强以全科医师为重点的社区卫生队伍建设，加强社区卫生服务机构基础建设等审议意见；听取审议我市价格调节基金使用管理情况的专项报告后，提出进一步完善价格调节基金使用管理的监督机制，进一步做好价格调节基金的投放工作，及时出台《价格调节基金征集使用管理实施细则》，充分体现取之于民、用之于民、造福于民的原则等审议意见。

根据市委进一步加快生态文明城市建设的意见及责任要求，围绕常委会的职责，细化市人大常委会建设生态文明城市监督责任分解，明确了监督责任人和监督责任单位。按照监督责任，常委会分管负责人率各专门委员会及时深入责任单位进行监督检查，提出意见要求，强力推进建设生态文明城市工作。

根据规范性文件备案审查工作规定，认真开展规范性文件备案审查。一年来，常委会接受并审查报送备案的市人民政府规范性文件25件、各区县（市）人大常委会决定决议119件，向省人大常委会报送备案市人大常委会作出的决定决议11件，无撤销的情况。

三、广泛听取群众意见，畅通公民参与渠道

坚持问政于民、问需于民、问计于民，加强与人民群众的联系，扩大新形势下公民有序政治参与渠道，切实保障人民知情权、参与权、表达权和监督权，不断增强地方国家权力机关决策的透明度和公众参与度。

坚持走出去、请进来，带着项目深入高等院校、街道社区、乡镇农村，采取座谈会、论证会等多种方式，广泛征求群众意见。仅促进生态文明建设立法，就召开了30余次座谈会，征集意见和建议千余条。继续实行公民旁听人大常委会会议制度，一年来，共有92位公民旁听了常委会会议。在审议法规草案、确定监督项目、开展执法检查、听取审议专项报告前，坚持面向社会多渠道多形式征求广大市民的意见，努力使常委会的工作贴近民众、关注民生、体察民情、反映民意。

信访工作历来是常委会了解民情的窗口、联系群众的纽带。坚持信访联席会议的统一协调领导，坚持信访联合接待制度，充分运用“百姓—书记、市长交流台”、“网上信访”，整合信访资源，热情接待来访群众，认真化解信访矛盾，促进社会的和谐稳定。全年共接待上访群众890起，1900余人次；阅处群众来信110件，网上信访50件，全国人大转办信件60件；召开信访约见会、协调解决信访问题专题会议30次，督办上访事项35起。

四、切实做好代表工作，充分发挥代表作用

拓展代表活动的广度和深度，保障代表依法行使职权，提高代表履职能力，增强服务代表意识，积极为代表知情知政和依法履职创造条件。围绕发展现代农业、生态文明城市总体规划、代表如何审议工作报告、如何履行代表职务等，多形式、多层次举办专题讲座，开展专题培训，培训市人大代表、市区人大干部400余人次；订送人大刊物和政情资料，开展走访代表活动；通过发出倡议书，邀请代表为促进生态文明建设立法建言献策；邀请代表列席常委会会议，参加执法检查、立法调研；召开政情通报会，通报“一府两院”工作情况。围绕生态文明城市建设，开展了为期3个月的“人民选我当代表，我当代表为人民”主题活动，通过小组视察、检查、代表相约持证视察、个别暗访等方式，了解民情，提出28件视察建议，并实行阳光办理，增强了办理工作透明度。围绕贵阳环城高速公路建设及运营情况，两次组织代表进行专题视察。

不断创新代表建议督办方式，召开办理工作督办会，交流办理经验，提高办理水平；走访代表，听取意见，及时反馈，促进办理。强化检查督办，注重办理实效，跟踪督办上年度代表建议的办理落实情况和代表不满意件的二次办理工作，努力提高建议办理的“解决率”“落实率”。对四次代表大会期间收到的154件建议、批评和意见，已办理完毕，并书面答复代表。

五、深入开展学习实践科学发展观活动，强化自身建设

按照统一部署及总体要求，深入开展学习实践科学发展观活动。紧紧围绕全市“走科学发展路，建生态文明市”的总载体，联系人大工作实际，提出“为建设生态文明城市提供法制保障”的主题实践活动，把科学发展观贯彻落实到人大工作的各个方面，使各项工作取得显著的成效，自身建设得到明显提高。进一步建立完善有利于科学发展的体制机制，分别制定了《贵阳市人大常委会立法前论证机制的建立健全办法》《关于形成重大事项、重点项目事前、事中、事后调研监督机制的办法》《代表履职学习培训制度》《贵阳市人大常委会党组成员领题调研制度》《创建学习型机关制度》等5项制度。

围绕建设生态文明城市，结合自身工作

实际，组成8支“三保三实”工作队，深入基层，深入实际，查实情、解难事，切实为基层办了一批好事、实事，协调解决了一些实际问题和困难。加大调研力度，把系统研究与专题研究、长远思考与当下关切结合起来，完成了《贵阳市促进生态文明建设，推动经济社会发展有关财政问题研究》等8个调研课题，开展了贵阳现代生态农业及其发展模式研究，成果集结为《迈向现代生态农业—贵阳农业发展前瞻》一书；开展了农村土地承包经营权流转、城市报警与监控系统建设、垃圾填埋和污水处理城市基础设施等调研。

围绕重点，突出特色，强化宣传。为纪念中华人民共和国成立60周年，地方人大常委会设立30周年，在各区县（市）人大常委会的大力支持下，编辑出版了《天职——人大代表履职录》一书，收录了自1954年贵阳市第一届人民代表大会代表产生以来，贵阳市省、市、区、乡116位代表、20个代表群体的履职事迹，展示了代表风采。编辑出版了《人民代表大会制度建设的浪花》纪念画册，展示了贵阳地方人大制度建设的轨迹。加强了市人大信息网站建设，在人大信息网和贵阳日报上开辟了《促进生态文明建设立法大家谈》等专栏，突出了特色，增强了宣传力度，扩大了影响。

加强了与区县（市）人大常委会的联系、沟通，在立法、监督、代表活动等方面，相互配合，相得益彰。

各位代表，一年来，面对国际金融危机的严重冲击，面对复杂的国际国内形势，面对加快生态文明城市建设的要求，常委会工作取得了新的成绩和进步。这是在中共贵阳市委正确领导下，常委会组成人员和广大代表共同努力的结果，全市人民积极支持和参与的结果，也是市“一府两院”和区、县（市）人大常委会密切配合的结果。在此，我代表市人大常委会表示衷心的感谢！

在总结成绩的同时，我们也清醒地认识到，常委会工作与纵深推进生态文明城市建设的需要和人民群众的要求还存在差距，还存在不少需要改进的地方。主要是：立法的质量还要进一步提高，监督的实效还要进一步增强，代表作用还需进一步发挥，人大制度和人大工作的宣传力度还需进一步加大。对此，我们将自觉接受人民监督，虚心听取代表意见，不断加强和改进工作，更好地履行宪法和法律赋予的职责。

各位代表，2010年，市人大常委会要以邓小平理论和“三个代表”重要思想为指导，深入学习实践科学发展观，认真贯彻落实党的十七届三中、四中全会、省委十届七次和市委八届八次全会精神，坚持党的领导、人民当家作主和依法治国的有机统一，正确处理改革发展稳定的关系，坚决贯彻中央和省、市委的决策部署，围绕确保经济平稳较快发展、确保民生得到持续改善、确保社会和谐稳定、确保生态文明城市建设纵深推进，全面履行法定职责，为保持贵阳经济社会又好又快发展作出应有的贡献。

（一）坚持科学立法、民主立法，进一步提高立法质量

——落实年度立法计划，抓紧制定和修改经济社会发展急需的法规。抓好贵阳市城乡规划管理条例、贵阳市住宅小区计划生育管理服务规定、贵阳市国家高新技术产业开发区管理条例、贵阳市科技进步条例、贵阳市城市房屋安全管理办法等法规的审议制定，做好贵阳市科学技术普及条例、贵阳市民用建筑节能管理条例、贵阳市城市管理行政执法办法、贵阳市实施《中华人民共和国义务教育法》办法（修订）等项目的调研和论证，条件成熟时，提请常委会审议。

——做好地方性法规的清理工作。根据全国人大常委会法制工作委员会《关于做好地方性法规清理工作的意见》，全面开展对现行有效的地方性法规的清理工作，对我市相关地方性法规中设定的部分行政审批事项予以取消。

——积极运用促进生态文明建设立法成功经验，推进科学立法、民主立法，做好法规草案的起草工作。按照立法计划明确任务分工，落实起草工作责任和时间节点。相关专门委员会主动加强与政府相关部门的联系沟通，及时了解情况，研究和解决立法中的重点难点问题，提高起草质量，增强法规的针对性和实效性。

（二）加强和改进监督工作，切实增强监督实效

——严格实施监督法，全面落实市委八届八次全会精神，围绕纵深推进生态文明城市建设中心工作，突出监督重点，改进和创新监督方式，加大检查视察调研力度，跟踪督促整改效果，切实做到依法监督、敢于监督和善于监督。

——积极履行监督职能，认真落实常委会生态文明城市建设目标监督责任，围绕创建国家卫生城市、国家环境保护模范城市、全国文明城市和协办第九届全国少数民族传统体育运动会的任务，强化监督工作力度，增强监督工作针对性和实效性，对市人民政府相关工作部门进行工作评议。

——综合运用各种监督形式，采取问卷调查、明察暗访、面向社会征集意见等方式，准确掌握实际情况；健全听取和审议专项工作报告相关制度，加强对审议意见落实情况的跟踪监督，听取、审议促进少数民族和民族地区经济社会发展及民族团结、城市报警和监控系统等专项工作报告，促进相关部门改进工作。

——加强预算和计划监督工作。听取和审议市人民政府关于2009年度市本级财政预算执行和其他财政收支审计工作、市本级财政决算的报告，审查和批准2009年市本级财政决算。听取和审议2010年国民经济和社会发展计划、财政预算上半年执行情况的报告，推动本市经济平稳较快发展。

——强化对本市制定的地方性法规实施情况的检查监督。检查本市执行中华人民共和国仲裁法、贵阳市城市市容和环境卫生管理办法等法律法规情况。

——督促市人民政府在规定时限制定与《贵阳市促进生态文明建设条例》相配套的规范性文件，推进《贵阳市促进生态文明建设条例》的有效执行。

——继续做好规范性文件的备案审查工作，提高备案审查的规范化、信息化管理水平，维护国家法制统一。

——进一步完善信访工作制度。加强和改进联合接待工作，提高信访工作效率，加大矛盾纠纷排查化解力度，及时疏通民意渠道，积极维护群众合法权益。

（三）发挥代表主体作用，大力加强代表工作

——坚持邀请代表列席常委会及参加常委会重大活动制度，采取各种形式，及时向代表通报人大常委会及“一府两院”重大工作，为代表寄送人大刊物、市情资料，让代表掌握全市国民经济和社会发展情况，进一步拓宽代表知情知政渠道。

——以关系全市改革发展稳定大局、关系人民群众切身利益和社会普遍关注的问题为重点，组织开展专题视察、调研活动。支持人大代表持证视察、联组视察，不断创新代表活动形式，丰富代表小组活动内容，切实增强代表活动实效，发挥代表在生态文明城市建设大督查机制中的积极作用。

——创新代表建议督办工作方式，提高代表建议办理质量。采取直接交办、会议督办、联合督办、重点督办和现场督办等有效方式，加大代表建议工作督办力度。探索代表建议办理评查机制，对事关全市经济社会发展和人民群众普遍关注问题的建议，组织代表进行评查，提高代表建议落实率。

——采取个别走访与集中座谈等方式，继续开展好走访人大代表活动，深入基层了解代表履职情况，听取对代表工作的意见，帮助代表解决履职过程中遇到的困难和问题；充分发挥联络职能作用，加强区（县、市）

人大代表工作指导，适时召开全市代表工作联席会，推动代表整体工作水平提高。

（四）做好任免工作，决定重大事项

——坚持党管干部原则，坚持拟任命干部任前法律知识培训、考试和作拟供职务报告制度，强化拟任职人员的宗旨意识、人大意识和法治意识。体现科学发展观和正确政绩观要求，配合全市机构改革工作的推进实施，及时任免有关国家机关工作人员。

——依照《贵阳市人民代表大会常务委员会讨论决定重大事项规定》，认真行使法律赋予的重大事项决定权，对事关全市经济社会发展及民生改善的重大问题，做好调查研究，及时听取报告，深入进行审议，适时作出决议决定。

（五）加强和改进人大宣传工作，进一步提高宣传效果

——提高人大工作的公开性和透明度，做到宣传人大工作与宣传人民代表大会制度相结合、扩大公众知情权与接受公众监督相结合、拓展宣传内容与改进报道方式相结合，增强人大宣传工作的社会效应。

——定期通过媒体、常委会公报和贵阳人大信息网等途径，向社会公布常委会立法计划、监督计划、执法检查报告、“一府两院”专项工作报告及常委会审议意见，公布“一府两院”对常委会审议意见的研究处理情况。重点对法规草案涉及的主要问题及常委会审议情况、人民群众普遍关注的问题进行宣传报道。

（六）加强常委会自身建设，不断提高履职能力和水平

——认真学习贯彻市委八届八次全会精神，围绕“三创一办”总体部署，切实提高常委会的执行力。继续深入开展学习实践科学发展观“回头看”活动，切实解决常委会工作和建设中存在的突出问题，抓好整改落实，加强学习型机关与和谐机关建设，不断提高常委会围绕大局依法履职的能力和水平。

——提高常委会思想业务水平，组织好常委会中心组学习，举办法制讲座。加强对常委会履职中重大问题的研究，继续开展常委会主任会议成员领题调研工作，提高科学决策水平。

——加强专门委员会和常委会工作机构建设，不断提高工作效率。充分发挥专门委员会的专业优势，加强立法和监督的前期调研，为常委会提高立法质量、增强监督实效奠定基础。

各位代表，2010年是实施“十一五”规划的最后一年，我们必须坚持正确的政治方向，树立必胜信心，理清发展思路，创新发展模式，突破重点难点，在保持经济平稳较快发展、转变经济发展方式上取得新成效，在推动科学发展、促进社会和谐方面取得新进展。让我们更加紧密地团结在以胡锦涛同志为总书记的党中央周围，在中共贵阳市委的领导下，团结全市人民，抢抓新机遇，提高执行力，纵深推进生态文明城市建设，为把贵阳建设成为全省走新型工业化、城市化道路的先行区；深化改革、扩大开放的试验区；建设生态文明、精神文明的示范区而努力奋斗！

2010年贵阳市政府工作报告

——2010年2月2日在贵阳市第十二届人民代表大会第五次会议上

市委副书记、市长　袁周

各位代表：

我代表市人民政府，向大会作工作报告，请予审议，并请各位政协委员和其他列席人员提出意见。

2009年政府工作回顾

过去的一年，是我市经济社会发展极为困难的一年。面对国际金融危机的严重冲击，我们在省委、省政府和市委的正确领导下，在市人大、市政协的监督、支持和帮助下，高举中国特色社会主义伟大旗帜，以邓小平理论和"三个代表"重要思想为指导，深入贯彻落实科学发展观，以加快生态文明城市建设为总抓手，按照"应挑战、保增长、重民生、推改革、促开放、善领导"的要求，解放思想、埋头实干，迎难而上、共度时艰，全市经济又好又快发展，人民生活继续改善，社会保持稳定，全面完成了市十二届人民代表大会第四次会议确定的各项目标任务。

——全力保增长，经济又好又快发展。全市生产总值902.61亿元，比上年增长13.3%，其中：一产增加值50.07亿元，增长8.1%；二产增加值402.24亿元，增长12.6%；三产增加值450.3亿元，增长14.5%。财政总收入252.05亿元，增长12.4%，剔除政策性减收和不可比因素后，增长19.1%；地方财政收入105.36亿元，增长18.3%，剔除政策性减收和不可比因素后，增长23%。地方财政支出168.98亿元，增长18.8%。居民消费价格指数为97.7，下降2.3%。单位生产总值能耗下降4%左右；化学需氧量排放控制在5.07万吨；二氧化硫排放量控制在17.9万吨。

——倾力保民生，人民生活进一步改善。城市居民人均可支配收入15041元，增长8.9%；农民人均纯收入5316元，增长10.3%。新增就业岗位5.2万个，城乡统筹就业7.8万人，城镇登记失业率3.5%，96.6%的返乡农民工、5.9万名高校毕业生实现就业。

——奋力保稳定，平安贵阳建设成效明显。信访维稳、安全生产和应急管理工作全面加强，连续4次、16年荣获全国社会治安综合治理优秀地市荣誉称号，市民安全感比上年提高4个百分点以上,建国60周年等重大节庆活动中社会稳定。安全生产事故起数和死亡人数分别为784起、344人，分别下降10.4%、10.4%，实现"双下降"。

一年来，我们始终以科学发展观为统领，重点抓了七个方面的工作：

（一）投资带动保增长，重大项目建设有新突破

固定资产投资完成782.64亿元，增长30.1%，投资对经济增长的贡献率达52%以上。完成"投转固"项目48个，涉及资金18亿元。在国家下达扩大内需项目中，共获得29.05亿元中央投资支持，市属283个项目已开工272个，完工179个，开工率、完工率分别达96.1%、63.3%，带动各级各类配套资金70余亿元。城市发展基础极大夯实。市域快速铁路已开工白云至龙里北联络线等5个项目；城市轻轨一号线已开工建设市政配套工程会展中心车站；全长121公里的环城高速公路全线通车。甲秀南路、北京西路、机场路、水东路、黔灵山路等10余条城市主干道建成。启动息烽港区水运码头建设。集中实施了一

批龙头型、基地型产业项目。兴建首钢贵阳特殊钢新特材料循环经济工业基地、中航工业贵阳产业基地、贵州广铝年产80万吨氧化铝、贵航军转民高新技术产业园等一批重大工业项目。贵阳国际会展中心、奥体中心主体育场等项目建设进度加快。实施3000万元以上产业化项目74个，其中亿元以上项目41个。城市保障能力得到加强。华电清镇塘寨电厂2×60万千瓦机组项目顺利推进，赵斯变电站建成供电，完成电网建设投资21.4亿元；日供气30万立方米的华能焦化四号焦炉、日处理污水25万吨的新庄污水处理厂建成投入使用；开工建设鱼洞峡水库；贵阳护理职业学院建成；贵阳市数字化城市综合管理系统投入使用。

（二）创新引领促转型，产业整体竞争力有新提升

加快发展服务业。社会消费品零售总额达412.72亿元，增长20.1%，服务业占全市生产总值的比重达49.9%。旅游业持续高速增长。赴北京、台北、上海、重庆、广州等地开展旅游推介，相继掀起“百万游客游贵阳”、“万名台湾游客游贵阳”及省内“百元悠游贵阳”热潮。开通贵阳至台北定期航班、贵阳至普吉岛包机等新航线，旅游专列、包机大幅增加，龙洞堡机场运送旅客数突破580万人。接待海内外游客3288.47万人次，旅游总收入294.85亿元，分别增长25.2%、57.4%。金融业发展实现重大突破。中信银行贵阳分行开业，招商银行等5家银行获批在我市设立分行，开设一批政策性担保公司、村镇银行和小额贷款公司。物流节点城市建设开局良好。抢抓我市列为国家区域性物流节点城市的机遇，建成扎佐物流园区铁路战略装车点及宝通工业物流园主体工程等一批物流项目，西南物流中心进入中国物流园区50强，获得全国物流中心城市杰出成就奖。城乡市场体系建设迈上新台阶。红星美凯龙家居广场、恒峰步行街建成开业，新建、改造一批农贸市场、社区连锁超市及“万村千乡市场工程”项目，新增3个全国社区商业示范社区和21个商务部标准化菜市场示范项目。房地产业快速健康发展。房地产开发投资210.33亿元，增长23.6%；商品房销售面积818.16万平方米，增长98.6%；销售额307.49亿元，增长137%。

打好工业提速增效攻坚战。认真落实振兴工业经济大会精神，强力推进工业强市战略，工业经济逆势而上，从9月起大幅回升，单月增幅均达15%以上。全年工业增加值达304.49亿元，增长10.3%。园区建设进展加快。编制完成九大工业园区控制性详细规划。高新区区位调整获得国务院批准，顺利推进沙文生态工业园金苏大道、麦沙大道建设，基本完成贵航军转民高新技术产业园“八通一平”。加快园区项目建设，开磷集团120万吨磷酸二铵工程一期60万吨、青利天盟7万吨尾气生产甲酸钠、息烽2×5亿块磷石膏标砖等项目顺利投产。培育大产业、大企业成效明显。突出抓好“四个”十大重点企业和重点工业项目，开磷集团、中铝贵州分公司等重新满负荷生产，贵阳卷烟厂、贵州轮胎厂和三大军工企业增长较快。通过高新技术企业重新认定53家，高技术工业增加值增长20.4%。十大重点制药企业工业增加值增速均超过30%，制药业产值突破100亿元大关，增长26.3%。一批重点项目达产增效，振华公司年产1000吨锂离子电池正极材料生产线一期工程、安大宇航新材料环形锻件生产线、老干妈春梅酿造公司二期技改等重点项目建成投产。建成1000万元以上工业项目65个，达产后新增产值逾110亿元。“小巨人企业成长计划”扎实推进。规模以上工业企业由520家增加到550家。

抓好创新能力建设。实施科技创新行动计划，市本级财政科技投入1.4亿元，规模以上企业研发投入6.13亿元。中科院地化所矿床地球化学实验室、航天林泉公司精密微特电机技术实验室、复合改性聚合物材料工程技术中心、贵阳软件产业基地、科创新材料生

产力促进中心跻身“国家级”行列，三占公司新型优质凿岩钎具产业化等26个项目获得国家科技专项资金支持。重点支持贵阳数字产业园发展，动漫软件产业增加值增长50%。第五次荣获国家科技进步考核先进市。强力推进知识产权创造和运用、管理服务、保护和宣传培训“四大体系”建设，4个工业园区、100家企业开展知识产权工作试点，专利申请量、授权量分别达2465件、1336件，分别增长28.9%、27%，荣获国家知识产权工作示范城市称号。

（三）规划引领强品质，城市美化绿化亮化净化有新进展

规划龙头作用进一步增强。编制完成《贵阳市城市总体规划（2009—2020年）》、《贵阳市土地利用总体规划（2006—2020年）》，完成20余项控规及城市设计。严格规划执法检查，治理乱搭乱建和乱设户外广告初见成效，实现临时建筑“零审批”。

新一轮城市建设全面展开。重大基础设施投资规模大、项目多、施工面广，西南环线、金朱东路、兴筑东路等城市道路建成通车，拓宽改造朝阳洞路二期、黔江北路、五里冲路、市北路二期、金戈路、体育路等城市支路，完成“一环四路”27公里综合管网入地、“一环两路”街景立面整治、5个人行过街设施和14公里道路“白改黑”工程，国庆前中心城区亮丽工程投入使用。城市化率提高1个百分点以上。金阳新区新的增长极作用进一步显现，建成观山公园、妇女儿童活动中心、青少年活动中心等一批公建项目，世纪金源大酒店建成开业。新区完成固定资产投资115.18亿元，增长36.7%；财政总收入12.21亿元，增长106%；销售商品房362.12万平方米，占全市总量的44.3%。

城市生态环境持续改善。成功举办2009生态文明贵阳会议。被列为全国生态文明建设试点城市。实现“两湖一库”水质持续恶化趋势得到遏止的阶段性目标。清镇、修文、息烽、开阳等一批县城污水处理厂建成，城市污水处理能力达62.6万吨/天，主城区污水处理率达100%。建成3个山体公园和2个绿化广场，完成营造林14.2万亩，新增绿地25.8万平方米，森林覆盖率比上年提高1个百分点以上。花溪湿地公园被列为国家城市湿地公园。城区空气质量良好以上天数稳定在95%以上。

（四）统筹城乡重“三农”，一体化发展有新局面

大力实施强农惠农政策，财政用于“三农”支出达21亿元。加强基础设施建设。整区（市、县）推进农村危房改造，67168户农村危房改造竣工率达90.6%；贵遵路沿线村庄整治基本完成；完成1100公里村寨串户路、500公里农村公路和20个乡镇客车站建设，改造基本农田3.2万亩、中低产田土3.99万亩，解决农村19.33万人饮水安全问题。切实推进农业产业基地化、标准化、规模化。基本完成2万头奶牛养殖基地建设，奶牛存栏数突破4万头，增长一倍。建成一批绿色、无公害优质蔬菜、水果、中药材、茶叶种植基地。肉、蛋、菜、奶产量超过上年，市场效益回升。贵阳国家农业科技园区通过科技部验收。扶贫开发取得实效。

（五）改革开放增活力，城市可持续发展动力有新增强

更大力度推进改革。深化投融资体制改革。搭建11个投融资平台公司，组建后的金阳公司、城投公司成功发行理财产品，预期筹资48亿元的企业债券发行工作进展顺利。深化行政管理体制改革。积极推进市级政府机构改革，探索建立职能统一的大部门体制。行政审批服务时限平均由承诺的22.6个工作日压缩到5.2个工作日以内。取消和停收239项行政事业性收费项目，减轻企业负担1.2亿元。深化国有企业改革改制。完成50户国企改革重组，企业政策性破产工作全部终结。集体林权制度改革加快推进。91%的集体林地明确了产权。

扎扎实实推进非公有制经济发展。非公有制经济完成增加值368.14亿元，增长16%，注册户数12.67万户，占全市注册总户数的94%。安置就业4.3万人。

努力扩大对内对外开放。推出107个投资总额达609.89亿元的城市基础设施招商项目，探索BT模式加快城市建设。组建六大重点产业招商工作组和港澳招商工作组。与全国16家海关开通“属地申报、口岸验放”通关模式，简化出口退税及外汇核销手续，缩短办理时间。积极开拓海外新兴市场成效明显，新兴市场整体出口3.3亿美元，增长43.6%。引进投资3000万元以上项目135个，亿元以上项目42个，引进内资实际到位资金368.52亿元，增长21.6%;实际直接利用外资1.12亿美元，增长20%。

（六）改善民生促和谐，各项社会事业有新进步

认真落实“六有”民生行动计划，十件实事全面完成。市本级统筹28.1亿元用于改善民生，增长15.1%，占财政总支出的52%。努力稳定和扩大就业。强化、细化大中专毕业生就业指导、小额贷款担保、就业援助、劳务协作等工作措施，37.7%的社区成为充分就业社区，“零就业家庭”动态为零。大力实施均衡教育。“两基”顺利通过“国检”，得到国家教育部高度肯定；在两城区探索义务教育阶段学区化管理；建成4所外来务工人员子女学校、8所农村标准化学校，对承担进城务工人员子女义务教育的民办学校给予生均公用经费补助。对贵阳户籍中职教育新生免除学费。市属高等教育强化内涵发展，教育质量进一步提高。完成市财校等四所中专整合升格工作。积极构建安全、有效、便民、价廉的公共卫生服务体系。建成5个标准示范社区卫生服务机构、6个示范乡镇卫生院，新建、改造一批乡镇卫生院和村卫生室。成功处置人感染高致病性禽流感事件，有效防控甲型H1N1流感和手足口病疫情。对城乡困难群众实现惠民医疗政策全覆盖。166.24万农民参加新型农村合作医疗，参合率达96%。稳步提高社会保障水平。城镇基本养老、基本医疗、失业、工伤、生育保险参保人数分别为77万人、151万人、38万人、51万人、72万人，新型农村养老保险参保人数达12.5万人，累计发放城乡低保资金1.56亿元，保障15.25万困难群众基本生活。加强保障性住房建设。开工建设廉租房28.99万平方米，竣工10.74万平方米；经适房在建192.5万平方米，竣工101.5万平方米；建成农民工公寓18.5万平方米。全力以赴保稳定。深入开展“严打两抢一盗”、“打黑除恶”等专项行动；实施“清积案、促和谐”两年化解信访疑难问题工作计划，479件积案已化解401件；完成构皮滩水电站开阳库区移民搬迁工作。严格落实安全生产责任制，狠抓安全隐患治理，连续8年获得全省安全生产工作第一名，市安监局被评为全国安全生产工作先进集体。低生育水平保持稳定。人口出生率为10.5‰，人口自然增长率为5.4‰，符合政策生育率为95.8%，出生人口性别比为107，保持在正常范围。连续15年获得全省人口和计生目标考核一等奖第一名，被评为全国人口和计划生育综合改革示范市。文化、体育事业取得新成绩。深化文化体制改革，完成经营性文化事业单位转制改企；提前6年在全省率先实现村村有农家书屋；新增1000个自然村广播站，新增电视入户37927户；推进社区信息化试点工作，建成100个农村信息超市；成功举办第七届中国舞蹈“荷花奖”民族民间舞大赛、亚洲青年动漫大赛并获得好成绩；组建贵阳交响乐团，是全国第一家民营资本投入的城市职业交响乐团；我市运动员在第11届全国运动会等重大赛事中获得好成绩。荣获全国民族团结先进集体。

（七）依法行政优服务，政府自身建设有新成效

加强依法行政，自觉接受人大法律监督、工作监督和政协民主监督，认真听取民

主党派、工商联和无党派人士的意见，支持工、青、妇等人民团体开展工作。办结市人大代表建议160件，市政协提案354件，办结率100%，满意率98.6%。向市人大提交了3部地方性法规草案议案，出台9件政府规章。深入推进政务公开，坚持市政府新闻发布会制度，在全国率先推行市政府网络新闻发言人制度，就全市性重点工作和市民群众关心的政府工作广泛问政于民，最大程度保障人民群众知情权、参与权、表达权和监督权。强化审计监督和行政监察，加强市级机关公务用车、公务接待、公款出国（出境）等管理，公用经费支出大幅下降。武警支队新营房投入使用，对国防后备力量建设支持力度进一步加大，国防动员能力不断提高，军政军民团结得到巩固。老龄、宗教、人防、史志、档案、保密、侨务、对台、仲裁、气象等工作都继续有新进展。

2009年我市率先发展、科学发展的实践，生动展示了新中国成立60年来全市人民知行合一、协力争先的精神面貌，我市被评为建国60周年中国城市发展代表。事非经过不知难，在困难前所未有，挑战和冲击接踵而至的不利形势下，我市取得的成绩确实来之不易，这是全市人民在省委、省政府和市委的正确领导下，团结拼搏、奋力攻坚所取得的，值得倍加珍惜。在此，我代表市人民政府，向在各个领域和岗位上辛勤劳动、无私奉献的全体市民，向给予政府工作积极支持的人大代表和政协委员，向各民主党派、工商联、人民团体和各界人士，向中央及省在筑单位，向驻筑人民解放军、武警官兵和公安政法干警，向所有参与、支持和关心贵阳建设和发展的海内外朋友，表示崇高的敬意和由衷的感谢！

各位代表，今年经济发展环境总体好于去年，但不确定不稳定因素很多，促进我市经济社会又好又快发展仍然面临严峻挑战和困难：一是我市发展面临扩大经济总量和优化经济结构双重任务，资源型产业和低附加值产品比重偏大，产业结构不尽合理，受国内外形势影响，经济回升向好的基础仍不稳固。二是农民增收渠道不多，现代农业产业化程度不高，城乡发展差距仍在扩大，城乡一体化任务艰巨。三是资源要素和环境容量制约加剧，切实抓好节能减排、资源节约和环境保护需加大力度。四是民生方面需求多，尚有许多涉及群众切身利益的问题亟待解决，加之财政处于偿债高峰期，保障和改善民生压力大。这些问题，我们一定高度重视，认真加以解决。

2010年政府工作的目标任务

总体要求：贯彻落实党的十七届四中全会、中央经济工作会议和省委十届七次全会、全省经济工作会议、市委八届八次全会精神，高举中国特色社会主义伟大旗帜，以邓小平理论和“三个代表”重要思想为指导，深入贯彻落实科学发展观，积极抢抓国家新一轮西部大开发、我省加快推进西南交通枢纽建设的重大机遇，坚持好字优先、能快则快，着力推进经济结构调整，着力推动产业创新发展，着力提升城乡规划、建设和管理水平，着力深化改革扩大开放，着力改善民生，扎实抓好“三创一办”工作，切实增强执行力，全面完成“十一五”规划各项目标任务，纵深推进生态文明城市建设。

经济社会发展主要预期目标：全市生产总值增长13%，其中，第一产业增加值增长8%，第二产业增加值增长12%，第三产业增加值增长17%。财政总收入增长12%，地方财政收入增长12%。全社会固定资产投资增长30%。外贸进出口总额增长15%。社会消费品零售总额增长17%。城市居民人均可支配收入增长10%，农民人均纯收入增长10%。城镇登记失业率控制在4.5%以内。居民消费价格指数控制在3%以内。人口自然增长率控制在5.5‰以内。单位生产总值能耗比上年降低4%，主要污染物排放控制在省下达目标内。

为民办好的十件实事：

在金阳新区建成贵阳职业技术学院新校

区（一期）和9所中小学及幼儿园并投入使用；云岩、南明各新建一所小学，主要用于接收进城务工人员随迁子女。

提高农民最低生活保障标准，其中：三县一市不低于1300元，花溪区、乌当区、白云区、金阳新区不低于1500元，云岩区、南明区、小河区不低于1800元；拓展社保覆盖面，确保养老保险扩面5万人、新型农保扩面5万人、城镇职工医保扩面4万人、城镇居民医保扩面3万人。

继续加大城镇廉租房保障和建设力度，确保开工建设24万平方米，竣工5万平方米，完工1000套，将人均住房建筑面积不足15平方米的城镇低收入群体纳入廉租住房保障范围；开工建设公共租赁房1.2万平方米，200套；在金阳新区建成50万平方米拆迁安置房。

完成村寨串户路建设项目1000公里、村级公路800公里和80个规模养殖企业大中型沼气池工程建设及排污设施建设，完成农村清洁工程20个，逐步解决养殖企业面源污染问题。

开工建设北二环、东二环、北京东路、甲秀中路、甲秀北路、开阳至息烽高速公路、白修线、金阳至清镇城市干道和金阳客运站、将军山货运站和贵阳客运南站，改造210国道三桥至粑粑坳路段；新增停车位3000个。

继续实施电力管网入地工程，花溪大道景观环境综合整治工程；云岩、南明各翻修背街小巷破损道路25条；新增人行过街系统3处；新建和改扩建公厕60座、垃圾台40座、清洁间800个、环卫停车场2.8万平方米、配置果皮箱3500个；建设10个城郊结合部社区便民利民综合服务站。

继续加大“两湖一库”污染源治理力度，启动红枫湖污染底泥环保疏浚；启动花溪国家级十里河滩生态湿地公园建设；改造市西河流域、贯城河流域雨污分流系统；基本建成10万吨北郊水厂、南郊垃圾填埋场；开工建设二桥污水处理厂二期、花溪南部污水处理厂和自来水厂；营造林15万亩，金阳新增绿地10万平方米；异地搬迁贵州水泥厂。

政府开办的社区卫生服务机构及乡镇卫生院、村卫生室实行国家基本药物零差率销售；建立居民健康档案信息系统。

完善报警与监控管理系统，增加城市报警管理监控点5000个，开工建设公安技术综合大楼；为困难群众无偿办理法律援助案件2500件以上，提供义务法律咨询10000人次以上。

建成奥体中心主体育场、市民健身中心、1个文化馆和22个综合文化站；新建10公里公园登山步道和2个山体公园；继续实施农村广播电视户户通工程，新增28350户农户通电视。

围绕以上要求和目标，今年要重点推进八个方面工作：

（一）着力增加投资扩大消费，保持经济平稳较快增长

促进固定资产投资强劲增长。充分发挥投资对经济增长的拉动作用，实施政府主导类重点建设项目76个，促进民间投资快速增长，确保全社会固定资产投资总额突破1000亿元，完成政府投资项目“投转固”45项。立足提升我市在西南城市体系中地位加快基础设施建设，完成投资240亿元。抢抓省委、省政府加快建设贵阳通往全国七小时快铁交通圈机遇，积极配合省抓好贵阳至广州、重庆、昆明、长沙、成都等快速铁路和沪昆高速公路，龙洞堡国际机场二期扩建，开阳港区、息烽港区等对外交通体系建设。加快推进市域快速铁路网工程，城市轻轨一号线全线动工，会展中心车站主体工程年内完工，完成铁路、轻轨及配套设施投资60亿元。开工建设“两路二环”、盐沙线及开发大道三期，加快建设清镇至织金高速公路，开工建设清镇城区至清镇煤化工、铝加工循环经济生态工业园高等级公路，做好清镇至黔西高速公路前期工作。强化电网基础设施建设，

确保一批关键变电站及线路建成投入运行，完成电网建设投资25亿元。立足产业调整振兴加快重大产业项目建设，完成投资300亿元。扎实推进首钢贵阳特殊钢新特材料循环经济工业基地、贵航军转民高新技术产业园、华电清镇塘寨电厂2×60万千瓦机组、贵州广铝年产80万吨氧化铝等一批续建重大工业项目建设。抓好39个亿元以上产业项目建设，完成工业投资160亿元。滚动完善产业项目库，分产业制定进库项目投资规模、产出强度、环境效益、财政贡献、就业机会、带动效应等标准，确保产业项目库投资规模保持500亿元以上，高新技术产业和新兴产业投资规模占项目库总量的30%以上。立足"三创一办"抓好公建项目建设及环境整治，完成投资34亿元。做好协办全国民运会的相关体育场馆建设、改造工作。兴建省危险废弃物暨市医疗废弃物处理处置中心，实施新庄污水处理厂中水回用工程，实施清镇污水处理厂二期工程。继续加强"两湖一库"等重要饮用水源地保护与治理，抓好南明河全流域综合治理。

努力扩大消费需求。积极促进外来消费。以避暑季、温泉月为载体，办好药博会、农博会、亚洲青年动漫大赛、花溪之夏艺术节、美食节、购物节等系列活动，加快乌当生态体育公园、清镇红枫湖国际休闲体育运动公园、修文苏格兰牧场二期等一批高档旅游项目建设，建成贵阳国际会展中心、凯宾斯基酒店、希尔顿酒店、保利国际温泉度假酒店、乌当国际温泉城，吸引更多游客到贵阳消费。稳定扩大住房消费。启动10个城中村改造项目。实施一批棚户区改造试点，力争三年完成全市棚户区改造。全面完成农村危房改造任务。增加中低价位、中小套型普通商品房供应，对符合条件的低收入群体购房实行货币直补，创造条件让大学生就业十年就有能力购买商品房。修订物业管理地方性法规。联合房开企业到外地开展"避暑之都购房休闲游"活动，推动旅游地产开发。繁荣农村消费市场。继续落实家电下乡、汽车摩托车下乡、农机具购置补贴等政策，支持商贸流通企业向农村延伸经营网络，提高农资超市和农家店覆盖面，促进农村消费。优化市场环境和消费环境。强化市场价格监测，加强涉及民生的价费监管，加大产品质量和食品药品安全专项整治力度，营造安全、放心的消费环境。

（二）深化产业结构调整，不断形成新的发展优势

建设创新型城市。加快重点产业、企业创新步伐。实施重大科技专项15—20个，重点科技项目50个，产业技术创新项目40个。支持企业新建工程技术中心15家，新建产业技术创新联盟5个，建设科技基础条件平台2—3个。力争国家级创新企业孵化器挂牌，建成中国·西部（贵阳）高新技术产业研发生产基地一期。实施人才强市战略。建立统一规范、满足不同需求的人力资源市场，大力引进高层次人才、创新团队和产业发展急需高技术人才，在高新区建设留学归国人才创业园，营造有利于人才集聚和创业创新的良好环境。实施知识产权、标准和品牌发展战略。编制完成自主知识产权产品目录，进一步加强专利申请、保护工作，打造酒类及食品加工、无机磷化工产品、建筑材料产品及机械/电子基础原器件产品等四个国家级质量检测中心。

促进服务业提质增量。推动旅游业上台阶、上水平。召开第四届旅游发展大会。组织赴重庆、广州、武汉、南昌等城市开展旅游推介，加大青岩古镇、乌当温泉度假旅游中心、开阳"十里画廊"旅游区、修文阳明风景名胜区、息烽集中营等旅游精品区开发力度，抓好天邑森林温泉4A级、天河潭景区5A级旅游区创建工作，培育壮大乡村旅游集群。旅游人数增长20%，旅游收入增长40%。加快区域性金融中心建设。继续实施"引银入筑"工程，促进花旗银行、浦发银行等6家银行贵阳分行挂牌开业。成立贵阳市农村

商业银行，设立一批村镇银行，强化农村金融服务。做好市商业银行上市和跨区域经营相关工作。畅通银政企沟通渠道，鼓励金融机构加大对骨干企业、重点项目和企业重组的支持，努力化解中小企业融资难题。严厉打击非法金融活动。加快发展现代物流业。创建全国流通领域物流示范城市，规划建设小河“无水港”，搭建物流信息资源共享平台，启动二戈寨物流配送基地、金阳物流园区、清镇物流园区等项目建设。加快发展商贸流通业。大力培育电子商务企业，规范发展网络销售等新兴销售业。建成世纪金源大型购物中心和会展中心城市综合体。继续实施“万村千乡市场工程”，加快推进“双百”市场和标准化菜市场建设，升级、改造一批农贸市场。大力发展新兴服务业。培育总部经济、楼宇经济，提升法律咨询、会计审计、工程咨询、信用评估等服务业发展水平。加强规划引导，重点发展动漫游戏、现代传媒、软件设计，动漫软件等创意产业增长50%。

坚持大调整大开放大实干振兴工业经济。培育、壮大优势产业。磷化工、铝加工、煤化工方面，重点抓好安达公司30万吨有机磷配套氯碱、开阳化工公司100万吨醇氨、开磷集团30万吨合成氨二期、中铝贵州分公司高性能铝合金复合材料、贵州今飞公司铝轮毂、华能焦化公司五号焦炉等重点项目建设，促进开磷集团120万吨磷酸二铵工程二期、华能焦化四号焦炉技改等一批重点项目达产增效。努力提高资源就地转化和利用率，确保重点工业企业污染物排放稳定达标。装备制造业方面，重点抓好詹阳公司特种工程机械国产化、贵州轮胎公司年产110万条全钢子午线轮胎技改、航天林泉电机公司节能型复式永磁电机生产线异地技改、永青公司年产10万台工程机械电子监控系统生产线技改等重点项目建设。烟草及特色食品、现代药业方面，促进贵阳卷烟厂异地技改、老干妈春梅酿造公司二期技改等重点项目达产增效，突出抓好益佰制药工业园、贵阳酒厂万吨技改、益康集团GMP生产基地及营销管理中心等项目建设，组建贵州苗药集团，制药业产值增长20%。战略性新兴产业方面，重点抓好贵阳汇通膜科技公司复合反渗透膜及装备国产化、振华新材料5000吨锂离子正极材料、振华云科片式薄膜电阻器生产线技改、宝源阳光公司年产800吨太阳能极多晶硅产业化等项目建设，大力支持朗玛科技公司开拓网络通信、游戏市场，促进益佰、信邦等生物制药项目做大做强，市工业技改资金和市应用技术研发资金重点支持绿色环保和新兴产业的开发和建设，力争在新材料、新能源、电子信息、生物医药等领域取得突破性进展。确保工业增加值增长13%，高新技术产业增长20%。加快重点企业发展。按照“重点扶持、动态更新”原则，继续抓好四个“十大”重点企业和重点工业项目，加快建立现代企业制度。培育1家年产值超百亿元的大型企业集团，发展一批10亿至50亿元的骨干企业，确保2家企业在主板上市。加快工业园区建设。统筹推进园区征地、场平和水、电、路、气、通信等基础设施建设。积极采取BT、银行融资等方式，筹资用于园区基础设施建设。重点抓好麦架—沙文高新技术产业园、小河—孟关装备制造业生态工业园、清镇煤化工铝加工循环经济生态工业园、开阳磷煤化工生态工业示范基地、息烽精细磷煤化工基地、龙洞堡特色食品工业园建设。建成5万平方米标准化厂房。实施工业园区产业规划，新引进项目原则上一律入园发展。

（三）以“三创一办”为重点，努力建设宜居宜业宜游城市

做深做细城乡规划。围绕《贵阳市城市总体规划（2009—2020年）》、《贵阳市土地利用总体规划（2006—2020年）》，抓紧完善环城高速公路内各城市功能片区控制性详细规划和细部设计，高水平做好客货运场站、大型专业市场、中心城区环卫设施等专项规划，增强各类规划的协调性。

强力实施城市拓展计划。以环城高速公路及“五路”通车为契机，开工建设金竹、盐沙、水东等三个立交连接工程，以路网建设为龙头，重点抓好各片区配套设施建设和功能完善，加快城市拓展步伐。新增城市面积20平方公里，城市化率提高1个百分点以上。大力提升中心城区品质。重点实施遵义路等18条主、次干道街景整治，公园路、文昌路“白改黑”等工程。加强城市夜景规划和建设，实施市区各主干道、甲秀楼—南明河等重点景观区域的二期亮丽工程，加强路灯等市政设施的管理维护，确保城市景观灯亮灯率达95%，路灯亮灯率达98%。金阳新区重点抓好茅台大厦、烟草大厦、盘江煤电大厦、开磷集团大厦、贵州移动大厦等一批总部大楼建设，开工建设贵阳北站前广场等一批重大配套设施，加快金阳十二滩地块整体开发，努力形成更便捷的公交体系，一批大型超市、步行街开业，努力促进新区产业发展和人气、商气聚集。做好在建道路周边土地储备和城市设计，加快新开通道路周边地块开发，建设太慈桥片区路网，加快中心城区大运载量的市场、企业搬迁，建设孟关汽车商贸城等市场，促进东部新城、三马片区与中心城区、金阳新区融合发展。

提高城市精细化管理水平。全面推行数字化、网格化城市管理模式，积极发挥数字化城市综合管理系统作用，增强城市管理服务的快速反应、快速处理能力。综合疏“堵”。逐步建立集交通监控、信号控制、及时诱导等功能于一体的交通管理智能系统，规范停车场点建设，严格交通执法，提高市民驾车良好行为率；继续实施公交优先战略，加大公交场站、专用道建设。实现城区出租车运营一体化，适度增加出租车数量，加大“禁摩”和打击非法营运力度，全面提高公交覆盖率和满意率。强力整“脏”。城区运渣车、垃圾车确保外观清洁并封闭运输、限时上路，提高道路机械清扫率，严格“门前三包”，加强城郊结合部、城中村、铁路沿线、背街小巷市容环境整治。突出治“乱”。综合治理占道经营、乱搭乱建和城市“牛皮癣”、“都市陷阱”等城市顽症，形成依法治理长效机制。创新城市管理体制。推行政府购买市政服务改革试点，将城区部分主干道的市政绿化、保洁等工作通过招投标交由专业公司管理。探索城市管理新模式，整合行政执法资源，实现管理重心向街道、社区下沉。深入开展文明乡镇、社区、学校、医院等创建活动，开展绿丝带志愿活动，提高城市文明程度。深入查找城市建设、管理中存在的问题和不足，以攻坚精神狠抓整改，落实责任，确保在规定时间内指标全部达标，力争获得国家卫生城市和国家环境保护模范城市称号，为创建全国文明城市和协办好全国民运会奠定基础。

（四）促“四化”强“三建”，推进城乡一体化发展

促进农业产业规模化。加大对龙头企业的扶持和培育力度，重点扶持50家市级龙头企业，培育10家产值超亿元的龙头企业。进一步完善农村土地承包经营流转方式，帮助农民实现就地就业，探索耕地得到切实保护、发展用地得到切实保障、土地效益得到切实发挥、农民权益得到切实维护的土地流转新格局。促进农业产业特色化。继续大力实施畜、禽、蛋、奶、果、蔬、花、药、茶等现代农业示范工程，加强国家级农业科技示范园区建设，重点打造花溪特色农产品加工市场。新建4个大型奶牛养殖场，建设一批中药材基地、花卉基地、无公害果树基地、无性系茶园和规模生态蔬菜基地。促进农业生产标准化。加强无公害农产品、绿色食品和有机食品示范基地建设和认证，完善10个县级农产品检测中心，确保主要农产品基地产品抽检合格率达98%以上。促进城乡公共服务均等化。着力完善农村教育、卫生、文化、体育等公共服务体系，健全农村垃圾处置体系，改善村级档案室设施条件。坚持开发式扶贫、开放式扶贫和救助式扶贫，对有

劳动能力的农村低保对象全面实施扶贫。

加强农业基础设施建设。重点抓好鱼洞峡水库建设，开工建设席关水库、金龙水库等一批骨干水利工程，实施乌当中型灌区等节水改造，完成一批病险水库除险加固和重点水源区水土保持治理工程。重点解决3.53万农村人饮安全问题。加强城镇化建设。注重城镇规划、载体建设、产业调整的对接、融合，提高修文、开阳、息烽县城和清镇市区的综合承载能力，加快站街、扎佐、双流、小寨坝等中心镇规划建设，提高产业聚集和人口吸纳能力。深化户籍制度改革，推行居住证制度，促进农民向城镇集中。加强新农村建设。巩固提高12个省级示范点、38个市级试点和10个精品民族村寨的创建成果，全力抓好100个重点村庄规划、建设。

（五）大力发展绿色经济、循环经济、低碳经济，进一步强化生态优势

加强林业绿化建设。重点搞好环城林带等森林资源、野生动植物及绿地资源的建设、保护和利用，抓好贵遵、贵新、贵毕高等级公路境内沿线景观绿化建设，新增绿地面积45万平方米以上，确保森林覆盖率提高1个百分点以上。先行先试开展排放权交易。支持阳光产权交易所有限公司创建贵州环境交易所，率先开展环境权益交易试点，打造成国内知名的排放权交易平台。力争开阳户用沼气打捆碳贸易项目在国外拍卖成功，让人民群众享受到碳减排实惠。发展循环经济、低碳经济。完成贵州轮胎公司蒸汽供热系统优化节能改造、黔能天和黄磷尾气发电等项目建设，继续实施开阳紫江公司磷渣水泥、新强公司回收利用黄磷尾气年产5000吨甲酰胺、水晶公司电石渣综合利用等项目，加快推进贵阳钢厂、清镇发电厂等重点污染源企业异地改造，淘汰一批不符合产业政策和环保要求的落后产能。积极发展绿色建筑，严格执行建筑节能标准，推广使用节能环保建筑材料。倡导绿色生活方式。加强宣传教育，重点办好生态文明贵阳会议，开展低碳社区、低碳学校试点，推广使用节能灯等清洁能源产品，倡导每周少开一天车，使绿色生活方式、消费模式深入人心。

（六）深入推进改革开放，着力创新体制机制

推进重点领域改革。深化行政管理体制改革。上半年完成核定市政府各部门“三定”工作。加强各级政务服务中心建设，深入推进行政审批制度改革和电子政务，提高行政效能。深化财政体制改革。积极开展综合治税工作，调整完善市、区（县、市）两级政府收入分配关系。深化投融资体制改革。积极拓宽融资渠道，采取多种融资方式筹集建设资金。力争金阳公司、城投集团企业债券成功发行。完善风险预警与偿债机制，促进11家投融资平台公司加快形成“融投建、借用还”一体化机制，实现融资100亿元。基本完成国企改革。完成30户国企改革任务，将国资管理重心向加强监管和实现国有资产保值增值转变。完成市自来水总公司资产重组工作，力争组建水务集团，实现上下水运营一体化和城市自来水管网一体化。稳步推进城镇供水、污水处理、垃圾处置、管道煤气等公用事业价格改革。

扶持非公经济和中小企业发展。认真落实支持非公经济和中小企业发展的政策措施，强化社会化服务体系建设，重点加强融资担保、技术创新、检测检验、人才培训、信息咨询等服务。鼓励、帮助中小企业与大企业“联姻”，中小企业向“专、精、特、新”方向发展，围绕大企业上下游产业链提供协作配套。重点培育20家市场潜力大的中小企业，力争3家企业在创业板上市，打造一批年产值过亿元的科技小巨人企业。

提高对内对外开放水平。加强与长三角、珠三角、京津唐、成渝等地区的经贸交流，赴东南亚、东亚、台湾及北京、上海等地开展经贸推介，承接发达地区产业转移。力争引进1至2家世界500强和3至4家国内500强企业落户贵阳。支持机电产品、高新技术

产品及特色食品出口，积极拓展中东、非洲、东欧、中亚、东盟等新兴国际市场，申报建设贵阳综合保税区，促进外贸进出口平稳增长。

（七）切实改善民生，推进社会全面进步

千方百计抓好就业和社会保障工作。深入创建国家级创业型城市，以创业带动就业。就业方面，确保新增城镇就业4.5万人，转移农村富余劳动力2.5万人，开发公益性岗位4500个，城镇登记失业率控制在4.5%以内，40%的社区建成“充分就业社区”，继续保持“零就业”家庭动态为零。社会保障方面，提高城乡低保标准，强化社保基金监管。实现失业保险扩面3万人、工伤保险扩面3.5万人、生育保险扩面4万人。

加快教育均衡发展。强化薄弱学校建设，提高教育教学质量和水平，落实中小学校长、教师交流制度和学区内划片入学制度，推动义务教育均衡发展，逐步消除“择校”现象。新建6所农村寄宿制标准化学校，加强省示范性高中建设，实施“校安工程”。加快发展职业教育，对贵阳市户籍学生就读本市中职学校（含技工学校）继续免除学费，支持贵州工商职业学院、省旅游学校异地搬迁和省电力职业学院生产技能实训基地建设，抓好职教中心建设。坚持高等教育内涵式发展方向，支持花溪高校聚集区和贵州商专白云校区建设，提升贵阳学院办学水平。

大力发展医疗卫生事业。扎实推进医药卫生体制改革，逐步将社区卫生服务机构建设成为财政全额拨款的公益性事业单位。组建市公共卫生救治中心，进一步完善重大传染性疾病防控体系。加快市妇幼保健院综合病房大楼、市一医医技综合楼、市口腔医院新大楼、金阳医院新综合楼、疗养康复基地等项目建设，建成3个县级人民医院扩建主体工程，新建4个社区卫生服务中心并投入使用。启动市域卫生信息网络建设。围绕控量提质，继续稳定低生育水平，抓好流动人口计生管理服务、“奖、扶、医、帮、优、保”利益导向、综合治理出生人口性别比偏高、优质服务等八大亮点工作，保持人口和计划生育工作领先水平。

切实维护社会稳定。深入开展“严打两抢一盗”、“打黑除恶”、禁毒等专项行动，健全完善扁平化指挥网格式警区防控机制，加强社会治安综合治理。做好信访工作，力争479件信访积案化解完毕，建立健全人民调解、行政调解、司法调解三位一体的“大调解”工作体系，及时疏导和化解矛盾纠纷。进一步抓好移民后期扶持政策的落实，解决好构皮滩水库开阳库区、洪家渡水电站迁入移民及失地农民长远生计问题。进一步完善应急管理体制机制，加强基层应急管理工作基础，不断提高预防和处置突发事件的能力。严格落实安全生产责任制，严查安全事故隐患，确保安全生产事故发生起数、死亡人数控制在省下达目标之内。

加快文化体育等社会事业发展。进一步深化文化和广播电视体制改革，推进文化进社区（村）、非物质文化遗产保护等工作，加强“两馆一站”建设。推进“两台一站”数字化。抓好全民健身工作，办好市第11届运动会，精心挑选并强化少数民族运动项目运动员培养工作。进一步加强气象防灾减灾工作，提高气象灾害的防御能力。

（八）以增强行政执行力为核心，加强政府自身建设

转变政府职能。更好地履行经济调节和市场监管的职能，积极应对国际金融危机，加强对苗头性、倾向性问题的研究，做好经济预测预警工作。特别要立足抓“早”落实好资金、土地，财政性资金要重点保续建工程、保中央扩大内需项目、保“三创一办”急需项目；加快推动银政企对接，新开工项目争取在第一季度落实好资金盘子；对急需建设用地抓紧报批，已落实的项目优先安排土地。进一步加强社会管理和公共服务

职能，始终坚持“立党为公、执政为民”，按照“群众生活中的小事，就是政府工作的大事；群众生活中的难点，就是政府工作的重点”的要求，做到“民有所呼、我有所应”，努力为群众办好事、办实事、解难题，扩大政府公共服务的覆盖范围，提高公共服务的供给能力和质量，确保服务到位。紧扣我市发展实际，以生态文明城市建设为主线，编制好“十二五”规划。

加强依法行政。全面落实“五五”普法依法治市规划，深入推进依法治市工作。自觉接受市人大及其常委会的法律监督和工作监督，自觉接受市政协的民主监督，认真听取民主党派、工商联、无党派人士和各人民团体的意见。认真做好人大代表建议、政协提案的办理工作。坚持政府信息“公开是常态，不公开是特例”，深入推进政务公开，重视新闻舆论和社会公众监督，全面推行重大决策事项公示、听证制度，健全专家咨询制度，推进决策科学化、民主化、制度化。

全面加强廉政建设。认真落实党风廉政建设责任制，扎实推进惩治和预防腐败体系建设，健全建筑工程、土地交易、产权交易、政府采购等重点领域监管的长效机制。强化行政监察、财政监管和审计监督。强化对涉农、教育、卫生、社保基金等方面资金的监督管理，保障各项惠民政策落实到位。厉行勤俭节约，继续实现公用经费、行政购车经费、出国考察经费等支出“零增长”。

各位代表，今年是实施西部大开发战略10周年，是我市全面完成“十一五”规划的最后一年，困难和挑战考验着我们，责任和使命激励着我们，全面做好今年工作、促进经济社会又好又快发展意义重大、任务艰巨。让我们更加自觉地按照胡锦涛总书记“做表率、走前列”的要求，抢抓机遇，开拓奋进，纵深推进生态文明城市建设，为早日将贵阳建设成为走新型工业化、城镇化道路的先行区，深化改革、扩大开放的试验区，建设生态文明、精神文明的示范区而努力奋斗！

《政府工作报告》有关术语的说明

1.“三创一办”:是指创建国家卫生城市、国家环境保护模范城市、全国文明城市和协办2011年第九届全国少数民族传统体育运动会。市委、市政府确定的目标是力争2010年获得国家卫生城市、国家环境保护模范城市称号，2011年进入全国文明城市行列。

2.2009年“五路”：是指甲秀南路、北京西路、机场路、水东路、黔灵山路，现均已通车。甲秀南路起于贵黄公路五里冲段，止于花溪区贵筑路与磊花路交叉口，是市中心区与花溪片区的第二联络线，全长17.7公里，双向六车道；北京西路是北京路西段，东西走向，起点北京路与枣山路交叉口，终点金阳新区长岭路南段，全长约5公里，双向六车道；机场路是全省首个获得世行贷款的交通工程项目，起于油榨街市南路与宝山南路交叉口，止于龙洞堡国际机场，全长8.4公里，宽40米；水东路起于水口寺红岩大桥，沿南明河畔，下穿东北绕城线，止于乌当区东风镇高新路，是连接中心城区和乌当区之间的第二条通道，全长16公里，双向四车道；黔灵山路起于瑞金北路，上跨北京路、八鸽岩路，下穿黔灵山，终点于金阳新区东部接入兴筑东路三期与金工路交叉口，全长5.2公里，双向六车道。

3.开阳港区：位于开阳县花梨乡清江村，距贵阳86公里，至重庆涪陵545公里，建设规模客运吞吐量将达到50万人次/年，货运吞吐量可达104.6万吨/年，计划于2013年完成建设。

4.息烽港区：位于息烽县温泉镇三交村大塘口，距贵阳112公里，至重庆涪陵582公里，拟建客运泊位1个，500吨级货运泊位2个，每年货物吞吐量150万吨，客运吞吐量40万人次。

5.2010年“两路二环”：是指北京东路、

甲秀路（中路、北路）、北二环、东二环。北京东路起于北京路与宝山路交叉口，终点与环城高速立交，接128县道，全长7535米，宽32米。甲秀北路起于三桥中坝路，终点接北二环立交，全长4047米，宽40米；甲秀中路起点接甲秀北路，终点接甲秀南路贵黄立交，全长4385米，宽40米。北二环起于金阳新区金朱东路与210国道交叉口处，终点为新添大道冒沙井，全长12.5公里，宽30.5米。东二环起于西南环线二戈寨立交，终点在新添大道冒沙井与北二环相接，全长13.2公里，宽30.5米。

6.白修线：起于白云区麦架镇白云北路，北至修文县阳明大道，技术标准按一级公路兼城市主干路I级建设，全长约20公里，设计时速80公里，总投资约为15.9亿元，2009年已被列为贵州省重点建设项目。

7.开发大道三期：起于开发大道建成段，终点与孟花公路相接，全长2.73公里，宽21米。

8.贵阳通往全国七小时快铁交通圈：是指根据2009年3月签署的《铁道部贵州省人民政府关于加快贵州铁路建设的会议纪要》，贵广铁路等项目实施后，届时将形成贵阳至成都、重庆、昆明、长沙等地2小时，至武汉等地3小时，至广州、西安等地4小时，至郑州等地5小时，至上海等地6小时，至北京等地7小时的快速铁路交通圈。

9.国家级创新企业孵化器：是以促进科技成果转化、培育高新技术企业和企业家为宗旨的国家级科技创业服务机构。

10.四个“十大”重点企业和重点工业项目：即十大重点工业企业、十大重点药业企业、十大重点高新技术企业、十大工业投资项目。

11.九大工业园区:即贵阳国家高新技术产业开发区（麦架—沙文高新技术产业园）、贵阳国家经济技术开发区（小河—孟关装备制造生态工业园）、开阳磷煤化工（国家）生态工业示范基地、息烽磷煤化工生态工业示范基地、白云铝工业基地、清镇煤化工铝工业循环经济生态工业基地、龙洞堡食品工业园、修文扎佐医药工业园、乌当医药食品工业园。

12.首钢贵阳特殊钢新材料循环经济工业基地：系贵钢异地搬迁项目，位于修文县扎佐镇，计划总投资约120亿元，于2009年8月20日开工建设。一期项目计划在2011年10月底建成，二期项目在2012年6月建成。

13.中航工业贵阳飞机发动机生产基地：位于高新区金阳园区及麦架—沙文生态园区，由总部研发区、生产制造区和综合配套区组成，建设用地5平方公里，投资规模不少于80亿元，建设周期5年左右。首个项目中航工业凯阳航空发动机制造及维修基地项目（总投资30亿元）位于麦架—沙文生态园区，于2009年10月开工建设。

14.贵州广铝年产80万吨氧化铝项目：位于清镇市站街镇，计划投资约40亿元，建设规模为年产80万吨冶金级砂状氧化铝，于2009年6月8日开工建设，计划2012年6月建成。

15.贵航军转民高新技术产业园：是贵航集团根据其产业发展规划建立的军民结合高新技术产业基地，位于小河区王武科技园区，总占地面积1200亩，重点发展航空产业，并对现有工程机械装备制造、汽车零部件及整车产业进行整合。

16.华电清镇塘寨电厂2×60万千瓦机组项目：位于清镇市卫城镇，规划装机容量为320万千瓦，一期工程建设2×60万千瓦，投资约47亿元，计划于2011年3月全部建成，力争2010年底首台机组投产发电。

17.工业园区“八通一平”：是指通供水、排水、供电、公路、铁路、通讯、供气、雨污管网和场地平整。

18.11个投融资平台公司：即市工业投资（集团）有限公司、市旅游文化产业投资（集团）有限公司、市城市建设投资（集团）有限公司、市交通发展投资（集团）有

限公司、金阳建设投资（集团）有限公司、市公共住宅建筑投资有限公司、贵州阳光产权交易有限公司、市工商资产经营管理有限公司、市城市轻轨交通有限公司、贵阳铁路建设投资有限公司、贵阳高科控股集团有限公司。

19.低碳经济：是以低能耗、低污染、低排放为基础的经济模式，是人类社会继农业文明、工业文明之后的又一次重大进步。其实质是能源高效利用、清洁能源开发、追求绿色GDP的问题，核心是能源技术和减排技术创新、产业结构和制度创新以及人类生存发展观念的根本性转变。

20.花溪高校聚集区：是按照省、市对于驻筑省属高校发展思路，切实解决在中心城区布局过于集中，分布不尽合理的状况，促进高校发展，拟在花溪集中建设的高校聚集区。总用地面积约15平方公里，采用"一城两片"的布局模式，北部片区（贵州大学、贵州民族学院）4.5平方公里；南部片区10.5平方公里，沿花磊路、南环线两侧，将省属主要高校整合布局于此。

21.花溪国家级湿地公园：2009年12月3日，花溪"十里河滩"被国家住房和城乡建设部批准为国家级城市湿地公园，开发建设面积4.6平方公里。按照市委、市政府的部署，该湿地公园将打造成独具特色的高原湿地景观，提升城市品位。

22.新庄污水处理厂：位于乌当新添寨片区中部乌当大桥旁，紧靠南明河，厂区占地250余亩，项目概算总投资5.82亿元，建设规模为日处理污水25万吨的污水处理厂一座、厂外截污沟16.1公里；污水经处理后可达到《城镇污水处理厂污染物排放标准》的一级B类标准，排入南明河。服务范围包括全中心城区、新添寨片区中南部、龙洞堡片区和二戈寨片区北部，服务人口近期108.39万人，远期140.13万人。2009年正式建成。将使今后我市主城区的污水处理率将达到100%。

23.国家区域性物流节点城市：物流节点城市分为全国性、区域性和地区性物流节点城市。全国性和区域性物流节点城市由国家确定，地区性物流节点城市由地方确定。贵阳被确定为17个区域性物流节点城市之一。

24.无水港：是指在内陆地区建立的具有报关、报验、签发提单等港口服务功能的物流中心，设有当地海关、检验检疫等监督机构和沿海港口的船公司、货代、船代等分支机构，为本地进出口商提供订舱、报关、报检、物流等一条龙全方位服务。

25.综合保税区：是整合现有出口加工区、保税物流中心和口岸功能的特殊监管区域，包括保税加工、保税物流、进出口贸易、采购分销、金融服务、检测维修、展示展览等功能，由海关参照有关规定进行管理，执行保税港区的税收和外汇政策。是我国目前开放层次最高、优惠政策最多、功能最齐全、手续最简化的特殊开放区域。目前，国家已批准设立的综合保税区共有8个。

26.贵阳市数字化城市综合管理系统：是利用计算机网络等技术，建设多尺度、多分辨率、多时相、多种类型的城市自然资源和空间地理基础数据库，并实现"110"接处警、道路交通管理、城市应急指挥与日常管理资源共享、统一协调的城市信息化管理平台，1000余平方米的现代化综合指挥大厅和100余平方米的综合DLP显示大屏，采用了国内最新产品、最新技术，实现各部门信息资源共享调度，其规模和先进性在西部处于领先位置，是贵阳市城市化、数字化建设的标志性工程。该系统（一期）2009年12月31日正式投入运行，该项目的建成，对加强城市数字化应急指挥和综合管理，使贵阳市跨入全国先进数字化城市综合管理行列，提升城市形象具有十分重要的意义。

27.校安工程:是指中小学校舍安全工程。

28.两馆一站：是指文化馆、图书馆和文化站。

29.国家知识产权工作示范城市:是由各城市申请，国家知识产权局批准为"国家知识

政协贵阳市委员会常务委员会工作报告

——2010年2月1日在政协贵阳市第十届委员会第四次会议上

市政协主席　陈石

各位委员：

我受政协贵阳市第十届委员会常务委员会的委托，向大会报告工作，请予审议。请列席会议的同志提出意见。

2009年工作回顾

2009年，市政协常委会在中共贵阳市委的领导和省政协的指导下，坚持以邓小平理论和“三个代表”重要思想为指导，深入学习实践科学发展观，认真贯彻落实中共十七大、十七届三中、四中全会精神和市委八届六次全会精神，高举爱国主义和社会主义两面旗帜，牢牢把握团结民主两大主题，紧紧围绕中共贵阳市委作出的“抢抓机遇，推进生态文明城市建设”的工作部署，紧扣“保增长、保民生、保稳定”的工作重点，共应挑战，共克时艰，切实履行政治协商、民主监督、参政议政职能，创新工作思路，转变工作方式，提高工作效率，全面完成了十届三次会议提出的目标任务，为推进我市生态文明城市建设作出了新的贡献。

一、深入开展学习实践科学发展观活动，夯实科学发展的思想基础

按照中共中央的要求和省委、市委的部署，市政协机关参加全省第二批学习实践活动。市政协党组和机关认真抓好深入学习实践科学发展观活动的开展，着力转变不适应科学发展观要求的思想观念，着力解决影响政协职能发挥和机关建设中的突出问题，着力构建政协工作科学发展的体制机制，不断提高履行职能的能力水平。在学习实践活动中认真抓好学习，组织各种学习80余次，组织专题讲座、理论辅导12场。在委员和政协

产权工作示范城市创建市”历时2年后，再经国家知识产权局考核评定，对达到《国家知识产权工作示范城市评定指标》的城市授予“国家知识产权工作示范城市”称号，这是目前中国知识产权工作的最高荣誉。2009年10月，我市被批准为国家知识产权工作示范城市。

30.奥体中心主体育场:是贵阳奥林匹克体育中心工程（由主体育场、主体育馆、游泳跳水中心、网球中心、训练中心、管理中心、环境工程等部分组成）之一，位于金阳新区云潭南路，总建筑面积77787平方米，总投资8.82亿元，计划于2010年年底前建成并交付使用，作为2011年第九届全国少数民族传统运动会开、闭幕式主会场。

31.BT模式：BT是英文Build（建设）和Transfer（移交）缩写形式，意即“建设--移交”，是政府利用非政府资金来进行非经营性基础设施建设项目的一种融资模式。政府对项目进行立项，完成项目建议书、可行性研究、筹划报批等前期工作，将项目融资和建设的特许权转让给投资方，与投资方签订BT投资合同，投资方组建BT项目公司并在建设期间行使业主职能，对项目进行融资、建设并承担建设期间的风险。项目竣工后，按BT合同，投资方将完工验收合格的项目移交给政府，政府按约定总价（或计量总价加上合理回报）按比例分期偿还投资方的融资和建设费用。

机关中开展“我为贵阳科学发展献良策”和“我为政协工作进一言”活动。精心选择了《如何进一步增强民主监督职能》、《如何更好发挥市政协界别作用》、《如何发挥委员作用，加强委员队伍建设》、《如何加强政协机关制度化、规范化、程序化建设》等4个课题展开调研，提出了相关的对策建议，并切实加以落实。通过开展学习实践活动，达到了提高思想认识，解决突出问题，创新体制机制，促进科学发展的目标，增强了用科学发展观统领政协工作的坚定性和自觉性，夯实了服务科学发展，实现自身科学发展的思想基础。

二、立足政协职能，为我市经济社会科学发展献计出力

坚持把促进科学发展作为履行职能的第一要务，主动把围绕生态文明城市建设开展工作作为履行职能的重点，在增进共识上做有益之事，在应对挑战上建可鉴之言，在推动发展上献对路之策。

认真组织视察调研。重点对我市城市数字化管理现状、中小企业融资服务、乡村旅游发展现状、民办学校教师待遇情况和村级动物防疫员队伍建设现状组织了调研，形成了5份专题调研报告，提出意见建议27条。一些意见建议得到了市委、市政府的重视和采纳，对促进我市提高城市数字化管理水平、建立健全融资服务体系、促进义务教育阶段民办学校建设等工作产生了积极影响。针对建设生态文明城市中的一些热点难点问题，重点开展了环境保护审判工作的主席会议视察，组织了对金阳新区和高新区利用外资工作情况、食品安全监管工作情况、民生档案的规范化建设及利用情况、黔灵山路建设情况、无公害蔬菜基地建设情况等14项视察活动，提交视察报告14份。报告得到市委、市政府领导的重视，省委常委、市委书记李军在《关于贵阳市食品安全监管工作情况视察报告》上批示：“食品安全涉及人民的根本利益。所提意见建议很有参考价值，请翟彦同志阅研。”在视察调研中，注重以课题为纽带，上下联动，围绕市委、市政府中心工作和热点问题开展视察调研，组织驻筑省政协委员和市政协常委，对环城高速南环线段进行了专项视察，协助省政协开展了“新材料产业基地建设发展情况”、“民族药业发展情况”和“非公有制经济发展情况”等视察调研活动。视察调研发挥了很好的导向和建言献策作用，在社会上引起较大反响。

提高提案工作质量。广大政协委员、政协各参加单位和专门委员会以科学发展观为指导，围绕“抢抓机遇、进一步加快生态文明城市建设”建言献策，撰写提案。十届三次会议以来，从审查立案的366件提案中，确定了10件提案为重点提案。在督办重点提案时，除主席会议督办、提案委员会督办外，首次采取由副主席结合所分管的工作重点督办有关提案，积极发挥政协整体力量，取得了较好的实效。市政府也首次筛选出7件事关大局、事关长远、事关民生且具有可操作性的提案由市长、副市长分别领衔督办。通过提案办理，推动了相关工作的开展，产生了良好的经济和社会效益。

深入推进协商议政。加强多层次协商议政，针对全局性重要问题坚持决策前与执行中进行协商，促进科学民主决策。开展广泛协商，十届三次全体会议期间，委员们围绕经济社会发展和改善民生等积极建言献策，市委、市政府领导与委员共商发展大计，参加联组讨论、听取大会发言，认真吸纳委员的意见建议；组织专题协商，举办“三桥马王庙片区区域功能与产业发展”专题协商会，相关部门负责人到会通报情况、听取意见，委员的意见建议对推进“三马”片区的发展发挥了积极作用，市委副书记、市政府市长袁周在《关于“三马”片区民主协商会情况的报告》上批示：“此意见很好，请云岩区按市里的意见和政协的建议进一步抓好落实”；坚持对口协商，各专委会主动对接，加强与相关职能部门的联系沟通，就贵阳市返乡农民工再就业情况、城市中心区交通畅通工程实施情况、经济适用房和廉租房建设情况等组织委员和专家学者开展建言协商，收到了良好效果；注重立法协商，组织委员和政协参加单位对《贵阳市劳动保障监察条例（草案）》、《贵阳市促进生态文明建设条例（征求意见稿）》等4部地方性法规进行了立法前的协商讨论，一些意见建议得到采纳。

参与“三保三实”工作。开展“三保三实”工作是今年我市深入学习实践科学发展观，“保增长、保民生、保稳定”的重大举措之一，也是市政协围绕中心服务大局的重要任务。在市委的统一部署下，市政协主席、副主席分别率10支工作队深入我市重点企业、重点项目共商发展大计，帮助排忧解难，促成了贵州詹阳重工与市城投公司、金阳建投集团等企业的联姻；帮助贵州广铝、清镇鸿运铁合金、贵州金久水泥、贵州美丰、华能焦化等企业解决了生产经营和项目建设方面存在的一些困难；协调解决了贵大蔡家关校区排水治污工程、贵金线B、C标段拆迁、乌当麦穰垃圾填埋场等重大工程项目施工中遇到的突出困难；积极推动了开阳“十里画廊”景区道路和小河海信大道义务教育阶段标准化学校的开工建设。在“三保三实”工作中作出了应有贡献。

三、创新工作方式，不断提高政协工作实效

坚持把创新作为推进政协工作的不竭动力，在履行职能和推进政协工作中重视创新、注重实效。

充分发挥政协联系面广的优势，积极探索文化与经济建设和社会发展的有机结合。2009年4月，“爽爽的贵阳——中国国家画院走进贵州、贵阳暨中国国家画院、贵州画院贵阳写生作品联展”在北京中国美术馆展出，画展以水墨丹青及饱和油彩将一个宜居、宜业、宜游的贵阳生动地展现在世人面前，以高雅的艺术解读了“爽爽贵阳”的生态文明内涵。全国政协副主席郑万通，文化部部长蔡武，中国美协主席刘大为，中国美协副主席、中国美术馆馆长范迪安，省委常委、市委书记李军，副省长谢庆生等领导出席了开幕式，数以万计的观众观看了展览，40多家中央和省内外媒体聚集报道。文化部部长蔡武评价这次画展说：“这是文化如何服务经济社会发展，加强国家级文化机构与地方文化机构以及东西部文化交流与合作方面作出的有益探索。”我省许多专家学者对这次进京画展也给予了高度评价，认为“是从新思想到新行动到新结果的过程”，是“高位引领、高位介入、高端传播”的一次实践。李军书记对《国家画院走进贵州、贵阳写生作品联展活动的情况报告》作出批示：“这次画展很成功，对宣传推介‘爽爽贵阳’发挥了积极作用，政协的同志们辛苦了”。

充分发挥民主监督作用，首次开展了对政府重点工作的民主评议。组织近200名政协委员连续召开3次评议会，发放了400多份调查问卷，就限制大货车进城工作进行评议，从正负效应展开讨论。委员们认识到限制大货车进城绝非一个简单的解决交通拥堵的问题，解决交通拥堵只是其中的一个效果，实际上关联着环城高速公路作用的发挥、产业布局的优化、人们生活方式及观念的转变、城市人居环境的改善、经济社会协调发展等等。评议会不定基调、不扣帽子、畅所欲言，丰富了委员们履行职能的形式，很好地发挥了政协的优势作用。省政协有关领导认为对政府重点工作开展评议是政协履行职能方式的一种创新。新闻媒体对这次评议高度关注，以“大货车限禁催动了产业布局革命”等为题进行了连续报道。通过评议，深化了认识，凝聚了人心，大家对贵阳的未来更充满了信心和希望，相信在市委、市政府的领导下，贵阳的明天会更美好。评议所提建议为市委、市政府有关决策提供了重要参考。

进一步扩大旁听政协会议的范围。在坚持市民旁听市政协常委会议制度的基础上，市政协十届三次会议首次邀请了30名市民列

席旁听了全会开幕式。这是一次扩大有序政治参与的新尝试，市民的反响很好。

四、关注民情民生，为社会和谐稳定多作有益之事

坚持把维护和实现人民群众根本利益作为政协工作的出发点和落脚点。把关注和改善民生、维护社会和谐稳定贯穿于工作的各方面，体现到履职的全过程，切实为群众做好事实事。

高度关注社会民生。寓关注民生于视察、调研、议政建言之中，使履职的过程成为维护和实现人民群众根本利益的过程。继续围绕“六有”民生计划，对饮用水安全、新型农村养老保险、金阳医院运行情况等与群众生活息息相关的内容进行专项视察。其中，《关于对金阳医院运行情况的视察报告》得到了市委、市政府的重视采纳，促成了金阳医院新业务楼问题的解决，使金阳医院服务百姓的能力得到提升，发展有了更好的基础和空间。围绕群众关心的热点问题，举办了“校园环境安全”、“城市老有所养促和谐”等5次主席与市民约谈会，通过听取市民的意见建议，深入实际了解情况，梳理出有参考价值的意见建议报送市委、市政府，促成了《贵阳市城镇老年居民社会养老保险办法（试行）》等一批涉及民生的规章及措施出台。在《“校园环境安全大家谈”主席约谈会的情况报告》上，李军书记批示：“这个约谈内容选得很好，家长们都很关心，提出的建议请季泓同志研究落实”。

主动参与改善民生。按照市委、市政府的统一部署，在农村“危房”改造中，通过抓花溪区镇山村的危房改造和文化旅游精品村建设，努力探索创新农村基层党建和农民致富新路，并促成镇山村与黔东南州西江千户苗寨结成姊妹村寨，逐步转变了农民“等、靠、要”的思想观念，提高了农民的人均收入。协调组织各民主党派和各界人士开展智力支边工作，协调落实扶贫项目85个，开展农业、教育、医卫等培训78期，8000多人次，协调投入支边和帮扶项目资金170余万元。积极引进境内外慈善团体和人士捐赠资金开展帮扶活动，接受社会各界捐助款物折合人民币约700万元，使5000名贫困学生得到帮扶，并修建了乡卫生院1所，村卫生室7所。

及时反映社情民意。全年共收集处理信息58条，编报《社情民意》10期，市委市政府领导专门作出了批示。接待和处理群众信访49件次，根据来信来访性质和属地关系分别进行了处理。通过畅通诉求渠道，促进矛盾化解，维护社会和谐稳定。

五、突出团结民主两大主题，为生态文明城市建设汇聚力量

高举爱国主义和社会主义伟大旗帜，突出团结民主两大主题，以共同的目标凝聚人心、以广泛的共识汇聚力量，为生态文明城市建设贡献力量。

充分发挥各民主党派、工商联和无党派人士的重要作用，组织和邀请他们参加政协视察调研。重点办理和充分反映他们提出的提案和社情民意。2009年向市委市政府报送的重点提案摘报中，各民主党派、工商联的提案占了81%。市长、副市长领衔督办的7件提案，有5件来自各民主党派和工商联。继续加强与各民主党派、工商联的联系和沟通，帮助协调解决具体困难，为他们履行职能提供条件。关心少数民族地区经济社会发展；发挥宗教界人士的作用，为构建和谐社会作贡献；积极做好非公有制经济和其他社会阶层人士的团结工作。

充分发挥港澳委员的重要作用。组织港澳委员开展对贵阳环城高速公路和“油小线”建设情况的视察，增进港澳委员对我市经济社会发展情况的了解，提升港澳同胞来我市投资兴业的信心，进一步推进港澳与我市的联系合作。在市委的部署下，徐学仁同志担任了市港澳招商组组长，在港澳委员的积极协助下，促成了香港华懋集团、九龙仓集团等3个企业到贵阳考察，与港澳有关企业达成3个项目的投资意向，涉及投资金额约4亿元。邀请和接待港澳台同胞、海外侨胞和国际友人来筑考察，鼓励、支持他们在筑兴办企业和参与公益事业。

充分发挥新闻宣传和文史工作的重要作用。在《人民政协报》、《贵州日报》、《贵州政协报》、《贵阳日报》等中央、省、市新闻媒体以及市政协网站刊登新闻信息6000余篇（条）、图片2000余幅、《政协之窗》专版12期。借助主要媒体，依托报刊、网站等阵地，组织“政协之窗”，开展“网上议政”、“网上提案”、“知情参政”等专版专栏，宣传中国共产党领导的多党合作和政治协商制度、宣传政协工作、宣传委员风采。重视发挥政协文史资政作用，编辑出版《贵阳文史》6期、《画说爽爽的贵阳》增刊1期，继续举办“文化讲坛”和书画讲座，为纪念建国60周年和贵阳解放60周年，编辑出版了《见证——我与筑城的故事》一书，为生态文明城市建设凝聚人心、汇聚力量。

六、加强自身建设，履职能力和水平进一步提高

重视发挥委员主体作用、专委会基础作用和界别纽带作用。制定了《关于进一步发挥政协委员作用的意见》、《全体会议请假规定（试行）》、《常委会议请假规定（试行）》三项规章制度。加大委员活动的组织力度，强化对委员履职情况的跟踪、管理和服务。各专门委员会结合自身特点，组织委员开展以调查研究为重点的经常性活动，较好地发挥了在履行职能中的基础性作用。制定了《关于进一步发挥界别作用的意见》和《界别活动规则（试行）》，不断加强和丰富界别活动。

重视对各区（市、县）政协工作的联系指导。市政协领导深入各区（市、县）政协了解工作情况，及时发现和总结成功经验；重视机关建设，认真抓好机关的管理，确保服务工作质量和水平不断提升；编辑了《诤言——2009年“热点评议”视察调研报告集》，成功举办了市政协、市统战系统庆祝新中国和人民政协成立60周年合唱比赛；认真落实厉行节约的文件精神，努力创建节约型机关。

各位委员：过去一年市政协工作取得的成效，是中共贵阳市委加强领导的结果，是全市各级党委、人大、政府和社会各方面大力支持的结果，是全市各级政协组织、各政协参加单位和广大委员团结奋斗的结果。在此，我代表市政协常委会向大家表示衷心的感谢！

回顾总结过去一年的工作，我们深切体会到，做好政协工作，必须坚持把深入学习实践科学发展观贯穿到政协工作始终，把推动科学发展作为履行职能的第一要务，切实为转变发展方式、破除发展难题、推动科学发展献计出力；必须把政协工作放到全市工作大局中谋划和展开，始终与市委、市政府目标同向、行动一致、工作合拍；必须以人民利益为重，多建顺民意的诤言、多献遂民愿的良策；必须坚持改革创新，按照新形势新任务的要求，创新工作方式、提高工作效率、增强工作活力；必须注重调动各党派团体和社会各界人士的积极性，在协同中形成合力，在共进中有效履行职责，为生态文明城市建设多作贡献。

在看到成绩的同时，我们也清醒地认识到，我们的工作与科学发展观的要求和肩负的任务相比，还存在一些差距。比如：履行职能的质量、实效和形式有待提高和完善，界别作用的发挥还不够充分，自身建设还需进一步加强，等等。对此，我们将在今后的实践中认真研究和逐步解决。

2010年的工作打算

2010年，是我市完成“十一五”规划，谋划“十二五”规划，全面实施“三创一办”（创建国家卫生城市、国家环境保护模范城市、全国文明城市和协办第九届全国少数民族传统体育运动会。简称“三创一办”）的关键年。在新的一年里，贵阳市政协工作的总体要求是：在中共贵阳市委的领导和省政协的指导下，坚持以邓小平理论和“三个代表”重要思想为指导，以科学发展观为统领，深入贯彻落实中共十七大、十七届四中全会精神和市委八届八次全会精神，

坚持和完善中国共产党领导的多党合作和政治协商制度，牢牢把握团结和民主两大主题，围绕中心，紧扣主题，积极参与，建言献策，为推进“三创一办”，纵深推进生态文明城市建设贡献力量，

一、统一思想、凝聚共识，增强为“三创一办”服务的自觉性和坚定性

胡锦涛总书记在庆祝人民政协成立60周年大会上的重要讲话，进一步明确了人民政协围绕中心、服务大局，履行职能、开展工作的方向和重点。不久前胜利闭幕的中共贵阳市委八届八次全会明确提出把以“三创一办”为载体，纵深推进生态文明城市建设作为当前和今后一个时期全市工作的努力方向。“三创一办”是为提高贵阳的整体水平和形象而制定的一个有机联系、相互促进的目标和措施，创建国家卫生城市和国家环境保护模范城市，是创建全国文明城市的必要条件。办好民运会是展示贵州、贵阳形象的重要平台，是对创建国家卫生城市、国家环境保护模范城市和全国文明城市的重大检验。“三创一办”包括整个创建的过程和目标的实现，是纵深推进生态文明城市建设的抓手和载体，也是全市各级政协组织围绕的中心工作。全市各级政协组织和广大政协委员，要抓好中心学习组、常委会、专委会、委员、界别和政协机关的学习培训，通过举办专题讲座、培训班、座谈会等多种形式，把学习胡锦涛总书记的重要讲话精神和市委八届八次全会精神结合起来，切实把思想统一到市委的决策部署上来，把认识凝聚到“三创一办”的重大目的意义上来，不断增强为“三创一办”服务的自觉性和坚定性。

二、认真履行政协职能，围绕“三创一办”献计出力

要按照市委的决策部署，主动服从和服务于以“三创一办”为载体，纵深推进生态文明城市建设这个大局，围绕“十二五”发展规划的编制、“三创一办”工作的推进、城市建设和管理、产业结构优化升级、促进城乡一体化协调发展、重大基础设施工程项目实施、振兴工业经济等关系我市纵深推进生态文明城市建设的全局性重大问题，通过提案、建议案、专题协商会等积极建言献策，发挥参谋助手作用。要努力创新调研形式，充分调动政协专委会、政协委员、政协工作者、大专院校专家学者的积极性，整合各方资源，向市委、市政府提出具有前瞻性、全局性、综合性和可操作性的意见和建议。要组织好“十二五”规划编制、“三创一办”工作的推进等专题协商会和情况通报会，切实抓好协商议政。要继续加大提案督办力度，坚持主席会议和副主席领衔督办重点提案制度，进一步健全和完善提案办理反馈机制，增强与提案承办单位的联系沟通，及时准确地反馈办理结果。

三、积极关注民生，促进民生改善与社会和谐稳定

要充分发挥人民政协的特点优势，继续围绕“六有”民生行动计划，重点关注社会治安综合治理、义务教育均衡发展、医疗卫生服务、劳动就业和社会保险、群众住房难等民生热点、难点问题，采取视察调研、协商议政、建议案、提案、界别活动、主席与市民约谈等开展多形式、多层次的议政建言，协助市委、市政府做好问政于民、问需于民、问计于民的工作，解决好关系群众切身利益的问题。要更加关注城乡结合部、老厂矿居民区、流动人口聚居区等边缘化社区的基础设施、医疗、教育资源配置、社会治安等问题，协助解决实际困难。要协调组织各民主党派和各界人士，开展智力支边和帮村扶贫工作，继续抓好花溪区镇山村、息烽县鹿窝村的帮扶建设。发挥港澳委员和慈善机构的作用，积极引资助学帮贫困。要注意畅通信息渠道，及时反映社情民意，加强思想政治引导，做好理顺情绪、协调关系、化解矛盾的工作，维护改革发展和谐稳定的大局。

四、发挥政协优势，营造团结奋进的良好氛围

充分发挥人民政协作为最广泛的爱国统一战线组织的作用，进一步密切与广大政协委员、各民主党派、工商联、各族各界人士的联系，引导社会各阶层各界别更加积极主动地参与到“三创一办”工作中来，促进大团结大联合，为纵深推进生态文明城市建设营造团结奋进的良好氛围。充分发挥各民主党派、工商联和无党派人士在人民政协中的作用；充分发挥非公有制经济人士和其他新社会阶层在我市经济社会发展中的积极作用；加强与民族宗教界人士的联系，做好相关工作；认真做好港澳台侨工作，推动我市与港澳台以及海外的联系协作。继续扩大与外地政协的交流与合作，精心筹划今年在我市召开的全省各地（州、市）政协工作经验交流会。加强政协宣传工作，进一步密切与宣传部门和新闻单位的联系协作，提高《政协之窗》专版质量，管理运行好市政协网站，扩宽政协工作的宣传渠道。

五、主动参与文化建设，为促进文化事业发展繁荣贡献力量

要紧扣纵深推进生态文明建设的主要任务和目标要求，发挥政协人才荟萃、智力密集的特点和优势，主动参与生态文化建设，加强城市文化品牌宣传推介的力度。如，围绕我市在经济社会发展中取得的成就，组织省内外著名画家，以贵阳百年发展为主题，创作“百年贵阳”百米长卷等一批反映贵阳经济、文化、历史、人物、旅游、生态以及民生百态的艺术作品；继续办好文化讲坛和《贵阳文史》等，着力提升贵阳城市文化品位，丰富文化内涵，为促进文化事业发展繁荣贡献力量。要挖掘和调动各方优势资源，以促进生态文明城市建设为主题，邀请省内外知名人士、艺术家、美术家来筑举办讲座和培训班，以一种深入浅出的方式，强化委员、市民对生态文明和“三创一办”的认识，增强市民的认同感、使命感和责任感，提高其投身和参与生态文明建设的自觉性和主动性。组织委员参观、考察我市经济社会发展取得的成果，加强对委员和各界人士的认知导向，增强其对我市纵深推进生态文明城市建设和经济社会发展的信心。

六、加强自身建设，提高履职能力和水平

要主动适应新形势新任务的要求，强化委员的学习培训，提高委员整体素质，发挥委员主体作用。要尊重委员的首创精神，探索发挥界别活动的工作机制，在突出界别特色、开展界别活动上有新突破。要加强专委会建设，不断提高专委会组成人员的政治和业务素质，增强工作活力和成效。要继续加强政协工作的制度化、规范化、程序化建设，抓好各项规章制度的贯彻落实。要进一步加强机关建设，深化深入学习实践科学发展观活动的成效，加强机关的思想建设、组织建设、作风建设、制度建设和廉政建设。特别要着重在提高执行力上下功夫，加强对执行力的学习和养成，在统一思想认识中提高执行力、在干事创业中提高执行力、在增强才干中提高执行力，在转变作风中提高执行力，在完善制度中提高执行力，努力培养造就一支政治坚定、作风优良、学识丰富、业务熟练的高素质干部队伍，创建生态文明机关。

各位委员：新的目标已经明确，新的任务更加艰巨。让我们更加紧密地团结在以胡锦涛同志为总书记的中共中央周围，高举中国特色社会主义伟大旗帜，在中共贵阳市委的领导和省政协的指导下，凝聚共识、携手同心、开拓奋进、埋头实干，为纵深推进生态文明城市建设作出新的更大的贡献！

生态文明贵阳会议

SHENGTAIWENMINGGUIYANGHUIYI

中共中央政治局常委、全国政协主席
贾庆林的贺信

生态文明贵阳会议组委会：

欣闻2009生态文明贵阳会议举行，我谨表示热烈祝贺。

生态文明是人类文明的一种形态，也是社会主义文明体系的重要内容。十七大提出建设生态文明，标志着我们党对人类发展规律、社会主义现代化建设规律的认识达到新的高度，这是我们党对人类文明的重要贡献。由全国政协人口资源环境委员会、北京大学、贵阳市委、市政府联合主办的生态文明贵阳会议，对落实生态文明建设各项任务，进一步调动全社会各个方面参与生态文明建设，具有积极的现实性和指导性。

十七大以来，党中央国务院高度重视生态文明建设，各地以邓小平理论和“三个代表”重要思想为指导，全面贯彻落实科学发展观，积极探索，围绕生态文明建设开展工作，取得了许多理论成果和实践成果。希望此次会议充分发挥人民政协和大专院校人才荟萃、智力密集的独特优势，认真总结实践经验，围绕建设生态文明这一重大课题，深入研究包括生态建设在内的经济社会发展中的综合性、全局性、前瞻性问题，深入探讨生态文明建设对经济社会发展促进作用的规律。希望会议能够广开言路，广集群智，多提真知灼见，建睿智之言，献务实之策，为实现中央提出的“保增长、扩内需、调结构”的目标，为传播生态文明理念、推动生态文明建设作出应有的贡献。

賈慶林

2009年8 月21日

全国政协副主席
郑万通在开幕式上的致辞

尊敬的布莱尔先生，各位来宾，各位朋友：

今天，2009生态文明贵阳会议隆重开幕，我谨代表全国政协，对会议的召开表示热烈祝贺！

人类的文明史告诉我们：生态兴则文明兴，生态衰则文明衰。灿烂的中华文明与长江、黄河流域的生态状况息息相关；印度河流域的宜居环境则塑造了古印度文明；而曾经盛极一时的古埃及文明、古巴比伦文明由繁荣走向衰败的悲剧，很大程度上正是因为这些地区人与自然的矛盾变得尖锐，生态环境遭到破坏，最终，辉煌一时的文明淹没在历史的尘埃中。

当人类社会从农业文明迈入工业文明之后，对自然反而缺少了一种敬畏和善待，取而代之的是高强度的征服和利用。当代世界的许多发达国家和发展中国家，在工业化初期和中期，都曾走过一条先污染后治理的传统工业化发展道路。以高投入、高耗能、高消费、高污染为特征的工业文明，在物质生产取得巨大发展的同时，对地球资源的索取已超出了合理范围，对生态环境的破坏已达到临界状态。

上世纪中叶以来，人类对自身和自然的关系开始进行反思。从1960年卡尔逊的《寂静的春天》，到1972年斯德哥尔摩的人类环境会议，再到1987 年联合国环境与发展委员会的长篇报告《我们共同的未来》，以至1992 年里约的《21世纪议程》，人们普遍认识到，人类只有一个地球，要善待地球、要保护环境。人们开始憧憬一种生态的、合理的文明。人们同时也认识到环境与发展的密不可分，环境问题必须在发展中加以解决。于是，正式提出了可持续发展的理念和模式。

近年来，关于生态环境的各类问题已逐渐演变为人类社会发展的一个中心问题，并且与政治、经济、能源、外交等问题相互交织，紧密相连。同我们正在遭遇的全球金融危机相比，以气候变化为主要表现形式的生态危机，更具隐蔽性和迟缓性，其后果可能更具灾难性和长期性。保护自然资源和生态系统显得尤为迫切。促进经济社会可持续发展，构建人与自然和谐相处的生态文明，已日益成为全人类的共识。

关于生态文明，我想谈以下三点认识。

（一）中华文明的基本精神与生态文明的内在要求是一致的，同世界发展的潮流是相通的。中国自古就有“天人合一”的思想传统，强调人与自然不是主宰与被主宰的关系，而是要和谐相处，强调人必须顺应自然，达到“天地与我并生，而万物与我为一”的境界。中华文明的基本精神，从社会政治到哲学艺术，都闪烁着生态智慧的光芒，完全符合生态文明的内在要求。对于中国来说，复制西方传统工业现代化的模式，就意味着更加深刻的资源环境冲突。因此，用中华文明的生态智慧来校正现代化的发展方向，显得尤为必要。近年来，生态文明的各种理念、战略和发展模式迅速升温，在短时间内变成了世界各主要经济体的共同的发展取向，上升为许多大国的国家战略。在我国也出现了同样的情况。科学发展观的提出，标志着中国进入了新的发展阶段。胡锦涛总书记在党的十七大报告中提出，要“建设生态文明，基本形成节约能源资源和保护生态环境的产业结构、增长方式、消费模式”。在中央政府的指引下，许多地方开始了对生态文明建设的实践和探索。我们要走出一条生产发展、生活富裕、生态良好的文明发展道路。我们要尽最大努力，给老百姓一个美好的生活家园，给子孙后代留下蓝天白云，绿水青山。对于我国来说，建设生态文明，不仅是对我国社会发展模式和规律认识的又一次深化，也是中华民族对人类文明作出的新贡献。我们可以预见，生态文明必将成为21世纪世界发展的大趋势和大方向。

（二）建设生态文明，保护生态环境是前提，转变经济发展方式是关键，改善和保障民生是目的。建设生态文明，保护生态环境是前提。我们要尊重自然，善待自然，正确认识保护环境与发展经济的关系，从国家发展战略层面解决环境问题。要综合运用法律、经济和必要的行政手段来保护生态环境。特别要严肃法律制度和环境标准。建立健全节能目标体系和评价考核制度。建设生态文明，转变经济发展方式是关键。要大力发展循环经济、绿色经济、低碳经济，全面实施清洁生产，加快形成有利于节能环保的产业结构、生产方式和消费方式。努力构造一个以环境资源承载力为基础、以尊重自然规律为准则、以经济社会永续发展为目标的资源节约型、环境友好型社会。建设生态文明，改善和保障民生是目的。要高度关注并切实帮助群众解决好住房、就业、医疗、上学、养老、交通、治安等民生问题，努力提高居民的生活满意度和幸福感，用民生改善的成果来衡量生态文明建设的成效，用生态文明建设的成效让人民群众更加满意。

（三）生态文明是个综合的系统工程，是长期的、艰巨的任务。生态文明不仅是传统意义上的污染控制和生态恢复，而且包含了物质文明、精神文明、政治文明等多方面的内涵。生态文明理念下的物质文明，致力于消除人类活动对自然界稳定与和谐构成的威胁，逐步形成与生态相协调的生产方式和消费方式；生态文明理念下的精神文明，提倡尊重自然规律，建立人类自身全面发展的文化氛围，抑制人们对物欲的过分追求；生态文明理念下的政治文明，尊重利益和需求的多元化，协调平衡各种社会关系，实行避免生态破坏的制度安排。当前，发达国家处于后工业化时代，而发展中国家仍处在加速工业化与城市化阶段，经济增长的现实压力与资源环境的长远压力并存，推进工业文明与建设生态文明的矛盾交织，走向生态文明，还需要长期的过程，需要艰巨的努力。建设生态文明，是全社会共同的理念，也是全社会共同的责任。要引导、维护、激励整个社会的生产生活方式向生态文明转型。要不断提高公众的生态意识。倡导科学、节约、合理、适度的消费观念，使每一个人都成为生态文明建设的参与者、推动者和受益者。

这次会议把“发展绿色经济——我们共同的责任”确定为主题，很有远见，也很有现实针对性。十七大以来，贵阳市把建设生态文明城市作为贯彻落实科学发展观的切入点，以建设生态文明城市统揽经济社会发展全局，制定了生态文明城市的规划，建立了生态文明城市的指标体系和监测办法，扎实推进生态文明建设各个方面的工作，取得了积极的成效。这次会议在贵阳召开，很有意义。我真切希望这次会议通过深入探讨生态文明建设的有关问题，分享先进经验和方法，在推动生态文明建设方面发挥积极作用。

最后，预祝本次会议取得圆满成功！

谢谢大家！

中共贵州省委书记、省人大常委会主任石宗源会见英国前首相托尼·布莱尔一行的谈话

尊敬的布莱尔先生和夫人，尊敬的吴昌华总裁、程涛副会长、李连杰先生， 女士们、先生们：

首先， 我谨代表中共贵州省委、省人大、省政府、省政协， 代表全省3793万各族人民，对各位的到来表示热烈的欢迎！

贵州省位于中国西南地区的东南部、云贵高原东部，山川秀丽，气候宜人，资源丰富，人民勤劳，少数民族众多。国土面积有17.6万平方公里，其中山地、丘陵占92.5%。贵州是世界上喀斯特地貌发育最典型的地区之一，喀斯特岩溶形态类型齐全，集山石、水景、洞穴为一体，旅游资源独特而丰富，被称为“迷人的天然公园”。贵州年平均气温15摄氏度左右，冬无严寒，夏无酷暑，是著名的避暑胜地。贵州是一个多民族的省份，少数民族人口占总人口的近40%，世居的少数民族有苗族、布依族、侗族、水族、仡佬族、彝族、土家族等17个，各民族平等相处、团结和谐，共同创造了多姿多彩的民族文化。贵州还是一个能源矿产资源丰富的省份，水电、火电的能源组合优势十分突出，矿产资源分布广、矿种齐全，煤、磷、铝、锰、锑、汞、金等储量丰富。

今年是中华人民共和国成立60周年。经过60年特别是经过改革开放30年的发展，贵州社会生产力和人民生活水平得到了显著提高，城乡面貌发生了巨大变化。但总体上看，贵州目前经济社会发展还比较落后，加快发展的任务繁重艰巨紧迫。贵州在建设和发展过程中，高度重视、大力推进生态文明建设，努力形成节约能源资源和保护生态环境的产业结构、增长方式、消费模式，推动经济与人口资源环境协调发展，建设资源节约型、环境友好型社会。坚持保住青山绿水也是政绩的理念，大力实施“环境立省”战略，加快转变经济增长方式，发展循环经济和生态产业、环保产业，积极开发和推广新技术、新工艺、新设备，加快高耗能行业和企业的技术改造，促进能源资源的合理开发、节约使用。加强水、大气、土壤等污染防治，大力实施天然林资源保护、珠江防护林体系建设、退耕还林、野生动植物保护及自然保护区建设、石漠化治理、速生丰产用材林为主的林业产业基地建设等六大重点工程以及其他生态项目，促进生态修复。在全社会积极倡导绿色消费方式，加强节能环保知识宣传，加快城镇垃圾处理、污水处理设施建设，在城市推广使用节能照明设施，在农村推广使用沼气。目前，全省森林覆盖率达39.9%，6个地方被命名为国家级生态示范区；此外还有130个自然保护区，其中国家级自然保护区9个，自然保护区面积96.02万公顷，占全省国土总面积的5.46%。

布莱尔先生长期活跃在国际政治舞台上，非常有影响力。在担任英国首相期间，布莱尔先生为加强中英两国经贸文化交流、促进两国关系发展做了大量工作，作出了重要贡献。卸任后，布莱尔先生仍然为推动中东和平进程奔走斡旋，积极投身公益事业，大力支持成立气候组织，推动低碳经济，号召各国共同应对全球气候变化，赢得了国际社会的广泛赞誉。布莱尔先生这次应邀前来参加生态文明贵阳会议，对此次会议的圆满召开，在生态文明建设这一重大问题上形成更加广泛深入的共识，推动相关产业的发展，加强各方面的交流与合作，将产生重要影响。在此，深表谢意。

最后，衷心祝愿布莱尔先生和夫人、各位尊敬的客人身体健康、工作顺利、心情愉快、幸福吉祥！

中共贵州省委书记、省人大常委会主任石宗源拜会全国政协副主席郑万通并会见国家有关部委领导及部分嘉宾时的谈话

尊敬的万通副主席，各位领导、各位嘉宾，同志们：

首先，向万通副主席一行来黔考察指导工作并参加生态文明贵阳会议表示热烈的欢迎和衷心的感谢！

长期以来，全国政协和中央国家机关各部门对贵州的发展一直十分关心，给予了大力支持和帮助。上个世纪90年代，万通副主席在中央统战部工作的时候，就为我省毕节试验区的建设和发展做了大量工作。担任全国政协副主席之后，曾多次到贵州视察，作出许多重要指示，有力地指导和推动了贵州的工作。这次又在百忙中莅临生态文明贵阳会议，充分体现了万通副主席对贵州的关心和厚爱。在座的全国政协各位领导同志，国家环保部、国家林业局、国家旅游局等有关部委的领导同志和各位嘉宾也对贵州关爱有加，从不同角度给予了很大的支持和帮助。在此，我谨代表贵州省委、省人大、省政府、省政协，代表全省3793万各族人民，对万通副主席，对各位领导、各位嘉宾表示衷心的感谢！

这些年来，在党中央、国务院的正确领导下， 在全国政协和中央国家机关各部门的大力支持和帮助下，我省各族干部群众抢抓机遇、迎难而上、求真务实、开拓奋进，全省经济社会保持了又好又快发展的良好态势。今年以来， 全省上下认真贯彻落实中央关于保增长、保民生、保稳定的一系列重大决策部署，以抢机遇、抓项目、促发展、求实效为主线，努力克服金融危机带来的不利影响，经济得到了平稳较快增长，政治建设、文化建设、社会建设、党的建设以及生态文明建设取得了新成绩。上半年全省实现生产总值1496.27亿元，同比增长9.7%；财政收入累计完成372.93亿元，同比增长12.1%；完成全社会固定资产投资935.92亿元左右，同比增长41.3%；城镇居民人均可支配收入、农民人均现金收入分别为6694.7元、1365元，分别实际增长14.9%和8.2%。前不久，中共贵州省委召开了十届五次全会，专门研究部署了非公有制经济发展问题，强调把发展非公有制经济作为做大做强全省经济的突破口，藉此进一步增强经济活力和实力，推动经济持续快速协调健康发展。

2005年初，胡锦涛总书记在贵州考察工作时深刻指出：“对于像贵州这样的西部省区，只要符合科学发展观的要求，有条件、有效益，就要努力加快发展。”同时要求我们：“节约能源资源、保护生态环境的工作丝毫不能放松，要抓得紧而又紧、实而又实。”我们认真贯彻落实胡锦涛总书记的重要指示精神，坚持以科学发展观为统领，牢固树立保住青山绿水也是政绩的理念，大力实施“环境立省”战略，切实加强生态环境的建设与保护，加大生态文明建设力度，推动经济与人口资源环境协调发展，努力建设资源节约型、环境友好型社会。目前，全省生态环境日益改善，石漠化治理成效明显，全省森林覆盖率达到39.9%，6个地方被命名为国家级生态示范区；此外还有130个自然保护区，其中国家级自然保护区9个，自然保护区面积96.02万公顷，占全省国土总面积的5.46%。贵阳市今年6月被国家环保部批准为“全国生态文明建设试点市”。这次生态文明贵阳会议，必将对探索和加强生态文明建设产生重要影响，对贵州各族干部群众进一步树立生态文明观念、加快生态文明建设步伐起到重要的推动作用。在此，预祝会议取得圆满成功！

最后，衷心祝愿万通副主席和各位领导、各位嘉宾身体健康、工作顺利、阖家幸福、吉祥如意！

中共贵州省委书记、省人大常委会主任石宗源在欢迎宴会上的致辞

尊敬的布莱尔先生及夫人，尊敬的郑万通副主席，各位来宾，女士们、先生们：

大家晚上好！今晚，我们在此举行宴会，热烈欢迎前来参加生态文明贵阳会议的各位嘉宾！

建设生态文明，是人类对传统文明形态特别是工业文明进行深刻反思的重大成果，是人类文明形态和文明发展理念、道路和模式的重大进步。来自国内外、致力于生态文明探索与实践的政界、商界、学界精英此次聚首生态文明贵阳会议，共同研讨生态文明建设、发展绿色经济这一重大问题，具有十分积极的意义。这对于进一步深化对生态文明建设的认识和理解，倡导生态文明观念，探寻解决生态问题之对策，推动相关产业发展，促进各方面的交流与合作，将产生重要影响。

贵州地处长江、珠江上游，资源丰富、环境优美，生态环境十分脆弱，极易受到破坏而很难修复。因此，建设生态文明对贵州来说具有更加特殊重要的意义。我们在加快发展的同时，始终坚持节约资源和保护环境的基本国策，高度重视、大力加强能源资源节约和生态环境保护，建设资源节约型、环境友好型社会。我们将以此次会议为契机，进一步提高生态文明建设水平，积极探索具有贵州特色的生态文明建设之路。

各位来宾，女士们、先生们，衷心希望大家在这短暂的相聚中感受贵州各族人民的热情好客，度过一段愉快而有意义的时光。

现在，我提议：为生态文明贵阳会议的圆满成功，为各位嘉宾的身体健康、幸福吉祥，干杯！

中共贵州省委常委、贵阳市委书记李军在招待午宴上的致辞

尊敬的布莱尔先生，各位嘉宾，女士们、先生们：

大家中午好！

今天上午我们有幸聆听了贾庆林主席的贺信和郑万通副主席的重要讲话，深深感受到中国领导人对建设生态文明寄予了厚望，充满了鼓励。我们有幸聆听了布莱尔先生精妙绝伦的演讲，让我们近距离地领略了一位蜚声国际的政治家关于环境问题、气候问题的全球思维、忧患意识和战略眼光。我们还有幸聆听了其他各位嘉宾精彩纷呈的演讲。我相信大家都有一个共同的感受，那就是世界上最美味的东西是什么？是思想、是智慧！云贵高原已经很高了，可是当面聆听这些全世界最前沿、最高端的言论，感觉真是高山仰止啊；贵阳已经够“爽”了，可是聆听各位嘉宾如此生动、如此睿智的演讲，精神世界无比的爽！

各位嘉宾，上午的思想盛宴的确很美味，但是我总感觉到还缺少点什么东西。想来想去，我想到了中国的一句俗话叫做“无酒不成席”。各位的演讲虽然很精彩，可是佐餐的只有矿泉水和茶，没有酒怎么行呢？各位嘉宾怎么会不遗憾呢？因此，今天中午，我们主办方特意备下国酒茅台，以“酒”助兴，让各位继续享受我们的思想盛宴！

现在，我提议，让我们共同举杯，为生态文明贵阳会议这场思想盛宴取得丰硕成果，为布莱尔先生和各位嘉宾的身体健康，干杯！

贵阳共识

(2009年8月23日生态文明贵阳会议通过)

以“发展绿色经济——我们共同的责任”为主题的生态文明贵阳会议于2009年8月22日至23日在贵州省贵阳市召开。会议由全国政协人口资源环境委员会、北京大学和中共贵阳市委、贵阳市人民政府联合主办，中国人民外交协会、中国气象学会、气候组织、中国企业家论坛协办。

中共中央政治局常委、全国政协主席贾庆林的贺信对会议给予充分肯定，提出殷切希望，对于全体参会人员是巨大的鼓舞，对于会议起到了重要指导作用。全国政协副主席郑万通在开幕式上的致辞和英国前首相托尼·布莱尔的精彩演讲，深化了会议内涵，提升了会议层次。国家环境保护部部长周生贤，联合国气候变化政府间专门委员会原副主席莫汗·穆纳辛格，全国政协人口资源环境委员会主任张维庆，北京大学校长周其凤，国家发展和改革委员会副主任解振华，国家林业局副局长张建龙，联合国系统驻华协调总代表、联合国开发计划署驻华代表马和励，中国生态道德教育促进会会长、北京大学生态文明研究中心主任陈寿朋，泰康人寿董事长陈东升先后发表了主旨演讲和特邀演讲，获得了全体与会者的高度评价。会前，联合国教科文组织、联合国环境规划署、世界银行、国际劳工组织召开的“迈向绿色经济和绿色就业”未来论坛，使这次会议具有广阔的国际视野，增进了国家之间的共识。

大会举办了生态城市论坛、科学家论坛、生态教育和传媒论坛、经济企业界论坛等4个专题论坛，分别围绕“生态城市—宜居、宜业、宜游”、“科技与创新—生态社会基石”、“教育和传媒—生态文明软实力”、“生态经济—绿色产业”等主题进行了深入讨论，努力找出一条切合实际的科学发展新路。与会代表认为，这次会议开得生动、活泼，会议的主题选得好，出席嘉宾的层次高，参与面广，研究问题的针对性、前瞻性强，问题探讨有相当深度。

科学家们深刻地认识到，我国气候变暖趋势与全球的总趋势基本一致，而且当前已经构成危机，并将继续严重影响我国的生态环境。市长们坚决地认为，生态城市不仅仅是单纯的环境保护，而是一个涵盖了政治、经济、文化和社会发展等各个方面的城市发展理念和战略。生态城市具有多样性的特点，各个城市应根据不同的经济发展水平与人文自然条件，选择相应的建设路径和模式。教育、传媒界共同感到，当代中国正在经历一场绿色变革，这场深刻的变革赋予大学与传媒的历史使命，就是从社会机制、伦理规范、文化制度方面，发挥不可替代的建设性作用，为迈向人与自然和谐共处的生态社会奠定坚实的知识和文化基础。企业家们清醒地看到，大力发展生态经济，培育可持续发展的绿色产业，是当今时代发展共同探索的课题，破解这一课题是包括企业家在内的全社会的共同责任和使命。

会议共识是：生态文明是人类社会发展的潮流和趋势，不是选择之一，而是必由之路。生态兴则文明兴，生态衰则文明衰。以高投入、高能耗、高消费、高污染为特征的工业文明，在物质生产取得巨大发展的同时，对地球资源的索取已超出了合理范围，对生态环境的破坏已达到临界状态。当前各类自然灾害呈增加趋势，特别是气候变化已对人类社会和自然生态系统构成严重威胁，严重影响人类可持续发展的进程。保护自然资源和生态系统显得尤为迫切。正确处理经

济发展和生态保护的关系，促进经济社会可持续发展，构建人与自然和谐相处的生态文明，已日益成为城市发展的必然选择。

会议强调，建设生态文明是一个系统工程，涉及到观念和文化转变、产业转换、体制转轨、社会转型的方方面面。保护生态环境是前提，要尊重自然、善待自然，正确认识保护环境和发展经济的关系，综合运用经济、法律和必要的行政手段来保护环境；转变经济发展方式是关键，要寻找完全不同于传统经济增长的新模式，实现从“褐色经济”到“绿色经济”的转变；改善和保障民生是目的，要高度关注并切实帮助群众解决好住房、就业、医疗、上学、养老、交通、治安等民生问题，努力提高居民的生活满意度和幸福感。

会议特别强调，大力发展绿色经济，既是摆脱目前金融危机的有效手段，也是实现中长期可持续发展的重要途径。金融危机暴露了传统发展模式之危，也凸显了生态文明发展模式之机。大力发展循环经济，全面实施清洁生产，实现资源开发与高效利用结合、资源配置与资源转化结合、资源节约与绿色生产结合，就能走出一条既有利于节能降耗和环境保护，又具有很高经济效益，还能创造绿色就业的科学发展路子。

会议一致认为，生态文明建设，城市是关键，科技是基石，企业是主战场，教育是根本，传媒提供软实力支持。世界上一半以上的人口居住在城市，城市决定世界的未来。通过利用低碳能源，使用低碳交通系统，水资源的保护和治理，废品处理和循环利用，可以建成新型的、具有强烈生态意识的城镇化和谐社会。这样的社会具有高质量的生活，包括对文化遗产的保护，对艺术和其他文化的尊重和推崇。发达的科学、创新的技术、可持续的教育和有效的传媒在生态文明建设中具有重要作用。一个高度生态文明的社会需要高水平知识社会支撑。通过科学研究、教育、文化、传媒等多种工具，建立全新的价值观和知识体系，是实现生态文明发展不可缺少的条件。

会议深刻体会到，贵州、贵阳致力于探索生态文明发展道路。上世纪八十年代，贵州就积极探索和践行“开发扶贫、生态建设”的持续发展道路，近年来，提出了“保住青山绿水也是政绩”的理念，取得了显著成绩。2007年，贵阳市贯彻科学发展观和党的十七大精神，总结和发扬历史经验，充分发挥气候凉爽、空气清新的比较优势，决定把贵阳建设成为生态环境良好、生态产业发达、文化特色鲜明、生态观念浓厚、市民和谐幸福、政府廉洁高效的生态文明城市。一年多来，进行了积极实践，取得了初步成效，今年6月被国家环保部批准为全国生态文明建设试点市。实践证明，建设生态文明在欠发达地区和发达地区都能获得成功。

鉴于以上共识，与会代表对建设生态文明提出倡议：

1.观念先行。建设生态文明，离不开生态文化作支撑。要加大宣传教育，在全社会形成广泛共识，形成生态城市的文化和理念，真正使生态文明理念深入基层、深入人心，把生态意识上升为全民意识、主流意识，倡导生态道德、生态伦理和生态行为，提倡生态良心、生态正义和生态义务，发展生态艺术，把生态文化具体地渗透到建筑、交通运输、产业等方方面面。

2.密切合作。各地要坚持互利共赢的开放战略，加强各领域的生态合作，特别是加强生态环保领域的技术合作，相互学习和探讨建设生态城市积极有效的办法和经验，形成城市间、地区间、国际间良好的合作与交流机制。

3.加大投入。政府要切实调整投资结构，加大在生态领域和绿色产业方面的投资，促进旅游文化等现代服务业、高新技术产业、循环经济和低碳经济的快速发展，推进新能源、新材料技术的普遍使用。加强水资源保护，扩大森林面积，充分发挥森林在吸收碳排放中的重要作用。

4.知行合一。建设生态文明，人人有责，每个人都可以为建设生态文明作出贡献。全社会要切实行动起来，从现在做起，从身边事做起，履行共同但有区别的责任，把生态文明的理念转化为实际行动，形成绿色的生活和消费方式，做生态文明的忠实实践者。

5.进一步依靠科学技术。加强节能环保新技术的研发和推广运用。从保障粮食安全、生态安全、经济安全和人民群众生命财产安全的高度出发，加强农业、林业、水资源和沿海及生态脆弱地区等领域适应气候变化的能力建设。完善防灾减灾应急机制和预案，提高地震灾害、地质灾害和适应气候变化以及应对极端天气气候事件的能力。同时，特别注意充分利用现有技术、传统技术，比如少数民族吊脚楼的通风设计等等，不能坐等新技术的研发。

6.企业要积极转变发展方式。努力构建区域间、企业间的资源整合、信息共享及创新机制，竭力克服当前工业经济面临的资源紧张、能源价格上涨和节能减排等压力，坚持循环生产，应用清洁能源，推广新能源，履行社会责任，携手创立符合时代发展的生态企业范式。

7.教育和传媒要在生态文明建设中发挥基础性、综合性和先导性作用。学校特别是大学要致力于建设合作交流平台，并拓展校际的联合研究、推广全国性的环境教育知识大纲，倡导建设绿色校园。传媒要充分运用新媒体，开辟新栏目，传播生态观念。

8.探索建立生态文明城市的评估和评价体系。按照科学发展观的要求和生态文明城市的内涵，从产业、环保、科技、教育、文化等多方面，建立完善符合生态文明城市建设要求的评估办法和评价体系。

生态文明建设任重道远。让我们携手同行，探索新的载体和方法，不断创造生态文明建设的新成果。

生态城市论坛

2009年8月22日，生态文明贵阳会议生态城市论坛在中国避暑之都——爽爽的贵阳举行。论坛主题为：生态城市——宜居、宜业、宜游。博鳌亚洲论坛秘书长龙永图担任论坛主席。众多国际知名人士、国际组织代表以及国内城市的管理者和生态研究领域的专家、学者齐聚一堂。英国前首相布莱尔，联合国系统驻华协调总代表、联合国开发计划署驻华代表马和励，气候组织大中华区总裁吴昌华，联合国教科文组织助理总干事、战略规划署署长汉斯、贵阳市市长袁周以及长沙市市长张剑飞、海口市市长徐唐先、广州市副市长陈国、杭州市副市长张建庭、昆明市副市长王道兴、南宁市副市长周家斌、苏州工业园区总规划师时匡出席论坛并围绕低碳经济与可持续发展、生态城市的规划设计、绿色经济、生态城市下的政府治理和公众参与等议题各抒己见、畅所欲言，进行了热烈的互动交流和深入探讨。贵州省委常委、贵阳市委书记李军还介绍了贵阳市运用法律手段保护环境的尝试。在当前国际经济金融形势依然严峻的背景下，论坛的召开具有十分重要的意义。

在充分讨论交流的基础上，论坛形成了两方面的共识。

（一）战略上、观念上的共识。

1.生态城市是一个发展战略。生态城市不仅仅是单纯的环境保护，也并非一个权宜之计，而是一个涵盖了政治、经济、文化和社会发展等各个方面的城市发展战略。当前，世界金融危机的发生对改变全球经济增长模式，推动全球低碳经济的发展是一次非常好的契机，为各个城市进一步发展新的经济增长点，创造新的就业机会带来了很好的机遇。

2.建设生态城市是当今世界城市发展的必由之路。无论哪个城市愿不愿意、要不要求，日益增长的环境、气候、资源、人口和就业压力都逼迫它必须走生态城市的道路，而且在全球气候变暖、极端灾害性天气频繁的今天，生态建设与环境保护已刻不容缓，因此，无论从经济还是社会的角度来看，生态化都是当前和今后国内外城市发展的必然选择。

3.生态城市建设必须走多样化道路。参加此次论坛的有来自东部、中部和西部的不同城市，各个城市有不同的特点，所处的发展阶段都不一样，工作的重点和目标也不一样，因此，各个城市要根据自身的经济、资源、气候与人文特点，制定符合自身实际的生态城市发展战略。

（二）前瞻性、行动性共识

1.政府必须在生态城市建设中发挥主导作用。建设生态城市是一个全新的模式，前所未有，因此，政府要发挥主导作用，充分运用法律、经济、行政等各种手段，鼓励和引导企业、公众共同参与生态城市的建设。

2.努力形成生态城市的文化和理念。建设生态文明，离不开生态文化作支撑。要加大宣传教育，在全社会形成一种广泛支持发展绿色经济，发展生态城市的全民共识，真正使生态文明的理念深入基层、深入人心，为建设生态城市奠定社会基础。

3.加强生态城市的战略规划。规划是城市发展的龙头，某种意义上讲规划也是法律，要把规划上升到法律的层次，统筹谋划城市未来人口分布、经济布局、国土利用和城镇化格局等。

4.加大绿色投资、发展绿色经济。建设生态城市不是不发展经济，而是在充分考虑资源和生态的承载力的基础上发展经济。要大力调整经济结构，加快转变经济发展方式，促进产业的生态化和生态的产业化。

5.大力倡导绿色的生活方式和消费方式。生态城市的建设不仅是一个经济问题，也是一个社会问题，必须大力提倡一种新的生活方式，才能使建设生态城市有一个可持续的基础。

与会代表认为此次论坛的召开是十分有益的，一方面，从国内来讲，进一步坚定了各地按照科学发展观，大力发展绿色经济，建设生态城市的决心；另一方面，从国际上来讲，也是对我们国家发展绿色经济、低碳经济，应对气候变暖一个非常好的宣传，因此，是一次成功的，有价值的会议。

科学家论坛

2009年8月22日，生态文明贵阳会议科学家论坛在中国避暑之都——爽爽的贵阳举行。论坛主题为：科技与创新——生态社会基石。全国政协常委兼人资环委副主任、中国气象学会理事长、中科院院士秦大河担任论坛主持。中科院院士、国家减灾委专家委副主任、地震局原副局长陈颙、国家气候中心副主任罗勇、中国农科院气候变化中心主任林而达、中国社科院城市发展与环境研究中心主任潘家华、中国气候学会秘书长王春乙等出席会议。科学家论坛的与会者取得如下认识：

我们认识到当前各类自然灾害呈增加趋势，特别是气候变暖的现实已对人类社会和自然生态系统构成严重的威胁。近百年来(1906—

2005年)全球地表平均温度升高了0.74℃，我国气候变暖趋势与全球的总趋势基本一致。近50年来我国降水分布格局发生了明显变化。高温、干旱、强降水等极端天气气候事件的频率增加、强度增大。我们还认识到未来的气候变化可能将继续严重影响我国的生态环境，如气候变化很可能导致我国农作物因干旱受灾面积呈加大趋势；冰川融水可能导致河川径流的调节能力降低等等。地质地震灾害的发生虽然不能用定量方式表述，但造成的损失对建设生态社会有很大的负面作用。与会者还认识到，除了水圈和大气圈以外，地球的岩石圈对于建设生态社会也有重要的影响。

我们发表以下声明：

（1）加强对公众的科学普及和教育，进一步提高公众和决策者对生态文明建设重要性的认识。要认识到生态文明是人类文明发展的必由之路，生态社会建设是减轻各类自然灾害和应对气候变化的根本之路。

（2）增强生态建设和环境保护的能力。森林的固碳作用是减缓气候变化、减少温室气体排放的重要途径。森林培育、保护森林和制止毁林及各种生态破坏，特别是天然林保护，是应对气候变化的重要举措。

（3）坚持节能降耗、节约资源能源，开发利用清洁能源和新能源，逐步完善减缓和适应气候变化的政策体系和激励机制。

（4）完善防灾减灾应急机制和方案，加强地震灾害、地质灾害和适应气候变化以及应对极端天气气候事件的能力。要从保障我国粮食安全、生态安全、经济安全和人民群众生命财产安全的高度出发，加强农业、林业、水资源和沿海及生态脆弱地区等领域适应气候变化的能力建设。

（5）加大科学和技术研究投入，加强地球系统科学研究，加强生态社会建设与应对气候变化的科学和技术支撑能力。进一步开展气候变化的科学研究，深化对气候变化的科学认识；加强应对气候变化的战略和对策研究，对具有重大减排潜力的战略性高技术研发进行超前部署。

生态教育和传媒论坛

2009年8月22日，生态文明贵阳会议生态教育和传媒论坛在中国避暑之都——爽爽的贵阳举行。论坛主题为：教育和传媒——生态文明软实力。北京大学校长周其凤、中国传媒大学副校长胡正荣担任论坛主持。教育部原副部长、联合国教科文组织执行委员、原主席章新胜、中国矿业大学校长葛世荣、东北林业大学校长杨传平、中国海洋大学党委书记于志刚、云南大学校长何天淳、贵州大学校长陈叔平、中国环境报社长兼总编辑杨明森、新闻集团全球副总裁高群耀、联合国气候变化政府间专门委员会原副主席莫纳·穆纳辛格等出席会议。各位嘉宾围绕大学与传媒在生态文明建设中的角色与责任，各抒己见，畅所欲言，提出了许多重要的见解。大家都不约而同地意识到，当代中国正在经历一场绿色变革，而这场伟大的变革所赋予大学与传媒的历史使命，正是从社会机制、伦理规范、文化制度方面，发挥各自不可替代的建设性的作用，为我们迈向人与自然和谐共处的生态社会，奠定坚实的文化基础。

在教育领域的讨论中，几位大学校长立足于不同学校的专业和校情，介绍了在相似的理念下所开展的各具特色的环境知识体系构建工作，体现了我国高校生态文化建设的多元化道路。中国矿业大学积极摸索绿色采矿生态之路，寻求能够摆脱化石能源依赖的新能源开发，取得了积极的成果。东北林业大学为地方发展现代林业、建设生态文明培养了大批高素质的技术人才。中国传媒大学注重在课程体系和教学模式的结构层面，推动环境教育和生态文明意识的培养。海南大学则在我国建设社会主义新农村的大背景下，把解决农村突出的环境问题作为切入点，对农村生态学的问题进行了深入研究。从几位大学校长的报告中，我们切实感受到大学在构建绿色知识体系、促进教学方式的绿色变革方面所做出的巨大努力。作为大学的决策者与科研教学人员，大家一致同意，在大学未来的发展中，应该着眼于体现生态价值的高新技术的掌握与运用，如信息技术、生物技术、纳米技术及新材料、新能源技术等,以实现资源利用最大化、环境污染最小化、废物利用循环化及生态效益最大化。大学不仅能在这些方面进行基础性和前瞻性的研究，更重要的是服务于社会需求和环境管理的决策需要、为重大环境问题的治理提供人才与技术支持。通过发言讨论，大家对于大学所肩负着的不容推卸的历史责任达成了一致共识，即大学在推动生态文明形态的转变中，发挥着基础性的作用。在讨论部分，莫罕·穆纳辛格教授还提出，我国不同背景、不同专业的大学之间在环境科学研究和环境保护领域各有所长，应该致力于建设一个全国性的合作交流平台，使得这些宝贵成果能够为大家所共享，并拓展校际的联合研究、推广全国性的环境教育知识大纲。这个建议体现了大学面对生态环境问题积极应对、求真务实的态度，得到了与会学者的响应。

与会学者还特别提到，大学是知识传播和人才培养的重要场所。利用大学的知识平台，面向青年、面向全社会，开展针对公民的生态道德及伦理教育，是大学教育的题中之义。正如章部长在主题发言中所说的，生态文明建设要实现在经济增长方式、生活方式、消费文化等领域的一系列转变，而这些转变归根结底是实现人的转变。大家普遍同意，生态文明建设是一项复杂的社会系统工程，要使其目标和任务得以协调、有序地实现，必须观念先行，必须发扬教育的先导性、基础性作用，大力推进公民意识教育，培育公民的生态文明意识。这是提高公民的文明程度，促进人的全面发展的必要条件，是生态文明建设的一项基础性工程。透过大学的知识反思与传播，为这项基础性工程的确立提供了可能。自党的十七大以来，进一步明确了生态文明的发展目标，提出加强生态文明建设的新要求。相应的，在教育领域切实贯彻这一要求，就必须在认识上厘清教育与生态文明建设的关系，普及环境科学和环境法律知识，树立保护环境人人有责的社会风尚，把生态道德教育贯穿于国民教育的全过程，帮助公民树立起正确的生态价值观和道德观。

本场论坛发言的另一主题，是关于传媒如何发挥自身的能动性，通过营造健康和谐的舆论环境，推进我国的生态文明建设。发言的几位资深媒体人士，揭示出在生态文化建设这一历史性工程中，大众传媒所发挥的特殊作用。正如大家所一致指出的，传媒事业是社会公共利益的代表。同大学一样，传媒也构成了信息流通和传播的重要平台，是中国环保事业的核心推动力量。生态环境的保护有赖于广大人民群众的共同参与,有赖于全体人民的思想观念和行为方式的根本转变，我国的传媒事业在此转变中拥有不容忽视的影响力。在当前环保意识还较为淡薄的情况下，传媒要加强以环保知识为中心的传播，引导受众保护环境、热爱环境，增强环境意识、弘扬生态文明、倡导绿色观念。在生态文明理念的传导过程中通过大量有目的、有效果的宣传和报道，传媒可以体现出较强的舆论倾向性，为构建生态环保和谐发展提供强有力的舆论支持。

与此同时，基于环境保护工程的复杂性，在进行生态文化建设舆论引导的同时，还要积极发挥传媒的舆论监督功能。我国环境保护的基础还很薄弱，面临的问题和困难还很多，更重要的是一部分人的认识和行为与公众构建和谐生态的要求还存在着很大差距，这些问题无疑将给环保建设的推动带来许多阻碍。因此，构建公民文化，培育公民社会，畅通信息渠道，加强新闻舆论监督，是公众监督行之有效的土壤与根基。媒体应该不遗余力地继续深化公民意识教育，鼓励公民的监督意识，促使公民以负责任的态度参与生态文明建设。随着传媒的这种舆论监督作用越来越强，这种监督反过来对社会的进步与发展又产生了巨大的积极的推动作用。在推进生态文明建设的进程中，大众传媒要充分认识到自身所担负的重要使命，认真探索、把握和履行好舆论监督的职责。

在4个小时的发言与讨论中，来自大学与传媒两个领域的报告人，以生动翔实的案例，深入透彻的分析，揭示了生态文明建设是一个综合性的知识体系。建设生态文明，需要在精神文明、物质文明和政治文明等多个方面加强生态文明教育，使生态文明的原则和理念渗透到社会生活的常识观念中，使公众自觉接受和选择符合生态标准的健康文明的生活。另一方面，生态文明建设需要全面的教育和传媒的支持，在智力和人才等方面也对教育培养与传媒方针提出了直接要求。只有加强生态文明教育，充实教育的生态文明内涵，同时积极探索传媒关注生态的有效形式，才能使教育与传媒的发展与生态文明的发展同步，真正促进社会健康和谐、可持续性的发展。大家在论坛中体现了集思广益、实事求是的态度，使论坛取得了丰硕的思想成果，有待我们进一步在实践中予以运用和深化。

经济企业界论坛

2009年8月22日，生态文明贵阳会议经济企业界论坛在中国避暑之都——爽爽的贵阳举行。论坛主题为：生态经济——绿色产业。泰康人寿保险股份有限公司董事长兼CEO陈东升担任论坛主持。中国诚信信用管理有限公司董事长毛振华、中国企业家调查系统秘书长李兰、北京首都创业集团有限公司总经理刘晓光、远大集团董事长兼CEO张跃、大自然保护协会北亚区总干事长张醒生、贵州开磷（集团）有限责任公司董事长屈庆麟、中天城投集团股份有限公司副董事长石维国等出席会议。生态文明是社会历史发展的必然。建设生态文明城市是当今世界城市的发展潮流，代表着未来城市发展的方向。大力发展生态经济，培育可持续发展的绿色产业，是当今时代发展共同探索的课题，破解这一课题是我们企业共同的责任和使命。我们希望企业之间互利合作，努力构建区域间、企业间的资源整合、信息共享及创新机制，积极转变发展方式，实现资源开发与高效利用结合、资源配置与资源转化结合、资源节约与绿色生产结合，竭力克服当前工业经济面临的资源紧张、能源价格不断上涨和节能减排等带来的压力，坚持循环生产，应用清洁能源，履行社会责任，携手创立符合时代发展的企业生态范式，走出一条既能促进就业、又能推进城镇化进程，既能推进经济发展，又能实现节能减排的生态化的科学发展路子，为构建和谐、充满活力的资源节约型、环境气候友好型社会做出积极努力。

市情概况

SHI QING GAI KUANG

地理概况

【区位区划】 贵阳简称“筑”，位于中国西南云贵高原东部，贵州省中部，介于东经106° 07′ –107° 17′ 和北纬26° 11′ –27° 22′ 之间，最高处海拔为1762米，最低处海拔为506米，市中心平均海拔为1000米。东、南与黔南布依族苗族自治州的瓮安县、福泉县、龙里县、惠水县、长顺县接壤，西南与安顺市的平坝县毗邻，西、西北与毕节地区的织金县、黔西县、金沙县相连；北与遵义市的遵义县交界。东西宽约113千米，南北长约130千米，国土总面积8034平方公里，占全省总面积的4.56%。

贵阳是贵州省省会，全省的政治、经济、文化中心，中国西南重要的交通枢纽。现辖云岩、南明、花溪、乌当、白云、小河6个区和修文、息烽、开阳3个县及清镇市，有48个乡（民族乡18个）、29个镇、49个街道办事处及1166个行政村、456个居委会（社区）。

其中云岩区辖18个街道办事处、1个镇、134个社区（居委会）、19个村，南明区辖15个街道办事处、4个乡（民族乡1个）、141个社区（居委会）、29个村，花溪区辖3个街道办事处、2个镇、9个乡（民族乡5个）、17个社区（居委会）、153个村，乌当区辖2个街道办事处、3个镇、5个乡（民族乡2个）、19个社区（居委会）、74个村，白云区辖4个街道办事处、3个镇、2个乡（均为民族乡）、31个社区（居委会）、56个村，小河区辖5个街道办事处、25个社区（居委会）、17个村，清镇市辖1个街道办事处、4个镇、6个乡（民族乡3个）、39个社区（居委会）、299个村，修文县辖4个镇、6个乡（民族乡1个）、12个社区（居委会）、217个村，息烽县辖4个镇、6个乡（民族乡1个）、9个社区（居委会）、161个村，开阳县辖6个镇、10个乡（民族乡3个）、13个社区（居委会）、108个村。

【位置面积】 贵阳市总面积为8034平方千米，其中城区面积365.27平方千米，占全市面积的4.55%。在城区中，云岩区处于城中心区北部，面积92.8平方千米；南明区位于

城中心区南部，面积209.34平方千米；小河区在城区南部，面积63.13平方千米。郊区面积2064.04平方千米，占全市面积的25.69%。其中，花溪区在市区西南部，面积910.19平方千米；乌当区（包括贵阳国家高新技术开发区）在市区东北部和西部，面积884.33平方千米，白云区在市区西北部，面积269.52平方千米。

“一市三县”总面积5631平方公里，占全市总面积的70.04%。其中，清镇市在市西部，面积1492.4平方公里，占全市面积的18.58%；修文县在市西北部，面积1075.7平方公里，占全市面积13.39%；息烽县在市北部，面积1036.7平方公里，占全市面积的12.9%；开阳县在市东北部，面积2026.2平方公里，占全市面积的25.22%。

【建置沿革】 贵阳是一个以汉族为主的多民族聚居城市，如果从修建石城算起，距今已有600多年的历史。

春秋时期，贵阳属牂牁国辖地。战国时属夜郎国范围，两汉时期隶属牂牁郡。唐朝在乌江以南设羁縻州，贵阳属矩州。宋代称贵阳为贵州，宣和元年(公元1119年)更矩州为贵州。元至元十七年(公元1280年)置顺元路宣抚司，翌年改为宣慰司；二十年(公元1283年)置贵州等处长官司，为顺元路治，先隶四川行中书省，后隶湖广行中书省；二十九年(公元1292年)，顺元、八番两宣慰司合并，设八番顺元宣慰司都元帅府于顺元城(今贵阳)。

明洪武四年(公元1371年)设贵州宣慰使司，司治贵州(今贵阳)。六年(公元1373年)十二月置贵州卫指挥使司。十五年(公元1383年)置贵州都指挥使司，下领贵州等十八卫。二十六年(公元1393年)又置贵州前卫。明永乐十一年(公元1413年)置贵州等处承宣布政使司，贵州建省，贵阳成为贵州省的政治、军事、经济、文化中心。隆庆三年(公元1569年)三月，改新迁程番府为贵阳府。万历十四年(公元1586年)置新贵县，隶属于贵阳府。二十九年(公元1601年)升贵阳府为贵阳军民府。三十六年(公元1618年)析新贵县、定番州地置贵定县，仍隶贵阳军民府。崇祯四年(公元1631年)废贵州宣慰司，析宣慰司水东地置开州。明末，贵阳军民府辖新贵县、贵定县、开州(今开阳县)、广顺州(今长顺县)、定番州(今惠水县)，亲领4个长官司。

美丽的红枫湖

清顺治十六年(公元1659年)设贵州巡抚驻贵阳军民府。康熙五年(公元1666年)移云贵总督驻贵阳。二十六年(公元1687年)省贵州卫、贵州前卫置贵筑县，与新贵县同城，改贵阳军民府为贵阳府。三十四年(公元1695年)省新贵县入贵筑县。乾隆十四年(公元1749年)贵阳府辖贵筑县、贵定县、龙里县、修文县、开州、定番州、广顺州和长寨厅(今属长顺县)。光绪七年(公元1881年)增辖罗斛厅(今罗甸县)。

民国3年(公元1914年)废贵阳府设贵阳县，贵州分为3道，贵阳县属黔中道，为道治；移贵筑县驻扎佐，旋移息烽，改名息烽县。民国9年(公元1920年)废黔中道，贵阳县直隶于贵州省长公署。民国25年(公元1936年)全省设为8个行政督察区，贵阳县属第一行政督察区；次年，贵阳县直隶于省政府。民国30年(公元1941年)7月1日，撤贵阳县设贵阳市，另置贵筑县驻花溪，直至解放时未变动。

1949年11月15日贵阳解放，11月23日成立贵阳市人民政府。同时设贵阳专区，管辖贵筑、修文、开阳、息烽、惠水、龙里等县，专署驻贵筑县治(花溪)。1952年，裁贵阳专区设贵定专区。

1954年，贵筑县划归贵阳市辖。1958年，撤贵筑县建置，将市郊划为花溪、乌当两区；经国务院批准，将原属安顺专区的清镇、修文、开阳3县和原属黔南自治州的惠水县划归贵阳市辖。1959年设白云镇，相当于市辖区一级行政单位。1963年，将开阳县划归遵义专署，修文、清镇两县划归安顺专署，惠水县划归黔南自治州。1973年恢复白云区建置。1992年，清镇撤县设市。经国务院批准，自1996年1月1日起，将原安顺地区管辖的清镇市和修文、息烽、开阳“一市三县”划归贵阳市辖。2000年1月，国务院批准贵阳市设立小河区。

【地形地势】 贵阳市地处黔中山原丘陵中部，长江与珠江分水岭地带。总地势西南高、东北低。苗岭横延市境，岗阜起伏，剥蚀丘陵与盆地、谷地、洼地相间。相对高差100-200米，最高峰在水田镇庙窝顶，海拔1659米；最低处在南明河出境处，海拔880米。中部层状地貌明显，主要有贵阳—中曹司向斜盆地和白云—花溪—青岩构成的多级台地及溶丘洼地地貌。峰丛与碟状洼地、漏斗、伏流、溶洞发育。较平坦的坝子有花溪、孟关、乌当、金华、朱昌等处。南明河自西南向东北纵贯市区，流域面积约占市区总面积的70%。

贵阳地貌属于以山地、丘陵为主的丘原盆地地区。其中，山地面积4218平方千米，丘陵面积2842平方千米；坝地较少，仅912平方千米；此外，还有约1.2%的峡谷等地貌。

清镇市，地处黔中山原丘陵中部。南部地势较平缓，以剥夷丘陵和喀斯特化低山为主，喀斯特盆地相间错落。西部沙鹅—鸭池一带及北部鸭池—木刻一带受乌江和猫跳河强烈切割，谷深坡陡，比差300-400米。最高点宝塔山，海拔1762米；最低处在猫跳河口，海拔769米。乌江流经北部边缘，猫跳河、暗流河为境内主要河流，由南向北注入乌江。

修文县，地处黔中山原丘陵中部，地势东南高、西北低，大部地区在海拔1100-1400米之间。中部丘岗起伏，宽谷、盆地错落，保存较广阔的山盆期剥夷面。西部、北部边缘受猫跳河、乌江侵蚀切割，谷深坡陡，形成深切的峡谷地貌。最高点三元乡三角山，海拔1610米；最低点凉水井乡鸭池河出境处，海拔679米。

息烽县，地处黔中山原丘陵中部，地势南高北低，一般海拔1000-1200米，大部为低中山丘陵地，碳酸盐类岩分布广，喀斯特发育，峰丛、洼地、溶丘、溶洞、暗河、漏斗甚多。北部边缘受乌江及支流侵蚀切割，沟谷纵横。最高点南望山南极顶，海拔1749.6米；最低点乌江出境处大塘口，海拔609米。

开阳县，地处黔中山原丘陵北部，地势

西南高、东北低，大部为低中山地和丘陵，一般海拔1000-1200米。河流分水岭地带尚保留小面积较完整的剥夷面。乌江、南明河(清水江)沿岸，河流侵蚀切割强烈，地面破碎崎岖，多陡峻山岭、深切峡谷和坡立谷。最高点在西部的狼鸡岭主峰，海拔1704米；最低处在东北乌江出境处小河口，海拔506米。

【山脉】 境内主要山峰有：青龙山，在清镇市南部、城关镇东隅，面积10.5平方千米，海拔1333.5米。山腰有文明洞，深10余米；山顶有亭，石级路通达，为清镇胜境。

云归山，又名云贵山，在清镇市东部。因山高林密，晴天仍有雾气环绕，故名。面积22平方千米，主峰名炉岭，海拔1715米。“炉岭归云”为清镇古八景之一。

宝塔山，在清镇市中部。山岭呈南北走向，长约8千米，面积14平方千米，主峰海拔1762.7米，为清镇市最高峰。富产铝矿、铁矿。

五龙寺，在修文县南部、白云区北部，主峰海拔1605米，南坡陡峭，北坡平缓。铝土矿藏丰富。

三角山，又名斗山，在修文县东南部、白云区北部，面积7平方千米，主峰海拔1610米，为修文县最高峰。

白安营，在开阳县西部，山势险峻，三面为断崖绝壁，海拔1179米。山顶原有殿宇亭阁，山腰有神仙洞，山麓有响水洞，古木虬结。1942年冬至1944年春，张学良将军被囚禁于此。

狼鸡岭，在开阳县西部、息烽县东部，呈东北—西南走向，绵延9千米，面积31平方千米，最高处海拔1702米，为开阳县最高峰。富产磷矿。

轿顶山，在开阳县东北部，面积2平方千米，海拔1166.4米，四周陡峭，顶部平坦。清咸丰同治年间，何德胜领导的农民起义军于此驻营多年，遗址尚存。

南望山，又名南山，在息烽县东部，面积80平方千米，主峰南极顶，海拔1749.6米，为息烽县最高峰。山腰有玄天洞名胜。富有煤、磷等矿藏。

西望山，又名西山，在息烽县中部，面积94平方千米，最高峰窄垭口，海拔1622.8米。峰岭有“九山十三湾”之说，怪石林立，明、清两代在山顶和四周建有8座寺庙，遗址尚存。

照壁山，又名相宝山，在贵阳城区东北隅，海拔1172米。孤山突出如屏，故名。明、清两代于山顶建有庙宇，与黔灵山、东山并列为贵阳三大胜地。

锅底箐，在乌当区北部，面积90平方千米，主峰大观山，海拔1564米。四周山势高峻，溪流纵横，中部低洼，故名。山区有大片原始森林，植物种类繁多，有杉、松、银杏、南方红豆杉、三尖杉、岩生鹅尔枥、西南米楮、旱冬瓜、丝栗栲、异叶榕、香芙木、黑壳楠、杜鹃、香果树等70余种裸子植物；野生动物有野羊、獐、獾、兔、穿山甲等。

云雾山，在市区北部白云、乌当两区交界处，面积20平方千米，主峰庙窝顶，海拔1659米，是贵阳市最高峰。铝土矿藏丰富。山顶建有贵州电视差转台和气象站。

皇帝坡，在花溪区东南部，面积50平方千米，主峰海拔1655.9米。南坡及东北坡有成片松、杉林，其余多为灌木丛及杂草。山涧溪水流入涟江。主峰北面的摆桥山上，有清康熙年间贵州著名诗人周渔璜墓。

自然资源

【河流】 贵阳处于长江水系与珠江水系的分水岭地带。以花溪区桐木岭为界，桐木岭以南的河流属珠江水系，以北的河流属长江水系。长江水系面积7631.67平方千米，占全市土地面积的94.8%；珠江水系面积415平方千米，占全市土地面积的5.2%。全市天然径流深545-640毫米，平均每平方千米产水

56.3万立方米，高于全国平均值；水资源总量46.79亿立方米，占全省水资源总量的3.9%。

南部河流是蒙江的上游，右源青岩河，境内河长30千米，左源马林河，境内河长19千米，流量均不大。重点记述境内长江水系河流。

乌江，长江南岸支流，是贵州境内流域面积最大的河流。源于贵州威宁自治县，由西北向东南，至普定县境折向东北，于思南县境转向北流，至沿河自治县官孔坝入四川省境。沿途纳流域面积1000平方千米以上支流16条。乌江流经贵州23个县、市、区(特区)，贵州境内河长874千米(含黔川界河72千米)，流域面积6.68万平方千米。普定至黔西县化屋基段称三岔河，化屋基至遵义乌江渡称鸭池河，其中流经修文县段又称六广河，乌江渡以下始称乌江。化屋基以上为上游，长326千米；向东北流经黔西、清镇、修文、金沙、息烽、遵义、开阳等县边界，再经瓮安、湄潭、余庆、凤冈、思南县为中游，长367千米，沿途纳猫跳河、余庆河、石阡河等；从思南至四川涪陵市注入长江为下游，长345千米。乌江干支流落差大，水力资源丰富，建有多座大、中、小型水电站。乌江渡和猫跳河梯级骨干电站总装机容量86.9万千瓦，东风、普定电站总装机容量58.5万千瓦，电力供贵阳、遵义、安顺、六盘水等地。

农民种植的凯特杏

鸭池河，乌江干流之一段，其中修文县境段称六广河，全长150千米，穿行于深峡河谷，水力资源丰富，分别在清镇市鸭池河建东风、在遵义县乌江渡建乌江渡两座大型水电站。

猫跳河，乌江南岸支流，源于安顺市头铺，自西南向北流经安顺、平坝、清镇三市县境，再经贵阳市白云区、乌当区边界折向西北，沿清镇、修文两市县边界至清镇市青杠坝附近注入乌江。干流长181千米，流域面积3248平方千米。中、下游河谷深切，河床陡峭，水力资源丰富，建有红枫湖、百花湖两个大型水库及6座梯级水电站。

息烽河，又称潮水河，乌江南岸支流，源于息烽县猫场乡，向东至难桥后折向北流，至大河口纳头道河支流，于马脑石附近注入乌江。全长50千米，建有小桥河、底寨水库。

南明河，乌江南岸支流，源于平坝县与贵阳市花溪区交界处，自西南向东北流经花溪区、贵阳市区、乌当区及龙里、开阳两县边界，至龙里两岔河纳独水河，折向北经开阳、福泉、瓮安三县市边界，至开阳县清水江口注入乌江。干流长215千米。流经花溪区段称花溪河，入市区后称南明河，纳独水河后称清水江。主要支流还有小车河、定扒河、南贡河、瓮昭河等。流域面积6600平方千米。水力资源丰富，理论蕴藏量约32万千瓦，是贵阳市工业、生活用水和农田灌溉的重要水源，建有花溪、松柏山、阿哈、小关、小冲、花马冲、月亮石等中小型水库多座，水力发电站10余座。

南贡河，又名鱼梁河，南明河支流。源于修文县三元乡，西流转北经扎佐向东北入开阳县境，称清河；至小岩脚纳白水河折向东北流，转东流，与白安河汇合后称南贡河，流至两岔河汇入南明河(清水江)。全长80千米，流域面积1033平方千米，水能理论蕴藏量5.78万千瓦，建有水库3座、小型水电站5座。

【湖泊与水库】 红枫湖：位于清镇市西

南，水域面积57.2平方千米，总库容6.42亿立方米，建有装机2万千瓦的水电站1座。库区山清水秀，有大小岛屿70多个；湖滨绿树成荫，湖面烟波浩淼，四季风光如画。已定为国家级风景名胜区，景区面积240平方千米。有红枫公园、枫叶山庄、水上娱乐场、花鱼洞、将军湾等旅游景点及湖沿的侗寨、苗寨、布依寨等具有浓郁民族特色的景区。红枫湖以其旖旎的湖光山色令中外游客流连忘返。

百花湖：建于清镇市与乌当区朱昌镇交界处的猫跳河中游，是具有发电、供水、灌溉、养殖、旅游综合效益的水库。水域面积14.5平方千米，库容量1.9亿立方米。建有装机2.2万千瓦的水电站。湖中山峰小巧清秀，古树葱茏，湖水清碧，有八仙过海、雁臂山、三屯五堡、百花山庄、人造沙滩、湖滨公园等景点，省级风景名胜区。

东风湖：建于距清镇市区60千米的鸭池河上，水域面积19.7平方千米，蓄水10亿立方米，以建东风水电站而形成，电站装机52.5万千瓦。湖两岸悬崖峭壁，雄奇峻秀，具有独特的高原湖泊风光。

花溪水库：位于南明河上游花溪镇。水域面积1.4平方千米，库容量2620万立方米，建有装机3120千瓦水电站。电站大坝之下即花溪公园，山清水秀，自然风光佳绝，有“高原明珠”之称。

阿哈水库：建于南明河支流小车河上游，是以城市用水为主的中型水库，库容量5450万立方米。湖周九龙山、火焰山、犀牛坡环抱，湖中七岛突兀，湖区绿水苍松，风景优美。

松柏山水库：位于花溪区党武乡南明河上游，是以灌溉为主，兼供水、发电综合利用的水库，建有装机2000千瓦水电站，总库容4760万立方米。

红岩水库：位于清镇、修文两市县交界处，总库容2752万立方米，建有装机3万千瓦的水电站。

此外，还有清镇市迎燕水库，库容657万

小关水库风光

立方米；修文县岩鹰山水库，库容量1755万立方米；息烽县小桥河和洪马水库，总库容674万立方米；开阳县十三寸和翁井水库，总库容850万立方米。

【森林资源】 据2005年贵阳市第三次森林资源规划设计调查，全市国土面积803390公顷，其中林业用地面积382828.04公顷，占国土总面积的47.7 %；非林业用地面积420561.96公顷,占52.3%。全市森林覆盖率41.78%，林木绿化率44.71%。

林业用地按地类划分：有林地面积264977.6公顷，占林业用地面积的69.2%。其中乔木纯林面积227530.49公顷，乔木混交林面积37031.75公顷，竹林面积415.38公顷。疏林地面积1658.27公顷，占林业用地面积的0.4%。灌木林地面积80885.79公顷，占林业用地面积的21.1%。其中国家特别规定灌木林地57388.02公顷，其他灌木林地23497.88公顷。未成林造林地面积21990.9公顷，占林业用地面积的5.7%。其中人工造林未成林地21556.77公顷，封育未成林地424.17公顷。苗圃地面积1121.22公顷，占林业用地面积的0.3%。无立木林地面积2957.61公顷，占林业用地面积的0.8%。其中采伐迹地96.65公顷，火烧迹地375.18公顷，其他无立木林地2485.78公顷。宜林地面积8993.9公顷，占林业用地面

森林公园

积的2.3%。其中荒山荒地4460.96公顷，岩山地2483.46公顷，白云质砂石山984.63公顷，其他宜林地1064.85公顷。辅助生产林地面积242.58公顷。四旁树占地面积13323.97公顷。

在非林业用地面积中，大于25°的坡耕地面积14770.95公顷。

林业用地按森林类别划分，重点公益林地面积99515.56公顷，占林业用地面积的26.0%；一般公益林地面积173824.39公顷，占林业用地面积的45.4%；商品林地面积109488.09公顷，占林业用地面积的28.6%。

全市活立木蓄积12545250.35立方米。其中乔木林蓄积12058930.95立方米，占96.12%；疏林地蓄积15692.34立方米，占0.13%；四旁树蓄积431449.95立方米，占3.44%；散生木蓄积39177.11立方米，占0.31%。

【草地资源】 全市共有草地面积264.5万亩,其中天然草地247.89万亩，人工累计种草16.61万亩。天然草地中成片草地94.06万亩，其中开阳县11.98万亩、息烽县11.76万亩、修文县13.19万亩、清镇市14.45万亩。零星草地153.84万亩，其中开阳县38.8万亩、息烽县19.88万亩、修文县20.51万亩、清镇市28.57万亩。

【土地资源】 全市土地总面积804666.99公顷，其中耕地271941.03公顷，占土地总面积的33.80%；园地74512.16公顷，占9.26%；林地273652.85公顷，占34.01 %，牧草地26670.36公顷，占3.31%；水面15418.39公顷，占1.74%(坑塘水面1213.08公顷，养殖水面222.59公顷，河流水面4490.13公顷，水库水面9476.81公顷，湖泊水面15.78公顷)；建设用地(含居民点及工矿用地、交通用地和水利设施) 63017.6公顷，占7.83%；未利用地113162.64公顷，占14.06%。

全市土壤总面积60.82万公顷，有黄壤、黄棕壤、石灰土、紫色土、潮土、沼泽土、水稻土、草甸土8个土类。其中，黄壤30.16万公顷，石灰土19.66万公顷，水稻土8.01万公顷，分别占土壤面积的49.59%、32.33%和13.17%。

【矿产资源】 贵阳市位于乌江干流中段和黔中资源宝库的中心，已探明的矿产资源有煤、铁、硅、重晶石、大理石、耐火粘土、铝钒土、磷、硫、汞等52种。煤炭储量9亿吨，多为工业用煤，一市三县及3个郊区均有分布。主要矿区有林东煤矿、党武煤矿区、燕楼—盘井矿区、鹅颈冲、石硐、马家寺矿区、清镇流长井田、席关煤田、开阳羊场、息烽南山等矿区。铝土矿保有储量4.3亿吨，占全国的五分之一，矿床主要集中在修文县和清镇市，有特大型、大型、中型矿床9个，其中清镇市猫场铝土矿储量1.5亿吨，为国内著名特大型铝土矿。铝矿品位高，三氧化二铝含量平均在70%左右，铁含量平均小于5%，铝、硅比平均为7.87。铁矿储量2396万吨，多为沉积型的赤铁矿，矿床零星分散，一般称鸡窝矿。以清镇市、开阳县分布较多，息烽县和乌当区亦有分布。硫铁矿储量2878万吨，主要分布在南明区图云关、乌当区洛湾、清镇市猫场和老黑山、息烽的黎安、南桥、茅坡等地。磷矿储量4.64亿吨，主要分布在开阳、息烽两县，清镇市和修文县亦有分布，是全国三大磷矿基地之一，全国

70%以上的优质磷矿集中在贵阳。汞（金属量）储量2683吨。

【生物资源】 贵阳市植物种类繁多，维管束植物有177科、489属、1299种，其中被子植物1154种，属于国家重点保护的植物，有银杏、水杉、杜仲、天麻、厚朴等8种。特有的稀有树种有青岩油杉、岩生红豆树、贵阳润楠、短叶石楠和高坡四棱香等。药用植物，有170种，著名的有天麻、杜仲、银花、党参、天冬等，还有含维生素C丰富和经济价值较高的刺梨、猕猴桃等野生植物。全市动物资源主要有陆栖脊椎动物约40种。其中属国家重点保护的珍稀动物有人鲵(娃娃鱼)、穿山甲、大灵猫、猕猴、白冠长尾雉、鸳鸯等13种。还有野猪、山羊、麝、野兔、野鸡、白鹭以及夜莺、赤麻鸭、杜鹃和家燕等53种候鸟。

全市共有粮食作物200多种，栽培蔬菜14大类、90多种、223个品种。栽培植被有用材林、经济林和农田植被三类。用材林主要是以马尾松、杉木和华山松为主的针叶林，其中杉木分布零星，马尾松数量最多，蓄积量大，分布广，是主要用材林。经济林主要有油茶林、油桐林、茶丛和果树林等。农田植被为大面积的水田和旱地中种植的栽培植被群落。

【水资源】 贵阳市年均水资源总量为46.79亿立方米，占全省水资源总量的3.9%，其中，地表水35亿立方米，占74.8%，地下水11.79立方米，占25.2%。全市天然径流深为545-640毫米，每平方公里年产水56.3万立方米，高于全国平均值。地下水主要是岩溶地下水，约占地下水总量的95%，其余为基岩裂隙水。

全市水能资源理论蕴藏量130.7万千瓦，可开发量为87.3万千瓦，相对集中于乌江、猫跳河、清水江等几条河流的干流。其中南明河水能理论蕴藏量约32万千瓦，建有花溪、松柏山、阿哈、小关、小冲、花马冲、月亮石等中小型水库多座，水利发电站10余座；猫跳河建有百花湖、红枫湖两个大型水库及6座梯级水电站；鱼梁河水能理论蕴藏量5.78万千瓦，建有水库3座、小型水电站5座；息烽河建有小桥河、底寨水库。市境内除有红枫、百花、东风水库3座大型水电工程外，市区还有松柏山、阿哈、花溪3座以城市供水、发电、灌溉和防洪的中型水库。此外，全市还建有小型水库150余座，水库总蓄水库容达20亿立方米以上。

【气候概况】 气温。全市年平均气温在13.6℃-16℃(市区)之间，与常年相比，偏高0.4-0.9℃。冬季(12月至2月)平均气温全市在2.8-5.8℃之间；与常年同期相比较，全市气温均偏高2.4-3.1℃。春季(3月至5月)平均气温全市在13.4-16.4℃之间；与常年同期相比较，全市各地气温偏高0.1-0.5℃。夏季(6月至8月)平均气温全市在21.5-23.9℃之间；与常年比较，全市气温偏高0.2-0.8℃。秋季(9月至11月)平均气温全市在14.4-17.1℃(市区)之间；与常年同期相比较，全市各地平均气温偏高0.5-0.9℃。降水。全市年降水量时空分布不均，在816.5毫米(乌当区)-939毫米(花溪区)之间，与常年相比全市降水量偏少17.7%(息

永乐乡莲藕基地

烽县)-29.9(乌当区)。日照。全年日照时数在934.6小时(市区)-1229.9小时(乌当区)之间，与常年相比，除乌当区偏多36.8小时开阳偏多18.8小时外，其余均偏少24.4-213.7小时。

【自然保护区】 青岩油杉保护区位于贵阳市花溪区青岩镇和黔陶乡。于2001年7月在花溪区青岩油杉保护点的基础上正式批准建成。现有地球上仅存的青岩油杉活立木9000余株。根据保护对象的空间分布特点，北京林业工程咨询公司和贵阳市青岩油杉自然保护区管理处编制了《贵阳市青岩油杉自然保护区总体规划》，将保护区面积调整为15.9397万亩。

人口与民族

【人口状况】 据市公安局统计，2009年末全市总户数1080892户，比上年增加37702户，增长3.61%。年末总人口36790756人，其中男性1878747人，占总人口数的51.18%，女性1792009人，占总人口数的48.82%。总人口性别比为105，在正常值范围内。全市非农业人口1827440人，占全市总人口数的49.78%。与上年相比，非农业人口增加13229人，增长0.73%。全市农业人口1843316人，占全市总人口数的50.22%。与上年相比，农业人口增加17998人，增长0.99%。全市出生婴儿39108人，出生率10.7‰。死亡19426人，死亡率5.31‰。人口自然增长19682人，自然增长率5.38‰。在出生婴儿中，男性婴儿20550人，女性婴儿18558人，婴儿出生性别比为111。全年迁入人口137998人，其中省内迁入121206人，占迁入人口总数的87.83%；省外迁入16792人，占迁入人口总数12.17%。迁出人口103390人，其中迁往省内79926人，占迁出总人口的77.31%；迁往省外23464人，占迁出总人口的22.69%。机械增长34608人，机械增长率9.47%。全市人口密度为每平方千米

布依族群众演唱民歌

457人。其中南明区为6273人、云岩区为9606人、白云区为744人、花溪区为339人、乌当区为308人、小河区为2426人、开阳县为213人、息烽县为242人、修文县为277人、清镇市为338人。

【民族】 贵阳是一个以汉族为主的多民族聚居的城市，其中1000人以上的民族有汉、布依、苗、回、侗等14个民族。据贵阳市第五次人口普查机器汇总数据表明，全市汉族占总人口的84.57%，少数民族占总人口的15.43% 。全市少数民族以布依族、苗族为主体，其中，布依族占全市人口的4.92%；苗族占全市人口的6.08%；回族占全市人口的0.22%；侗族占全市人口的0.56%；彝族占全市人口的0.79%；壮族占全市人口的0.12%；满族占全市少数民族人口的0.15%；黎族占全市人口的0.05%；蒙古族占全市人口的0.08%；白族占全市人口的0.25%；土家族占全市人口的0.81%；水族占全市人口的0.09%；仡佬族占全市人口的0.42%；1000人以下的各占全市人口的0.10%；未识别民族占全市人口的0.79%。少数民族分布具有大散居、小聚居的特点。全市有18个民族乡，其中花溪区5个、乌当区2个、白云区2个、清镇市3个、开阳县3个、修文县1个、息烽县1

个，少数民族大多集中在18个民族乡中，其余均为零星散居分布。

经济与社会发展

【概况】 2009年，全市经济主要指标保持较快增长。全年完成生产总值902.61亿元，比上年增长13.3%。其中第一产业完成增加值50.07亿元，比上年增长8.1%；第二产业完成增加值402.24亿元，比上年增长12.6%；第三产业完成增加值450.3亿元，比上年增长14.5%。三次产业结构为5.5：44.6：49.9。社会消费品零售总额达412.72亿元，比上年增长20.1%。全年完成全社会固定资产投资782.64亿元，比上年增长30.01%；实现财政总收入252.05亿元，比上年增长12.4%，其中地方财政收入105.36亿元，比上年增长18.3%。全年完成进出口总额18.11亿美元，比上年下降19.6%；实际直接利用外资11200万美元，比上年增长20%；引进内资实际到位资金368.52亿元，比上年增长21.6%。城市居民人均可支配收入15041元，比上年实际增长8.9%；农民人均纯收入5316元，比上年实际增长10.3%。城镇登记失业率为3.5%。工业保持平稳增长。全市规模以上工业企业完成增加值288.31亿元，比上年增长10.1%。非公有制工业发展势头强劲，全市规模以上非公有制工业企业全年完成增加值89.62亿元，全市规模以上工业企业产品产销率达95.14%；工业综合经济效益指数达194.31。旅游业发展迅速，全年实现旅游总收入294.85亿元，比上年增长57.4%，带动住宿和餐饮业比上年增长20.7%。农业生产和农村经济稳步增长。农业完成粮食总产量64.11万吨、油菜籽产量5.48万吨、烤烟产量2.11万吨、牛奶产量3.51万吨、肉类总产量13.34万吨；蔬菜总产量156.17万吨，比上年增长16%。固定资产投资保持较快增长。全年完成全社会固定资产投资782.64亿元，比上年增长30.1%。其中基本建设投资完成333.44亿元，比上年增长40%；更新改造投资完成166.58亿元，比上年增长28.1%；房地产开发投资完成210.33亿元，比上年增长23.6%；社会事业协调发展。全市新增就业岗位5.2万个，城乡统筹就业7.8万人，城镇登记失业率为3.5%。全市养老保险参保人数达77.33万人，年内扩大参保面7.37万人；失业保险参保人数达38.22万人，与上年基本持平；城镇职工医疗保险参保人数达97.52万人，扩大参保面11.27万人；全面实施城镇居民基本医疗保险，居民参保登记人数达57.89万人。开工建设廉租住房28.99万平方米；启动并实施新型农村社会养老保险，参保人数达15万人，享受待遇6.1万人；新型农村合作医疗参合率达96%。保持稳定的低生育水平，符合政策生育率为95.78%，人口自然增长率为5.38‰。

文化与传统习俗

【新堡布依族"三月三"歌会】 新堡布依族乡位于贵阳市北郊，距贵阳城区34公里，距乌当区政府所在地23公里。该乡居住着布依、汉、苗等民族，总面积为58.6平方公里，有7个行政村，是一个以布依族为主的山乡。"三月三"是布依族的传统节日，俗称"地蚕会"。这一天，人们不下地干活而在家中炒包谷花，然后三五成群地沿田边土坎边走边唱，同时把包谷花撒在土中，为的是"祭地蚕"，祈求天神保佑盼望五谷丰登。男女青年互相以对山歌、倾吐心曲，谈情说爱，相辉成趣。党的十一届三中全会以后，广大布依人走出了"日出而作，日落而息"的枯燥生活，将民间的地蚕会发展为今天的布依"三月三"歌会。每到三月三这天，上至六七十岁的老人，下至十一二岁的小歌手争先登台唱歌。改革开放以来，集"刺梨花"布依歌大赛、布依民俗展示、布依篝火晚会和"三月三"焰火观赏、布依饮食文化

2009中国贵阳避暑季之南明“黔茶飘香-品茗健康”活动中现场展示茶艺

体验、山歌对唱、民间文艺演出、旅游观光为一体。从过去简易的赛歌场，发展为现在的广场，集会群众上万人，观光的人员不仅来自省内外，同时还吸引了外国观光旅游者，歌会越来越红火，如今，新堡布依三月三歌会已经成为贵阳地区各民族的一个盛大艺术节日。首次举办时间1980年4月，截至2009年底已举办30届。

【三桥村圣泉“三月三”民族艺术节】 三桥村是位于贵阳市云岩区西北出口要道城郊结合部的一个多民族聚居的村寨（有苗族、布依族、黎族、土家族、汉族等八个民族），每年农历“三月初三”村民们自发地聚集到下五里布依村寨圣泉边，以山歌对唱的形式表达丰收后的喜悦，青年男女借此机会，表情达意互叙衷肠，以定终身，因而得名“三月三”。下五里“圣泉”是因地壳运动而形成的天然奇观，有史书记载“泉水自山麓涌出，涨涨缩缩，连绵不断，昼夜不停，又驹百盈，也称漏勺泉，发现于明代永乐年间距今已有600多年的历史。1992年举办了首届民族艺术节至此每年一届，截至2009年底共举办了18届，从布依对歌、山歌对唱、发展到斗鸡、斗鸟、苗族跳场、文艺专场演出与村民自编自演文艺节目等。

【高坡地区的苗族“跳硐”】 高坡是贵阳市地势最高的地区之一，它的南沿皇帝坡是乌江流域与珠江流域的分水岭。高坡民族自治乡既是贵阳市南部郊区—花溪区苗族最大的一个聚居区，也是贵阳市苗族最多的一个聚居区，人口约一万五千多。这支苗族不仅具有服饰上的特点，而且在古老的民风民俗上也保留着自己独特的习俗。高坡乡的杉坪、甲定、克里、五寨，在每年农历的正月初四、初六、初七和初八日，分别在四个地方举行一天的地区性苗族重大节日活动——跳硐。这一天，高坡地区苗族和与高坡毗邻的龙里县、惠水县交界地区的部分苗族群众都身着节日盛装，从四面八方赶来参加活动。男青年身着天蓝色长衫，头上包黑色长头巾，手中捧着五尺长的大芦笙，边走边吹，拥向传统的跳硐地点；女青年的装束五彩缤纷，几丈长的黑头巾一层又一层裹在头上，前额上方的头巾象小木船头一样高高翘起来。上衣袖是两接的一长一短的彩袖，背上是自己精工绣制的背牌，前腰间穿着长长的滚了红色布边的围腰，后腰以下的臀部上挂着全黑布壳质地的背腰。精美的银头饰、耳环、项圈和手饰，使这种打扮格外富于苗族特有的色彩。除了男女青年之外，其他的苗民在这一天都穿戴一新，他们汇集起来欢度自己的古老节日—跳硐。

【“六月六”布依族歌节】 每年农历六月初六，在贵阳市乌当区偏坡乡都会举行少数民族的盛大节日——六月六布依歌节。当日，省内外地方的少数民族同胞们身着节日盛装，云集在风光秀美的偏坡乡，展示布依族民族特色、弘扬民族民间文化，山歌对唱、民间体育、竞技、祭祖等活动。

【苗族芦笙会—跳场】 跳场(苗语：nuza ī)是苗族流行得最广的民族风俗活动之

一，其流行地域之广，参与人数之多，是苗族其他节日集会的各种活动难以相比的。跳场有各种不同叫法，如跳厂、跳布、跳月、跳花场、芦笙会等等。苗族在春节中，跳场又是一个不同于汉民族和其他民族过春节的特殊形式。跳场，虽然大多数集中在农历正月上半个月，但也有延续至二月上旬举办的。贵阳地区的苗族跳场场址，主要分布在三个郊区，其中花溪区的有桐木岭、石板镇山、磊庄；乌当区的有东风石头寨、罗吏、高寨，以及白云区的都溪等。贵阳地区各处跳场情况与传说却大同小异。花溪区桐木岭在每年农历正月初八到十三(青苗跳前三天，花苗跳后两大，中间空一天)，乌当区东风乡石头寨在农历二月十四至十六跳场，白云区都溪跳场与东风乡石头寨时间相同。总之，贵阳地区苗族跳场是一个具有多种含义的重大庆祝活动，除了一般的祭祀、祈愿意义外，最显著的是它的社会交往和自娱性质。在花溪区石板乡镇山地方，还有一个具有苗族、布依族共同开办的花场，这里明显地表现了民族协作、团结友爱的内容。

【苗族传统节日“四月八”活动】 农历四月初八是贵阳苗族的传统节日，节日当天耸立在贵阳市区喷水池四周的建筑物和大街上各种彩球飞扬，悬挂着民族团结等大幅标语；喷水池周围绿叶成荫，街心花园百卉争妍，鲜艳夺目。贵阳市及临近惠水、龙里、平坝等地的苗族同胞身着节日盛装成群结队，从四面八方汇集到市中心的喷水池一带，小伙子们吹着芦笙、箫筒，跳起芦笙舞，姑娘们穿着节日盛装，佩戴着夺目的银项圈、银花等饰品，围绕着一支支芦笙和铜鼓发出的节奏，欢歌笑语，翩翩起舞，吹呀、跳呀、唱呀，尽情地吹、跳、唱到晚霞染天，苗族同胞三五成群，在街道两旁，在大树下，或倚桥栏，对歌，谈知心话，把“四月八”节日作为交朋结友、走亲访友、聚会的好时机。他们用歌声抒发心中的激情，用歌声赞美新生活，用歌声赞美改革开放，用歌声来增强民族团结。清脆婉转的笙声、歌声、欢声在宁静的夜空回荡，贵阳苗族同胞沉浸在欢乐的气氛中。贵阳苗族“四月八”活动始于解放前。从1983年起，贵阳市委、市政府决定在“四月八”前后，开展“民族团结周”活动，市民族局、市文化局等部门举办“民族团结周启动仪式”，举办民族文艺调演，召开座谈会，联欢会等各种形式的活动进行党的民族政策和民族团结的教育。因此，“四月八”又成了贵阳市各族人民共同的节日和群众文化品牌活动。

【新场小尧苗族花鼓舞】 “小尧花鼓舞”是流行在贵阳市乌当区新场乡小尧花苗族中的一种女子四人舞蹈。这种舞蹈因使用的道具和跳法而得名。它是由汉族的“打花鼓”和当地的“击鼓小唱”（击鼓唱小调）的形式逐步形成的舞蹈。“小尧花鼓舞”主要是在当地民俗活动“跳年”之中表演。每年农历正月初七，小尧苗族都要举行民族的“跳年”以贺新春。“小尧花鼓舞”主要来源于苗族名间祭祖活动。经过不断演变至今，现在主要是为丰富精神文化生活、庆祝

布依族少女

重大活动为目的，在苗族的重大节日上表演，一般在农历“四月八”或是寨中重大活动上进行表演。“小尧花鼓舞”是苗族历史演变的传承的发展，承载着苗族同胞的历史文化信息和原始记忆，将成为苗族同胞民间文化传统得以保持和延续的重要因素。

【花溪区湖潮下坝歌会】 花溪区湖潮下坝歌会1992年创办，由乡政府主办、经费政府投入和社会集资。一年一度的下坝布依歌会吸引周边各县、市苗族、布依族同胞上万人参与，他们以独具特色的歌舞、芦笙、对歌等节目喜迎元宵佳节，热闹的对歌比赛将持续到夜幕降临。

公 园

【黔灵山公园】 位于市区西北角黔灵山麓，距市中心仅1.5公里，始建于1957年，占地面积426公顷，是国内少有的城区大型综合性公园，以古寺、明山、秀水、幽林为主要特色。园内的“九曲径”始建于清康熙二十七年（公元1688年），它有24道“之”字型弯道，共382级石阶，依山傍势，蜿蜒曲折。沿途树出石隙，浓荫障天；猕猴跳跃林间，百鸟欢鸣枝头。径旁摩崖石刻均为著名书法家手迹，如清代黄宗源的“第一山”，字体挺拔清秀，刚劲有力。其旁的“古佛洞”，中供苦行佛。明代著名旅行家徐霞客曾于1638年到此驻足游览。古佛洞旁石壁高达数丈，上刻有一高4.5米，宽3.8米的草体“虎”字，一气呵成，气势恢宏，笔走龙蛇，如此大的字，举国罕见。署名为岱山赵德昌，实为清代名书画家孙清彦代笔。稍前又有袁思 题刻的“赤松归隐”和“叠翠”。拾级而上，有“一泉”、“亭”二亭， 亭因亭后石壁有若干小孔，游人吹之，似螺号长鸣，声应山谷而得名。距“九曲径”百米处，建有一座野生猕猴观赏点。

黔灵烟云

人们可在此观赏群猴的精彩表演。在城区内拥有如此规模的野生猕猴群，实为罕见。黔灵公园内的黔灵湖，湖面35公顷，像一颗晶莹的明珠镶嵌在群山环抱之中。荡舟碧水之上，令人怡然自得。湖西岸的烈士陵园，雄伟高峻的“解放贵州革命先烈永垂不朽”的纪念碑巍然屹立，松柏簇拥，广阔宏敞，气象肃穆。动物园内有黑头叶猴、丹顶鹤、东北虎、非洲狮等珍稀动物可供观赏。偶闻狮吼虎啸、狼嚎猿啼，给公园增添了不少野趣。麒麟洞，原名唐山洞，一名檀山洞，又名云岩洞，洞内一块巨石酷似麒麟，故俗称麒麟洞。洞旁曾建一庙宇，名“白衣庵”，迭经废坏，现已改筑精舍。洞口石壁，藤葛缭绕，有似织帘；阶前双桂，临秋扬芳，别有幽趣。抗日战争时期，著名爱国将领张学良、杨虎城曾先后被蒋介石囚禁于此，现已辟建为陈列室。

公园内还有建于清康熙十一年（公元1672年）的弘福寺，该寺是贵州最大的佛教寺庙和全国重点开放寺观之一，属省级文物保护单位。弘福寺金碧辉煌的古建筑群掩映在绿树浓荫之中，共有三重殿宇：进山门第一重是天王殿，内有弥勒像及四大天王塑像；第二重是观音殿，内塑千手观音；第三重是正殿，内有释迦牟尼佛像及十八罗汉塑像。正殿后为藏经楼，还有玉佛殿、地藏殿、钟鼓楼、九龙壁等。偏殿辟罗汉堂，有五百罗汉塑像。寺院外有“月池”、“塔群”、“生生泉”、“月明池”、“亦云栖”亭等，与弘福寺浑然一体，错落有致。沿蜿蜒曲折的盘山公路乘车可直达寺前。

【花溪公园】 位于市南郊17公里处的花溪镇，始建于1936年，占地825亩，园区森林茂密，风光秀丽，景色迷人，融真山真水、田园景色、民族风情为一体，被誉为“高原明珠”，是贵州省著名的旅游风景名胜区。陈毅元帅1959年11月游此时曾有诗赞曰：“真山真水到处是，花溪布局更天然。十里河滩明如镜，几步花圃几农田。”花溪公园的景致，沿着花溪河，以麟、凤、龟、蛇四山为中心展开，亭、台、楼、阁以及牡丹、桂花、桃花、松柏四园和人工湖、睡莲池点缀其间。亭阁玲珑小巧，水中小屿蜿蜒，瀑布迭出，芦苇碧翠，花树婆娑，莺飞鱼跃。主峰麟山峭岩嶙峋，林木森森。沿曲径拾级而上，半山有天然石洞，名“飞云岫”。洞外有“飞云阁”依危崖而筑，红柱青瓦六角飞檐，气势宏伟。至麟山之巅，有“倚天亭”，临亭放眼环顾，公园全貌，尽收眼底。龟山状如寿龟，山下碧水东流。蛇山形如长蛇，曲折逶迤。其弯曲处有三个小岫，各建亭一座，中为“蛇山亭”，左为“柏亭”，右为“观瀑亭”。山上古柏参天，怪石交错。与之相邻的凤山，形如凤凰丽冠，山麓有“棋亭”又名“玉棋亭”。当年陈毅元帅在此观“战”时，留下诗句：“劝君让他先一着，后发制人棋最高。”花溪河水清澈碧绿，曲曲弯弯溯流而上，可以饱览河水的多种风貌：或恬然静卧，波平似镜；或瀑流飞湍，泼珠撒玉；或水面骤扩，豁然开朗。其上有坝上桥，桥西有“西舍”，早年叫“尚武俱乐部”；桥东有“东舍”，又名“花溪小憩”、“憩园别墅”。两舍均临水而建。周恩来总理与邓颖超曾下榻西舍并荡舟河面，董必武、陈毅、贺龙等老一辈无产阶级革命家也曾在此下榻。1944年春，著名作家巴金与萧珊女士辗转来花溪，8年相恋终在东舍梦圆。巴金小说《憩园》大部分写于此。公园树木繁茂，四季鲜花不断，苗圃中培育着近千种四季名花，及时充实园内各处的花圃、花坛。河边岩畔还有各种野花争奇斗艳。公园内楼台亭阁、曲桥花圃错落有致，公园旁田畴交织。花溪河两岸，民族村寨点缀于碧流树丛之间，炊烟袅袅，鸡犬声声，宁静悠然，宛如世外桃源。

花溪公园

【南郊公园】 位于市南郊7公里处，是一个以溶洞景观为主、园林山水风光为辅的城市近郊型公园，建于1966年。园内有一钟乳石溶洞，洞长587米，蜿蜒曲折，洞内石壁、钟乳石呈乳白色，状如一条白龙，以此得名“白龙洞”。洞内，石钟欲坠，石幔若帘，石笋丛生，石柱挺立，石花怒放，拟人状物，惟妙惟肖，栩栩如生。“钟声幽谷鸣”、“银河飞瀑”、“水底峻岭”、“双玉盘”、“香罗帐”、“动物园”、“花果山”、“苗岭梯田”、“雄狮怒吼”、“蘑菇山”、“悬岩百丈冰”、“大丰收”、“江边夜景”、“旭日东升”、“枯木逢春”、“破镜重圆”、“沙僧看马”等共计33处景点，错落点缀于洞内，整个溶洞犹如一条琳琅满目的立体画廊，又似一个奇异多姿的童话世界。洞中“百步桥”，由100个石磴连成，人行其上，如置身水晶宫殿。出洞则豁然开朗，百花争妍，漫步浓荫花丛，泛舟碧波清流，令人心旷神怡。

【河滨公园】 位于市中心区西南部，建于1942年，濒临南明河畔，占地255亩，依山傍水，环境幽雅，小巧别致，是闹市中一片难得的幽静天地。园内林木葱茏、花草繁茂，花坛鱼池与画廊舞厅错落有致，楼台亭榭及游乐设施掩映于绿树丛中。园内有楠园、竹屋、竹廊、竹亭，呈现闹中有静的山村野趣。园中的儿童游乐园是孩子们的欢乐世界。河岸上下，是游人品茗对弈、垂钓游泳、赏玩休憩的好去处。而游人对歌、溜鸟，则是河滨公园的独特风情。每日晨光熹微或夕阳西下之际，草坪旁，林荫道上，打拳、舞剑、散步者自得其乐。

【森林公园】 位于贵阳城区东南2.5公里处，辟建于1960年，是国内第一个城市森林公园。园内现有森林面积3900公顷，是国内目前面积最大的城市森林公园，有“筑城翡翠”之称。除了莽莽林海外，园内还有秀水、奇石、溶洞、山谷、古迹等，以“险”、“幽”为其特色。园内峰峦叠翠，山石嶙峋。登山远望，苍山似海，恢宏巨丽。林中绿荫蔽日，凉风送爽。盛夏时节，园中气温比市区低1~2度，是纳凉消暑的好去处。密林深处有一人工湖，建有“鹿园”。众多梅花鹿放养林中，温驯活泼，惹人喜爱。盆景园中，陈列着大小盆景数百盆，玲珑典雅，造型奇特，耐人观赏。园内图云关，曾是中国红十字救护总队的中心基地。1938年，由波兰、奥地利、美国、捷克等9个国家组成的一支国际援华医疗队，自愿来到贵阳市图云关中国红十字救护总队，组织人员奔赴到抗日各战场，救护抗日爱国将士，为中国人民的抗日事业作出了巨大贡献，有的甚至献出了宝贵的生命。1943年，日军在广西使用细菌弹，英籍女医生高田宜（中国名）以自己身体作试验注射防疫针，不幸中毒牺牲，遗体安葬于图云关中国红十字救护队基地附近森林中。贵阳解放后，在市政府和海外侨胞、爱国人士的大办倡导和协助下，用乳白色的大理石建造了“国际援华医疗队纪念碑”和“英国女医生高田宜之墓碑”。纪念碑上刻有国际援华医疗队全体队员姓名、国籍；在高田宜墓碑后面，是一只用大理石精雕细琢而成的巨大和平鸽，象征人类需要和平、需要友爱。园内还建有“中山堂”，掩映于绿树丛中，庄严肃穆，游人到此，临景驻足，凭吊怀想，思绪万千。

【白云公园】 距贵阳城区16公里，建于1986年初，总面积600余亩，分前后两个部分，由十多处景点组成。园内有绿漪湖，为人工开掘筑堤而成。湖中有一小岛，称“桂屿”，岛上建有一阁，取名“桂阁”。四周植桂树多种，金秋时节，桂放开放，芳香四溢。以绿漪湖为中心，面山临水建有楼、台、亭、棚、石桥、石堤及长廊等仿古建筑，具有浓郁的传统风格和民族特色。其中，“倚云楼”为园中一大景观。这所仿古高楼红柱碧瓦，飞檐斗角，既是憩息之所，又可接触文化艺术氛围，其展厅里常展出文物、历代古钱币和书画作品等。烈士陵园是整个公园的最高点，由烈士纪念碑、烈士墓台、群众纪念场组成。碑正面镌刻有“革命烈士永垂不朽”八个大字，背面为碑记，顶部塑有一组表现革命先烈不屈不挠、英勇斗争的群雕。公园还修建有儿童乐园、骑士宫、迷宫和水嬉园等游乐场所。

景区景点

【天河潭】 位于市西南郊22公里处，

是近年开发的风景游览区，兼具黄果树瀑布之雄、龙宫之奇与花溪之秀，集飞瀑、清泉、深潭、奇石、怪洞与天生石桥于一身，浑然天成；农舍水车，小桥流水，野趣盎然，清幽宜人。天河潭主要分为洞内、洞外两部分。至景区，一弯天生石桥雄跨于壁立的两山之间，气势恢宏。过桥洞，河水似自天而降，涛声轰鸣，飞珠溅玉，形成一泓深潭，以此得名“天河潭”。潭中景致令人赏心悦目。潭旁有水洞，洞内宽大深邃，被誉为“贵阳龙宫”。乘小船漫游洞中，风光旖旎，各种钟乳石千姿百态。水洞旁还有旱洞，洞内盘旋曲折，信步其中，沿途奇景令人目不暇接。出洞则一派山野风光，穿瀑布、钻弯洞、过小桥、看水车、访农家，观赏苗家姑娘亲手织成的精美刺绣；或去参观离潭不远的石砌圆形屯堡，探访古代战争中的防御工事，可以引发您的怀古遐思。

【百花湖】 位于市西北郊22公里处，于1985年开发为旅游风景区，现属省级风景名胜区。湖水面积13．5平方公里，比杭州西湖要大一半，比北京十三陵水库大3倍。以风光旖旎、环境幽雅、峰奇碧水著称。湖区内鲜花簇簇、芳香扑鼻，楼宇亭台、茶室宾馆掩映于树荫花丛中。放眼眺望，远山清淡，近水碧澄。湖中有大小岛屿100多个，形态各异，错落有致。船至鸟岛，可见鸳鸯、河鸥、野鸭、鹭鸶及许多不知名的小鸟栖息其间。叽叽啾啾，或嬉戏水中，或上下翻飞。“月亮湾”湖汊深幽，重岩叠嶂。“小三峡”峡谷幽邃，峰奇水美，再现三峡风光。湖畔村落隐现，有古洞残庙，断垣颓壁，古城遗址依稀可寻。松林坡上绿树浓荫，山道弯弯，游人在此可弈棋品茗，观湖听涛，自得其乐。

【红枫湖】 属国家级风景名胜区，位于贵阳以西32公里，景区面积240平方公里，

山清水秀

水域面积57．2平方公里。景区集山、水、洞、林和民族风情于一体。湖面辽阔，湖水清澈，湖汊蜿蜒，190多个大小岛屿及半岛散布其间，形成山外有山、水外有水、湖中有岛、岛中有湖的奇异景观。红枫湖分为北湖、南湖、后湖三大景区，形成多层次山外青山湖外湖的绮丽风光。北湖水面宽阔，烟波浩淼，大小十多个岛屿如珍珠翡翠镶嵌在玉盘之上。南湖景点有花鱼洞和将军湾，其中“小三峡”、“小石林”、将军洞、天生桥等景观巧夺天工，美不胜收。后湖湖面幽深宁静，水色湛蓝，空气清爽，雀鸟争鸣。风景区内建有苗寨、侗寨和布依寨等景观、景点，有浓郁的民族风情。苗寨的吊脚楼、侗家的鼓楼及风雨桥、布依族的石板房错落有致，别具特色。在此可观赏“上刀山”、“下火海”等令人叹为观止的民族文体节目表演，领略敬酒歌、拦路酒等独特的民族风情。

【息烽温泉】 位于息烽县城东北40公里处，有7处热气腾腾的涌泉眼，一昼夜有1000多吨天然热水涌出。水温达53℃～56℃，水质优良，富含氡、钙、镁、钠等10余种元素，可饮可浴，能治疗多种疾病。现已在此建有疗养院、医院和别墅，是旅游度假、休闲疗养的理想之地。

【香火岩峡谷】 总面积35平方公里，位

于开阳县境内，距贵阳60公里。景区内峰峦叠嶂，怪石峥嵘，飞瀑流泉，蔚为壮观。峡谷由三段明谷和两段暗谷组成，分光明河、营河、香火岩瀑布群、香火岩等7个景区，其中香火岩瀑布群独领风骚。瀑布共分五级，最高级为15米，宽30米，级级相连，总落差60余米。俯瞰瀑布，飞珠捣玉，紫烟升腾，雷声贯耳；仰观瀑布，银河天降，雨霁飞虹。

【六广河大峡谷】 位于修文县与黔西县交界处，为乌江过境河谷，距贵阳仅80余公里，新建的贵毕高等级公路从旁而过。最佳游程为20余公里，宽阔处烟波浩淼，狭窄处仅一线天。其间峰谷陡峭，悬瀑飞泻，古树苍翠，猴群出没，白鹭翔集。白马峡、猴愁峡、海马峡、飞龙峡、赤壁峡、象鼻峡、剑劈峡等四十个景观，融山、水、洞、瀑为一体，各具风姿，兼有长江三峡之雄奇、漓江山水之秀丽。悬崖峭壁下的苗族、布依族村寨背山临水，多姿多彩，犹如世外桃源。六广古渡的王阳明行游之处，和千仞绝壁之上已有四百多年香火的佛洞山寺都显示出深厚的文化底蕴。

六广河

【香纸沟】 位于贵阳市东北41公里处，由7个景区组成，面积约为16平方公里。香纸沟以高原峡谷风光为其特点，风景优美，气候宜人，空气清新。悬泉、飞瀑、别墅、奇峰、怪石、清溪、人工栈道以及峡谷两侧茂密的原始森林构成了香纸沟秀丽的自然风光。更为神奇的是，香纸沟至今还保留着古法造纸术，用于制造香纸，“香纸沟”因此得名。悬空而架的水渠、徐徐转动的水车、往复滚动的碾车、古老的造纸作坊都把游人带入那遥远的过去。而浓郁的布依风情、古朴奇特的杜寨簸箕画令游客留连忘返。

【南江大峡谷】 位于开阳县南江乡东北部的南江河及其支流上，距贵阳市54公里。景区内生态环境良好，风景资源十分丰富。以发育典型、气势宏大的峡谷风光和类型多样、姿态万千的瀑布群落为特色，集山、水、林、崖、洞、桥、泉、瀑为一峡，纳奇、险、雄、秀、幽、野为一体，风光旖旎，景象万千。景区内还有珍稀动植物及富有特色的布依族、苗族村寨。

【情人谷】 位于乌当区鱼梁河下游的阿里杨梅园旅游区中心地段，离贵阳市城区9公里。全长约2公里，两岸岩壁如削，古树倒悬，藤蔓纠葛，河谷中水流急湍，礁石砥流，涌泉鼓突，水质清澈。谷岸山体中有车郎宫、花鱼洞、通天洞、和尚洞、蝴蝶洞、神仙洞，及鬼斧神工的天梯，还有骗牛石等景点。河岸边还有一片如地毯一般的青草坪，是恋人情侣悠闲漫步、野炊露营的好去处。

【渔洞峡】 位于贵阳市东北城郊，距市中心15公里，与国家级贵阳高新技术产业开发区相连，交通便捷。景区面积约6平方公里，这是一个多姿多彩的风景名胜区：有令人神往的渔洞地下河、月亮洞等岩溶洞穴；有使人陶醉、蔚为壮观的渔洞河峡谷和渔梁河峡谷；有“其山群叠、其水曲绕”的来仙阁及多座佛教寺庙等，是集河流峡谷、山川洞石为一体的风景名胜区。来仙阁始建时名“水月小亭”、“水月招提”，至今已有400多年的历史。其间经风雨侵蚀，逐渐倾圮。清嘉庆十五年（公元1810年）重建，变亭为阁。因阁凌空高耸，四面环水，云霭缥缈，松翠鹤鸣，似有仙人来临，故名“来仙阁”。阁为木质结构建筑，高24米，占地70平方米，为六面六角三重檐攒尖顶阁楼。由下往上逐层收缩，各层翼角翘耸，十八只翼角顶端饰有龙头鱼尾祥物，下坠铜铃木鱼，微风轻拂，丁冬作响，悦耳动听。阁分三层，上层旧祀奎宿，中层祀文昌，下层供观音。

情人谷

【镇山村】 是一个以布依族为主体的民族村寨，为“贵州省民族文化保护村”之一。位于花溪水库旁，村寨三面环水，背靠万树摇曳的青山。全村数百间大小石头房屋依山而建，层层叠叠，错落别致，爬上山之巅，俯瞰全村，只见绿树掩石屋，湖水映山村，时恍如村寨飘湖面，人游图画中。镇山民居建筑的一大特点是依山而建，因地就势，就地取材，变石为宝。从古至今，镇山祖祖代代的能工巧匠们筑成一座石头之城，只要人们踏上这座石头城，恍如进入了一座中世纪的石砌古堡。古屯堡的“城墙”由规整的石墩构筑而成，城门是巨型条石拱制成型，屋顶用畸型石板取代青瓦，房屋墙壁均用方形石板镶嵌，以石代木。院坝及小巷均以石板铺设，村民们装水的水缸、装谷的干缸、马槽、猪槽等用具全是石头凿成，就连寨门口的山神庙，庙中的土地爷都用石头雕成，好似进入一座石雕的大展厅。镇山的布依族和苗族有着丰富多彩的民族传统文化艺术，至今保存比较完整，如苗族的“四月八”、布依族的“六月六歌会”等等，都是民族民间文化艺术的精华。

【贵阳高尔夫度假中心】 贵阳高尔夫度假中心坐落在贵阳市近郊的扎佐镇，紧邻贵遵高速公路，环境幽深宁静，地势平缓起伏，林木茂盛，湖水清澈，空气清新，自然风光秀丽迷人，毗邻著名的阳明洞，为全国唯一的高原森林高尔夫球场。度假中心拥有贵州省唯一的18洞72杆国际标准高尔夫球场两座，备有完善的配套设施，提供优质高档的服务。国内外嘉宾到此以球会友，洽谈生意，休闲度假，娱乐健身，无不交口称赞。

文物古迹

【息烽集中营旧址】 息烽集中营是国民

高尔夫度假村

党军统局在贵州设立的一所特别监狱、秘密监狱。因其址在息烽县城南6公里处的阳朗坝猫洞（今息烽县永靖镇猫洞村），又称阳朗集中营或猫洞集中营，与重庆望龙门看守所、渣滓洞监狱统称为国民党军统的三大集中营。其中息烽集中营规模最大。息烽集中营于1937年建立，1946年7月撤销。先后关押过罗世文、车耀先、许晓轩、杨虎城、黄显声、宋绮云、张露萍、韩子栋（著名长篇小说《红岩》中华子良的原型）、马寅初等中共党员、进步人士1200余人，其中被秘密杀害和折磨致死的有600多人。位于息烽县城北面约8公里的玄天洞，曾是明清时名闻遐迩的道教圣地，因关押著名爱国将领杨虎城达8年之久，成为息烽集中营的重要组成部分。1982年息烽集中营旧址被列为贵州省重点文物保护单位，1988年被列为全国重点文物保护单位，1996年又被中共贵州省委、省政府命名为全省第一批爱国主义教育基地。1997年初息烽集中营革命历史纪念馆成立。同年5月，中共贵阳市委、市政府又将息烽集中营革命历史纪念馆命名为贵阳市爱国主义教育基地。李鹏、杨汝岱等党和国家领导人曾先后前来参观，并留影题词。2008年4月被中宣部、财政部、文化部、国家文物局列为首批重点扶持、免费开放的博物馆、纪念馆。

【中共贵州省工委旧址】 中国共产党贵州省工作委员会旧址（以下简称省工委），在贵阳市文笔街9号（后门为忠烈街8号）高公馆花园内。高公馆大门对面为贵阳女中（现二中）右边围墙，左邻邬家巷，右下为文明路，为清代乾隆以来高姓聚居的住宅。四进四院，有天井十余个，房屋数十间。花园名怡园，有后门通忠烈街。1934年省工委成立，次年1月经中共中央批准林青任书记，邓止戈、秦天真为委员。高家青年高言志参加革命活动，为掩护革命工作和便于与同志们联络，他提供高家花园中“怡怡楼”和“楼外楼”两处房屋，作同志秘密居住和工作会议之地。1934年9月，林青、秦天真等在此进行秘密集会，部署工作。1937年6月，“全国学联”杨蕴青由北平到贵阳，省工委在楼外楼召开积极分子会议，参加者20余人，为贵州省学生救国联合会的成立奠下基础。1938年2月19日，国民党特务逮捕“学联”领导骨干，当晚李策在楼外楼召开各校中共支部负责人会议，商讨对策和营救办法。同年，由谢凡生等负责联络60多人参加的“贵阳社会科学座谈会”，也在此召开大会。楼外楼是当时一些党员入党宣誓的地方。怡怡楼是高家藏书楼，省工委的文件、书刊均秘密存放于藏书之中，刻印文件及宣传品等工作也在此进行。秦天真曾秘密居住楼上。高家花园是省级重点文物保护单位。

【达德学校旧址】 位于市区中华南路忠烈宫内的达德学校创于清光绪三十年（公元1904年），初名民立小学堂，次年更名达德小学堂。民国元年（公元1912年）更名为达德学校。民国9年（公元1920年）增办中学，后又增办女中。为贵州著名私立学校之一。创办人有黄于夫、凌秋鹗、贾一民等人。辛亥武昌起义不久，贵州革命自治学社在贵阳发动武装起义，该校积极响应。达德学校历史悠久。革命先烈王若飞即该校毕业生，后来曾在该校担任教师。民国16年（公元1927

年）8月，贵州省主席周西成以“结党营私，图谋不轨”罪名解散达德学校，改组为省立第二小学。民国18年（公元1929年）8月4日该校恢复旧名，定8月4日为复校纪念日。民国20年（公元1931年）“九·一八”事变，贵阳教育界成立“抗日救国会”，会址设于该校。抗战期间筑光音乐会（共产党领导的文艺团体）在此设立达德支队，创办地下刊物《新生》，宣传党的抗日主张。八路军驻贵阳交通站一度曾借该校作办公地点。1950年，达德学校与私立正谊、南明中学合并，改为贵阳市第二中学。1956年，南明区政府在原址另建立科学路小学。达德学校为省级文物保护单位。忠列宫又名忠烈庙，俗称黑神庙，始建于元代，祀南霁云。明景泰《寰宇通志》云：“忠烈祠在宣慰司南，元时建，祀唐忠臣南霁云。国朝洪武十七年重建。”《贵阳府志》云：“正统时，贵州按察使王宪请于朝，始列秩祀，赐庙额曰‘忠烈’”。正德元年（公元1506年）重修。清康熙十二年（公元1673年），暴雨连绵数日，中梁毁损，是年复建。以后，乾隆十四年（公元1749年）及三十八年（公元1773年）皆重修。道光十八年（公元1838年），增建客房，改建大门。光绪二十七年（公元1901年），私立达德学校成立，借忠烈宫部分房屋为校舍。民国25年（公元1936年），忠烈宫大门（连戏台为一个整体建筑），改建为半西式建筑，整个忠烈宫古建筑形式受到破坏。这半西式的楼房，是贵山民众图书馆馆址所在。忠烈宫大殿建于康熙年间，结构庄严高大，为现今市区内为数不多的古建筑。忠烈宫第二进大殿（达德学校礼堂）前面右壁，有清代管理忠烈宫房屋的组织“盔袍会”某次购置房地产的记事石刻，今存。忠烈宫为市级文物保护单位。

【甲秀楼】 贵阳城南南明河中流有石矶突起，名鳌矶。明万历二十六年（公元1598年），贵州巡抚江东之、巡按应朝卿于此石筑堤，拦截水势；并在鳌矶石上建楼，命名“甲秀”，取“科甲挺秀”之意。天启元年（公元1621年），楼毁于兵燹，后总督朱燮元重修，更名“来凤阁”。清康熙二十八年（公元1689年），巡抚田雯重建，恢复甲秀楼旧名。清雍正十年（公元1732年），巡按张广泗、布政使常安增修。乾隆四十一年（公元1776年），巡抚裴宗锡重修，并题楼额，又在浮玉桥上增建涵碧亭。光绪初，布政使林肇元重修，并题楼额。宣统元年（公元1909年），楼毁于火，巡抚庞鸿书重修，湘人谢伦书楼额，现为贵阳市标志性建筑。甲秀楼为三层三檐四角攒尖顶阁楼，高约20米，飞甍翘角，石柱托檐，屹立河中。浮玉桥如白玉卧波，穿过楼下，贯通两岸。桥上有涵碧亭，桥下有涵碧潭、水月台，登楼远眺，远山含翠，近水涌绿，令人心旷神怡。入夜，华灯齐放，楼、桥、亭、台，火树银花，恍若仙境。过浮玉桥抵南岸的翠微园，该园原名“南庵”，始建于明宣武年间，距今已560多年。南庵曾多次更名，先后称水月寺、圣寿寺、忠烈祠、武侯祠。明永历九年（清顺治十二年，公元1655年），迁武侯祠于南明河北岸，改祠为观音寺，1956年改为甲秀小学。1990年贵阳市人民政府拨款修复，更名为“翠微园”。翠微园前临南明河，后枕小山，老树交阴，风景清幽，向

甲秀楼

为贵阳游览胜地。旧志称其“琳宫璀璨，云木萧疏，山光水色，晴雨皆宜，诚为南郊胜景”。题咏的诗文楹联颇多，以阮元（芸台）七律及汪炳 联语最著名。甲秀楼景区均为省、市文物保护单位，2006年6月国务院列为第六批全国重点文物保护单位。

【文昌阁】 位于市区东门月城内。据万历《贵州通志》载，阁建于万历二十四年（公元1596年）。该志卷首绘有贵阳城垣图，文昌阁屹立东门月城之上，为三层结构，清晰可见。清代，文昌阁屡次重建和维修。民国年间失修，常为驻兵之所，机关亦任意占用，且一度为囚禁进步人士之所。文昌阁以结构奇异著名。阁系文昌宫寺院的主体建筑，坐东面西，后倚城墙。东门在贵阳各城门中地势最高，阁又高踞于东门之上，有高屋建瓴之势。阁高约20米，通面阔11.47米，进深11.58米，为三层三檐不等边九角攒尖顶结构。底层正方，四角翘檐，二层和三层均九角翘檐，九面开窗，其上覆以宝顶。九角作图的原理是将圆周先分四等分，再将正面（向西一面）一条弧三等分，构成三角；其余三条弧均二等分，构成六角；合起来，便成为一不等边的九角形。在整个结构上，底层的金柱通到第二层作该层檐柱，另在底层横梁上立金柱通到第三层作该层的檐柱。第三层顶部空悬着的雷公柱，则由九根角梁拱撑着；在二层的横梁上另立金柱和檐柱作为支点，承托着宝顶。如此枋梁承挑，逐层收缩，既分散了承重支点，增强了阁楼的稳固性，又扩大了楼面空间及其使用面积。除底层为四边形外，二、三层各处结构，都按三、九的数目或其倍数设计，如屋顶为九角，梁为八十一根，柱为五十四根，二、三层的楞木各为九根。这种造型的阁楼为国内仅存。1983年，贵阳市人民政府决定维修文昌阁，历时3年多，全部竣工。1988年正式对外开放。文昌阁为全国、省、市文物保护单位。

文昌阁

【扶风山风景区】 扶风山，亦名芙峰山，俗称螺狮山，因山石为螺旋状得名。位于城区东面，东山之南，相宝山之北。松柏常青，古桂飘香；亭台楼阁，错落有致，自然景物与人文景观互相映衬，完美和谐，宛如城东绿色屏风。扶风山上有王阳明先生祠、尹道真祠、扶风寺，组成“两祠一寺”的扶风山名胜古迹景区，被誉为横绝大清一代的经学家、诗人郑珍赞曰：“芙峰山，在城东，插天一朵青芙蓉。上下蜂房著芙足，春来车马如游龙”。

王阳明先生祠（简称阳明祠），始建于清嘉庆十九年（公元1814年），为祀明代著名学者王守仁之专祠，全国、省、市级文物保护单位。

扶风寺，又称扶风山寺，在阳明祠之左，尹道真祠之右，始建于清乾隆二十年（公元1755年）。寺内游廊四通，饶有园林韵味。凭栏远眺，则“三面之山，青接眉睫，城中烟树万家，历历可数”。清代扶风寺刻书颇为有名，《文史通义》（章学诚著）扶风寺刻本为海内藏书家所重。寺内松巅阁分为两层：底层现用作茶室，供游人品茗休息；上层则辟为书画室，兼供书画家挥毫留墨。其东南面紧靠阳明祠之享堂的为关圣殿，今更名为“阳明书院”。院内陈列有

贵州傩面具和原贵阳古建筑木雕部件。其余的建筑物，诸如原来的青椒阁、观音殿和过廊等，今已分别更名为“画廊”、“琴室”、“棋院”与“印社”。在这组长方形的整体建筑物中段，还有一株生长200多年的银杏树，树坎下则是一坪宽敞的绿草和时花。漫步在坪地石铺的曲径上，自有“欣然随履齿，不惜破痕台”的乐趣。

尹道真祠，一名尹公祠，与扶风寺的琴室毗邻，与阳明祠隔寺相望，是为纪念东汉学者尹道真先生而建的。

尹道真名珍，字道真，东汉时牂牁郡毋敛县人（今贵州独山县境），是贵州从事教育的先驱者之一。早年求学于中原，拜著名学者许慎为师，学识广博，历任尚书承郎、荆州刺史等职。尹珍成名后，不忘家乡，讲学故里，受教益之人颇多，对促进中原与西南边陲地区的文化交流与普及作出了较大贡献。尹道真祠建于民国5年（公元1916年），由享堂、游廊、厢室、戏楼形成为两级一整体的四合院。原享堂内设有尹道真牌位，正中悬挂清乾隆五十八年（公元1793年）贵州学政洪亮吉所题“德兼教养”的横匾。入口为月宫式门，上嵌石刻“尹道真先生祠”系清代康有为所书。

【修文阳明洞景区】 为中外驰名的王学圣地，是明代哲学家、教育家王阳明先生读书悟道和讲学之所，主要有阳明洞、何陋轩、君子亭、王文成公祠等景点。阳明洞，位于修文县城东北1公里的龙冈山腰。原名“东洞”，王阳明先生移居其间后，更名为“阳明小洞天”，世称阳明洞。前后三通，洞中有洞，可容百人以上。主洞口刻有明代贵州宣慰使安国亨书“阳明先生遗爱处”七字，洞内有明、清、民国各代仕宦及名人瞻仰所书摩崖40多幅。洞口外有两株参天柏树，系阳明先生手植。何陋轩，是当时的苗、彝民众见阳明洞内阴湿，遂在洞右边构筑的一间木屋，供阳明先生居住。阳明弟子敬仰先生之德，特在轩内四壁嵌刻有清代贵州布政使罗绕典、黔抚乔用迁等书录的阳明先生文章。君子亭，由当时民众自发在龙冈山顶筑建。阳明先生爱竹，认为竹有君子之德、操、时、容，故取名君子亭。重修后的君子亭，独具逸秀。亭侧立有阳明先生《君子亭记》石碑。王文成公祠，位于龙冈山顶，系阳明先生创办龙冈书院故址。祠与正殿、右厢、元气亭组成四合院。祠门上嵌“三载栖迟，洞古山深含至乐；一宵觉悟，文经武纬是全才”等对联二副。祠内嵌有阳明先生《龙冈漫兴》等诗碑。正殿供奉王阳明先生铜像。右厢一楼一底三通间，曾幽禁民族英雄张学良将军两年有余。全国、省文物保护单位，全国爱国主义教育基地。

【桐埜书屋】 位于花溪区黔陶乡骑龙村，系周起渭在家时读书处。始建于康熙初年，原为穿斗式悬山顶建筑，坐南朝北，面阔三间，进深二丈一尺。后，旧书屋损，仅剩几块基石。1992年贵阳市及花溪区为纪念周渔璜这位清代著名的学者和诗人，拨款在原址附近重修了桐埜书屋。书屋由三开间二重檐悬山顶正房，三开间穿斗式悬山顶右厢房、石铺庭院、影壁、悬山式朝门、六角攒尖顶草亭、荷花池等七个部分组成。门窗做工精湛，鸟兽花木，无不雕刻得栩栩如生。整个建筑占地300平方米左右，既富有气势又小巧典雅。二重檐的正房二楼屋檐下，悬挂着由贵州书法家戴明贤题写的“桐埜书屋”匾额。一楼的堂屋正中，陈列着周渔璜及其夫人的朝服画像。此外，还陈设着多件仿古家具。二楼为展室，展品分两类：一类是周渔璜的后裔冉启珍捐赠的周渔璜的遗物（复制品）。有康熙皇帝赐给周渔璜及其亲属的诰封、周渔璜的亲笔家书、手稿及诗集等等，部分属国家级文物。一类则是当代贵州书画名家为纪念周渔璜和祝贺桐埜书屋重修所作书画。正房后林边，一股清泉终日流淌，从一石雕龙头口中吐出，丁冬作响。泉水甘冽，

青岩古镇

即有名的“慧泉”。

【青岩古镇】贵州省著名的历史文化名镇，形成于明洪武年间（公元1368年~1398年），历明清两代，迄今600余年。历史悠久，人文荟萃，文化氛围极为浓郁。是建设部、国家文物局公布的历史文化名镇。青岩古镇位于贵阳市花溪区南郊，距贵阳市区29公里。因附近多青色岩峰而得名，古为屯田驻兵之地。明清之际商贾云集，寺庙林立，香烟缭绕，盛极一时。旧城四周有城墙，皆用巨石构筑于悬崖之上，依山就势，巍峨险要，颇富山寨城堡特色。有东、西、南、北四座城门，现存有建于清代的城南定广门。四门内外原有8座石牌坊，现存3座，皆为白棉石建造四柱三开间牌楼，上有楹联、浮雕，工艺精湛，栩栩如生。青岩古镇方圆3平方公里范围内，祠宇林立，规模宏伟，建有9寺、8庙、5阁、2祠、1院、1宫，近30座庙宇祠堂。保存较完整的有迎祥寺、慈云寺、川祖庙、万寿宫、云龙阁、青岩书院等。这批古建筑布局合理，气势雄伟，雕梁画栋，重檐飞角，建筑工艺精妙绝伦，令人叹为观止。青岩古镇的民居特色十分引人注目，古色古香的商业街及大街小巷的青瓦木屋，保留了浓郁的南方古民居风韵。镇内石砌的围墙、路面、柜台、庭院及石碓、石磨、石碾、石缸随处可见，极富地方风貌，因此，青岩古镇又被誉为青岩石头城。明清以来，青岩历史上出了几个著名人物。周渔璜（公元1665年–1714年）是贵州清代康熙年间著名诗人，官至翰林院编修，曾参与撰修《康熙字典》和《贵州通志》，并著有《桐埜诗抄》，对中国文化作出过杰出贡献。清康熙年间举人周钟瑄（公元1671年–1763年）曾任台湾诸罗知县，著有《诸罗县志》。清末状元赵以炯（公元1857年–1907年）以“状元及第而夺魁天下”，轰动华夏。现已恢复“赵以炯状元府第”供人游览。平刚先生是贵州辛亥革命的先驱，曾东渡日本留学，任孙中山先生中华民国临时政府秘书长。现存平刚先生故居。镇内还有众多历史文化遗址和自然风物景观：现存1935年4月中国工农红军长征作战指挥所；抗日战争时期周恩来、邓颖超同志父母曾居地；清咸丰十一年（公元1861年）震惊全国的青岩教案遗址。有占地200余亩，相传为云龙阁和尚所植的国内珍稀保护植物青岩油杉林以及全国著名古生物化石山—云上坡。青岩的民间文化活动丰富多彩。每年正月间的舞龙、跳花灯，吸引着成千上万的男女老幼前来观赏。青岩土特产颇具魅力，刺梨糯米酒、双花醋、玫瑰糖、豆腐果、水盐菜、苦丁茶等遐迩闻名，深受人们喜爱。

【马头寨】位于贵州省贵阳市开阳县禾丰布依族苗族乡马头村，地处山清水秀的清龙河畔，始建于宋代，先名杨黄寨，因为是明代水东十二马头（布依族集聚区管理单位）之一而得名马头寨。

水东宋氏是古代贵州四大土司之一，因为唐宋元明时期（620—1630）统治贵州水东地区（今鸭池河以东贵阳市及黔南州龙里县、贵定县和惠水县等地）而得名，原籍真定（今河北正定县），隋代入黔后统治黔中地区达千余年，与布依族、苗族等少数民族和谐相处、相互交融，形成了独具贵州民族地域特征的布依文化和汉文化、苗文化等水乳交融的水东文化，为贵州经济、社会和文化发展作出了重要贡献。

马头寨是千年水东文化的典型代表。元初于1283年设置底窝紫江等处（五品下州）于杨黄寨并新建底窝紫江总管府。明初，宋钦任贵州宣慰使（从三品）亲辖水东十二马头，其旁支宋德茂受任为底窝马头（从五品），在杨黄寨重建马头衙门，杨黄寨因此改名马头寨并一直沿用至今；1631年水东土司叛明被剿灭后，明朝以水东宋氏土司辖地改土归流设置开州（今开阳县）。马头寨是贵州水东十二马头中现存历史最悠久、古建筑最多、水东文化最丰富的民族村寨。

马头寨现存90多栋古民居和寺庙，主体是汉族砖木结构悬山青瓦顶四合院或三合院，细部装修却体现了布依文化元素，布依先民因为种水稻为生而被称为“种家”，他们把万字格称为水车花、螃蟹花，表现出古老的水文化传统。同时马头寨每年都要举办“六月六”布依歌节，布依大戏、歌舞和苗族芦笙舞及汉族阳戏、地戏、花灯等同台表演，布依、苗族和汉族等各族人民上万人定时汇聚马头寨，堪称黔中各族人民大团结的盛会。

马头寨是贵州唯一仅存的宋元土司官寨。贵阳唐代叫矩州，南宋时因为水东宋永高任贵州经略安抚使而改名贵州，明代由于位于贵山之阳而得名贵阳，已有1300多年历史。马头寨始建于宋代，是贵阳地区唯一仅存的宋元文化遗存。1301年，水东雍真葛蛮（今开阳西）土司宋隆济起兵抗元时攻入贵州（贵阳）城，杀死知州张怀德，同时底窝紫江4000多布依族等各族人民起义响应围攻杨黄寨，攻毁总管府并缴获1288年八思巴文“雍真等处蛮夷管民官印”（现藏于黔西县文管所），贵州和杨黄寨因此首次被载入正史《元史》。马头寨700多年历史连绵不断，是贵阳现存最古老的民族村寨，在西南边陲贵州实属罕见。

马头寨是红军长征过贵阳的历史见证。1935年4月，红军在遵义会议和四渡赤水后突然南渡乌江进入贵阳境，实施“调出滇军，西进云南”的重大战略部署，4月3—5日，红一、三军团先后经过开阳底窝（禾丰）并住在马头寨等布依八寨，留下了许多红军标语，现马头寨民居墙壁上仍保存有红军标语20多条。

马头寨现存明清民居、寺庙等古建筑97栋，多为悬山青瓦顶木构或砖木结构四合院、三合院，门窗多饰精致木雕，右厢前部多建有腰门，具有典型的布依族文化和汉文化融合特点，2006年5月经国务院批准公布为第六批全国重点文物保护单位。

【《新华日报》贵阳分销处旧址】位于贵阳市富水西路12号（原慈善巷8号），是中共贵州省工委领导下负责党报发行的组织。1982年2月23日经贵州省人民政府公布为第一批省级文物保护单位。

《新华日报》贵阳分销处成立于民国27年（1938年）9、10月间，是租赁黎姓居民的房屋一间作为办公室用。这是一栋普通的木结构老式平房，跨进大门，是一个大约30平方的石板天井，坐东向西的是长三间有小楼的正房，对厅也同样是长三间的木结构瓦房。在这个机构建立以前，党中央为了宣传抗日，传播马列主义，在一些国民党统治的中、小城市相继建立了生活书店、新知书店的分店，这些书店出售革命书刊的同时，也零售重庆出版的《新华日报》。当时设在贵阳马家巷的《大公报》社，也出售少量的《新华日报》，由于读者踊跃，门市上往往供不应求，兼之有些心怀叵测的人借抢购的手段来达到没收的目的，使得一些地下党员和进步人士无法获得党报。民国27年（1938年）4月秦天真和邓止戈由延安回贵阳主持中共贵州省工委的工作，在生活书店工作的党支部书记熊蕴竹向他们汇报了以上情况，省工委作出了在贵阳设立《新华日报》贵阳分销处的决定。恰在这时，《新华日报》记者秋江由重庆来贵阳采访，省工委请秋江同志将设置党报专门分销机构的意图带回去研究，不久，总社表示同意，并颁发椭圆形橡皮印章一枚。尽管开展工作困难重重，但《新华日报》贵阳分销处的成立，却成为地下党组织进行抗日救亡运动的一盏指路明灯。

《新华日报》贵阳分销处旧址保护至今尚好，为一木结构四合院平房，正房及对厅均为三楹瓦房，中间为庭院。分销处租用的是坐东向西靠北正房，前后隔为两室，一为工作室，一为卧室。最近，贵阳市考虑结合中华路街景环境整治将原有居民迁出旧址对文物进行维修。

【八路军贵阳办事处旧址】即八路军驻贵阳交通站旧址，位于贵阳市民生路92号院内。这是一座普通的居民院落，房屋是木结构，有正房、厢房，为二进三间两楼。正房是一座三开间矮楼的平房，分为前后间，正房前是约15平方米的天井；二进东为厢房，后院东有一口小水井，院外有一条小巷（宽约1米，长约10米）通往民生路。

八路军驻贵阳交通站是在抗日战争艰苦时期，日本帝国主义猖狂进攻，国民党政府继武汉失守，长沙、衡阳相继沦陷的情况下只好迁都重庆，使得贵阳成为由重庆通往香港、缅甸的西南公路交通枢纽和抗战后方的重镇这一历史条件下设立的。民国27年（1938年）长沙大火后，主持中共南方局工作的周恩来决定在贵阳设立办事处，12月委派袁超俊（原名严金超，贵阳人）来筑筹备。开始是通过黄齐生、曾俊侯两位先生借用了达德学校的房舍工作；第二年1月3日经中共贵州省工委的帮助，租得民生路92号熊逸民家的房屋即本旧址当作办公地点；后又租过威清路48号宋氏民房做招待所，并在房前空地修建了一个简易停车场和仓库。2月19日开始启用“国民革命军第十八集团军贵阳交通站”印信。

八路军驻贵阳交通站主要活动时间是在民国28年（1939年）至民国29年（1940年）的两年间，负责兵站的接送和转运工作，把从武汉、长沙等地撤退下来集中在衡阳、桂林的中共党政军人员、家属以及档案、物资等转运到重庆、延安等地。民国28年（1939年）“二·四”日机轰炸贵阳惨案后，经过交通站安排，周恩来的父亲、邓颖超的母亲，李克农的父母、弟侄和夫人赵荣，共20多人都被转移到青岩居住。同年，叶剑英同志也来贵阳住在交通站，为营救地下党员黄大陆、李策等同志与国民党贵阳当局交涉。民国29年（1940年）叶挺同志率领新四军干部20余人由重庆来到贵阳，转赴皖南时曾经住过这里。越南共产党领导人胡志明（化名胡光）同志，抗战时期长住八路军桂林办事处，当他往来于重庆、昆明途经贵阳时，也在交通站住过，同时交通站还经常给越南同志办理汇款、交通、住宿等。交通站还为中共地下党员和进步青年奔赴革命圣地延安做了大量的工作；进步人士、华侨、港澳同胞经交通站由贵阳到重庆的也不少。

交通站除了做公开的兵站运输工作外，还负责联系当时在贵阳图云关的中国红十字会救护总队秘密中共党支部（这个党支部是由南方局直接领导）的工作，负责与贵州地下党省工委的同志联系。当时，中国红十字会救护总队负责人——林可胜博士拨给陕北根据地大批医疗器械和药品，也是经交通站联系，运送西安，再转运延安的。交通站的同志也冒着生命危险将党中央的文件和机关刊物如《解放》、《群众》等，源源不断地交给了省工委同志散发。

“皖南事变”后，民国30年（1941年）1月23日晚，八路军驻贵阳交通站被国民党当局查封，工作人员共7名同志被捕，袁超俊因为公务在重庆而幸免。这7人直到当年的8月才获释。

1982年2月23日，八路军驻贵阳交通站旧址经贵州省人民政府公布为省级文物保护单位。虽然它是贵阳市的一处普通民居，但是对抗击日本侵略者，争取民族解放，大力宣传党的声音和革命理论作过贡献，是有纪念意义的建筑物，也是教育后人的实物见证。

【贵阳乌当协天宫】又名财神庙，位于贵阳市北郊的乌当区东风镇场坝上，距贵阳市中心15公里。始建年代不详，清同治年间（1862年——1874年）倾圮，清光绪三十二年（1906年）复建。1993年，贵阳市、乌当区政府拨款修葺。

乌当协天宫是祭祀关羽神庙之一。不仅供奉“协天护国忠义大帝”的关羽，还供奉传说中主宰人间祸福的三官大帝，即赐福的天官、赦罪的地官、解厄的水官。不论是俗神关羽，还是天神三官，百姓认为只要能护佑平安，招财进宝，荣登科举，皆一视为神，一宫同祭。

乌当协天宫内的艺术构件尽显当时人们渴求“福、禄、寿、喜”的思想和对关圣帝君仁、忠、义、勇、智的崇尚。协天宫整体建筑高大、严整、清幽，具有典型的明清时期道观建筑风格，是研究当时本地经济、文化、宗教的具有较高文物三性价值的实物。

协天宫

乌当协天宫从建成起，香火就延绵不断，特别是相传关羽的诞辰日、农历五月十三日三官的诞辰日、农历正月十五日上元节、七月十五日中元节、十月十五日下元节更是香火旺盛，香客不断，一直延续到抗战时期。

1993年修葺后的协天宫，改为东风镇文化活动中心，内设图书、台球、棋牌，对外开放。作为文化活动阵地、文物开放景点，文明之花在此蓬勃开放，参观的游客也络绎不绝。

乌当协天宫1996年9月8日经贵阳市人民政府批准公布为第四批市级文物保护单位。1999年12月21日经贵州省人民政府批准公布为第三批省级文物保护单位。

【图云关】位于贵阳市南明区森林公园北大门入口处，1983年经贵阳市人民政府公布为贵阳市第二批文物保护单位。图云关，古名“油榨关”，后改“图宁关”，再改“图云关”一直沿用至今。

旧时的图云关，为扼城要隘，高踞城南群山之巅，地势险要，岩壁刻有“黔南首关”四个字。图云关古名油榨关。清康熙四十年（1701年）贵州巡抚王燕重修时更名为“图宁关”，并修建有“关帝祠”和“纪思”、“可憩”二亭，乾隆《贵州通志》对此有记载。道光元年（1821年）改名“图云关”。对此道光《贵阳府志》亦有记载。

图云关历来为人们游览之地，不少文人雅士唱和咏赞。

贵州巡抚王燕在《新建图云关碑记》中云：“其间清流潺湲，声若琴筑，峭壁耸立，积翠欲流。云日蔽谷，林木蓊郁。远观近瞩，晴雨景殊，辰夕态变。由斯路也，憩斯亭也，可以游目适情，忘其疲困。”

清代文人周渔璜、洪亮吉、查慎行、舒位、莫友芝、杨鸿勋等均有诗流传。周渔璜诗曰：“层轩架构倚崔巍，点缀黔南亦壮哉！奇石千夫云际立，雄关四扇日中开。”

洪亮吉诗云："一石横绝天，一石横塞地。盘空两巨石，缺处复锋利。虽营置营讯，劣仅入只骑。前经绝壁下，转觉人马细。东南初破曙，一缕入云气。太息抚鸟巢，吾刑愿同寄。"对图云关之雄奇险要赞叹不已。而在"纪思"、"可憩"二亭石柱上镌有两联，一为清贵州巡抚林肇元题："今古不凡人，当矢丹心同捧日；往来无限路，又从黔地过图云。"一为清人陈文政题："一亭俯览群山，吃紧关头，须要看清岔路；两脚不离大道，站高地步，自然赶上前人。"既通俗易懂，又富有哲理，激人奋进。

清同治三年（1864年）贵州提督赵德昌在关上建有"荩忠楼"。清末楼毁，旧址岩壁上现留有康熙甲子春二月摩崖"黔南首关"和赵德昌《新修图云关·荩忠楼记》及七言律诗碑等石刻六块，至今仍完好无缺，清晰可辨，其中有赵德昌诗四首绝句。

图云关是黔南首关，在历史上是兵家必争之地。这里的营盘坡很早就挖有战壕，民国时期，薛岳的军队曾驻扎于此，有当时刻制的孙中山先生半身浮雕像。

抗日战争时期，图云关是中国抗战的重要医疗中心。以林可胜博士为首的中国红十字会救护总队迁来图云关工作，由多个国家医生组成的国际援华医疗队民以图云关作为基地。他们救死扶伤，为中国抗战作出了巨大的贡献。这里的国际援华医疗队纪念碑和英国籍女医生高田宜墓，庄严肃穆，令人流连忘返。

图云关为古代贵阳南出驿道之首关，但随着社会的发展变化，图云关这一历史上的军事关隘，其重要地位和作用日渐消失，但遗存下来的部分摩崖石刻和一些文人雅士的诗文无不打上历史的烙印，那些诗句语言流畅、诗意清新、情真意切，堪称佳品。读过之后，昔日的旧貌仿佛就在眼前。而陈文政的联语，脍炙人口，至今仍广为流传。这些诗句不仅具有较高的艺术价值，同时也是研究贵阳历史不可缺少的重要史料。

宗教场所

【弘福寺】黔灵山是中国西南佛教名山之一，以佛教文化和奇丽的自然景观为特色，是旅游观光和开展佛教文化活动的国家4A级重点风景名胜区。

弘福寺位于贵阳市黔灵山群峰中心，距城约1.5公里，是十方丛林，为贵州首刹，向有"黔南第一山"之称。弘福寺于1672年（清康熙11年）由赤松和尚开创，"弘福"二字乃"弘佛大愿，救人救世；福我众生，善始善终"之意。赤松是为本寺开山始祖，佛法为临济一系之正宗，乃禅门五宗之一。1983年，列为国务院公布的全国重点开放寺院之一，同时定为省重点文物保护单位，1987年7月，慧海法师出任方丈法席，为第十五任住持，复兴黔灵禅法，经过10余年艰苦奋斗，弘福寺已成为贵州省佛教活动中心和具有特色的旅游胜地。

2005年9月，心照法师接替慧海老法师，出任弘福寺第十六任住持。心照法师现年34岁，大学文化，曾参学于新加坡，毕业于厦门闽南佛学院。现任贵州省政协委员、贵州省佛教协会副会长、贵州省宗教学会副会长，中国佛协常务理事，第九届、第十届全国青联委员，贵州省第八届青联常委，贵州省慈善总会副会长；遵义市政协常委、遵义市湘山寺住持、遵义市佛协会长；遵义市青联副主席、红花岗区政协常委；贵阳市佛教协会副会长，贵阳市第十二届人大常委，云岩区第八届政协常委。2006年9月吉日升座，荣膺黔灵山第十六代方丈。

弘福寺在住持心照大和尚的带领下，将先进的现代化管理方法与传统文化理念相结合，建立健全了寺院的各项管理规章制度，大力加强寺院文化建设，弘扬正法，领众熏修，坚持以城市作为依托，以道风赢取信众，以慈善回报社会，以联谊扩大交流的原则理念，将弘福寺建设得秩序井然，法务兴

隆，于今，在心照大和尚的领导下，弘福寺呈现出朝气蓬勃、与时俱进的新气象。

【西普陀寺】位于贵阳市白云区南湖新区龙井路，总占地面积4万多平万米，其中主建筑占地2万多平方米，广场面积6000多平方米，绿化率达55%以上，是在原白云寺的基础上异址、更名修建的。寺院建成后将成为西南地区规模最大、品位最高、设施最齐，集办学、修行、安居、传戒、佛学研究为一体的大型传统寺院。西普陀寺的设计修建，严格按照中国古典寺院建筑的传统布局与风格，融合传统的建筑艺术、园林艺术与佛教文化，充分体现出独特的建筑艺术和深刻的宗教内涵。

西普陀寺在省、市、区各级领导的亲切关怀和大力支持下，工程进展顺利，建筑有牌楼、天王殿、大悲宝殿、大雄宝殿、藏经楼、延生殿、接引殿、钟楼、鼓楼、禅堂、佛学院、云房、斋堂、素斋楼、客堂、办公楼、方丈楼、石窟、广场、园林等。

寺内供奉樟木精雕七米高释迦牟尼佛圣像、迦叶、阿难二大弟子、文殊菩萨、普贤菩萨、红木精雕六百罗汉、红木精雕千手观音、红精雕三十二应、红木精雕佛龛、供桌、天冠弥勒、四大天王、韦驮菩萨、地藏菩萨、伽兰菩萨、西方三圣、东方三圣、玉卧佛、万佛等诸佛菩萨圣像，供大众瞻仰朝拜。

【贵阳北天主教堂】贵阳北天主教堂（今和平路）是贵阳市现存历史最长、中西建筑风格混合的天主教教堂。清乾隆三十九年（1774年）天主教传入贵阳。道光三十年（1850年）天主教贵州教区第一任主教白斯德望(Albrand,1805年-1853年)修建了贵阳第一所长17米，宽11米的正式天主教堂。同治十三年（1874）贵州主教李万美将原教堂拆除重建，光绪元年（1875年）因火灾使即将完成的教堂付之一炬，后再行重建，于次年完工，即今上北堂之大教堂。主建筑大教堂（现存）长50米，宽18米，檐高10米，建筑面积850平方米。随着100多年的城市变迁，大门朝向改在相反的和平路一面，教堂整体面积也缩小了二分之一。现占地约8000平方米，所剩下的历史建筑10来座。目前，贵阳北天主教堂仍是全省天主教的中心和最大的教堂。

【贵阳南天主教堂】南天主堂旧址为1860年贵州提督田兴恕在贵阳城内六洞桥的公廨(今博爱路贵阳市一医旁)，后在贵阳新华路与兴隆街交汇处重建，2003年3月2日，重建的南天主堂正式启用。

1860年，胡傅理被罗马教廷任命为贵州主教。当时的贵州提督田兴恕和巡抚何冠英不愿执行《北京条约》中公开合法传教的条款。1861年端午节，贵阳青岩大修院的守门人罗廷荫和修士与“游百病”的人群发生口角，青岩团总赵畏三（国澍）带领团丁逮捕修士张文澜（张如祥）、陈昌吕及守门人罗廷荫，抓到龙泉寺看管，放火烧毁修院。院长白伯多禄带着部分修生逃走。因而引发青岩教案。正在交涉期间，田兴恕密令将3人及修院女厨王玛尔在青岩镇谢家坡斩首，又发生了“开州教案”。最后清政府将田兴恕革职并充军流放新疆，将田兴恕在贵阳城内六洞桥的住宅(今博爱路贵阳市一医旁)，赔偿作天主教堂（南天主堂）；赔偿白银120001两。事后另拨土地修建青岩天主教堂。

【黔明寺】 黔明寺位于贵阳市阳明路中段，是贵阳市重要的佛事场所，贵州省佛教协会和贵阳市佛教协会均设于寺内。黔明寺建于明末，距今有300多年历史。清乾隆三十六年（公元1771年）曾重修，宏盛一时。咸、同年间，兵火连年，僧众离散，一叫舒竹平的士绅，借故据为私有，并改名为“舒家祠堂”。一直到民国21年（公元1932年）左右，贵州省佛教会在绅耆平刚等支持下，才收回黔明寺，恢复旧名。民国22年（公元1933年）迎广妙法师为该寺住持。寺内建筑有大雄宝殿、大悲阁和藏经楼。大雄宝殿为寺内首殿，内塑有释迦牟尼及普贤、文殊坐像。中殿大悲阁内塑千手观音像，左右有善才、龙女，两边有阿弥陀佛和地藏菩萨。大悲阁匾额为中国佛教协会原会长赵朴初所题，楹联为著名书法家陈恒安书。寺内大小佛像均贴真金，可谓金碧辉煌。藏经楼飞檐翘角，共三层，上层藏有影印的《碛砂藏》和《频伽藏》各一部，共一千余册，又有大小铜佛像数十尊；中层供达摩像；底层在广妙圆寂后供广妙塑像。黔明寺为省级文物保护单位，是全国重点开放的寺观之一。

【仙人洞】 位于贵阳市东栖霞山上，是贵阳市仅存的一座道观。传说有仙人来此栖息过，因而得名。山上有三个天然石洞：来仙洞在半山腰，洞内平敞可居，洞外有松竹花草，洞口题有“来仙”二字；靠山顶处是仙灯洞，坐东朝西，每当夕阳西下，阳光照入洞内即反射出彩色光芒，犹如洞中有灯，洞中塑关羽像；八仙洞在仙灯洞之上，洞中塑八仙像。仙人洞现有古建筑两座：一为三官殿，建于康熙十二年（公元1673年）；一为三清殿，建于清初。有摩崖两处：一为刻于山壁上“云川万里”四个大字；一为刻于八仙洞东侧石壁上的吕洞宾像。仙人洞是市级文物保护单位、贵州省重点道观。

【觉园】 原名长生庵，位于云岩区富水北路，建于清光绪初年。1937年改名觉园，广收皈依弟子，前往礼佛者络绎不绝，香火缭绕，盛极一时。20世纪60年代，觉园尼姑在殿前街房开设豆花饭店，主要经营豆花饭和素菜。其豆花鲜嫩可口，素菜物美价廉，在贵阳远近闻名，筑城市民及外地来宾多慕名到觉园品尝豆花饭。觉园现已建为仿古式建筑，分前后两进，各三层。临街第一进为餐馆部，经营素食。第二进为宗教活动场所：底层为大雄宝殿，供有玉佛一尊；二层为藏经楼。

生态城市基础设施建设

SHENG TAI CHENG SHI JI CHU SHE SHI JIAN SHE

城市公用设施建设

【城市供气建设】截至2009年12月，全市燃气用户达60万余户、205.70万人，全市燃气气化率达95%（非农业人口）。中心城区燃气气化率达98.5%。其中居民煤气用户40万户，当年新增3万户；公建用户2126户，当年新增181户，液化气用户20余万户。全年煤气供应总量2.29亿立方米，其中，公建用户用量约占60%；年液化石油气用量约3.40万吨。全市拥有焦炉煤气4座，煤气发生炉10台，煤气储配站4座，10万立方米气柜3座，5万立方米气柜3座，3万立方米气柜1座，总储气量48万立方米。拥有400立方米液化石油气混气一座，日供煤气总量可达180万立方米。已建成煤气管网约2200千米，其中，输气干管600千米，配气管网1600余千米。液化气储配站10座，(其中：中心区5座、开阳2座、修文1座、息烽2座)储气总量近1万立方米。液化石油气供应站近300个,大多分布在中心区，约占70%，一市三县液化石油气供应站达90余个，约占30%。拥有1800立方米、200立方米液化天然气接收供应站各一座，日供液化天然气达20万立方米。目前已开通贵阳小河航天城居民用户2700余户，用气人口近1万人。已建成液化天然气汽车加气站1座，年加气量达125.20立方米。

2009年，投资5118万元，贵州燃气集团贵阳高新区液化天然气接收供应站及贵阳小河天然气汽车加气站建成投产。该项目建成后，输配气量达到180万立方米/日，最高达到200万立方米/日，调峰储气能力达到50万立方米/日。其中，液化天然气项目建成后，液化天然气供应能力达到20万立方米/日，可满足小河工业园区贵阳烟厂、安顺安达厂等工业用户的用气需求。（董 楠）

【城市供水管网建设】2009年初，贵阳市供水总公司组织实施了《贵阳市六期管网供水改造工程计划》，新建供水管道涉及8条市政道路，投资金额近2700万元，设计安装供水管网长度28994米，管道口径直径200–直径500，均为球墨铸管；工程包括兴筑东路、永兴路延伸段、长岭路延伸段、13号路、观山北路、健康路、金哲路、迎宾西路等沿线的市政供水管道，工程预计2010年底完成。2009年10月，市供水总公司组织实施了《贵阳市七期管网供水改造工程计划》，新建供水管道涉及7条新建市政道路，投资金额约近3200 万元，设计安装供水管道长度33720米，管道口径直径200–直径300，均为球墨铸管，工程包括永兴路、观山西路二期、长岭南路、体育路、金朱西路、兴筑东路三期、长岭北路等沿线的市政供水管道，工程已完工并顺利通水。

市供水总公司对原阿哈水库2600余户搬迁至金竹镇的农户实施“一户一表”市政供水，安装直径100以上供水管11千米，工程已全部完成并通水；对阿哈寨97户农户实施“一户一表”市政供水，安装直径200供水管约3千米，农户用上了安全卫生的自来水。

市供水总公司继续扩展供水管网服务区域，投资600万元实施了贵阳市第六砂轮厂供水管道安装工程，沿朱昌公路安装直径100以上供水管道4.20千米，共安装“一户一表” 390余户，解决了多年来困扰沿线居民饮水难问题。（曾凡飞）

【城市垃圾处理工程建设】2009年，全市制定了《贵阳市城区环境卫生设施规划（2007–2020年）初步方案》，并列入正在编制的《贵阳市城市管理中长期规划（2010年—2020年）》中。截至目前，已投入资金3353.21万元，用于新、改、扩建新型压缩式垃圾站，购置新型设备47套。全市现有生活垃圾卫生填埋场2座，在建3座，拟开工建设1座；垃圾中转站85座，生活垃圾收集间915个，手推清运车2191辆，各类环卫车辆机械（含清运车、吸粪车、洒水车、机扫车等）共计328台，果皮箱6040个（其中城区主干道果皮箱设置率达100%）。截至2009年底，城市生活垃圾无害化处理率已超过80 %，中心城区无害化处理率达100%。（曾凡飞）

【城市污水处理工程建设】 截至2009年底，全市实现县级以上城镇污水处理设施建设基本完成的目标要求。建成污水处理厂14座，城镇污水处理能力从1999年日处理污水2万吨提升至日处理污水62.60万。其中，中心城区投入污水处理厂及配套管网建设近20亿元，污水处理能力为58.05万吨全市污水处理厂建设情况如下：

小河污水处理厂二期位于南明区庙冲路，在一期厂址处扩建，建设规模为日处理污水8万吨，采用序列间歇式活性污泥法生物处理工艺，工程总投资概算约1.30亿元。该项目于2006年8月开工建设，2008年12月31日建成，2009年6月投入正式运行。

修文县污水处理厂位于县城东门河下游北岸磨料厂，建设规模为日处理污水5000吨，采用氧化沟法处理工艺，概算总投资2341万元。该工程于2008年9月动工，2009年3月建成。

息烽县污水处理厂位于息烽县西山乡林丰村，建设规模为日处理污水7000吨，采用氧化沟法处理工艺，概算总投资2522万元。该工程于2008年8月动工建设，2009年11月建成，现处于调试阶段。

开阳县污水处理厂位于开阳县城关镇东山村县水泥厂东北面，建设规模为日处理污水6000吨，采用短程硝化+厌氧法处理工艺，总投资2567万元。工程于2008年7月10日开工建设，2008年12月26日竣工投入试运行，2009年7月正式投入运营。

新庄污水处理厂工程位于乌当区新庄，建设规模为日处理污水25万吨，采用生物脱氧除磷法处理工艺，项目总投资概算5.82亿元，其中厂区建设投资约3.80亿元，截污沟建设投资约2亿元。该项目2007年3月开工建设，2009年12月30日通水调试运行。

清镇市百花污水处理厂位于清镇市百花湖乡，建设规模为500吨/日的污水处理厂及配套管网700米，采用氧化沟法处理工艺，2009年12月31日建成。

清镇市站街污水处理厂位于清镇市站街镇，建设规模为日处理污水2000吨，配套管网1300米，采用氧化沟法处理工艺，2009年12月31日建成。（董 楠）

金阳污水处理厂

生态文明城市规划编制

【贵阳市城乡规划建设委员会工作概况】 2009年，贵阳市城乡规划建设委员会（以下简称“市规委”）充分发挥对城乡规划建设管理工作的指导、协调和监督作用，对城市重要规划进行严格审查把关，维护了贵阳市规划的严肃性、科学性和权威性，形成了省市规划建设部门参加的高层次决策协调机制：一是加强了规划建设管理的指导、协调和监督作用。“市规委”根据工作的需要，定期召开联席会议，研究探讨规划工作中遇到的重大问题，保证了城市规划工作的顺利开展。举办了贵阳市城市总体规划（2009—2020）成果公告展，制定了贵阳市城市总体规划纲要，市规委全体会议进行了认真审议，并通过住房和城乡建设部工作组审查，规划成果已按法定程序上报。同时，审查了一批详细规划和专项规划，有的规划项目已开工建设。市规划局等部门按照市规委的有关要求，加强对查处违法建筑的监督，特别对重点规划区建设活动监控巡查和建设工程竣工规划进行核实管理，主动配合住房和城乡建设部派驻贵阳、昆明规划督察组和派驻贵阳规划督察员开展规划督察工作。贵阳市规划监察支队和金阳新区、云岩区、花溪区、开阳县等地及时制止和查处了影响城市道路等基础设施建设和水源地保护的违法建筑，高效维护了城乡规划的法律权威和社会稳定。二是充分发挥“市规委”及其专家委员会的作用。“市规委”召开了4次全体会议，审查了贵阳市城市总体规划（2009—2020）纲要和规划成果，贵阳市生态功能区划，老城区等控制性详规调整，9大工业园区、贵阳新客站站前区域等控制性详规，贵阳国际会议展览中心、贵州大学花溪校园扩建等修建性详规等35个重要规划，对其中争议较大的6个规划暂缓表决。市规委专家委员会召开了25次专家评审咨询会，对40个重要规划进行了技术审查。通过专家实名票决，对其中9个规划方案不予通过。形成科学决策的良好风气，维护了规划的严肃性。三是积极做好相关工作。办好《贵阳市城乡规划动态》，及时反映市规委工作情况和城乡规划信息；加强与住建部规划督察组和督察员的配合，邀请部督察组长和督察员参加市规划局业务办公会；准时召开“市规委”专家评审会和“市规委”全体会议，认真听取专家的意见和建议，改进“市规委”的工作方式和提高“市规委”的工作水平。（涂富强）

【贵阳市城市总体规划成果公告展】 2009年9月11日，在金阳新区举办了“贵阳市城市总体规划（2009—2020）成果公告展”，贵州省住房和城乡建设厅厅长李光荣，贵阳市委副书记、市长袁周等领导参加开馆仪式。规划展内容包括规划成果公告展、规划成果媒体公告、规划成果问卷调查、规划成果宣传咨询四个方面。其中，规划成果公告展是在贵阳市城市规划展览室1200平方米的展厅内，通过101块图板，296幅图片图表，电子显示屏等公告贵阳市城市总体规划，主要内容包括城市性质、城市发展目标和发展规模、城市建设用地布局和功能分区，以及城市综合交通体系等专业规划。

规划成果展体现了以下特色：新一轮贵阳市城市总体规划围绕建设生态文明城市的发展定位，按照政府组织、专家领衔、部门合作、公众参与、科学决策、依法办事的方式，融入生态规划、特色规划、统筹规划、人本规划、经济规划的生态文明理念，构建“一城三带多组团，山水林城相融合”的城市空间布局形态，彰显“山中有城，城中有山；城在林中，林在城中；湖水相伴，绿带环抱”的城市特色，建设适宜居住、适宜旅游、适宜创业的生态文明城市。

贵阳市城市总体规划成果公告展至2009年11月11日开展以来，参观人数达3280人，收回问卷调查表统计显示，有96.6%的市民对生态文明城市规划理念、贵阳市城市性质、规划人口和用地规模、“一城三带多组团，山水林城相融合”的空间布局结构、市域快速铁路初步走向和站点、中心城区“三条环路十六条射线”骨干路网等15个方面的规划内容表示了合理、较好的肯定意见。（涂富强）

【贵阳新客站站前区域控制性详规】 贵阳新客站规划范围位于金阳新区东部大关一带，建设用地17.4平方千米。该站功能区主要涵盖核心枢纽区、核心功能区、影响功能区三个圈层，距离车站约20分钟步行范围、3千米半径内的区域。规划依托“两轴一环”（站前大道和金工路，步行商业环廊）空间主骨架，功能区规划用地功能结构和用地布局由七大功能板块构成。七大功能板块分别是综合交通枢纽区、商务综合区、商业商贸综合区、文娱旅游综合区、科技信息综合区、商业服务市场综合区、居住安置区。

景观大道为站前东西向主轴线，正对火车站站房和站前西广场，是整个功能区空间组织和功能组织的主骨架，是展示贵阳建设生态文明城市和林城特色的精品大道。景观大道总体控制宽度100米，并规划设计了街头绿地广场。同时，将景观大道与观山生态公园延伸贯通。贵阳新客站站前区域有明确的功能定位，将更有利于各类人士到贵阳兴业投资、观光旅游。（涂富强）

【9个工业园区规划】 按照贵阳市委、市政府关于加快全市工业园区建设的决策部署，坚持工业园区“集中布局、集约用地、集聚产业”的原则，目前已完成了9大工业园区控制性详细

规划。9大工业园区分别是：沙文生态科技产业园、小孟装备制造业生态工业示范园、清镇铝工业煤化工循环经济生态工业基地、修文扎佐医药产业园区 、开阳磷煤化工（国家）生态工业示范园 、息烽循环经济磷煤精细化工工业园、南明龙洞堡食品产业园、白云铝工业基地、乌当食品工业园。（涂富强）

【二戈寨铁路运转中心控制性详规】

按照《贵阳市现代物流业发展规划（2008—2020）》要求，贵阳市制定了《二戈寨铁路运转中心控制性详规》。该中心控规范围北至贵钢，南至省商业储运公司，东至凤凰山脉，西至南岳山脉，规划区总用地面积56.5公顷，城市建设用地49.62公顷。该规划实施后，将形成贵州省的生活资料现代物流集聚区，西南地区的示范性配送基地之一，以及国内知名的国际展示交易平台。

“二戈寨铁路运转中心”划分为综合服务区、展示交易区、企业基地区、仓储配送区、专业仓储区、公路货运区等7个功能区。规划商业用地、仓储用地、道路广场用地分别占城市建设用地的20.64%、73.7%、5.66%。规划区地块划分为1个大地块，3个中地块，16个小地块。按地段、用地性质和地块使用强度不同以及景观设计要求，确定不同的控制指标，各类用地指标分为控制性和指导性控制两项指标。规划区3个地块之间的交通主要通过主干道富源路、嘉润路和东站路完成，红线控制宽度为40米，支路为12～13米。同时提出了市政公用设施规划、生态景观规划、防灾规划等规划实施建议。（涂富强）

【金阳新区中央商务区西区城市设计】

金阳新区中央商务区西区城市范围主要是金阳大道八匹马至绿色奇迹节点沿线，东南西北四个方向1千米范围内为建设区域。规划面积91公顷，总建筑面积为1296万平方米。其中已建成地块、在建设地块、已设计地块、未设计地块用地分别占总用地的37.42%、52.63%、1.81%、8.11%。根据城市中心路段两侧地块的功能要求，将金阳大道分成3个主体功能区：以碧海花园沿线为主体的居住型城市风貌区；以八匹马至绿色奇迹为主的商业型城市风貌区；从绿色奇迹至铝镁院地块为主的商务行政型城市风貌区。

设计重点为“一区、两轴、两横、四中心”：“一区”指市政府中心区。“两轴”指金

小河——孟关装备制造业生态工业园区合作协议签字仪式

阳大道、迎宾路。“两横”指北区步行街、和谐广场。“四中心”是八匹马道路节点、绿色奇迹道路节点、北区步行街节点、和谐广场节点。

规划对未设计地块的区域交通组织、开放空间组织方式、使用功能定位等提出了设计控制导引，对已设计未建成地块进行了优化整合和控制引导。（涂富强）

【140个镇乡村规划编制完成】 规划范围主要涉及铁路、公路沿线、新建码头的乡镇及村寨等需要进行规划控制的区域。由各区（市、县）人民政府落实工作经费，负责组织开展规划编制工作；市规划局负责对这项工作的指导，确保了规划编制质量；市政府督查室将此项工作列入目标考核内容，确保了工作任务顺利完成。

修编的40个乡镇规划是：白云区的牛场乡；乌当区的东风镇、新场乡、百宜乡、下坝乡、水田镇、新堡乡、羊昌镇，花溪区青岩镇、湖潮乡、黔陶乡；清镇市的站街镇、卫城镇、新店镇、犁倭乡、麦格乡、王庄乡、流长乡；息烽县的小寨坝镇、西山乡、温泉镇、青山乡、石硐乡、养龙司乡；修文县的扎佐镇、谷堡乡、洒坪乡、久长镇、六广镇、六桶乡、大石乡、小箐乡；开阳县的永温乡、双流镇、南江乡、冯三镇、楠木渡镇、南龙乡、龙岗镇、花梨乡。

编制的100个中心村规划是：白云区的麦架镇麦架村、小桥村、沙文镇扁山村水淹组、扁山村改林组、沙文村、斑竹村、都拉乡奔土村、冷水村、牛场乡红锦村、石龙村；乌当区的东风镇高穴村、水田镇三江村、李资村、羊昌镇小寨村、中和村、下坝乡谷定村、岩山村、百宜乡红旗村、拐久村、新场乡可龙村、尖坡村、保寨村；花溪区的青岩镇歪脚村、杨梅村、石板镇花街村、党武乡党武村、马铃乡革约村、高坡乡云顶村、黔陶乡骑龙村、谷洒村、贵筑办事处桐木岭村石头寨、湖潮乡下坝村、麦坪乡戈寨村、久安乡吴山村、雪厂村；清镇市的站街镇鸡场村、小河村、茶林村、卫城镇永乐村、顺河村、新店镇季腰村、暗流乡下坡村、犁倭乡右八村、左八村、麦格乡麦格村、王庄乡塘寨村、红枫湖镇陈亮村、青龙街道办事处青山村、百花湖乡竹林村；息烽县的永靖镇马裆田村、黎安村、下阳郎村、新萝村、小寨坝镇盘脚营村、小寨坝村、西山乡团圆山村、西山村、温泉镇尹安村、养龙司乡灯塔村、矛坡村、流长乡流长村、前奔村、鹿窝乡鹿龙村；修文县的龙场镇幸福村、阳明村、新生村、扎佐镇大山村、猪头村、久场镇石榴村、六广镇中山村、小箐乡崇恩村、六桶乡海马村、大石乡回水村，小河区丰报云村、竹林村、金山村；开阳县的毛云乡毛栗庄村、永温乡坤建村、米坪乡伍寨村、南龙乡中桥村、高寨乡牌坊村、龙岗镇大荆村、城关镇石头村、金中镇金华村、禾丰乡典寨村、南江乡龙广村、双流镇白安营村、宅吉乡堰塘村、龙水乡龙江村、花梨乡翁昭村、冯三镇金龙村、楠木渡镇新凤村；南明区的小碧乡下坝村、马寨村、二堡村、大地村、琴棋村、猫洞村、永乐乡白杨村、乐吏村。（涂富强）

交通基础设施建设

【环城高速公路建设】 为建好环城高速公路南环线，贵阳市交通运输局按照贵阳市委“建好环城高速路，献礼国庆六十年”的目标要求，始终坚持“超前运作，齐头并进、交叉作业、倒排工期、分类突破”的工作方针，积极推

中共贵州省委常委、贵阳市委书记李军到北西路建设现场调研

进此项工作，确保了贵阳环城高速公路于2009年9月27日建成通车，结束了贵阳市没有环城高速公路的历史。据统计：全市新增高速公路里程环城高速公路西南段55千米，南环线38.25千米；累计完成环城高速公路西南段投资30.99亿元，完成南环线投资30.99亿元。（钟 宇）

【三环十六射线工程建设】 “三环十六射线”是贵阳市公路交通骨干路网，其中一环路（13千米）位于市中心城区；二环路（51.1千米）包括三桥、改茶路、贵黄路东段、贵遵路南段，其中甲秀南路（花溪二道）、西南环线一期已建成，北二环、东二环于2010年1月底开工建设；三环路（112.5千米）已建机场路、东北环线，以及贵黄路艺校至金华段、贵遵路沙坡——尖坡段、新添大道、机场路、花溪大道等五条射线，2009年建成甲秀南路（花溪二道）、北京西路、黔灵山路（贵金线）。（董 楠）

【市域快速铁路建设】 2009年3月4日，石宗源书记、林树森省长代表贵州省与铁道部在北京签署了《关于加快贵州铁路建设的会议纪要》，将贵阳市域快速铁路网纳入“7小时省际快铁交通圈”。贵阳市还成立了以省委常委、市委书记李军为组长，市委副书记、市长袁周和成都铁路局局长武勇为副组长的快速铁路建设领导小组，并由市委常委马长青任领导小组专职副组长和指挥部指挥长。2009年9月29日，贵阳市域快速铁路网建设项目开工动员大会召开。

贵阳市域快速铁路由“一环一射两联线一货场”等5个项目组成，“一环一射两联线一货场”分别是指贵阳环城快速铁路、贵阳至开阳射线、林歹至织金（新店）联线、久长至永温联线、改貌铁路货运中心5个项目。贵阳市域快速铁路建设预计总投资283.5亿元，新建、改建铁路353.8千米。

2009年6月25日，贵阳市域快速铁路网5个项目可行性研究报告已通过铁道部评审组的评审；7月10日，项目工可阶段“1：2000图”已绘制完成；7月18日，可研修编文本（含补充文本）已

贵阳市委副书记、市长袁周到重点工程建设现场调研

全部完成并正式报铁道部审查；8月19日，《风景名胜区选址》等8个专项报告获国家有关部委批复；8月21日，项目选址意见书经省建设厅批准，控制性工程开工点初步设计同步通过铁道部鉴定中心审查；8月27日，项目用地预审获得国土资源部批复，9月26日，项目可研报告全部获铁道部批复，项目进入招投标程序。东北环线、久永、林织、贵开线四个项目的初步设计正在进行，改貌货场已进入施工图设计阶段；西南段（小碧经清镇至白云）正在进行工程可行性研究阶段设计，可望2010年3月获得批复。（李 清）

【城市轨道交通建设】 2009年9月29日，贵阳市轻轨一号线工程正式开工建设，标志着贵阳市轻轨交通建设正式拉开了帷幕。贵阳轻轨交通线网由4条线路构成，总长度139.3千米，设置车站83座，其中换乘站8个。近期建设项目由1号线全线(金阳窦官——小河场坝村)和2号线一期工程（白云区七机路口——油榨街段）组成，1号线连接金阳新区、老城区和小河区，2号线一期连接白云片区、金阳新区、三桥马王庙片区和中心区，全长56千米。其中地下线长25.8千米，占44%，地面及高架线长32.8千米，占56%。车站共37座（换乘站2座），其中高架站共21座，地

下站为16座。

贵阳市的轻轨建设，获得了国家有关部委的认可。2009年3月25日，《城轨建设规划》通过国家发改委委托中咨公司在贵阳组织的评审；5月11日，《贵阳市城市总体规划纲要（2009—2020）》通过建设部在贵阳组织的专家评审、5月19日获批复；9月8日，《城轨线网规划》通过国家环保部在贵阳组织的专家评审，11月13日，获环保部批复（环审[2009]484号）。（周 旻）

【西南环线一期工程建设】 该项目包括西南环线一期主线及联络线，主线道路起点为花溪大道中曹司大桥桥头，经过小河，设计终点接二戈寨富源路，主线全长6.33 千米（其中小河段长5.2千米），宽0.036千米，联络线工程起于花溪大道，在兴隆城市花园路口与主线相接，长1.27千米，宽0.02千米，项目总投资预算7.73亿元，于2007年7月1日正式开工，除铁路桥外其余路段已于2009年10月8日通车。（董 楠）

【城市主干道道路“白改黑”工程建设】 2009年，贵阳市“白改黑”工程建设主要包括中山路、内环路、修文县城区主干道路面改造。中山路路面改造工程，东起宝山路，西止瑞金路，全长1729米，路幅宽度14米和16米，路面加铺沥青覆面约3.4万平方米，总投资约2380万元；内环路路面改造工程系对市中心的枣山路、北京路、宝山路（北京路口至中山东路口段）、宝山路(观水路口至油小线立交段)、解放路(南厂路口至油小线立交段)、南厂路至省军区路段的水泥砼路面加铺沥青路面，改造道路全长约8.2千米，加铺沥青混凝土路面约24万平方米，总投资约1.1亿元；修文县城区主干道路面改造，总投资约1600万元。（董 楠）

【人行过街设施工程】 2009年，贵阳市建成蟠桃宫人行天桥、化工路口人行天桥、中山路护国路口人行天桥、中山路省府西路口人行天桥，以及花溪二道人行天桥四座、北京西路人行地下通道两座、黔灵山路人行地下通道一座，内环线人行地下通道两座。（董 楠）

【贵阳北站建设】 贵阳北站位于金阳大

贵阳北站鸟瞰图

关村，建设规划按15台32轨的设计架构，引入贵广、长贵、贵昆、渝黔、成贵等5条快速铁路。根据贵阳市城市建设规划和社会经济发展需要，贵阳北站主体建设规模预计达到12万平方米。新建贵阳北站的建设目标是打造以铁路客运中心，集城市轨道、市域短途公路公交、市区公交、出租车、私家车、其他社会车辆等多种交通及交通方式的客运综合交通枢纽，体现贵阳城市风貌，与当地文化、环境、地貌相和谐。经过测算，贵阳市人民政府铁路建设办公室预测近期（即2020年）旅客发送量为旅客列车268对3510万人，其中始发车153对，通过列车115对。远期（即2030年）旅客发送量为旅客列车418对5014万人，其中始发客车199对，通过客车219对。车站旅客最高聚集人数为7000人。（邓送华）

【开阳港区和息烽大塘口港区水运码头建设】 2009年10月，贵州省发改委批复建设乌江航运项目工程可行性研究报告。按照贵州省交通运输厅及贵阳市政府的工作要求，贵阳市交通局采取有效措施积极推进项目建设。目前，开阳港区和息烽大塘口港区附属设施及港区服务功能建设项目已完成了初步规划设计，开展了项目建设的土地使用、拆迁等情况的摸底调查，并制定了《贵阳市开阳港、息烽大塘口港区建设工作方案》。目前，息烽港已开工建设。（钟宇）

农村基础设施建设

【概况】 2009年，贵阳市紧紧围绕市委、市政府“关于切实加强生态农业基础建设、进一步促进农业发展农民增收”的工作目标，着力实施乡村公路、人畜饮水、危房改造、大型沼气池等工程，极大的改善了农村生产生活条件，农民收入得到较大提高，农村经济得到较快发展，维护了农村的和谐和稳定。据统计，全年共完成村村通公路硬化515千米，新建农村饮水工程341处，危房改造 63133户，建设大中型沼气55处；一产增加值达50.85亿元，同比增长8.1%；农民人均纯收入5316元，同比增长10.34%。（许承勇）

台农公司大型沼气池

【农村危房改造工程】 按照省委、省政府的要求，贵阳市农村危房改造工作被列为贵州省唯一一个率先进入整市推进的地区，提前2年时间内完成5年的危改任务，在全省率先完成农村危房改造工作，让农民群众“住有所居”。据统计：全市共有农村危房67168户，其中：一级危房35306户、二级危房18358户、三级危房10658户、地质灾害危房2846户。截至2009年12月底，贵阳市农村危房改造已开工67168户，开工率100%；竣工62133户，竣工率92.5%；农村“五保户”危房改造已完成258户，农村“五保户”的居住条件得到了明显改善。全市农村危房改造总补助资金3.5亿元，其中：中央及省补助资金1.97亿元，市级补助资金6680.83万元，区（市、县）级补助资金9018.18万元。目前，已落实到位农村危房改造工程补助资金3.2亿元。（董楠）

【农村沼气池建设】 目前，全市农村户用沼气池已达总数22万余口，其中2009年新建农村户用沼气池10472口。在农村沼气池建设上，为解决我市规模化养殖场畜禽粪污排放，在推广农村户用沼气工程建设的同时，积极开展大中型沼气工程建设，在全市规模化养殖小区及养殖场开工建设大中型沼气工程55处。大中型沼气工程建设项目建设的目标是尽可能多生产沼气，并实现沼渣、沼液的综合利用。畜禽粪便、废水在经厌氧消化，后再经沉淀或固液分离，剩余的沼渣、沼液作为优质有机肥料，用于无公害农产品生产，使粪便得到能源、肥料等多层次资源化利用，最终达到区域内畜禽场粪污的“零排放”。（龚文涛）

【农村人饮工程建设】 按照贵阳市委、市政府的统一安排部署，2009年是我市全面解决规划范围内农村饮水安全工程的最后一年，全市将解决19.33万农村群众的饮水安全问题。此项工作于2009年2月启动，至2009年12月底，全面完成了农村饮水安全建设任务，新建农村饮水工程341处，新增供水能力14070立方米/天，解决了20.1万人的饮水安全，完成了总计划任务的103%。全市累计投入建设资金8020多万元，共计安装供水管道1924千米，建设水池804口，新增蓄水容积22975立方米，建设泵站123站998千瓦。（莫 江）

【农村道路建设】 2009年，全市在前几年大规模投资改造县乡公路的基础上，启动了世行贷款农村公路建设第一批项目，总投资3.33亿元，新建10条公路全长258.3千米。继续实施村村通公路硬化工程，完成村公路续建项目515千米，投入6204万元；2007、2008年年度计划通乡油路共196.86千米，总投资1.675亿元。全年累计完成路基192千米，路面86千米，完成投资1.09亿元，形象进度65%。2009年，开工建设省通乡油路建设计划4条全长87.5千米，总投资8468.11万元。

在村公路养护管理方面，贵阳市交通运输局加大了工作力度，主要是分解目标、落实责任，使农村公路养护工作取得了明显成效：县公路好路率达95%，乡村公路良好畅通，差路率为0%。2009年，实现管养农村公路里程7292.8千米。其中，县公路1623.50千米，乡公路1494.41千米，村公路4132.84千米，专用公路42.04千米。同时还积极开展农村公路养护管理改革新试点，在开阳县设立了乡一级交通管理站，探索出了乡一级负责农村公路养护的路子。（钟 宇）

信息基础设施建设

【概况】 2009年，全市信息化和信息产业建设紧紧围绕“生态文明城市”总目标和“数字贵阳”主战略，采取有力措施，使信息化基础设施建设得到进一步加强，农村信息化、社区信息化取得重大突破，软件业、数字内容产业、产业信息化和信息技术推广应用工作进展顺利，全市信息化进入快速发展期。（张 文）

【电子政务建设】 2009年9月1日，“中国·贵阳”政府门户网站推出了“贵阳市人民政府新闻发布网络平台”，贵阳市成为全国首个以政府名义推出网络新闻发言人制度的城市。11月，“中国·贵阳”政府门户网站新版英文网站试运行，成为贵阳向世界展示城市形象的窗口。网站开通后，“市长信箱”、“在线咨询”收件总数为5669封，访问数达670万人次，日访问量最高达3万人次，点击率位居贵州省内网站前列。在“中国政府网站绩效评估暨第四届中国特色政府网站评选活动”中，贵阳市在全国32个省会及计划单列市中排名第9位，并荣获第四届中国政府特色网站服务创新奖。

“市公安综合指挥及数字城管系统”项目建设投入资金9200万元，于2009年12月31日试运行。该项目经过整合信息资源，实现了全市城管和公安系统110、119、122三台合一的信息共享，提升了城市数字化、网格化水平，从而使贵阳市跨入了全国数字化综合管理先进城市行列。

全市社会保险联网审计系统成功试运行，使社保系统业务系统数据容量超过200G，涉及参保单位62192个，参保个人4668656人。社会保险联网审计系统的成功开发，实现了市审计局和10个区、县（市）的同步联网审计，实现了社保数据共享。

2009年，积极组织实施市行政中心监控系统升级改造工程，如市行政监控中心成功组织了监控中心“可疑物品排查”、“挟持人质事件”两项反恐演练；完成了《贵阳市级行政中心监控系统升级改造工程设计方案》和《立项报告》的编制、项目立项、报批、方案（一期）的专家评审及工程招投标等工作。

2009年11月27日，编制了《贵阳市行政中心审批和电子监察五年规划方案》。该规划实施后，贵阳市政务服务中心的服务能力和技术水平将达到全国省会城市的先进水平。同时，还完成了《贵阳市政务数据中心外网网络安全改造方案》的编制、评审、招标，以及贵阳市政务服务大厅的技术保障工作。

2009年，全市共举办包括“中—欧信息社会项目贵阳市电子政务”培训在内的5期电子政务与信息化专题培训；完成金阳医院信息系统、市纪委信息系统等9个信息化项目的技术验收工作；完成贵阳学院数字图书馆、武警贵阳市支队作战执勤指挥系统等6个信息化项目的审批工作。（张 文）

【物流公共信息平台和电子商务网建设】 2009年，启动了贵阳市物流公共信息平台和电子商务网建设。制定了《贵阳市物流公共信息平台的建设方案》和运行管理办法。同时，充分利用贵阳市的区域优势和在建的几个国家级交通基础建设工程所形成的资源优势，确定了《区域物流（贵阳）信息资源服务平台建设方案》的发展思路，目前，方案编制工作正在进行中。（张 文）

科技产业园一景

【软件公共服务支撑平台建设】 2009年，贵阳市软件业总产值达22.50亿元，比上年增长36.6%。当年投入资金1600万余元，完成了硬件基础环境建设、孵化区、测试区、试验区、核心机房和体验区建设，以及“一网、三库、四平台”（一网即公共技术支撑门户网站；三库即软件工具库、开发源码库、软件构件库；四平台即软件质量管理平台、软件开发实验平台、软件测评平台、软件过程基准平台）等应用系统的研发及硬件基础环境建设。上述项目经试运行后，已通过了省内有关专家的技术验收。同时，依托已完成的贵阳市软件公共支撑平台建设，完成了贵阳市软件外包联盟的门户网站和技术支撑平台建设，从而进一步完善了软件外包联盟的基础建设。

为加强软件公共服务支撑平台建设，由贵阳市信息产业局牵头，依托市软件行业协会，组织贵阳软件服务外包联盟部分成员单位到北京、天津、大连等地考察学习，以借鉴外地先进经验发展自己；与北京理工大学软件学院初步达成软件开发及软件服务外包培训的战略合作协议；与全国最大的金融软件外包服务企业——软通动力信息技术有限公司初步达成在贵阳选址建设“保险软件服务外包业务交付中心西南分中心”意向；与天津南开大学就软件外包人才培训事宜达成初步意向；完成了“贵阳软件服务外包联盟资源共享技术平台网站”建设工作。（张 文）

【农村信息化建设】 2009年，全市农村信息化综合信息服务平台已经完成一期工程技术验收工作；二期工程完成“信息超市”建设，进一步完善了数据中心系统软件和硬件的部署。

根据市人民政府与贵州电信签署的《战略合作协议》，市信息产业局与贵阳电信公司签订了《贵阳市农村信息化综合信息服务平台（三期）工程共建协议》，贵阳电信公司出资2700万元共同建设市农村信息化综合信息服务平台（三期）工程，总投资规模为3000万元；已完成三期工程实施方案评审，并启动建设，三期已经建成“信息超市”27个。平台共建成100个“信息超

市”。（张 文）

【社区信息化建设】 2009年，全市继续组织实施了社区信息化试点建设，全市共举办10期社区信息化知识培训班。在白云区艳山红办事处红云社区信息化项目成功基础上，按照“一网二系统”（即社区网站、社区政务系统和社区管理系统）模块化建设模式，实施南明区河滨办事处金地社区信息化建设，形成以基层电子政务为骨架、以民生为核心、以社区服务为重点的贵阳社区信息化特色，2009年12月23日通过专家验收，并已正式投入使用。（张 文）

【企业信息化建设】 2009年，全市继续推进实施“1261”工程（围绕10个优势产业的行业实施一批信息化重点项目；实施20家骨干企业的信息技术集成应用示范；实施60家中小企业的信息技术深化应用示范；抓好1家企业信息化公共服务平台的建设和应用推广），拟定了《贵阳市“十一五”企业信息化专项规划中期评估报告》，完成了有关信息化建设项目申报受理、立项、实施方案批复、信息化项目的技术验收和评估等工作，受理综合信息化项目申报103项，申请资金3527万元；完成贵航股份、永红散热器公司等27个企业信息化项目的技术验收工作。（张 文）

【贵阳数字内容产业园建设】 2009年，贵阳数字内容产业园动漫研发公共服务平台的建设及园区企业共获得国家、省、市级各类资金支持达1070万元，项目扶持10余个、资金230万元，完成产值14284万元，较2008年增长近50%。信息产业发展资金项目（一期）有5个已通过验收，产生经济效益超过800万元。引进了东北、上海、西安等实力较强的3家动漫企业入驻；贵州青年影视文化中心、天授卡通影视有限公司获得了国家广电总局颁发的《动画制作机构许可证》；贵州阿往数码科技有限公司得到上海雷傲普文化传播有限公司1000万元资金开发体育类网站游戏，成为我省网游行业首获风险投资的企业；动漫作品《森林小英雄》获亚洲青年动漫大赛“最佳形象设计奖”，体育类网站游戏《虎扑篮球》进入公测阶段。动漫作品《西岭雪》荣获贵州省第十一届精神文明建设“五个一工程”奖，是本届“五个一工程”奖我省唯一获奖的动漫作品。

贵阳数字内容产业园园区管理公司在园区组建了“中新国际动漫学校”，并与深圳环球数码签署了联合办学的合作协议，共同培养动漫人才。2009年亚洲青年动漫大赛征集国内外参展参赛动画作品1520部、漫画插画作品8120幅，共接待亚太地区30余个国家和地区的70余位外宾，国家部委、国内文化创意领军人物、动漫专家、知名动漫企业代表和其他友好城市的嘉宾300余人。首次创新引入“中国原创国际动漫版权交易——买家专场”、设立科技动画大赛，国际动漫夏令营三个项目，将动漫推向全世界，给文化创意产业带来跨越式发展的机遇。

2009年，亚太动漫协会在贵阳设立常设机构。8月8日在贵阳举行亚太动漫交流中心奠基启动仪式，项目建设正式启动。白云动漫主题公园建设已签订合作协议，由山西晋鑫游乐有限公司投资1.5亿元人民币进行一期建设，预计2010年7月建成。（张 文）

生态环境建设

SHENG TAI HUAN JING JIAN SHE

“两湖一库”管理

【概述】 2009年贵阳市共投入治理资金3亿元，对红枫湖、百花湖、阿哈水库（简称“两湖一库”）进行保护和治理，治理工作初显成效。红枫湖、百花湖Ⅴ类、劣Ⅴ类水质出现频率较2007年下降52.1个百分点，Ⅱ类、Ⅲ类水质出现频率提高38.1个百分点；阿哈水库水质稳定在Ⅲ类。2009年6月以后两湖流域内未出现蓝藻，水体透明度由原来的1米-2米提高到3米-4米，“两湖一库”水资源环境得到改善，水质恶化趋势得到遏制，水质呈现好转趋势。实现了《贵阳市“依法治理‘两湖一库’，确保市民饮水安全”工作方案》规定的“‘两湖一库’饮用水源水质恶化趋势得到初步遏制”的阶段目标。（陈新龙 雷 力）

【工业污染治理】 继续加大重点工业污染源的减排、零排工作力度；严格环境准入，严把项目审批，从源头控制新增污染源。到2009年底，华能焦化厂、清镇电厂、贵州美丰化工公司、水晶集团等企业实现了污染物的减排或超低排放，贵州天峰化工磷石膏渣场治理取得了一定成效。市政府还出资1000万元支持平坝县污水处理厂建设。（陈新龙 雷 力）

【城镇生活污水治理】 2009年，贵阳市建成小河区金竹片区越域排污工程、百花污水处理厂及配套管网工程、金阳新区金阳污水处理厂、小平坝河排水隧道工程、马路河截污工程、金北排水主干线排水工程、平坝污水处理厂；启动蔡家关片区排水治污工程（一期）、清镇市朱家河污水处理厂（二期）及配套管网等工程。对两湖82艘船舶实行“挂桨机”改“落舱机”，削减了旅游船舶污染；对“两湖一库”周边18家乡村旅游示范户进行改厨改厕，完成一级水源保护区内34家农家乐的摘牌取缔工作。（陈新龙 雷 力）

红枫湖百花湖阿哈水库水资源环境保护研讨会

【农业面源污染治理】 2009年全市大力开展乡村清洁工程建设，积极推广无害化果树、蔬菜生产和无害化防治技术，培育优良无性系茶树，减少污染物排放，取得了明显的成效。共推广无公害果树种植示范点126.67公顷，开展了3个农艺综合措施试点建设，扶持清镇市站街镇杉树村发展食用菌栽培6.2万平方米、扁山村香根草种植36亩，建设生态蔬菜核心示范基地133.33公顷，辐射带动生态基地建设2400公顷，设立农药污染治理示范点31个，治理面积1773.33公顷，完成213.33公顷优良无性系茶园建设（选择了100亩无性系茶园进行农艺措施试验和示范），修建积粪池3218立方米，建设6个乡村清洁工程，治理农村生产、生活污染项目40个。修建了60个垃圾收集间、垃圾转运站，5个沿湖（库）乡镇初步建立了垃圾清运机制，加强了环境卫生长效管理。（陈新龙 雷 力）

【生态修复工程】 2009年，全市完成“两湖一库”周边退耕还林工程荒山造林补植补造2000公顷，植被恢复造林任务666.67公顷；设置保护区围栏22千米，界桩2311个，界碑187块；完成水土保持工程70平方千米，金钟河河道整治约1800米，实施了5处人工湿地（滴澄关、萝卜哨、兴隆西组、小河金山村大寨、长滩）工程，完成拆除违法建筑用地，使植被得到恢复。（陈新龙 雷 力）

【生物净化工程】 2009年，取缔了围湖

中共贵州省委常委、贵阳市委书记李军视察两库工作情况

养鱼、拦湖养鱼和网箱养鱼，共建设生态浮岛2.6万平方米，投放鲢鳙鱼1600万尾。（陈新龙　雷　力）

【环保法庭执法工作】 2009年，清镇市人民法院环境保护法庭共受理各类环保案件72件，审结72件，办结率100%。组建了95人的执法队伍，实行准军事化管理制度，对管理范围实行分片包干、日夜巡查、责任到人，对各种污染饮用水源和破坏两湖一库生态环境的行为坚决依照有关法律法规进行打击。对“两湖一库”周边196家排污单位建立了一户一挡，查处各类环境违法案件39起，收缴罚款117.5万元；摸底调查违章建筑7.3万平方米，拆除81户36753.5平方米，制止了128户违法建筑修建；全面开展禁渔期和禁渔区管理，顺利完成4个月禁渔期和2个月禁渔延长期管理工作，收缴抬网226张，其他各网具200余张；打击毁林建房、开山采石、建墓立碑、偷砍滥伐等违法行为5件，有效保护了森林资源。（陈新龙　雷　力）

【“两湖一库”基金会管理】 贵阳市“两湖一库”环境保护基金会自2007年11月成立以来，共募集保护和治理资金4400万元（其中2009年募集2553万元），拓宽了两湖一库的治理和保护资金渠道。（陈新龙　雷　力）

【水资源环保立法工作】 2009年1月7日颁布实施了《贵阳市阿哈水库水资源环境保护条例》，《贵州省红枫湖、百花湖水资源环境保护条例》经省人大常委会初次审查，形成了《贵州省红枫湖百花湖水资源环境保护条例》（征求意见稿）向全社会公开征求意见。（陈新龙　雷　力）

【生态补偿资金发放】 2009年，全市对生态资源资金进行了发放：补偿红枫发电厂因控制水位减少发电量损失485万元；其他生态补偿资金515万元（其中：云岩区贵大蔡家关片区排水治污工程190万元；小河区金山村大寨、长滩、金家山人工湿地污水处理工程50万元；清镇市东门河河道治理工程一期190万元；贵州美丰化工有限责任公司废水治理项目85万元）。（陈新龙　雷　力）

环境保护

【全国生态文明建设试点工作】 2009年4月，省委常委、市委书记李军带队赴国家环保部，向环保部提交了全市申报全国生态文明建设试点城市的相关材料。6月11日，国家环保部正

小小环保宣传员积极参与向两湖一库投放鲢鳙鱼苗

式将贵阳市列为全国生态文明建设第二批试点城市。市委、市政府下发了《中共贵阳市委 贵阳市人民政府关于成立贵阳市全国生态文明建设试点工作领导小组的通知》（筑委〔2009〕76号），贵阳市全国生态文明建设试点工作领导小组由省委常委、市委书记李军，市委副书记、市长袁周任组长。领导小组下设办公室在市环保局，负责统筹协调全市开展全国生态文明建设试点工作的具体日常工作。10月16日，召开贵阳市全国生态文明建设试点工作领导小组办公室第一次会议。开展了"三县一市" 生态区及环境优美乡镇基本情况调查，拟定了《贵阳市开展生态文明试点第一阶段（建成国家生态市）工作实施意见》，开展编制《贵阳市生态文明建设试点总体规划》相关工作。（刘源刚）

【《贵阳市生态功能区划》和《贵阳市"十一五"环境保护规划》（修编）编制】 2009年3月，《贵阳市生态功能区划》通过贵阳市规委会审查，市人民政府于2009年6月17日批复《贵阳市生态功能区划》；2009年12月25日，《贵阳市十一五环境保护规划》（修编）通过专家评审。（刘源刚）

【石漠化、采石迹地生态修复】 2009年，贵阳市在息烽县、开阳县、清镇市3个试点县（市）实施了石漠化综合治理试点工程，完成植被恢复营造林2082.67公顷；完成主要交通干道石漠化、采石迹地生态修复100公顷（其中：石漠化生态修复65.33公顷、采石迹地生态修复34.67公顷，主干道底边生态修复4669米。（刘源刚）

【控制各类大气污染物排放】 2009年，全市投入市级环保专项资金243万元，开展废气污染物治理；对贵州省第二人民医院等7家污染源单位下达医疗废水限期治理通知书，依法报请省厅对贵州轮胎股份有限公司等5家单位下达废气限期治理通知书，并督促其开展治理工作；安装在线监控设施83套（其中污水在线监控设施31套、废气监控设施52套）；继续开展清洁能源建设工作，拆除了南方汇通股份有限公司1台20蒸吨、3台6.5蒸吨锅炉，中国振华集团新天动力有限公司2台10蒸吨、1台6.5蒸吨锅炉，完成贵州詹阳动力重工有限公司1台10蒸吨锅炉改电工程。2009年，城市空气质量全年优良天数占全年天数94.78%，主要污染物年均值达到国家二级标准，二氧化硫和化学需氧量排放总量控制在省政府下达的指标内。（刘源刚）

【控制和整治机动车尾气污染】 2009年

南明河

全市依据《中华人民共和国大气污染防治法》、《省人民政府办公厅关于加强全省机动车排气污染监督管理的通知》（黔府办发〔2001〕39号）、《关于印发<贵州省在用机动车定期环保检测机构委托管理制度>的通知》（黔环发〔2009〕3号）和《关于对<贵阳市在用机动车排放污染物检测机构建设方案>的批复》（黔环函〔2009〕130号）等法律、文件的精神，推进机动车排气污染控制和整治工作。全市共确定6家单位（贵阳开阳鑫阳汽车检测站、贵阳新利源环保检测站、贵州华通金阳环保检测站、贵阳龙行机动车废气检测站、贵州南源机动车尾气排放检测站、清镇蓝天机动车环保尾气检测站）为贵阳市首批机动车环保定期检测机构。于2009年9月建成了5家检测站（贵阳开阳鑫阳汽车检测站、贵阳新利源环保检测站、贵州华通金阳环保检测站、贵阳龙行机动车废气检测站、贵州南源机动车尾气排放检测站）并投入运行，承担全市在用机动车环保定期检测工作；贵阳市环保局2009年7月实施贵阳市机动车环保检测监控平台的建设，2009年9月完成了贵州华通金阳环保检测站联网工作，实现了对检测站检测工作进行实时检测数据采集和检测过程进行监控，在全省机动车尾气检测管理工作中达到了规范化、系统化的管理标准。（刘源刚）

两湖一库管理局执法人员对在建农房进行调查

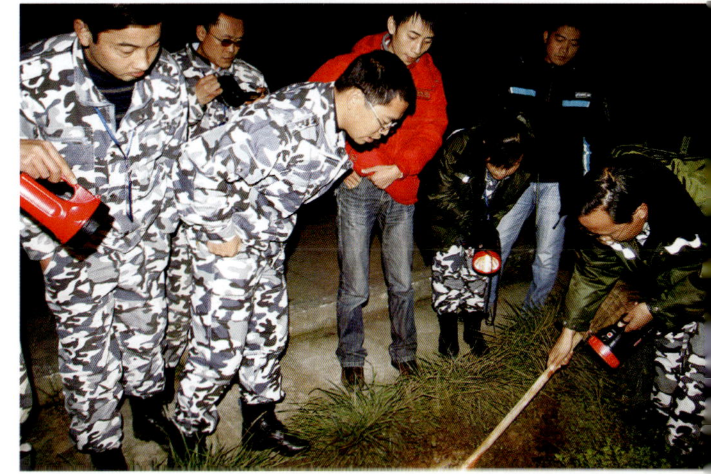

两湖一库管理局实行错时工作制，加强夜间执法

【污染减排工作】 2009年3月6日，全市召开了“贵阳市2009年环境保护、节能减排既循环经济工作会议”，对我市污染减排工作进行安排部署，强力推进污染减排“三大体系”建设。一是通过改进统计方法，加强环境统计工作，完善“科学的污染减排指标体系”；二是积极推进污染源单位在线监控及应急系统的安装工作，完成国控及省控污染源企业水、气污染源在线监测系统建设和联网工作，并顺利完成污染减排重点项目监督性监测，构建“准确的减排监测体系”；三是制定“贵阳市2009年污染减排目标考核方案”，进一步规范“严格的减排考核体系”。建成并投入试运行新庄、小河二期、修文、开阳和息烽县城污水处理厂，设计日处理能力新增共34.8万吨。建成投运中国铝业贵州分公司4台160吨/小时锅炉烟气脱硫制酸项目；完成年减排废水500余万吨、化学需氧量近300吨的贵州美丰化工公司污水治理工程；年减排废水81万吨的华能焦化厂污水治理循环使用工程；年减排废水46万吨的贵州水晶集团循环水治理工程；年削减化学需氧量100余吨的黔峰生物制品公司生产废水治理工程等一批化学需氧量治理工程，工程减排成效明显。（刘源刚）

【农村环境保护】 2009年，贵阳市切实加强农村环境保护工作，在乌当区百宜乡，清镇市百花湖乡、红枫湖镇，息峰县温泉镇开展了生态示范创建工作。2009年7月，花溪区国家

级生态示范区建设试点已通过省环保厅组织的验收；指导乌当区百宜乡中央资金环保专项资金项目建设工作，完成百宜乡环境综合整治项目预验收工作。2009年争取到共计150万元的中央环境保护专项资金、130万元的省级环保专项资金和35万元市级环保专项资金用于南明区永乐乡柏杨村、花溪区党武乡摆贡寨、花溪区麦坪乡康寨村、小河区金山村农村环境综合整治项目。（刘源刚）

【环境执法检查】 在环保专项行动中，全市共出动执法人员7196人次，现场检查污染源单位3694家次，对42件违法行为进行查处、结案；对375家污染源单位开展日常环境监督性检查1284家次，查处环境违法行为69件，现场检查建设项目“三同时”执行情况202家次。（刘源刚）

【创建国家环境保护模范城市】 2007年贵阳市启动创模规划编制后，2008年初完成初步文稿的编制，并经征求国家环保部、省环保厅及市直各部门意见后，于2009年12月已正式通过省环保厅组织的专家评审。2009年，市政府下发了《贵阳市创建国家环境保护模范城市攻坚工作方案》，成立了贵阳市创建国家环保模范城市指挥部。同时，环保系统成立了创模攻坚工作领导小组，下设9个工作组开展相关工作。11月20日组织召开了“贵阳市环保系统创建国家环保模范城市攻坚动员大会”，印发了《贵阳市环保系统创建国家环保模范城市攻坚工作方案》和《贵阳市环保系统创建国家环保模范城市攻坚工作任务分解方案》，对相关工作进行了安排部署。（刘源刚）

城市管理

【数字化城管建设】 贵阳市数字化城市管理信息系统（一期）工程总投资1580万元，于2009年12月31日建成并试运行，主要完成了以下工作：搭建市区两级监督指挥平台，完善“两级政府、三级管理、四级服务”的城市管理服务体系；完成数字城管应用软件的开发（含10个应用子系统）及相关的硬件、网络设施建设；完成南明、云岩、小河、金阳四个中心城区建成区100平方千米范围内的基础地形图补测、城市管理部件普查，完成GIS系统（地理信息系统）建设和事件、部件入库和上图；对城市管理区域进行单元网格划分,四个中心城区共划分单元网格5496个，工作网格390 个；完成12319城管热线呼叫受理中心及城管服务网站的建设；完成新管理模式下的相关措施、办法及制度的起草及网格化监督管理员、呼叫中心人员等相关人员的培训工作；共享公安摄像头资源，自建55个城管监控摄像头；完成机构设置申报、场地建设等工作。通过数字城管一期工程建设，初步达到了科学规范管理、管理方式创新、实现资源共享、增加诉求渠道、降低运作成本、建立科学评价体系等效果。（张行宇）

【“一环四路”综合管网入地工程建设】 一环：贵阳市北京路、宝山北路、宝山南路、解放路（含部分市南路）、浣沙路、枣山路；四路：瑞金中南路、都司路、神奇路、新华路，道路总长20千米，双侧入地管线实施总长度40千米，道路两侧分别埋设15孔电力保护管和16—20孔综合通信管沟各一条，土建工程概算总投资3.07亿元。

工程分为两期实施：一期工程投资约1.5亿元，施工范围为：北京路、宝山北路、宝山南路、解放路（含部分市南路）、瑞金中南路；实施的道路全长11.75千米，道路双侧入地管线总长度23.5千米，工程于2008年11月3日开工建设，2009年3月底完成土建施工。二期工程投资约1.06亿元，施工范围为：浣沙路、枣山路、神奇路、都司路、新华路。实施的道路总长度为8.25千米，道路双侧入地管线总长度为16.5千米。工程于2009年3月开工，当年8月底完成土建施工。（胡开荣）

【公交清洁能源建设】 2009年，贵阳市

公交总公司加大工作力度，全力推进各项工作。完成车辆改造共1216辆，其中改装车柴油车302辆，新购单一燃料天然气车304辆，改装汽油车610辆，在线运行车辆706辆，共在1、2、3等35条线路运行，公交总公司所有营运柴油车已改造完毕，实现了无一辆运营车燃用汽、柴油冒黑烟的现象。建成并投入使用的加气站有三桥、金阳、花溪和小河（与贵州燃气合作）加气站；启动建设蛮坡加气站。建成息烽、四川泸州2座气源厂。（韩 春）

【城市生活垃圾填埋场建设】 截至2009年年底，贵阳市共建成乌当区高雁、白云区比例坝2个城市生活垃圾卫生填埋场,启动在建卫生填埋场3个（在清镇市、息烽县、开阳县境内），拟建南郊垃圾卫生填埋场1个。清镇市卫生填埋场选址于清镇市站街镇中寨村望城坡，项目总投资6870万元，占地16.6公顷，库容149.8万立方米，设计日处理量300吨，于2009年5月1日正式开工建设，至2009年12月31日，完成工程形象进度40%；开阳县垃圾卫生填埋场选址于开阳县城以北5千米处的城关镇温泉村小山塘，总投资2761.12万元，总库容95.5万立方米，设计日处理量120吨，服务年限11年，建设工期一年，采用改良型厌氧卫生填埋处理工艺。2008年12月底正式动工，至2009年12月31日，完成工程形象进度92%；息烽县垃圾卫生填埋场选址于息烽县城北面小寨坝镇盘脚营村，项目总投资3486.32万元，设计日处理能力90吨，总库容量49.7万立方米，使用年限11年，建设工期一年，2008年12月6日动工建设至2009年12月31日，完成工程形象进度的39%；南郊垃圾卫生填埋场已于2006年10月经省发改委（黔发改投资〔2006〕1268号）批准立项。处理规模为700吨/日，服务年限15年，建设工期二年，总投资17530万元，先后选定了小河王宽乡、花溪区杨中村杨梅寨、花溪区孟关乡石龙村长坡组、小干坝和骑龙牌坊南侧田地等地作为填埋场拟选场址，由于区域的发展原因，截至2009年底，仍在选址当中。（段正坤）

【公共照明节能示范工程建设】 为提高公共照明节能减排效率，大力发展低碳经济，在国际气候组织的支持下，2009年在公共照明领域实施了4项LED绿色照明示范工程，涉及城市道路、地下人行通道、河堤步道灯、乡村节能灯改造等，并在2009年8月的生态文明贵阳会议LED绿色照明研讨会期间成功展示。实施的4项路灯节能改造工程，通过试运行，节能效果明显。一是对南明河一中桥至省委翻板坝段约350套河堤步道灯进行节能改造，节电率达53%，年节电12万度；二是对护国路（中山东路至万东桥段）14杆道路上照明灯具进行节能改造，节电率56%，年节电8千度；三是喷水池地下人行通道节能改造，在原基础上综合节电率20%，年节电6千

新庄污水处理厂建成典礼

度；四是在花溪区摆贡村安装10套20W大功率新型LED太阳能路灯，为全市积极利用太阳能照明探索新途径。（曾凡飞）

【“整脏治乱”工程】 2009年，全市围绕“贵阳避暑季”活动、全国生态文明贵阳会议以及国庆60周年系列庆祝活动，开展了市容环境“整脏治乱”。据统计，全年共清运积存暴露垃圾334307吨，取缔违章占道经营163231起，整治门面延伸占道34528处（次），清除、覆盖“野广告”、残标403186张，拆除各类不规范广告标牌3283块、布幅1915条，查处不文明施工398起，拆除违章建筑281825平方米。市城市综合执法支队共查处违章占道停车712起，罚款37200元。

按照《贵阳市城区街道综合整治工作方案》，市、区相关部门以“一环两路”环境综合整治为重点，强力推进城区街道环境综合整治工作。市、区共计完成“一环两路”临街楼体外墙面积386304平方米的清洗、喷涂、改造工作；组织拆除破旧、残缺、不规范广告牌匾34696平方米，新安装、制作门头牌匾18728平方米。

加强环卫设施的建设和管养，共计修复果皮箱2340个，更换60个，新设置418个；针对公厕免费后管理上存在的诸多问题，市城管局成立了督查组，共暗查公厕900余座次，有效提高了免费公厕的管理实效；共完成车行道维护25245平方米，人行道维护25851平方米；完成检查井改造440套，补齐各类井盖3466块，清掏淤泥2666立方米；更换各类节能灯9065只，钠灯10489只，新安装路灯167套。

河道保洁方面，共清运河面打捞垃圾659车约3614吨，清运河床淤泥13545立方米；绿化养护方面，修剪植物541152平方米、球类植物12864个，栽种乔木花树3226株、灌木105575株；河道设施维护方面，新建双铁链护栏231米，新增沿岸石座椅25套，新建垃圾池8座，更换果皮箱69套，复位截污沟盖板277块。

公交客运方面，共查处公交车辆违章运行111台次，出租汽车拒载185起，配合公安交警部门查处“黑车”436辆；维修公交候车廊4座，站房16个，疏通下水道67处，修复损坏站牌、站杆21套，清除站杆、站牌“野广告”8200张；进一步优化公交站点，撤并公交站点46个，涉及公交线路42条，调整率为7.8%，在一定程度上缓解了交通拥堵的情况。

认真开展城市管理绩效考核督查工作，进一步推进了“整脏治乱”工作。全年共印发《城市管理绩效考核督查通报》23期，发现各类问题560余起，全部要求责任单位整改并回复。（李向阳）

林业绿化

【林业生态建设】 2009年，全市完成营造林9502.67公顷（天保工程封山育林1666.67公顷、退耕还林补植补造5753.33公顷、植被恢复营造林2082.67公顷），完成重点治理项目“两湖一库”植被恢复造林、退耕还林补植补造共900公顷，完成义务植树405万株，完成义务植树基地建设53.33公顷，确保了森林覆盖率每年增长1个百分点的目标。

植树节期间，全市五大班子领导、贵阳警备区官兵、市直部门及花溪区机关干部在花溪区孟关乡改毛村境内的南环线参加义务植树活动，种植树木1.2万株。社会各界纷纷以捐资、植树、认养等多种形式参与南环线绿化建设，市烟草公司、市总工会等27家单位共捐资20.85万元，种植香樟、红叶李等大规格景观苗木3146株。贵州省青年联合会、贵阳市精神文明办、贵阳市人民广播电台等单位组织市民在息烽县开展了“绿丝带”大型公益植树活动。贵州电视台、高新办事处等单位在乌当区梅兰山公园开展“建生态家园—绿色乌当在行动”大型植树活动。

开展生态文明新农村绿化建设。2009年，市林业绿化局按照“全面兼顾，确保重点”原则，将资金重点投向了特色经果林建设、通道绿化及农村庭院绿化，完成行道树种植30.66千米（4210株），公共及庭院绿化2.55万平方米（种植绿化植物50678株、丛），河道绿化7.7公里；

特色经果林建设150.47公顷，庭院绿化及美化建设示范户80户。（敖献辞）

【城市绿化建设】 2009年，全市完成新增绿地面积25.8万平方米（云岩区4.8万平方米、南明区5.2万平方米、小河区5.1万平方米、金阳新区10.7万平方米），调整提高市中心区绿地面积（含道路中分带）2.5万平方米，木箱树池修复450个，行道树调整1000株，花果园立交桥修建外挂花箱4000个及绿化广场调整1.56万平方米，同时实施了中山路、市中心区一环路的绿化调整提高工作。二是完成新建3个山体公园的“十件实事”任务（云岩区仙鹤山2期建设规模2.96万平方米、南明区1号山建设规模2.62万平方米、小河区末汾冲山建设规模2.09万平方米）。建成的山体公园有登山步道、廊架、指示牌、休息平台、座凳、垃圾桶等基础设施，可满足市民游园及休憩的需要。三是完成通道绿化建设65.73万平方米（完成321国道生态恢复面积0.73万平方米、完成中心城区南环线边坡生态恢复和甲秀南路生态恢复面积65万平方米）。四是完成南环线景观绿化、花二线迎宾路绿化景观建设，绿化面积近百万平方米，种植乔木近万株、灌木近80万株，边坡生态恢复45万平方米，播种草花组合近20万平方米。完成贵金线、北京西路等道路绿化的设计及招投标程序。五是完成花卉生产285万盆，确保中心区主干道的季节性用花及美化城市环境的需要。（敖献辞）

【山体公园建设】 2009年全市新建3个山体公园，即：云岩区仙鹤山（二期）、南明区1号山、小河区末汾冲山山体公园并对市民开放，其中：云岩区仙鹤山山体公园（二期）建设规模29581平方米，市级财政投资80万元；南明区1号山山体公园建设规模26242平方米，市级财政投资44万元；小河区末汾冲山山体公园建设规模20920平方米，市级财政投资42万元，引进社会投资40万元。建成的山体公园有登山步道、廊架、指示牌、休息平台、座凳、垃圾桶等基础设施，可满足市民游园及休憩的需要。

南明区1号山山体公园

【公园建设管理】 2009年，全市积极开展创建文明公园活动：一是完善公园设施。市属公园共投入专项经费280万元，开展“整脏治乱”，完善公园卫生及服务配套设施。其中，河滨公园投入经费20多万元，新安装节水箱32个、果皮箱60个，改造公厕4座，维修座椅50余张。南郊公园新建凉亭2座，休闲花架7座，石桌石凳8套；种植园林植物4348株，铺设草坪1200平方米，修冰纹路400米、路边堡坎150米。黔灵山公园拆除景区内的违章建筑物，恢复绿地面积近1000平方米；投入64万元，安装园内盘山步道和九曲径上山步道护栏；投入40万元，改造13座公厕。二是加强园容园貌管理。落实清扫保洁人员“五定”岗位责任制，全天实行立体保洁制；落实公园派出所警员岗位责任制，对园内重点部位、易发案件地段做好严防严控，对流动人口及娱乐场所建档建制，严防非法聚集滋事，确保公园良好的秩序。开展宠物及车辆入园等专项整治，园容园貌、游园秩序明显改善。三是美化公园环境。认真完成2009年“元旦”、“春节”、“五一”、“避暑季”、“六一”、“国庆”等节日的环境布置工作，在公园出入口及主要景点摆放各类花卉、观赏植物等34.4万盆（袋），为市民和游客营造优美舒适的游园环境。四是治理黔灵湖生态环境。2009年4月－5月丰水期，利用小关水库放水对黔灵湖水进行了置换。同时，加强沿湖周边绿化植物的养护及补植补种，改善生态环境。下发了《关于严禁向黔灵湖排放污水的通知》，加大黔灵湖周边经营点的管理和监督力度，对违反规定的经营点不仅取消其经营权，并将按有关规定追究个人责任；加强黔灵湖水面保洁，严禁在湖区钓鱼、游泳。同年，黔灵山公园获得了“国家生态文明教育基地”称号。（敖献辞）

【森林资源保护】 2009年，全市颁布了《贵阳市绿化管理办法》、《贵阳市森林防火办法》，编制的《贵州红山茶自然保护区总体规划》通过市级评审。同时，在全市范围内区划了9.39万公顷防护林地作为全市森林资源重点保护对象，将“两湖一库”重点防护林建设列入市委、市政府的十件实事，完成人工造林466.67公顷（花溪区133.33公顷、清镇市266.67公顷、乌当区66.67公顷），完成率100%；退耕还林补植补造1333.33公顷（花溪区466.66公顷、清镇市666.67公顷、乌当区200公顷），完成率100%。

在打击破坏森林资源的违法犯罪行为方面：全年共查处省、市信访及举报违法破坏森林资源案件79起，结案率达85%以上。全市森林公安机关共受理各类案件105起，查处97起，抓获犯罪嫌疑人83人，收缴木材460立方米，罚款27万元。

在严密防控森林火灾方面：全年共发生森林火灾206起，全市各级执法部门查明火因191起，查明率92.7%，处理184起，处理涉案人数190人，森林火灾结案率达85%以上。全年森林过火面积134.083公顷，占林业用地面积的0.35‰，受害森林面积66.355公顷，受害率为0.25‰，损失林木蓄积1409.917 立方米、幼树3.02万株，森林火灾发生次数同比减少57起，过火面积下降0.02‰，森林受害率下降0.06‰，未发生重特大森林火灾和死亡事故。启动了贵阳市森林重点火险区综合治理工程项目，扑救能力得到了进一步提高。

在加强林业有害生物防治方面：全年林业有害生物成灾面积16.53公顷，林业有害生物成灾率为0.058‰，比控制指标低4.55个千分点；实施无公害防治面积8520公顷，无公害防治率达99%，比下达指标高24个百分点。

在森林资源管护方面：对环城林带各类工程建设项目征占用林地实行总量控制、定额管理，对涉及到国家和省重点保护区（公园、景区）和野生动植物、古树、大树、名木的，严格按批准的方案执行。“二环”新造林管护面积7960公顷，保存率达94.7%。

在森林采伐管理改革方面：各区（县、市）全面推开森林经营方案编制工作，国有林场已编制完成经营方案初稿，集体及联户林场、乡村林场、造林大户或其他非公有制经营单位、个人编案工作已完成数据调整，开始编制文本。开阳县、息烽县启动了中德财政合作贵州省森林可持续经营项目，完成了项目组织机构建设，落实了项目配套资金，拟定了项目管理办法。清镇市、息烽县分别启动实施了中幼林抚育和森林采伐管理改革试点工作。（敖献辞）

【集体林权制度改革】 2009年，全市完成了集体林权制度改革任务。全市10个区（县、市）87个乡（镇、办事处）共完成勘界确权面积26.13万公顷，占林改总面积26.4万公顷的99%；共发林权证25.47万公顷，发证率为96.5%；共发生林地林权纠纷6474起，面积2.65万公顷，已调处5168起，调处面积2.2万公顷，调处率为83%。除小河区外，其余9个区（县、市)完成了林改自查（白云区、云岩区、乌当区、修文县、开阳县、息烽县、清镇市已通过省或市级检查验收）。同时，完成了《贵阳市林地林木流转调研报告》和《贵阳市林地、林木流转管理办法》的起草工作。（敖献辞）

生态经济建设

SHENG TAI JING JI JIAN SHE

第一产业

【概述】 2009年，贵阳市各级农业部门认真贯彻落实中央、省委农村工作会议精神和关于加强“三农”工作的一系列决策部署，积极应对国际金融危机带来的不利影响，以建设生态文明城市为统揽，以推进城乡一体化为载体，大力实施强农惠农政策，加强农村基础设施建设，切实推进农业产业基地化、标准化、规模化，千方百计保持农村发展、农业增效、农民增收。全市完成第一产业增加值50.07亿元，比上年增长8.1%；农民人均纯收入5316元，比上年增长10.3%，农业、农村经济呈现又好又快发展的局面。

全年粮食产量64.11万吨，比上年增长1.5%；蔬菜产量156.17万吨，比上年增长16%；油菜籽产量5.48万吨，比上年增长15.5%；园林水果产量9.11万吨，比上年增长3.6%。全年肉类总产量13.34万吨，比上年增长9.3%；牛奶产量3.51万吨，比上年增长22.5%；禽蛋产量2.09万吨，比上年增长34.4%；水产品产量9190吨，比上年增长18%。全年完成造林面积3648公顷，幼林抚育作业面积3953公顷。（许承勇）

白云区花卉基地

【农业经济和农民收入】 2009年，贵阳市紧紧围绕提高农业综合生产能力、增强农业效益、促进农民增收，积极推进农业产业化经营，建设养殖小区、发展中药材、果树、花卉基地等，农业农村经济继续保持持续、稳定、快速发展态势。全年农村经济总收入311.9亿元，其中农业收入47.3亿元，林业收入1.4亿元，畜牧业收入24.9亿元，渔业收入0.6亿元，工业收入123.3亿元，建筑业收入21.4亿元，运输业收入20.5亿元，商饮业收入49.6亿元，服务业收入9.7亿元，其他收入13.2亿元。农民人均纯收入5316元，扣除价格因素，实际增长10.3%。（龚文涛）

【新农村建设】 2009年，贵阳市继续抓好新农村建设试点示范工作，围绕将试点村寨建设成为农村生态环境建设的示范、农民增收致富的示范、农民和谐幸福的示范、农村文明新风的示范目标，进一步加大对12个省级示范点、38个市、区（市、县）共建示范点和169个区（市、县）自建示范点的投入。全年省级试点村寨投入资金2128.88万元，市、区（市、县）共建试点村寨投入资金4387.82万元，区（市、县）自建试点村寨投入资金6895.49万元。按照“精心选点、合理规划、捆绑投入”原则，积极推动10个精品民族村寨的建设。各新农村建设成员单位共捆绑下拨资金510万元，建设精品示范村寨项目52个。

2009年，在贵阳环城高速公路南环线沿线进行“六点一线”（六点：党武乡党武村摆贡寨、石板镇花街村林木寨、石板镇镇山村、青岩镇西冲寨、青溪办事处杨中村陇头组、高坡乡沙坪村）示范点建设，“六点”整体实施农村危房改造、工程整区推进示范点建设，投入建设资金192.59万元。同时，在“六点一线”申请3个省级乡村清洁工程2009年示范点项目，获得省级建设资金150万元，重点实施家园清洁设施、田园清洁设施、村公共清洁设施、圈舍改造、庭院环境整治建设，进一步改善农村生产、生活环境，提升村容村貌，改造南环线沿线景观。完成花溪区新农村生猪养殖及集中供气示范点建设项目、花溪区高坡黑毛猪生产基地建设项目、机耕道建设项目。（龚文涛　许承勇）

【编制全市农产品冷链物流发展规划】 2009年，按照中央推进农产品冷链系统建设的精神，进一步加快全市农产品冷链物流体系建设，编制完成《贵阳市农产品冷链物流发展规划(2010—2020年)》，内容涉及全市蔬菜、水果、鲜切花、茶叶、肉类、禽蛋、牛奶、水产品（海鲜）和冷冻食品九个方面。根据发展规划，贵阳市2010—2020年农产品冷链物流体系分两个阶段规划发展建设。第一阶段2010—2015年，通过6年时间打好全市农产品冷链物流产业体系基础，初步建成全省功能齐全的农产品冷链物流产业体系。第二阶段2016—2020年，立足贵阳交通枢纽和中心城市的地位，科学构建和优化农产品冷链物流系统，用5年时间建成全省乃至西南地区重要的农产品冷链物流中心，推动全省优质农产品走向国内外市场。（龚文涛）

【特色产业发展】 花卉产业发展：2009年，全市花卉基地生产鲜切花2.51亿枝，产值1.3亿元。完成大棚遮黑系统2.3万平方米，补光系统3.45万平方米、喷灌系统0.49万平方米，滴灌系统0.52万平方米，熏蒸库90立方米，种植菊花种苗310万株，完成菊花新品种引种20万株。产出菊花310万支，其中出口日本260万支，创外汇收入500万元。引进海南金林园艺有限公司开展切枝切叶项目建设，完成7万平方米大棚维修，361.5万株种苗种植。

中药材基地建设：全年完成中药材核心基地示范种植、仿野生种植及野生抚育共计5533.33公顷，其中，核心基地示范种植及种繁1533.33公顷，完成目标任务的115%；仿野生种植及野生抚育4000公顷。

果树、茶叶基地建设：全年新建无公害优质水果基地1476.33公顷，为目标任务的110.7%，其中南环线经果林带建设154.09公顷。全年完成茶园种植1400公顷，超额完成1333.33公顷的目标任务。

蚕桑养殖：全年养蚕582张，生产鲜蚕茧16.1吨，产值29.2万元。其中，息烽县养蚕436.5张，生产鲜茧11.96吨；清镇市养蚕74张，生产鲜茧1.93吨；开阳县养蚕61.5张，生产鲜茧1.98吨；花溪区养蚕10张，生产鲜茧0.23吨。（龚文涛）

【生态畜牧业发展】 2009年，贵阳市大力扶持肉鸡、蛋鸡、生猪、奶牛等畜牧业，通过多种措施不断扩大养殖小区覆盖面，培育优良畜禽品种，促进畜牧业资源循环利用和高效转化，力推全市生态畜牧业又好又快发展。

肉鸡养殖。继续推行由清镇大发养殖有限公司、清镇温氏养殖有限公司采取的“公司+养殖小区+农户”的“四提供一回收一确保”大发、温氏模式，昆明正大有限公司推行的集约化正大模式，三家公司在清镇市发展养殖户1262户，出栏肉鸡929万只，年户均增收1.47万元，形成以清镇市为主的全省最大的千万羽肉鸡产业集群。息烽特驱家禽养殖有限公司在息烽县推行“一园六统一”和

"公司+养殖小区+农户"的特驱希望模式，带动农户184户，出栏肉鸡152万只，年户均增收1.24万元。

蛋鸡养殖。全市按照工厂化禽蛋生产园区的管理理念推进蛋鸡产业发展，从福建、四川引进南江、长生源、黔富等蛋鸡养殖企业，分别建成开阳县34万只南江蛋鸡生产园区、23万只龙岗长生源蛋鸡养殖园区，及修文县扎佐15万只黔富蛋鸡养殖园区，形成以开阳县南江、长生源，花溪区纯源、创新，白云区兴华，修文县黔富为主的标准化、工厂化禽蛋生产园区6个。形成以开阳、花溪为主的百万羽蛋鸡产业发展核心区。全市存栏专用型蛋鸡285万只，鸡蛋产量1.93万吨，实现蛋产品"市内自给，部分外销"的目标。

生猪养殖。在开阳县采用"出补平衡"的运作模式，补贴出栏商品猪7.19万头。截止2009年12月，以开阳县为核心，全市建成规模养猪场150家，其中年出栏生猪5000头以上的标准化生猪养殖场 10家；建成优质良种猪种源生产场15家，年提供优质种猪 5万头，实现全市优质种猪由"引进型"向"输出型"的转变。

奶牛养殖。按照市委、市政府《关于加快2009年奶业产业化发展实施意见》要求，认真落实贷款和贴息、奶牛保险、草料补助、良种繁育等政策。扶持贵阳三联乳业有限公司、贵州好一多乳业股份有限公司各贷款2亿元，按照信息化、自动化、机械化、专业化的发展要求，新建3个存栏5000头以上的规模化牧场。（刘　丽）

开阳南江现代农业蛋鸡养殖场

标准化生猪养殖

【加快农业科技园区建设】 2009年，贵阳农业科技园区完成国家科技部专家到园区现场审查和园区到科技部答辩验收工作。全年园区核心区农民人均纯收入8134元。截止12月，园区累计举办种植、养殖等各类技能培训班1778期，培训农民1.25万人次，园区内农民的科技文化知识和技能快速提高，劳动者素质和劳动生产率逐步提升，先进生产技术广泛应用推广，花卉苗木基地的栽培管理等科学技术普及率达95%以上。园区新农村建设示范带动作用明显，建设省级新农村示范村5个,市级示范村24个。全年园区引进推广新技术112项、新品种499个、新设施118套，获发明应用专利27项，通过省级审定（自主知识产权）的品种8个，在省级以上刊物发表论文180余篇，获省科技进步二等奖4项，省科技进步三等奖2项，获省农业丰收一等奖2项，市科技成果一等奖1项，市科技进步三等奖2项。（龚文涛）

【落实强农惠农政策】 2009年，贵阳市全面落实中央和省的有关强农惠农政策，切实减轻农民负担。

良种补贴。国家农作物良种补贴覆盖全市11个区（县、市），全年补贴面积12.68万公顷，发放国家良种补贴2191.75万元。其

中，油菜良种补贴面积4.17万公顷，发放补贴资金625.95万元；水稻良种补贴面积3.86万公顷，发放补贴资金868.72万元；玉米良种补贴面积3.91万公顷，发放补贴资金586.96万元；小麦良种补贴面积0.74万公顷，发放补贴资金110.12万元。补贴资金通过农户补贴网以“一折通”方式直接全部发放到农户，确保农户直接受益。

购机补贴。贵阳市审核结算购机补贴资金1511.7万元。其中，中央补贴资金1220.89万元，省级补贴资金290.81万元，帮助农民落实购置补贴农机具7439台（套），完成工作目标的248 %。（龚文涛）

【动（植）物防疫】 2009年，贵阳市49个乡镇兽医站新（改）建工作全面完成。新建村级兽医室6个，市级朔源体系交易平台1个，县级动物防疫站3个。全年下发口蹄疫、禽流感、猪瘟、新城疫等各类疫苗3000万ml（头份）。接种猪瘟疫苗169.48万头；接种猪口蹄疫疫苗167.21万头；接种猪蓝耳病疫苗163.61万头，接种牛O型—亚洲Ⅰ型口蹄疫疫苗54.33万头，接种鸡新城疫疫苗1328.14万羽。接种禽流感疫苗1646.49万羽，免疫密度107.58%。全年推广病虫害无害化治理技术13120公顷。全市成灾面积2366.66公顷，绝收面积仅54.6公顷，挽回粮食损失3.24万吨，实际损失粮食0.84万吨，病虫灾害实际损失率实现小于5%的防治目标。（龚文涛）

第二产业

【概述】 2009年，贵阳市工业系统认真贯彻落实全市振兴工业经济大会精神，逐步扭转2008年四季度以来的下滑趋势。

全年工业经济呈现“V”型发展态势：1—7月，工业发展受挫，规模以上工业增加值4月、5月、7月单月出现负增长，从9月份起，全市规模以上工业增加值单月增幅均达15%以上，呈现较为巩固的企稳向好态势。全年规模以上工业完成工业总产值896.8亿元，比上年增长10.1%；实现工业增加值288.31亿元，比上年增长10.1%。全市规模以上工业主营业务收入961.1亿元，比上年增长4.3%；实现利税总额177.05亿元,比上年增长5%；亏损企业亏损额16.3亿元，比上年下降2.9%。

工业结构调整呈现新变化：轻工业增长快于重工业，且比重有所提高，轻重工业比重由上年的41.5:58.5调整为45.1:54.9；高新技术工业增长迅速，完成工业总产值187.2亿

沙文生态科技产业园效果图

贵航产业园奠基仪式

元，比上年增长20%；非公经济快速增长，完成增加值368亿元，比上年增长16%。（代　兵）

【贵阳市振兴工业经济大会】 2009年6月，市委、市政府组织召开振兴工业经济大会。根据会议精神和部署，全市重点加快装备制造业、磷煤化工产业、铝及铝加工业、现代药业、烟草与特色食品业和物流业等六大产业发展；重点建设贵阳国家高新技术产业开发区（麦架—沙文高新技术产业园）、贵阳国家经济技术开发区（小河—孟关装备制造业生态工业园）、开阳磷煤化工（国家）生态工业示范基地、息烽磷煤化工生态工业基地、白云铝工业基地、清镇铝煤生态工业基地及龙洞堡食品工业园、修文扎佐医药工业园、乌当医药食品工业园等九大特色工业园区；组建装备制造业、铝及铝加工业、磷煤化工业、现代药业、特色食品业、物流业六个重点产业招商工作组及港澳招商工作组，有针对性的开展重点产业招商工作；成立贵阳市振兴工业经济领导小组，由市委、市政府主要领导任组长，市委、市政府分管领导任副组长，政府相关部门、各区市县主要领导任小组成员，负责领导全市振兴工业经济工作，领导小组下设办公室，由市工信委主要领导兼办公室主任，负责日常工作。会议制定出台《关于振兴工业经济若干政策的意见》、《关于加快全市工业园区建设的意见》、《关于加快推进小河-孟关装备制造业生态工业园区建设的实施意见》、《加快贵阳市工业经济发展实施重点产业招商工作方案》、《现代药业振兴与发展实施计划》、《铝及铝加工产业振兴与发展实施计划》、《装备制造业振兴与发展实施计划》、《物流业振兴与发展实施计划》、《磷煤化工产业振兴与发展实施计划》、《烟草与特色食品产业振兴与发展实施计划》等一系列调整振兴贵阳工业经济的文件。（梁大彰）

【重大工业项目建设】 2009年，贵阳市强力推进工业结构调整和技术创新，积极开展项目申报，实施项目建设，协调解决重大工业项目建设中存在的困难和问题。

积极争取资金支持。贵阳海信新一代数字平板电视显示技术产业化、大唐高鸿数据网络技术股份有限公司贵阳地区物流领域RID技术应用项目、贵州益佰制药股份有限公司技术中心创新能力项目等3个项目，获国家发改委高技术专项资金补助1130万元。贵州詹阳动力重工有限公司高效节能环保系列特种工程机械产业化建设项目、贵州航天林泉电机有限公司新式节能型油田抽油机关键核心装备-复式永磁电机易地技术改造项目、贵阳仪器仪表工业公司永青示波器厂年产10万台自主化工程机械电子监控系统生产线技术改造项目、贵州贵航能发装备制造有限公司真空热处理及真空熔炼设备产业化、兖矿贵州开阳化工有限公司磷煤化工基地年产50万吨合成氨等5个项目，共获国家发改委产业振兴和技术改造专项资金补助12190万元。贵阳南明春梅酿造有限公司年产6万吨原生态辣椒调味品建设项目和贵州五福坊

食品有限公司生猪屠宰及肉制品深加工2个项目，获国家发改委农副食品深加工专项资金补助2200万元。

推进重大项目实施。贵州大力士轮胎二期（25万条工程胎）、贵州永吉印务印刷生产线异地技改、中国振华电子集团有限公司年产1000吨锂离子电池正极材料生产线技术改造(一期)、安大宇航新材料环形锻件生产线、开磷集团120万吨磷酸二铵（一期60万吨）、开磷集团年产2×5亿块磷石膏砖等项目顺利建成投产。贵州广铝铝业有限公司清镇800kt/a氧化铝、贵航军转民高技术产业园建设、贵阳海螺盘江水泥股份有限公司2×4500t/d吨新型全干法水泥熟料生产线、贵州詹阳动力重工有限公司高效、节能、环保系列特种工程机械国产化、贵州航天林泉电机有限公司复式永磁电机生产线异地技术改造、贵阳南明老干妈风味食品有限责任公司云关园区建设、贵阳高新晶阳新能源科技有限公司太阳能电池生产线、中国华电清镇塘寨电厂2×600MW机组、中国振华电子集团有限公司年产12万只真空灭弧室生产线技术改造、贵州开阳化工有限公司兖矿年产50万吨合成氨、贵阳卷烟厂异地搬迁、贵阳钢厂异地搬迁、贵州水泥厂异地技改等项目全面开工。（陈中裕）

【循环经济建设】 开展循环经济项目市级试点。全年共投入循环经济项目发展引导扶持资金890万元。选择55个示范带动作用较大、技术较为先进、条件较为成熟的磷煤化工、农业养殖及农产品加工、建筑材料等项目，作为2008—2009年度市级循环经济项目试点，涉及总投资 22亿元。其中，农业类资源综合利用项目14个；工业类节能、节水项目12个，废气、废渣循环利用项目19个；产品和技术开发类项目4个；科研课题 6个。截至12月，试点项目完工 25个，开工建设30个，市公交总公司利用合成氨尾气制液化甲烷、青利公司7万吨黄磷尾气制甲酸钠项目建成投产。

园区生态化建设。全面启动乌当医药食品工业园区、南明龙洞堡食品工业园区、开阳磷煤化工(国家)生态示范工业基地、息烽磷煤化工生态工业基地、清镇煤化工、铝加工循环经济生态工业基地等生态园区控制性详细规划的编制工作。建设完成开磷集团年产120万吨磷铵一期工程，吨磷矿产值由300元提高到1000元；启动广铝集团清镇年产80万吨氧化铝项目建设，累计完成投资2.5亿元；启动浙江今飞集团120万只铝合金轮毂生产线建设前期工作；兖矿集团开阳化工公司年产50万吨合成氨项目完成场平及热电工程，主体厂房正在建设。清镇循环经济生态工业园区、开磷集团息烽循环经济磷煤精细化工工业园开工建设，安达化工公司30万吨氯碱配套有机磷项目进展顺利，煤—电—铝加工、煤—电—煤化工、煤—磷—碱产业链条的生态发展模式已形成。海螺盘江2×4500t/d新型干法水泥、紫江公司120万吨磷渣水泥等项目开工建设；编制完成《贵州修文医药产业园区集中供热方案设计》，制药企业开展污水零排放项目；启动贵州铝厂10万吨熔铸及配套煤气项目、贵州力邦年产80万吨超细磷、锰渣微粉等项目；开磷集团磷酸副产无水氟

小河区举行军民融合高新技术战略合作协议签定仪式

化氢项目中试正在开展。（赵嗣杰）

【技术创新和技术改造】 2009年，贵阳市组织实施并完成重点技术创新项目50项，产学研联合项目8项。完成《贵阳市工业技术创新产业化重点项目规划》编制，建立项目库55个。险峰机床厂“大重型系列数控磨床技术成果产业化”等3个项目获2009年财政部产业技术成果转化资金640万元，贵阳仪器仪表工业公司永青示波器厂“JY230E挖掘机电子监控及节能控制系统研发及产业化”等7个项目获得2009年省重点技术创新项目补助资金210万元。截至12月，全市省级以上企业技术中心72家。市政府共表彰优秀新产品44个，优秀技术改造项目18个，有功人员312名。

2009年，全市技术改造投资累计完成166.6亿元，比上年增长28%。其中，中央项目完成投资56.05亿元，比上年增长55.22%，地方项目完成投资110.52亿元，比上年增长17.37%。全年更新改造施工项目522个。其中，新开工项目403个，累计完成投资74.83亿元，占全市总投资44.92%；亿元以上工业项目37个，累计完成投资64.17亿元，占全市总投资38.52%。522个项目中342个项目建成投产。其中，地方项目240个，中央项目102个。（张海珑　张　云）

【特色优势产业发展】 2009年，磷煤化工、铝及铝加工、装备制造业、烟草及特色食品、现代医药五大特色优势产业实现工业增加值223亿元，占全市规模以上工业增加值总量的77.3%，比上年增长13.1%，拉动工业增长9.9个百分点。全市规模以上装备制造业（含橡胶制品）实现总产值226.3亿元，比上年增长13%；实现工业增加值56.2亿元，比上年增长12.66%。全年完成金属切削机床531台，挖掘机715台，改装汽车3088辆，轮胎外胎257.2万套，汽车配件23.9亿元，彩色电视机72.6万部，移动电话124.89万部，轴承465万套。全市制药业积极配合国家医改政策，加紧完善市场网络，加大县乡一级市场开发力度，提高相关产品的市场占有率，实现工业总产值、工业增加值持续增长，增长幅度超过全市工业平均水平。市属规模以上57户医药企业工业总产值90.1亿元，比上年增长22.05%，工业增加值35.88亿元，比上年增长21.93%。全市食品工业完成工业总产值（地域口径）140.12亿元，比上年增长0.53%。其中，农副食品加工业完成工业总产值21.37亿元，比上年增长19.48%；食品制造业完成工业总产值21.34亿元；饮料制造业完成工业总产值7.33亿元，比上年增长51.98%；烟草制品业完成工业总产值90.08亿元，比上年增长5.48%。（梁大彰　金海亮

特色产品

王茂江　吴　雨）

【节能减排】 2009年，纳入考核的规模以上工业企业万元总产值综合能耗1.51吨标煤，比上年下降10.4%，比目标降低26.8%。工业固体废弃物综合利用量280.89万吨，比上年增长10.08%。全市资源综合利用认定产品获减免税2000余万元。关停淘汰贵州泰宇水泥有限责任公司等6户企业的落后生产能力，其中水泥24万吨，造纸1.8万吨；申报白云特种水泥厂等14个淘汰落后中央财政奖励项目，其中4个项目通过财政部初审；安排中央及省2008年淘汰落后财政奖励资金850万元，通过国家和省淘汰落后生产能力领导小组的淘汰落后产能检查。按照《贵阳市推行清洁生产的实施意见》要求，对贵州轮胎股份有限公司等15户企业开展清洁生产审核试点工作，其中5户企业的清洁生产审核工作通过市级验收，被认定为清洁生产企业。积极推广高效节能照明产品，全年共推广中央财政补贴节能灯201万只，比上年增加48.9%。（黄春天）

【企业创品牌拓市场】 为加强品牌宣传，拓展市场，有效应对国际金融危机，贵阳市积极组织企业参加宁波食博会、第十八届中国食品博览会暨交易会等国际、国内会展。2009年4月，第十三届中国东西部合作与投资贸易洽谈会期间，贵阳食品龙头企业贵阳南明老干妈风味食品有限公司签约金额1.8亿元。举办贵阳市装备制造业配套产品招商会，14户企业现场签约，签约金额1亿元。举办贵阳市制造业与物流业对接洽谈会，引导企业物流业务外包。（邱　俊）

【工业集中区建设】 2009年，贵阳市按照产业分布合理、特色突出、功能基本完善、有较强配套能力的要求，大力加强工业集中区建设，在全市组建了9大工业园区。各园区成立相关组织领导机构，制定相关制度及管理办法，控制性详细规划于2009年11月全部经市规委审查通过，园区进入实施阶段。其中，麦架—沙文高新技术产业园区规划总用地17.37平方公里，金苏大道、麦沙大道、高新技术成果转化基地厂房开工建设，新引进的中航工业贵阳航空发动机产业基地入驻园区。白云铝工业基地规划面积282.8公顷，云环东路、铝兴路延伸段、轮毂区场地平整和厂房开工建设，新引进的浙江今飞集团、贵州华科铝合金工程技术公司等企业入驻园区。清镇市铝工业及煤化工循环经济生态工业园规划工业用地31.8平方公里，红枫湖至铝工业及煤化工循环经济生态工业园区供水工程、贵阳海螺盘江水泥有限公司110千伏供电专线工程和路网结构道路开工建设。塘寨电厂、广铝清镇铝厂、山东枣矿配煤基地、深圳劲同高铝矾土等项目启动建设，华能焦化制气四号焦炉、水晶集团3.6万吨醋酸、贵州兰花二期100万吨/年水泥项目建成投运。息烽磷煤化工生态工业基地规划面积7.89平方公里，大干沟—麻柳庄道路开工建设，贵阳中化开磷化肥有限公司、贵州开磷磷业有限公司、贵州开磷息烽合成氨有限责任公司、贵州开阳磷矿息烽化工股份合作公司入驻。开阳磷煤化工生态工业园区规划面积11.2平方公里，白泥坝—官司坝公路开工建设，贵州开磷矿肥有限公司、贵州开阳路发实业有限公司、贵州开阳青利天盟化工有限公司、贵州开阳国华天鑫磷业有限公司等企业入驻。南明龙洞堡食品工业园规划总面积904.6公顷。园区内5条道路、3个天然气站和供气管道即将开工建设，贵阳南明老干妈风味食品有限公司、贵阳春梅酿造公司入驻园区，新标准集团贵阳云关水产食品加工项目、四川资阳华铁工贸公司放心豆制品基地搬迁技改项目开工建设。乌当医药食品工业园规划面积12.08平方公里，贵阳新天药业股份有限公司“消淤降脂胶囊产业化工程异地技改”项目、贵州远程制药有限责任公司

"抗妇炎胶囊、尿炎清胶囊异地技改"项目开工建设。修文扎佐医药工业园规划面积4.55平方公里，园区道路扩建改选工程、电讯宽带光缆铺设、供电、供水、排污管网等建设已经完成。新引进的贵州华德斯生物制药项目、贵州济昇制药项目、北京中正万融医药公司制药项目开工建设。（梁大彰）

【麦架—沙文—扎佐高新技术产业经济带建设】 2009年3月20日，编制完成的《贵阳高新技术产业经济带沙文生态科技产业园综合规划》（17平方公里），通过专家评审会评审。《贵阳高新技术产业经济带沙文生态科技产业园控制性详细规划》经8月24日市规委专家评审会，8月31日市人民政府市长办公会议，9月1日市规委第六次全体会议审议通过，顺利完成法定审查审批程序。《贵阳高新技术产业经济带沙文生态科技产业园沙文片区防洪规划及洪水计算》（65平方公里），完成洪水计算工程和区域防洪规划文本的编制，通过市政府审批。贵阳高新技术产业经济带沙文片区规划环评正式成果通过评审，地址灾害评估报省国土厅审查并备案。《高新区沙文生态科技产业园建设项目库》按照市委、市政府2009年至2012年基本完善基础设施的要求，具体分年编制建设项目计划。完成中航集团贵阳产业基地黎阳飞机发动机生产线945亩项目用地红线范围内沙文镇苏庄村集体土地（758.58亩）征收补偿工作。金苏大道一标段完成建安投资5792万元，占总投资的32%；金苏大道二标段完成建安投资4592万元，占总投资的60%；金苏大道四标段完成建安投资6359万元，占总投资的75%；金苏大道—绕城高速公路跨线桥主体工程全部完成，达到竣工验收的条件；金苏大道五标段完成招投标，施工单位进场施工；麦沙大道三、四标段完成招投标。完成"两基地、一中心"（高新技术成果转化基地、软件与服务外包基地、创业孵化中心大楼）项目方案，依据该方案排出工作时间表，完成勘界及拆迁摸底调查工作。

同时为进一步拓展贵阳高新区的发展空间，进而推动全市高新技术产业的快速发展，贵阳市委、市政府在充分论证、反复比选的基础上，作出了规划建设麦架——沙文——扎佐高新技术生态产业经济带的重大战略决策，并及时完善高新区管理体制，迅速启动基础设施建设、招商引资、搭建融资平台等工作。特别是抓紧开展高新区区位调整申报工作，将金阳科技产业园东区规划范围内2.36平方公里产业用地调整到正在规划中的贵阳高新技术生态产业带。

经过多方努力,2009年11月9日，国务院同意对贵阳高新区规划用地范围做局部调整，调出金阳科技产业园东区2.36平方公里规划产业用地，调入沙文生态科技园2.36平方公里规划用地。区位调整的获批，标志着规划建设麦架——沙文——扎佐高新技术生态产业经济带进入新的发展阶段，将有力促进贵阳市乃至全省高新技术产业迈上新台阶。（朱文璨）

【小河—孟关装备制造业生态工业园区建设】 2009年6月，为加快小河——孟关装备制造业生态工业园区建设，小河区、花溪区签订《关于拓展国家级贵阳经济技术开发区政策覆盖范围建设小河——孟关装备制造业产业带的框架合作协议》,小河区将于2010年1月1日正式接管合作示范区内的翁岩、陈亮、付官村。同时，成立工业园区开发建设领导小组，制定《关于加快推进小河——孟关装备制造业生态工业园区建设的工作方案》。11月，小河——孟关装备制造业生态工业示范园园区规划经市规委审议通过，规划面积83平方公里（小河区辖区内面积约22平方公里，花溪区辖区内面积约61平方公里）：北至西南环线及南明河，南至花溪区青岩镇杨眉村，西至将军山，东至凤凰山。园区依托现有产业基础，引进知名企业，形成产业集

群，重点布局工程机械、特种车辆、矿用机械、汽车零部件、工业基础件、航空航天、电子信息、电力设备制造产业，建设成为配套基础设施完善、产业配套较为完整、产业链条较长的全省最大的装备制造业基地和西南地区乃至中西部地区重要的装备制造业基地。与中建四局签订合作协议，采取BT方式合作，由中建四局参与园区的道路等基础设施建设，园区内开发大道三期、金戈路一期开工建设。完成贵州中烟异地技改生产基地建设。贵阳海信电子有限公司、贵州劲嘉包装材料有限公司入驻园区。总投资30亿元的贵航军转民高新技术产业园区项目、投资17亿元的盘江煤电集团公司装备制造项目、投资5.5亿元的贵州詹阳动力重工有限公司异地搬迁项目、投资1.3亿元的武汉光谷激光与建新南海合作建设机电产业园和专业孵化器项目、投资6亿元的银川凯沃重工矿用车生产等项目开工建设。（梁大彰）

【市属国有企业改革改制】 2009年，贵阳市共完成50户市属国有企业的改革重组（政策性破产全部完成终结），其中国有产权整体转让8户；注销或歇业、分流安置职工10户；合并重组17户；政策性破产11户；其他4户，涉及资产33.05亿元，职工40155人。全年共筹措企业改革发展专项资金4.4亿元。截至12月，市属国有企业中未改制企业30户。市属国有企业创新能力、市场驾驭能力进一步提高，全年实现营业收入107亿元，比上年增长3.9%；利润总额9.9亿元，比上年增长75%；上缴税金6.2亿元,比上年增长24.9%。

全年完成10家投融资公司组建工作，10家公司国家资本金（实收资本）共计217.69亿元。积极探索新的融资渠道，全年实现投融资64.14亿元。其中：贵阳金阳投资（集团）有限公司发行“甲秀财富1号”理财产品，直接融资6.1亿元，全年累计融资21.5亿元；贵阳铁路建设投资有限公司融资10亿元；贵阳市交通发展投资（集团）有限公司完成融资4.6亿元；贵阳市工业投资（集团）有限公司充分发挥投资导向、融资综合服务等功能，全年累计融资4.5亿元；贵阳市城市建设投资（集团）有限公司发行“利得盈—贵阳建投”理财产品，融资2.3亿元；贵阳市工商资产经营管理有限公司完成融资3.34亿元；贵阳市城市轨道交通有限公司启动与市内重大公建配套市政工程驳接的站点建设，全年融资2亿元；贵阳市公共住宅建设投资有限公司积极与多家金融机构洽谈，完成融资1.5亿元；贵阳市旅游文化产业投资（集团）有限公司完成融资1.2亿元；贵州阳光产权交易所有限公司在全省范围内实现融资2000万元。（贾亦若）

第三产业

【概述】 2009年，贵阳市以生态文明城市建设为总抓手，抢抓国家扩大内需机遇，按照“应挑战、保增长、重民生、推改革、促开放、善领导”的要求，转变经济发展方式，克服国际金融危机带来的挑战与困难，加大对第三产业投入力度，保持第三产业平稳发展的良好态势，全面完成既定目标。

第三产业实现增加值450.3亿元，比上年

商务部部长陈德铭考察贵州西南物流中心项目

增长14.5%，高出地方生产总值增速1.2个百分点，占地方生产总值的49.9%，上升2.7个百分点，速度及占比居三次产业第一位，在全省9个地州市中，总量继续保持第一，增速位列第五。第三产业完成投资551.95亿元，比上年增长34.8%，占全市固定资产投资总额的70.5%。实现社会消费品零售总额412.72亿元，比上年增长20.1%。海关进出口总额18.11亿美元，比上年下降19.6%。全年实际直接利用外资1.12亿美元，比上年增长20%。

旅游总收入294.85亿元，比上年增长57.4%；受国际金融危机和甲型H1N1流感疫情影响，旅游创汇4042.28万美元，比上年下降35.5%；共接待海内外旅游者3288.47万人次，比上年增长25.5%。“避暑之都”、“温泉月”等旅游品牌效益明显提升，乡村旅游迅猛发展，旅游客源市场进一步巩固拓展，旅游业发展保持良好态势。

金融机构人民币各项存款余额2454.43亿元，各项贷款余额2070.34亿元；保险保费收入40.27亿元，比上年增长19.5%；证券成交金额2684.8亿元，比上年增长52.9%; 全市共有上市公司12家，上市公司总市值610.08亿元，比上年增长1.7倍。

完成房地产开发投资210.33亿元，比上年增长23.6%，占全市固定资产投资总额的27%；房屋竣工面积740.05万平方米，比上年增长128.1%；商品房销售金额298.44亿元，市场热点主要集中在金阳新区、云岩区和南明区。新建商品房销售均价3772元/平方米，比上年增长11.8%，其中住宅均价3525元/平方米，比上年增长14.2%。

出口产品结构不断优化，全年机电产品出口4.7亿美元，比上年增长50%，占全市出口总额的35%；农副产品出口总额突破1亿美元，花卉、蛋禽实现出口“零”的突破。对沙特、印度、智利等新兴市场出口整体上扬，全年出口5亿美元，比上年增长45%。瓮福集团沙特洗矿厂项目，中铁五局加纳、斯里兰卡工程项目，七冶马来西亚工程项目带动设备出口1.8亿美元，比上年增长60倍。

全市实现集福利服务、公益服务、便民利民服务三大服务系列为一体的社区服务，提供金融、购物、餐饮、家政、文体、科教、医疗、再生资源回收、再就业培训、居家养老等与居民生活密切相关的服务。截至2009年12月，全市共有便民利民网点8000多个，社会办养老福利机构38家，床位数2116张。

第三产业重点项目进展较好。扎佐物流园区铁路战略装车点及宝通工业物流园主体工程等一批物流项目建成，贵阳世纪金源大酒店和贵阳市数字综合管理系统投入运营，贵阳国际会展中心、贵州西南物流中心、贵州金华物流园等一批重点项目建设全面推进。（范少东）

旅游业

【概况】 2009年,贵阳市旅游业围绕建设“宜游的生态文明城市”目标，大力改善旅游基础设施，全面提高旅游接待能力，全力打造“中国避暑之都”、“温泉之城”旅游品牌，进一步彰显“宜居、宜业、宜游”的城市内涵，进一步提升“爽爽的贵阳—中国避暑之都”城市形象。全年共接待国内外游客人数3288.47万人次，比上年增长25.2%，

2009年贵阳避暑季开幕式

其中国内旅游收入292.09亿元，比上年增长60.2%。全市旅游行业直接从业人员约6万人，间接从业人员约21万人。旅游产业规模不断扩大，体系不断完善，呈现良性发展的局面。（韦　池）

【开拓客源市场】 2009年，贵阳市旅游业积极拓展国内外重点客源市场，深度挖掘国内外潜在客源市场。通过邀请上海、南京、武汉、苏州等旅游界考察团到贵阳重点景区考察踩线，协助韩国KBS电视台、台湾东森电视台、中央电视台《希望英语》旅游新体验栏目组等在贵阳的考察、拍摄活动，加强对外交流与合作。组织旅游企业赴国内外旅游客源地参加各类旅游展会、协作会；开通贵阳至台北定期航班、贵阳至普吉岛包机等新航线；启动“2009中国·贵阳生态旅游年”，重点推介“百元悠游贵阳、乡村和谐共进”贵阳一日游等精品生态旅游线路；市委副书记、市长袁周带队赴北京、上海、广州、台湾开展旅游推介活动，掀起京津唐地区、长江三角洲地区、珠江三角洲地区“百万游客游贵阳”，台湾“万名游客游贵阳”，省内“游客百元游贵阳”热潮。（韦　池）

【创新旅游文化宣传手段】 2009年，贵阳市积极创新旅游文化宣传手段，不断丰富宣传形式和内容。在《贵州日报》、《贵阳日报》、《金黔在线网》等省内主流媒体制作旅游专版；在贵州卫视、人民网等投放旅游形象广告及开展专题报道；在东航《银燕》杂志制作“爽爽的贵阳”宣传专题；在《贵州旅游时尚》杂志制作贵阳避暑季专刊；编制极富特色的《贵阳攻略》、《贵阳温泉月活动指南》、《贵阳旅游交通地图》等旅游宣传折页，摆放在三星级以上酒店客房供游客阅读，扩展宣传空间；在上海、北京、大连三地火车站投放电子屏幕广告，广泛宣传推介贵阳旅游。（韦　池）

生态旅游年启动仪式

第三届旅发大会现场

【2009中国·贵阳避暑季活动】 2009年5月至10月，围绕“旅游·避暑·产业”主题，开展“迎华诞金秋十月、庆中秋欢乐贵阳”系列活动、“乡村特色生态文化旅游”系列活动、“乡村观光采摘体验游”、“清凉奇趣峡谷漂流探险”四项子活动。通过开展重要旅游客源地旅游推介、“贵阳避暑季”旅游网络宣传等活动，以及与当地媒体合作、与当地旅行社联建旅游形象店等方式，推介贵阳避暑季。成功举办“第三届旅游产业发展大会”、“贵州人游贵阳”以及“全国百城旅游宣传周”贵州启动仪式；制

作“爽爽贵阳游”打折卡、代金券；制定《贵阳旅游促内需、保增长行动计划》实施方案；落实旅游专列、旅游包机奖励政策，鼓励国内外旅行社组团来筑旅游。（韦　池）

【2009中国·贵阳温泉月活动】 2009年10月至12月，根据“2009中国·贵阳温泉月”活动方案，围绕“泡温泉与游览观光结合，休闲旅游与健康养身联袂”主题，采取政府引导、企业主导模式，全力打造温泉冬季旅游产品，设计推广温泉旅游线路，推出20多项泡汤养身优惠活动。保利国际温泉、天邑森林温泉、泉天下、贵御温泉、息烽温泉、马岔河温泉共接待游客75万人次，比上年增长64.9%，旅游收入7920.37万元，比上年增长52%。（韦　池）

避暑季之枇杷节

避暑季之十里画廊文化节

【发展乡村旅游】 2009年，贵阳市按照“行有基础”、“食有特色”、“游有内容”、“住有条件”、“娱有活动”的目标要求，推动乡村旅游发展。组织编制完成《贵州省贵阳市息烽县柏香山村旅游度假休闲策划与概念性规划》，牵头编制完成《花溪区“六点一线”乡村旅游发展策划》。建立农家乐经营的规范标准，完成花溪区党武乡摆贡寨乡村旅游示范户“桂香人家”的建设。按照《贵阳市乡村旅游示范户等级划分与评定》标准，对“乡村旅游示范户”进行检查评定，评选出市级乡村旅游示范户50家，花级乡村旅舍16家。在开阳十里画廊景区成功举办全省乡村旅游现场工作会、经验交流会。培育一批乡村旅游精品，现有乡村旅游接待点1530多家。1月至9月，全市乡村旅游共吸纳农村劳动力转移就业8328人，间接就业人员23641人；全年共接待乡村旅游游客1800万余人次，实现综合乡村旅游收入为23.7亿元，占全市旅游总收入的8%。（彭江岚）

【强化旅游服务管理】 2009年，为规范全市旅行社各网点和景区（景点）从业人员的服务行为，贵阳市制定并发布《漂流安全与服务规范》、《旅行社服务网点（门市部）设立与服务规范》、《旅游景区（景点）从业人员岗位规范》3个地方性标准。完成全市45家星级饭店的复核，评定3家三星级酒店和1家二星级酒店。截至12月，全市共有旅游饭店80家，其中五星级酒店1家，四星级酒店9家，三星级酒店29家，二星级酒店15家，一星级酒店1家，旅游定点饭店25家；旅行社115家，其中国际旅行社9家。（彭江岚）

【培训旅游从业人员】 2009年，贵阳市旅游局加大旅游教育培训力度，通过在岗

市领导为游客发放贵阳旅游攻略

（转岗）培训、年审培训和其他教育，提高从业人员的整体素质。全年共举办9期培训，培训导游人员1809人次，旅游执法、安全生产及管理、旅游质监等旅游企业从业人员岗位培训610人次，乡村旅游从业人员292人次。各区、县（市）旅游局对旅游行政管理人员、农家乐、餐饮服务、旅游安全开展不同形式的教育培训工作。（彭江岚）

【举办“贵阳星级宾馆饭店质监员法规知识竞赛”活动】 为宣传普及旅游法规知识，提升旅游服务质量和水平，2009年10月8日至12月8日，市旅游局举办了“贵阳市星级宾馆饭店质监员法规知识竞赛”。赛前组织全市星级宾馆饭店质监员进行培训，通过考试、预赛及决赛，贵盐集团荣和酒店荣获一等奖，京瑞宾馆、雅迪尔国际大酒店荣获二等奖，金桥饭店、贵龙饭店、柏顿酒店荣获三等奖，天怡豪生大酒店、金品大酒店、华城大酒店、黔灵大酒店获得优秀奖。（彭江岚）

【整治旅游市场】 2009年，全市以“满意在贵州”活动为载体，发挥社会公众的舆论监督作用，利用报纸等新闻媒体对旅游市场不良现象曝光，向社会公布咨询和投诉电话，重点查处打击未经批准擅自经营旅游业务，未经批准设立分社和门市部（包括营业部），旅行社超范围经营旅游业务，发布虚假旅游广告宣传，旅行社非法转让、变相转让许可证等行为；坚决查处“零负团费”、擅改行程、购物欺诈、索要小费等损害旅游者合法权益的行为。全年共进行旅游市场

饭店质监员大赛

检查11次，注销旅行社5家，取消2家星级宾馆资格；受理并办结旅游投诉63件，办结率100%。（彭江岚）

金融业

【概况】 2009年，贵阳市高度重视金融业的发展，强力推进政银企合作，加强与金融监管机构、金融机构的协调沟通，大力实施引银入筑工程；积极筹建市农村商业银行，全力支持投融资公司进行市场化融资，继续推进市商业银行上市。截至12月，全市金融机构人民币各项存款余额2454.43亿元，比年初增长23.3%；金融机构各项贷款余额2070.34亿元，比年初增长27.6%。（陈英达）

【强力推进政银企合作】 2009年，为强力推进政银企合作，积极探索融资新模式，贵阳市政府分别同中国工商银行贵州省分行、中国建设银行贵州省分行、国家开发银行贵州省分行、省农村信用社联合社签订银政合作框架协议，承诺在未来3—5年内，拟向贵阳市投放贷款1300亿元，用于支持贵阳生态文明城市建设。6月，市政府组织召开“贵阳市11家投融资平台公司与金融机构融资座谈会”；7月，特邀中国银行、中银国际等相关金融机构与11家投融资公司座谈，推介金融产品，进行项目融资对接；11月，组织召开“贵阳市政银企对接会”，向银行业金融机构推介贵阳市政建设、城市管理、道路交通三大领域2009年末—2010年拟开工建设重点项目情况；12月，组织召开主题为“2010年贵阳市经济金融形势展望”市金融专家咨询委员会第一次会议。（陈英达）

【大力实施引银入筑工程】 2009年，为进一步促进金融业发展，市委、市政府继续实施引银入筑工程。7月，中信银行贵阳分行开业，成为引银入筑工程实施以来，首家在贵阳落户的全国性股份制商业银行。截至12月，招商银行、浦发银行、南充市商业银行、六盘水市商业银行等国内股份制银行，均得到中国银行业监督委员会批准筹建贵阳分行，并陆续开展各项筹建工作。（陈英达）

【积极筹建贵阳市农村商业银行】 2009年，为进一步深化农村信用社改革，提高贵阳市农村信用合作机构的整体实力，增强服务“三农”、服务地方经济的能力，市委、市政府决定组建贵阳市农村商业银行。专门成立市农村商业银行筹建工作领导小组，多次召开专题会议，就市农村商业银行筹建事宜与省农信社联合社、省银监局、人行贵阳中心支行等单位进行研究并拟定组建工作方案。筹建办正按照方案开展不良贷款清收化解等前期基础工作。（陈英达）

【利用投融资平台进行市场化投融资】 2009年，全市各投融资公司在拓宽直接融资渠道，利用信托、债券等产品为基础设施建设项目融资方面进行了积极探索。7月，金阳建设投资（集团）有限公司与江西国际信托投资公司、贵阳市商业银行合作，发行“甲秀财富1号第六期”理财产品，募集资金6.01亿元；市城市建设投资（集团）有限公司与中国建设银行贵州省分行合作，利用建行“利得盈”理财金融产品，募集资金2.3亿元。以中国银河证券作为主承销商的金阳建设投资（集团）有限公司28亿元企业债券、以中银国际为主承销商的市城市建设投资（集团）有限公司20亿元企业债券正待国家发改委审批。（陈英达）

【继续推进贵阳市商业银行上市】 2009年，贵阳市商业银行积极开展增资扩股工作，利用市工业投资（集团）有限公司打包转让处置不良贷款6.07亿元。12月，市商业银行遵义分行成功开业，迈出跨区域经营的又一重大步伐。（陈英达）

现代物流业

【推进产业联动】2009年，我市出台了《贵阳市物流业振兴和发展实施计划（2009-2012年）》，明确全市物流业调整振兴的目标、措施和重点项目。市政府组织召开全市物流业与制造业对接洽谈会，积极推动物流业与5大振兴产业联动发展。截至2009年12月，全市物流园区总占地面积360万平方米，累计完成投资4.72亿元，项目共获得中央、市补助资金1494万元。西南物流中心一期工程、扎佐物流园区铁路战略装车点、宝通工业物流园等项目主体工程按期完成。（张　顺）

【促进区域协作】2009年，贵阳市被国家商务部列为全国流通领域现代物流示范城市，被国家发改委《物流业调整和振兴规划》列为区域性物流结点城市。在第五届中国国际物流节上，贵阳市被授予全国“物流中心城市杰出成就奖”、“物流突出贡献奖”，西南物流中心获得“中国物流园区50强”称号。成功举办“2009中国物流万里行—贵阳站”活动。（张　顺）

【拓宽物流合作渠道】成功推动贵州商储与香港胜记仓合作二戈寨物流配送基地项目，贵阳诚通西部物流公司物流项目、同济堂药业物流基地等物流合作项目取得新进展。（张　顺）

商贸业

【概况】2009年，贵阳市商贸业内外贸并举，商贸经济实现平稳较快发展。全年完成社会消费品零售总额412.72亿元，比上年增长20.1%。其中批发和零售业完成318.56亿元，比上年增长20.3%；住宿和餐饮业零售额87.84亿元，比上年增长20.7%。全年完成进出口总额18.11亿美元，比上年下降19.6%。其中进口完成5.48亿美元，出口完成12.63亿美元。全年批准外商投资项目19项，比上年增长11.8%。实际利用外资1.12亿美元，比上年增长20%。（张　顺）

【市场体系建设】2009年，贵阳市修编完成《贵阳市商业网点规划（2009—2020年）》；红星美凯龙·全球家居生活广场、恒峰步行街建成开业；全国知名餐饮品牌“俏江南”、苗族特色餐饮品牌亮欢寨、金芦笙小镇等建成营业；支持星力百货等大型流通企业建设社区连锁超市41个；升级改造农贸市场16个，完成商务部标准化菜市场示范项目建设24个。（张　顺）

【引导消费扩大内需】2009年，贵阳市组织开展“贵阳迎新欢乐购物节”、“五一欢乐购物周”、“寄情端午·欢乐六一购物周”、“迎盛世国庆·享缤纷金秋欢乐购物节”等大型促销活动，累计实现销售35亿元，拉动社会消费100亿元；成功举办“2009贵阳黔菜创新电视大赛”及“2009贵阳特色旅游餐饮大赛”；扎实推进家电下乡，全市共有家电下乡备案销售网点614个，基本覆盖所有区（市、县）及乡镇，实现销售1.2亿元。（张　顺）

【再生资源回收利用体系】2009年，贵阳市建成500个再生资源绿色回收站，配备流动回收车15辆，废旧电池回收箱200个，开展废旧电池回收试点。开办全省首家收废网站—贵阳收废网。建成贵阳金恒再生资源交易中心、贵阳报废汽车回收拆解中心，全年拆解回收废旧汽车1200辆。（张　顺）

【农村流通网络】2009年，贵阳市全力推进“万村千乡”市场工程建设，建成农家店321个、农家店日用品配送中心3个、农资流通体系配送中心2个，实现农家店乡镇全覆盖；加快推进谷丰粮油批发市场、修文久长农贸市场等“双百市场工程”建设，完善冷藏、物流等设施；组织贵州合力超市与白云区牛场乡小山村蔬菜，北京华联与黔山合作社实施“农超对接”项目，加强农产品双向流通；推进下乡产品流通网络项目建设，建成配送中心1个、销售网点252个、服务网点60个、信息系统项目5个。（张　顺）

【规范餐饮业经营】 2009年，贵阳市对限额以上139家餐饮企业经营场所、设备设施、卫生安全、规章制度四个方面33个小项进行检查，贵阳拾禾餐饮公司黔蘑菇店等7家企业荣获“贵阳市经营服务规范优秀餐饮单位”牌匾，醉苗乡酒楼等16家企业荣获“贵阳市经营服务规范餐饮单位”牌匾。（张　顺）

【家政服务工程建设】 2009年，贵阳市指导成立贵阳市家庭服务业协会，加快便民服务进家庭工程主体的培育，推动行业规范管理。贵阳市被国家商务部列入“家政服务工程”培训计划，共对569名家政服务人员进行规范性技能培训，提高了家政服务从业人员的综合素质和服务水平。（张　顺）

生态文化建设

SHENG TAI WEN HUA JIAN SHE

培育贵阳城市精神

【全国文明城市创建活动】 贵阳市积极开展全国文明城市的创建活动，争取2011年进入全国文明城市行列。

一是做好创建全国文明城市筹备工作。贵阳市已连续三届获得创建全国文明城市工作先进城市，为了使全市创建全国文明城市工作再上新台阶，2009年10月10日，市委副书记、市长袁周率市直各部门领导赴成都、兰州、绵阳等地考察文明城市创建工作。考察结束后，在借鉴全国文明城市成功经验的基础上，制定了《贵阳市创建全国文明城市总体工作方案》。

二是确立创建目标。2009年12月29日，中共贵阳市委八届八次全会召开，提出了在2011年贵阳市进入全国文明城市的行列作为市委、市政府近期工作目标。

三是大力宣传先进典型。通过在新闻媒体开辟专栏、召开表彰会和座谈会等多种形式，对贵阳市2008年荣获全国精神文明建设工作先进单位和先进个人的31个单位、个人以及220个荣获全省精神文明建设工作先进单位和先进个人的先进事迹大力宣传，营造学先进、赶先进的良好氛围。

四是认真筹办“百位市长创建文明城市网上谈活动”。根据中央文明办安排，结合我市创建工作实际，认真筹办了“百位市长创建文明城市网上谈活动——贵阳篇”活动。2009年12月29日，完成了市委副书记、市长袁周在贵阳电视台接受采访及录制工作，并由林城贵阳网将活动制成专题，链接中央文明网在全国进行宣传，进一步展示了我市开展创建文明城市工作以来取得的成效，取得了很好的宣传效果。

五是做好“百姓——书记市长交流台”专题电视节目。精心组织筹办“百姓——书记市长交流台”活动，2009年9月4日，专门就“整脏治乱”工作和“满意在贵州”不满意问题征集活动的办理情况召开了约谈会，在“百姓——书记市长交流台”以“百姓——部长共话‘整脏治乱’良策”为主题，现场和广大市民代表就我市“整脏治乱”、“满意

中共贵州省委常委、贵阳市委书记李军，市委副书记、市长袁周等市领导参加“绿丝带”活动

在贵州"工作互动交流，认真听取大家的建议和意见，收到较好效果。

六是做好全国城市公共文明指数测评迎检工作。2009年8月底，贵阳市认真做好中央文明办全国城市公共文明指数测评组在贵阳市的测评工作，全市相关单位积极配合测评组在资料审查、公共秩序、基础设施、居民满意度入户调查等方面工作（周　琼）

【贵阳市志愿者活动】 2009年贵阳市志愿者协会开展了多项公益性活动。

成立"贵阳市志愿者协会"。根据中央文明委、省文明委以及市文明委关于开展志愿服务活动的相关精神，贵阳市文明办牵头成立了贵阳市志愿者协会。开展志愿者招募工作，下发了《关于做好贵阳志愿者招募工作的通知》，在各区（市、县）、全市各机关单位广泛发动。截至2009年12月31日，全市招募志愿者30万人，并与市信息中心联合开发志愿者注册登记软件。

举办全国"百万空巢老人关爱志愿服务行动"启动仪式。2009年12月5日上午，由中央文明办、民政部指导，中国志愿服务基金会主办的"百万空巢老人关爱志愿服务行动"启动仪式在贵阳市小河区兴隆社区拉开帷幕。中国志愿服务基金会理事长甘英烈，贵州省委常委、贵阳市委书记李军，贵州省委常委、省委宣传部长谌贻琴，贵州省委宣传部副部长、省文明办主任杨兴举等领导和嘉宾出席启动仪式。来自贵阳市各行各业的600余名志愿者代表、20多位"空巢老人"代表和10余家向中国志愿服务基金会进行现场捐助的企业代表参加了启动仪式。当日，中国志愿服务基金会在现场共接受慈善捐款120多万元。

制定了《贵阳市"绿丝带"志愿服务活动组织办法（试行）》等系列文件。为了推进贵阳市志愿者组织和志愿者服务活动走向规范化、制度化、常态化轨道，确保志愿者、志愿组织及服务对象的合法权益，确保社会志愿服务活动长期、健康、可持续开展，先后拟定了《贵阳志愿者工作实施方案》、《贵阳市志愿者协会章程（草案）》和《贵阳志愿者管理办法（草案）》的有关规定、《贵阳市"绿丝带"志愿服务活动组织办法（试行）》（以下简称《组织办法》）。其中《组织办法》规定全市志愿者年度志愿服务的时间在48小时以上，并对志愿服务活动的范围、原则等作出了明确的规定，受到中央文明办好评，中央文明办专职副主任王世明作出"中国文明网登此组织办法"的批示。

开展形式多样的志愿服务活动。继"百万空巢老人关爱志愿服务行动"启动仪式后，贵阳市各级各部门以社区为依托，组织志愿者特别是身体健康的低龄老年志愿者，采取结对帮扶的办法，开展了为高龄空巢老人提供生活照料、心理抚慰、应急救助、健康保健、法律援助等服务，积极为他们排忧解难，受到广大空巢老人的欢迎。市党政机关领导、市直机关干部数百人系上"绿丝带"，利用休息日走上街头开展交通协勤活动、纠正行人和机动车辆的违章行为、发放文明交通宣传手册等志愿服务。2009年12月19日，为配合市志愿者协会组织开展了维护交通秩序"绿丝带"志愿服务活动，省委常委、市委书记李军，市委副书记、市长袁周，市人大常委会主任李跃南，市政协主席陈石等领导走上街头，带头开展志愿服务，维护交通秩序，劝阻、制止各种不文明行为。500多名市直机关干部参加了当天的志愿服务活动。（周　琼）

【出租车驾驶员文明用语推广活动】 为了提高出租汽车文明服务水平，迎接"生态文明贵阳会议"和国庆60周年，2009年8月15日，由市文明办、市客管局、市人民广播电台、青年志愿者团队联合向出租汽车司机发出倡议：使用文明用语。在火车站广场出租汽车下客点活动现场，市文明办、市客管局、市人民广播电台有关负责人及IN4青年志愿者在500辆出租汽车车厢显眼处张贴了“出租汽车司机文明用语三句话”宣传标志，发放了出租汽车司机使用文明用语三句话倡议书，并赠给每名出租汽车司机“平安”字样的十字绣和白手套。（周　琼）

【青少年文明礼仪宣传活动】 2009年6月26日，由贵州省文明办、贵州省教育厅、贵州广电局、共青团贵州省委主办，贵阳市文明办协办的以“弘扬中华传统美德、诠释礼仪、传播文明”为主要内容的贵州省“迎国庆讲文明树新风”礼仪知识竞赛在贵州电视台演播大厅举行，贵阳代表队获三等奖。（周　琼）

生态文明意识教育

【开办建设生态文明城市广播电视专栏】 贵阳市广播电影电视局局牢牢把握舆论导向，紧紧围绕党委、政府中心工作搞好广播电视宣传工作。电台、电视台以科学发展观为指导，坚持贯彻三贴近原则，不断提高舆论引导水平。在工作中为贵阳市生态文明城市建设开办专栏，制作播出了大量的专题报道、跟踪报道，采取了直播、与观众互动等形式，增强了新闻的实效性、可看（听）性，在宣传贵阳市生态文明城市建设上取得了很好的效果，受到社会各界的广泛赞誉。（刘　晶）

【贵阳学院生态文明城市建设研究中心取得一批研究成果】 作为贵阳市唯一本科高校，按照贵阳市委、市政府对贵阳学院提出的“突出实用，服务本地”要求，贵阳学院在市委发布《关于建设生态文明城市的决定》后不久，即成立了生态文明城市建设研究中心，旨在搭建科研平台，整合人才资源和力量，围绕生态文明城市建设过程中需要

解决的问题开展学术研究，为贵阳市生态文明城市建设提供智力支持。2009年，贵阳学院生态文明城市建设研究中心所属6个生态研究所积极开展学术研究，主要从自然科学、社会文化、经济和互联网等角度进行，取得了一批成果。（周国茂）

【《贵阳市生态文明城市建设教程》（大学版）出版发行】 贵阳市生态文明城市建设研究中心组织编写的《贵阳学院生态文明城市建设教程》于2009年7月由西南交通大学出版社公开出版发行。

本书是为了贯彻落实贵阳市委、市政府对贵阳学院“突出实用，服务本地”办学要求，为贵阳市生态文明城市建设培养人才而采取的重要举措。全书共八章，分别为《生态文明城市建设》、《一路走来的贵阳——贵

市民义务植树活动

阳市情》、《未来贵阳——贵阳生态文明城市建设规划》、《发展着的贵阳——贵阳生态经济发展》、《变化中的贵阳——贵阳生态环境现状及改善》、《和谐贵阳——“六有民生行动计划”》、《文化贵阳——贵阳城市精神与形象塑造》、《民主进程中的贵阳——贵阳政治文明建设实践》，对生态文明城市建设的理论、贵阳市情、贵阳市生态文明城市建设规划以及生态建设的内容与相关问题进行了全面、系统和深入浅出的分析论述，教材的出版为培养适应贵阳市生态文明城市建设所需人才奠定了一定基础。（周国茂）

【公民道德宣传月活动】 在3月公民道德宣传月活动期间，结合“3·5中国青年志愿者日”、三八妇女节、“植树节”、学雷锋活动等活动主题，市文明办组织开展了一系列活动。一是开展了“绿丝带”学雷锋公益日活动和中国青年志愿者服务日活动；二是在人民广场开展了庆“三八”广场文艺演出；三是在“9.20”全国第七个公民道德宣传日期间,按照省文明办要求，指导各区（市、县）认真做好有关各项组织和宣传工作，组织干部群众收看“第二届全国道德模范评选表彰活动颁奖仪式”等，广泛发动干部群众向道德模范学习。四是组织市属新闻媒体对我市新获得的一批全国、省级文明村镇、文明单位、先进村寨、先进单位和先进工作者进行宣传报道，推进创建工作的开展。（周 琼）

【“畅通工程”宣传教育活动】 为了切实搞好畅通工程的宣传教育活动，贵阳市委宣传部、市文明办积极配合各阶段交通整治，协调新闻单位做好追踪宣传报道。其中，贵阳日报社与市公安局、市交警支队、畅通工程相关部门密切合作，对畅通工程进行了大量的宣传报道，在要闻版、本土新闻版、新闻调查、红绿灯等版面发稿600余篇。贵阳电视台在《新闻空间》、《今日报道》等栏目中，从老百姓的视角、日常生活等方面入手，报道畅通工程给广大市民带来的好处，并选派8名记者组成报道组进行集中的报道。贵阳人民广播电台交通台充分发挥专业台的优势，大力宣传交通法规和交通整治行动，对各项整治举措和交安活动进行不间断报道，共发稿400余条涉及畅通工程稿件，并开展了7场大型户外直播活动，内容为“冬防春运”交通安全启动仪式、《道路交通安全法》大型宣传演出、贵阳市中小学生交通安全宣传演出、对违法司机的公处大会、《道路交通安全法》实施宣传、贵阳市交巡警联勤、安全行车比赛。交通台还注重对整治活动的外宣工作，在中央人民广播电台《全国交通联播》中播出了八次贵阳开展整治行动的情况，另外还在全国交通电台易路通网站上发稿十多条，对北京畅通工程专家组到贵阳检查工作进行了跟踪报道；新闻台也紧紧围绕畅通工程进行宣传报道，共发涉及稿件200余条，有力地支持了畅通工程的实施。

开设畅通工程宣传专题。贵阳日报开设专版35个，专栏31个，言论50条，对畅通工程进行广泛、深入宣传，收到了很好的效果，市民的交通守法意识得到增强。贵阳电视台《警方直通车》、《红绿灯》栏目从公安、交警部门大力抓好畅通工程、严厉打击违反有关交通规定的行为为切入口，侧重报道在实施畅通工程中的整治措施、解决我市交通紧张的方法，共发稿400余条；《小萱说法》栏目根据其特点策划了三期节目，解读《道路交通安全法》，让市民能知法、懂法、守法，自觉投入到畅通工程中来。贵阳人民广播电台开设《交通视点》、《交警在线》、《交通在线》，共播出330余期，请市交警领导及干警走进直播间160余人次，内容涉及：压事故保畅通、《道路交通安全法》、交警形象创建、交通专项整治、营运车的治理、处罚行人违法治理、未成年人交通安全教育与宣传等。（张红枫）

【“满意在贵州、文明在贵阳”主题活动】 2009年“满意在贵州、文明在贵阳”主题活动成功开展。

制定了《“满意在贵州、文明在贵阳”主题活动2009年实施方案》，在2008年窗口服务、城乡环境、旅游接待等领域取得初步成效的基础上，以营造良好旅游服务环境和投资创业环境为重点，推动“满意在贵州、文明在贵阳”主题活动向政务执法、市场经营、医疗卫生、教书育人等领域延伸辐射，使机关单位、窗口行业服务态度明显改善、工作效率和质量明显提高、工作作风明显改进，公众对各项环境的满意度进一步提高。

采取多种形式进行广泛宣传，在市属主要媒体开设“满意在贵州、文明在贵阳”主题活动专题栏目，在火车站、机场路、人民广场、金阳新区等地显眼位置制作大型公益广告，在窗口单位、社区利用黑板报、发放宣传资料、开办市民学校等多种形式进行广泛宣传，为广泛开展“满意在贵州、文明在贵阳”营造良好社会氛围。

广泛开展不满意问题征集活动，对市民

百万空巢老人关爱志愿服务行动启动仪式

提出的不满意问题进行认真梳理，共梳理出市民反映的问题501个，并督促有关责任部门进行一一的整改、办理和回复，整改和回复率达99.8%以上。

层层抓好示范点，进行示范带动。市、区（市、县）领导小组办公室分别确定了10个监测点，将供水、供电、供气、办证、政务、车站等与老百姓密切相关的窗口部位作为监测示范点，发挥示范带动作用。

结合行业特点，开展各类先进评选活动。市文明办、市城管局开展了星级出租车组、星级出租车驾驶员、“十佳文明服务之星”评选活动，贵阳客运公司开展了“十佳文明服务之星”评选活动，市供电部门开展了“十佳文明微笑之星”评选活动等，各区县也开展了各种形式的评选活动。（周　琼）

【开展“排队推动日”、“步行推动日”活动】 配合贵阳市中心城区畅通工程的开展，2009年4月起，将每月的11日定为“步行推动日”，4月11日开展了首个“步行推动日”启动仪式；5月，组织举办了“更环保、更健康、更经济”为主题的“市民茶座”，邀请市民参与,倡导市民选择文明健康环保的出行方式。将每月的1日定为“排队推动日”，以“我排队、我文明、我快乐”为主题，与团市委共同组织开展“排队推动日”活动。6月1日，在市一医、火车站、客车站，以及人流量较大的公交站点等场所，组织开展首个“排队推动日”活动；9月1日，市文明办联合团市委、十个区（市、县）文明办，共同组织志愿者和义务监督员近600名，在全市的火车站、各主要车站、主干道斑马线、商场超市等人流密集的公共场所及地点，宣传引导市民文明排队、礼让有序。（周　琼）

【开展生态文明创建活动】 2009年生态文明创建活动内容丰富形式多样。

2009年6月，贵阳市文明办会同市直相关部门，重新修定了《贵阳市创建生态文明机关、企（事）业、学校、社区、村寨测评指标（试行）》，推动我市生态文明单位创建向规范化、常态化发展。

2009年9月6日至7日，中央文明办专职副主任王世明一行到我市调研生态文明示范点创建工作，视察了小河区兴隆社区、花溪清华中学、党武乡党武村摆贡寨。充分肯定了贵阳市建设生态文明城市取得的成效，并将贵阳市取得的成绩向中宣部部长、中央书记处书记刘云山同志作了汇报。9月22日，刘云山同志对贵阳市以生态文明城市建设为抓手，奋力创建全国文明城市的做法给予了充分的肯定，并作出重要批示，要求中央媒体对贵阳市的做法进行集中采访报道。市文明办组织市直各有关单位多次深入各创建点，调研、选点、提整改要求，最后精选了各类生态文明示范点16个进行培育，为中央媒体报道集中采访做了充分准备。

根据市委、市政府《关于建设生态文明城市的决定》要求，继续在全市组织开展生态文明机关、企（事）业单位、学校、社区、村寨创建活动，2009年共评选出生态文明机关、企（事）业单位、学校、社区、村寨290个。（周　琼）

文化体制改革

【文化体制改革工作顺利推进】 2009年，贵阳市认真贯彻落实中央、省、市文化体制改革精神，积极稳妥推进以市属专业艺术院团和经营性文化事业单位为重点的文化体制改革，统一思想、迎难而上，改革工作顺利推进。

在专业艺术院团改革方面，一是继续推进贵州京剧院的组建工作，根据《<贵州京剧院组建方案>实施意见》对贵州京剧院改革工作领导小组进行调整,成立了贵州京剧院组建办公室，制定订了《贵州京剧院组建工作实施方案》、《贵州京剧院考核聘用办法》，贵州京剧院的组建已进入实质性阶段。二是按照分类指导的原则，根据中宣部、文化部《关于深化国有文艺演出院团体制改革的若干意见》的要求，积极推进专业院团体制改革，制定《市艺术中心整体转企改制工作方案》并报市长办公会议同意，将于2009年12月28日挂牌成立了贵阳市艺术中心有限责任公司。改制后的贵阳市艺术中心有限责任公司将在人事制度、劳动制度、分配制度等方面进行改革，转变经营和管理方式，严格财务、成本、质量和营销管理，逐步建立起有利于调动和充分发挥文化工作者积极性，有利于多出优秀作品和优秀人才的机制，进一步提高艺术生产及服务水平。其它专业艺术院团的改革工作也在稳步推进，争取按时间安排和进度要求完成市属专业艺术表演团体转企改制工作。

在经营性文化事业单位转企改制方面，制定了《贵阳市文物流通中心改制方案》、《贵阳市演出中心改制方案》并通过市政府审批，2009年12月28日，贵阳演出有限责任公司、贵阳文物商店有限责任公司揭牌仪式在贵阳市艺术中心剧场举行。（胡壹华）

【贵阳交响乐团（贵阳爱乐乐团）成立】 2009年2月19日，贵阳交响乐团（贵阳爱乐乐团）成立签约仪式在贵阳举行。贵阳交响乐团（贵阳爱乐乐团）是市委、市政府继“森林之城，避暑之都”、“爽爽的贵阳”之后，打造的代表城市高品位的文化名片，也是贵阳市政府落实十七大精神、践行科学发展观、为民办实事的具体体现。贵阳市政府将每年投入200万元向该乐团购买公益性演出服务，并提供100万元演出乐器购置经费。乐团由本地最大规模的零售企业星力集团投资组建，每年投入1000万作为乐团的专用经费，这是民营资本首次进入我市公益性文化事业的一次创举和有益的尝试，对推动全市高雅艺术的发展，对提升市民的文化欣赏水平，有着不可估量的作用。

贵阳交响乐团邀请国家一级指挥、教授卞祖善先生、中国交响乐团首席指挥李心草

贵阳交响乐团成立及演出活动

先生担任交响乐团的艺术顾问。2010年3月份起将面向全球各大音乐学院招募专业的演奏员，同时以优厚的待遇吸引国外专业演奏员。交响乐团将于2010年下半年在贵阳大剧院迎来它的首场演出。

贵阳交响乐团是全国唯一一家由企业注资，拥有自己的排练场地和音乐厅的乐团。乐团拥有一支专业高效、充满朝气的管理团队，具备适应市场需求的灵活、高效的运营体制，它的成立对于普及群众高雅艺术，提升城市文化品位，创造和谐美好的城市生活将起到积极的推进作用。乐团还将充分利用自己的演出场地和专用教室，在保证每年举办80场专业演出会的同时，建立音乐人才的培训学校，为贵州省培养自己的音乐人才。（胡壹华）

【推进市属国有电影企事业资源整合】 通过广泛深入地调研，找准制约全市国有电影单位发展的症结，对5家规模小资源分散的国有电影企事业单位进行了合并重组改制，2009年9月8日正式挂牌成立了贵阳影业发展有限公司。公司成立来，努力开拓市场，积极扩大市场份额。出资并相对控股贵州新兴世纪农村数字电影院线有限公司，年放映农村公益电影1.4万场，并与中影新农村数字电影放映有限公司建立了农村数字电影广告合作关系；已出资获得47%的股权参股经营贵阳银座影城，2009年贵阳银座影城票房收入达1087万元；以资产整合的方式参股，与贵州中玉房地产开发有限公司共同组建贵阳新华古艺电影城，影业公司占40%股份，2009年该影城票房收入达201万元；公司出资参股贵州星空影业有限公司，参与全省的影院建设。（刘　晶）

文化活动设施建设

【广播电视户户通工程】 强力推进农村广播电视户户通工程建设，新的户户通技术

2009年贵阳市文化科技卫生“三下乡”活动现场

模式深受农民群众欢迎。2009年的户户通广播电视全部采用直播卫星的技术模式，电视节目套数增加到47套，收视质量大大提高,新增了收听广播及新闻资讯、农业科技、当地天气预报等实用信息功能，提高了为人民服务的水平，深受农村广大群众欢迎。2009年共建自然村广播站1000座，在完成2009年任务的基础上，提前一年完成了2010年的通广播任务。户户通电视完成37927户，超额完成3%的任务。为使户户通工程的顺利推开，使农户得到更大的实惠，2009年将户户通农户匹配经费由原每户150元下调为100元，切实减轻农民负担；采取开展“帮扶电视机”活动、“家电下乡”等措施为农民提供低价电视机万余台，突破了因为农民买不起电视机影响电视入户率提高的瓶颈。为确保村村通长期通，我们不断完善农村广播电视维修维护体系建设，切实维护了农村广播电视用户利益。（刘　晶）

【农村电影放映“2131”工程】 为切实搞好农村电影放映“2131”工程，把国家对农民群众的关怀落到实处。贵阳市2009年完成了15331余场次的农村电影放映，超额完成了全年14000场目标任务；为配合全市重点工程建设，丰富建设工地农民工的业余

文化生活，市广电局创新思路组织农村院线公司把电影送到建设工地和社区，受到了农民工兄弟的赞扬，2009年放映了900余场；另外，还借国庆等有利时机增加了千余场电影放映。（刘　晶）

【广播电视数字化工程稳步推进】贵阳电视台的后期非编制作网、收录系统的数字化已全面完成；电台完成了系列台节目进入有线数字平台播出和互联网上的直播；有线电视数字化平移已完成5.8979万户。（刘　晶）

【农家书屋建设】2009年，贵阳市文化工作紧抓中央扩大内需和建设生态文明城市机遇，着眼于推动贵阳公共文化服务体系跨越发展，大力健全公共文化服务体系。根据国家新闻出版总署和省新闻出版局的安排，贵阳市率先在省内提出2009年在省内提前实现农家书屋的村级覆盖，并将农家书屋建设工作纳入全市“十件实事”，启动了271个农家书屋建设工作，通过全市上下的共同努力，圆满完成了271个农家书屋的建设申报及相应的选址、人员配备等工作，率先在省内实现了农家书屋的村级覆盖，实现了农家书屋的跨越式发展，为形成网络健全的公共文化服务体系打下了坚实的基础。在不断加强建设的同时，贵阳市文化局还积极创新农家书屋管理模式，出台了一系列制度规范，在管理运行上实现制度化、规范化，成功召开全市农家书屋工作现场会，启动了星级农家书屋创建、读书征文等活动。（胡壹华）

【乡镇街道文化站建设】2009年，贵阳市紧抓中央扩大内需机遇，完成12个乡（镇）综合文化站建设工作（清镇市1个、修文县1个，白云区1个，息烽县1个，开阳县8个），2009年，全市还争取了22个乡（镇）综合文化站（开阳县8个乡镇、修文县9个乡镇、乌当区5个乡镇）建设任务，目前已全部开工，将于2010年完成。2009年为6个乡（镇）综合文化站购置24万元的音响器材设备，扶持12个乡（镇）综合文化站12万元。（胡壹华）

【贵阳市云岩区文化馆】云岩区文化馆于1953年成立。原办公楼位于富水北路22号—24号，面积527.2平方米。因城市扩建，2002年3月底文化馆办公楼被拆，一度暂借云岩区计算机培训中心部分教室办公过渡。仅100多平方米的办公场地狭小，又没有功能区分，所以许多工作无法开展。

新建云岩区文化馆于2006 年 10月开始动工兴建，2009年7月投入使用。占地面积1751.04平方米，建筑面积2300平方米，资金总投入1000多万元，内设馆长办公室、副馆长办公室、排练室、美术教室、音乐教室、办公室、多功能厅、网络支中心。

新建云岩区文化馆已开始利用现有新建场地开展各类丰富多彩的群众文化活动。云岩区文化馆常年开设的有音乐培训、美术培训以及舞蹈培训课程，每周还有1—2支业余团体的排练活动。（胡壹华）

【贵阳奥体中心主体育场建设相关情况】贵阳奥林匹克体育中心位于金阳新区金西大道，规划总用地面积116.27公顷，规划建筑面积28.94万平方米。根据贵阳市委、市政府研究决定，贵阳奥体中心建设采取“一次规划，分步实施，先期启动主体育场建设”的实施步骤，以满足2011年全国民运会的场地使用要求。

在市委、市政府的高度重视和领导下，在省、市各有关部门的大力支持和密切配合下，各项建设工作得到了顺利推进。项目已于2008年5月23日开工建设，定于2010年底竣工。总建筑面积7.8万平方米，总投资8.82亿元，建筑内容包括一座6万人体育场、室外标准田径场、室外篮球场及景观工程等。建成后的贵阳奥体中心主体育场，近期目标作为贵州省承办2011年第九届全国少数民族传统体育运动会的主体育场，远期目标为申办部份国际单项赛事和各类国内综合赛事的主场馆，同时也将成为一个集健身、娱乐、休闲、旅游、培训等多功能的体育文化中心的主体建筑。

在贵阳奥体中心建设领导小组的直接领导下，各参建单位正在共同探索新的运作模式，充分盘活贵阳奥体中心，力争使主体育馆、游泳跳水中心、网球中心等分项工程启动建设。为使贵阳奥体中心主体育场项目的体育工艺要求、使用功能标准能达到前期定位要求以及协办好全国民运会，市体育局在充分对接相关部门和认真听取专家意见后，正积极参与贵阳奥体中心主体育场工程的弱电系统、扩声系统、灯光照明系统、塑胶跑道、场地草坪等分项技术工作以及贵阳奥体中心主体育场试运行方案的草拟工作。截止到2009年9月，经过参建单位的共同努力，贵阳奥体中心主体育场工程主体结构提前3个半月实现封顶，为按期完成总体计划工期目标奠定了坚实基础。目前，贵阳奥体中心主体育场建设已经进入到钢结构吊装阶段。(王琪华)

贵阳市“爱国歌曲大家唱”活动演出现场

重大文化活动

【2009中国贵阳生态旅游年活动】贵阳市以生态旅游主题年为契机，举行“2009中国·贵阳生态旅游年”启动仪式，重点推出“百元悠游贵阳、乡村和谐共进”贵阳一日游精品生态旅游线路，市委副书记、市长袁周带队的市政府代表团赴北京、上海、广州、台湾开展旅游推介活动，相继掀起京津唐、长三角、珠三角“百万游客游贵阳”、台湾“万名游客游贵阳”及省内“百元游客游贵阳”热潮。（彭江岚）

【2009（北京）贵阳经贸交流暨第四届国际阳明文化节】 2009年3月9日至10日，贵阳市委副书记、市长袁周，市委常委、副市长王方，副市长季泓率贵阳市各区（市、县）政府和市直相关部门主要负责人，在北京开展了为期两天的经贸交流暨旅游推介活动。推介会在北京世纪金源大酒店隆重举行，在国际金融危机大环境下，贵阳市此次招商引资和旅游推介活动共签下28个总金额达110.33亿元的投资项目，其中产业项目21个，总金额109.23亿元，旅游、高科技合作协议4个。签约的项目内容涉及广泛，涵盖新材料、高新技术、酒店建设、信息技术、旅游开发等领域，有投资2亿元的铝轮毂生产、投资25亿元的购物中心、投资20亿元的三桥马王庙片区开发、投资5000万元的俏江南餐饮、投资3亿元的物流平台基地建设等项目。

同时，“京津唐百万游客爽爽贵阳”旅游节也得以成功的推出。会上，贵州省副省长蒙启良、贵阳市市委副书记、市长袁周、国家旅游局领导、中国旅游协会领导发表讲话。袁周亲自为贵阳做广告，向出席这次推介活动的有关领导、企业家、媒体朋友、社会嘉宾推介贵阳。

参与采访报道的中央和北京主要媒体、部分境外媒体达30余家；3月10日晚9：00，袁周市长做客中央人民广播电台直播访谈节目，在《直播中国》栏目为全国听众推介贵阳，直播节目由凤凰卫视著名时事评论员、凤凰资讯台副台长兼言论部总监曹景行任嘉宾主持，中广网、国际在线、新浪、和讯四家网站以及贵阳人民广播电台、贵阳交通文艺广播电台同步转播。其中中广网在首页左上方放置袁周市长做客中央台的图片，并链接访谈内容。其它各大网站也对访谈做了大量报道。用Google输入关键词“袁周市长做客中央台”，搜索达2590条。（郑 汉）

【2009年亚洲青年动漫大赛在贵阳举行】 2009年8月7日，亚洲青年动漫大赛在贵阳举行，来自亚太及欧洲、南美洲等近30个国家和地区的知名动漫大师及青年动漫人才参加了本届大会。大会共有日本、韩国、菲律宾、印度、新加坡、伊朗等48个国家和地区的参展参赛作品9600余部，创本项赛事举办以来参赛作品数新高。

亚太动漫协会主席约翰·兰特，印度著名动画艺术家、导演拉姆·穆罕，北京奥运吉祥物福娃的主要设计者吴冠英等60余名动漫艺术家和专业协会代表，以及国家有关部门、省市有关负责人参加大赛开幕式。（陈 诚）

【2009中国·贵阳避暑季·温泉月活动】 从2009年夏天第一个节气——立夏(公历5月5日)开幕，到金秋最后一个节气——霜降(公历10月23日)来临时闭幕，“2009中国·贵阳避暑季”用5个多月时间，拉动了贵阳旅游业的发展，成绩斐然，成就令人瞩目。“2009中国·贵阳避暑季”从5月初开幕后，围绕“避暑·生态·产业”这个主题，持续深入地打造“爽爽的贵阳·中国避暑之都”城市形象品牌，组织开展了40余项主题活动、宣传推介活动，实施了“京津唐百万游客游贵阳”、“长三角百万游客游贵阳”和“贵州人游贵阳”等活动，市主要领导还亲自带队赴重庆、上海、广州及台湾等新老客源市场，走进市民中间，全方位展示贵阳旅游和城市品牌形象，有力地撬动了旅游市场。在“避暑季”这个强大助推器的推动下，贵阳市旅游业逆势而上、空前繁荣，“爽爽的贵阳·中国避暑之都”这个独特的城市品牌已经在全国打响，贵阳由昔日单纯的省外游客集散地变为如今的目的地。2009年，共接待海内外游客3279.36万人次，各家旅行社、景区景点、宾馆酒店客流如潮，导游吃紧，酒店一房难寻，旅游车辆供不应求。实现旅游总收入294.85亿元，旅游总收入同比增长了57.4%。其中，从5月份启动“2009中国·贵阳避暑季”之后实现的旅游收入就达145.6亿元。

贵阳市温泉资源分布广泛，遍及市属各区、市、县，深度大多在1000米至2000米之间，水温40℃-60℃，热储层厚度稳定，资源蕴藏量大，而且埋藏深度适宜，热水里富含有益于人体的锶、偏硅酸等多种微量元素，对人体某些疾病具有独特的治疗和理疗作用。就在“2009中国·贵阳避暑季”收官之时，精彩纷呈且暖意浓浓的“温泉月”活动也靓丽登场，一直持续到来年“避暑季”的揭帷，从而使“避暑季”和“温泉月”环环相扣、紧密相连，更加鲜明地凸显“爽爽的贵阳”的城市形象定位。2009年10月18日，温泉月开幕式暨“民族魂——金铁霖、马秋华学生音乐会”在国家4A景区保利·温泉新城揭帷。为此贵阳市旅游部门和各大景点又推出与温泉旅游相结合的乡村旅游、农业生态旅游、民俗文化旅游、温泉水上体育活动为一体的系列活动，以

全新、绚丽的形象打造“凉爽宜人的贵阳，诗情画意的贵阳，调养身心的贵阳，其乐融融的贵阳”，更加鲜明地凸显“爽爽的贵阳”城市形象定位。（郑 汉）

【第四届国际阳明文化节《心向往的地方》】 “2009中国·贵阳‘避暑季’和第四届国际阳明文化节开幕式”大型综艺晚会，于2009年5月5日在修文阳明文化园举行，主题为“爽爽的贵阳·心向往的地方”。由贵州省人民政府、国家旅游局主办，中共贵阳市委、贵阳市人民政府、贵州省旅游局承办修文县委、县政府执办。

国家旅游局副局长王志发，省委副书记王富玉，中国风景园林协会会长、中国城市规划协会会长赵宝江，中国气象学会秘书长王春乙，《今日中国》杂志社社长宫喜祥，民建中央组织部副部长李维平，省委常委、贵阳市委书记李军，省委常委、副省长黄康生，省人大常委会副主任傅传耀、省政协副主席武鸿麟以及市四大班子领导出席开幕式并观看演出。来自美国、日本、韩国、瑞典、俄罗斯、乌克兰、马来西亚、印度尼西亚等11个国家和地区的王学专家、学者、台湾地区游客以及全国各地来宾20000人参加。晚会时长2个小时，明星助阵唱响歌曲《爽爽的贵阳》，推出大型歌舞诗《知行合一》，彰显了贵阳精神，展示了地方特色，弘扬了阳明文化。（郑 汉）

【第七届中国舞蹈荷花奖“宏立城”杯民族民间舞大赛】 2009年9月23——28日，由中国文学艺术界联合会、贵州省人民政府主办，中国舞蹈家协会、中共贵州省委宣传部、贵阳市人民政府主承办，中共贵阳市委宣传部、贵阳市文化局、花溪区人民政府执办，贵州宏立城集团协办的第七届中国舞蹈荷花奖“宏立城”杯民族民间舞大赛在贵阳隆重举行。

共有来自全国各地29省、市、自治区的300余个节目参加了此次大赛，参赛作品涵盖了汉、蒙、鲜、维吾尔、达斡尔、东乡、京、景颇、毛南、纳西、羌、畲、水、塔吉克、乌兹别克、锡伯、裕固等31个民族。经过评委团的初评，选出100个节目进入半决赛，第二轮的复赛共选出来自全国19个省、市、自治区的45个作品参加了在贵阳举行的决赛。参赛队伍人数约600余人。

经过3天的激烈角逐，大赛共决出金奖7名，银奖12名，铜奖17名以及最佳作曲、最佳服装设计、优秀组织奖等若干奖项。其中由贵州省、贵阳市主创的舞蹈作品《猎恋》、《古道行》、《苗岭雄鸡》、《吉宇鸟》、《山路银河》、《苦荞甜》等分别获得了本次大赛金奖2名，银奖2名，铜奖3名，最佳作曲奖1名，这也是贵州省、贵阳市在历届荷花奖民族民间舞大赛中获得奖项数量最多、成绩最好的一次比赛。

2009年9月28日晚，“《向祖国汇报 为国庆献礼》——贵阳市纪念中华人民共和国成立60周年、贵阳解放60周年文艺晚会暨第七届中国舞蹈荷花奖“宏立城”杯民族民间舞大赛颁奖晚会”在贵阳大剧院隆重举行。贵州省委常委、贵阳市委书记李军，贵州省人民政府副省长谢庆生，贵阳市委副书记、贵阳市人民政府市长袁周，贵阳市人大常委会主任李跃南，贵阳市政协主席陈石等市领导以及中国文联党组成员、书记处书记廖奔，中国文联荣誉委员、中国舞协名誉主席贾作光，中国文联副主席、中国舞协主席白淑湘，中国舞协分党组书记、常务副主席冯双白等出席晚会现场，与贵州省直各部门、贵阳市委、市人大、市政府、市政协、贵阳警备区的领导，老同志、市人大代表、政协委员和各区（市、县）、市直各部门的负责人，劳动模范代表、少数民族代表以及来自解放军、武警、公安、教育、卫生等各行各业的代表们欢聚一堂，共同庆祝中华人民共和国成立六十周年。贵州电视台对大赛及颁奖晚会进行了录播，贵州电视台、贵阳电视

台在黄金时段播出了大赛及颁奖晚会盛况，中央电视台也在新闻中对此次大赛进行了报道。（陆安海）

【全国城市电视台百名台长看贵阳】“2008中国·贵阳避暑季系列活动—全国百家城市电视台台长高端论坛”于2008年9月19-21日在贵阳神奇华美达大酒店举行。论坛由中国广播电视协会及城市广播电视台委员会主办，中共贵阳市委宣传部、贵阳市广播电视局和贵阳电视台承办。来自全国各地省会、地市电视台的台长、总编辑120多人参加了会议。

会议主要是以走进2008改革年、竞争年、发展年中广协会城市广播电视台工作委员会研讨宣传、经营、管理三项重大课题组成的城市电视台台长论坛会。

各城市电视台台长先后就“促进中国电视事业产业科学发展”的理念，以“共享经验、共谋发展”为宗旨，围绕“电视台管理创新与品牌建设”发表演讲，台长们在演讲中将展示各自取得的成就，分享彼此的经验和见解，同时也放眼未来，针对所面临的共性问题，探讨我国电视业长远的发展方略。台长们还参加了“看贵阳”活动，参观了金阳、贵阳老城区、黔灵公园、青岩古镇等，实地考察了贵阳的风土人情，对贵阳市的生态文明建设给予了很高的评价。（张红枫）

【“爽爽的贵阳 避暑的圣地 宜居的天堂”房地产专家论坛】作为“2009中国·贵阳避暑季之房地产交易展示会”重要组成部分的“爽爽的贵阳 避暑的圣地 宜居的天堂”房地产专家论坛，2009年9月8日，在贵阳电视台演播厅举行。与会的专家学者从文化、经济、市场、营销等方面就贵阳房地产如何做大做强作了精辟、独到的演讲。

此次论坛邀请贵州省建筑设计研究院副总规划师刘兆丰、中天诚投集团文化传播总公司总经理李崇毅、保利贵州房地产公司营销总监赵艳海、贵州友联行置业顾问有限公司总经理高文生、重庆大学建设管理与房地产学院院长任宏等五位嘉宾专题发言，就贵阳房地产业的发展现状，以及如何开拓与发展贵阳房地产业的外向型城市经济分别做了相关演讲和探讨。会上，刘兆丰提出的“黔派地产”，重庆大学建设管理与房地产学院院长任宏提出的“原始+现代”的房地产发展新理念成为了本次论坛的焦点。论坛上，嘉宾们一致认为，贵阳作为贵州省省会，是全省政治、经济和文化中心，也是我国西南地区重要的中心城市之一，有着丰富原生态旅游资源、气候宜人是贵阳房地产业发展的优势之一。但是仅仅这些优势还不足以拓展外向型城市经济，贵阳需要大力发展交通、医疗、教育、信息多种配套设施，将贵阳打造成贵州省的政治、经济、文化、科教中心和西南地区重要的交通通信枢纽、工业基地及商贸旅游服务中心，以此来吸引更多的人来贵阳居住。

论坛的成功举办，是贵阳房地产业发展过程中一次极富成效的理论探讨，不仅为开拓贵阳房地产外向型、高端型发展模式提供了理论依据，也为今后城市建设的发展方向乃至城市生态文明建设提出了有益的建议。（郑 汉）

诗文朗诵中的选手

文艺创作

【《绿色南江》专题片】 位于贵阳市开阳县的南江大峡谷，以气势宏大的喀斯特峡谷风光、类型多样的瀑布群落，优越的生态为特色，峡谷两岸峰峦叠嶂，风光旖旎，景象万千，集奇、险、雄、秀、野、幽为一体，两岸植被茂密，被国际旅游联合会评为“中国最佳绿色生态景区”。

2009年5月，贵阳电视台《天下旅游》以“绿”为主线，结合优美的解说词、唯美的画面、生动的主持人体验，拍摄制作了题为《绿色南江》的专题片，充分展现了南江大峡谷旖旎多姿的景色、漂流的惊险刺激和良好的生态环境等各方面的“魅力”。节目于2009年6月4日贵阳电视台《天下旅游》栏目首播，并于6月15日在“9+2旅游大放送”平台播出。（郑　汉）

【方言剧《贵阳长旺》成功上演】 2009年7月19日，由贵阳市艺术中心精心打造的方言剧《贵阳长旺》在贵阳市艺术中心剧场隆重上演。该剧是贵阳市入选庆祝建国60周年贵州省优秀剧（节）目展演剧目，同时也是贵阳市艺术中心深入学习实践科学发展观，深化文化体制改革，积极探索剧目市场化运作的一次有益尝试，旨在通过《贵阳长旺》反映我市六十年来在党的领导下发生翻天覆地的变化，歌颂新中国在共产党的领导下所取得的伟大成就。（胡壹华）

文物保护工作

【第三次全国文物普查】 2009年，贵阳市继续认真组织开展第三次全国文物普查工作，召开了两次全市“三普”工作办公会议，并组成督察组于3月17日至3月25日对11个区（市、县）的“三普”工作进行督查。为进一步规范我市第三次全国文物普查田野调查阶段的工作标准，提高普查人员的业务素质，保证文物普查质量，4月9日,举办了市“三普”普查队员培训班。截至2009年12月底，全市共调查登记不可移动文物1123处，其中新发现615处，复查508处，消失93处；全市共有11个县级行政区域启动了实地文物调查，调查启动率为100%，全面完成县级行政区域实地文物调查。（胡壹华）

【文物保护和利用】 文化遗产是宝贵的财富，是城市文化底蕴的载体，加强文化遗产的保护，对建设生态文明城市具有十分重要的意义。2009年，贵阳市文物保护和利用工作稳步推进，一是根据全市第六批国保单位保护规划市级评审会要求，市文化局配合协调市文物局和中国文化遗产研究院对甲秀楼和文昌阁、阳明祠、马头寨的保护范围和建设控制地带规划进行了修订，并上报国家文物局和省文物局。二是组织实施并完成了刘氏支祠、阳明祠、甲秀楼、达德学校旧址、文昌阁、三元宫、镇山村武庙、青岩古镇等文物保护单位的维护修缮工作。三是完成了华家阁楼等3处省级文物保护单位的保护范围和建控地带规划编制和上报工作。四是积极配合市政大型建设项目，参加了有关建设项目可研评审会，同时组织有关单位对涉及市快铁和轻轨沿线进行了文物调查。五是认真筹备阳明书院建设工作，组织相关人员对全国三大书院（江西白鹿洞书院、湖南岳麓书院、河南嵩阳书院）进行了实地考察，并结合考察情况，组织专家编制完成了阳明祠阳明书院建设规划，已上报相关部门审批；阳明书院建设项目之一《王阳明陈列展》已重新布局并于2009年9月开展，取得良好的效果，书院的建设工作筹备工作正有序推进。六是组织开展第七批全国文物保护单位的申报工作，全市共申报全国文物保护单位9处。

根据《省人民政府关于第三批省级历史文化名镇和第一批省级历史文化名村名单

的通知》（黔府发〔2009〕29号），贵阳市清镇市卫城镇列为省级历史文化名镇，花溪区石板镇镇山村、花溪区马铃乡凯伦村、乌当区新堡乡王岗村列为省级历史文化名村。（胡壹华）

【非物质文化遗产保护】 2009年，贵阳市组织开展了全市第二次非物质文化遗产代表名录的普查工作，普查市级项目178项，经市非物质文化遗产保护委员会专家委员会严格评审，市非物质文化遗产保护委员会审核，2009年8月20日市政府下发了《市人民政府关于公布贵阳市第二批市级非物质文化遗产名录项目暨第一批市级非物质市级非筚物质文化遗产项目代表传承人的通知》（筑府发〔2009〕72号），公布第二批市级"非遗"保护名录33个，第一批市级"非遗"项目代表传承人2人。2009年，贵阳市还完成了省级非物质文化遗产代表作名录申报工作，根据《省人民政府关于公布第三批省级非物质文化遗产名录的通知》（黔府发〔2009〕30号），花溪区布依族铁链械、花溪区青岩玫瑰糖制作技艺、息烽县西山虫茶制作技艺、布依族三月三等，共有16项18处列入第三批省级名录，同时上述项目还被推荐申报第三批国家级非物质文化遗产名录。（胡壹华）

规范文化市场秩序

【"扫黄打非"和文化市场监管】 "扫黄打非"和文化市场监管是长期任务，是关系民生的大事，2009年，贵阳市着力于营造健康有序的文化市场环境，通过规范管理促进市场繁荣，不断加强"扫黄打非"和文化市场监管。制定了《贵阳市2009年"扫黄打非"集中行动方案》，按照《方案》开展了三个阶段的集中行动，特别是在庆祝建国60周年期间，对文化市场进行不间断检查，确保了市场的健康有序。同时，按照省、市文明办的要求，开展了净化文化市场专项整治，基本实现文化市场整治"六个成效显著"工作目标。制定并出台《贵阳市"扫黄打非"联合办案制度（试行）》，明确了"扫黄打非"案件办理中有关单位的职责分工和办案程序。在版权保护工作中，重视对权利人的投诉查处，对19家公司未经权利人授权使用电脑软件和背景音乐的情况进行了检查，提升企业使用正版软件的意识。

在网吧监管方面，提出三项有力措施强化管理，一是完善网吧监管技术设施，升级改造"先锋网吧监管系统"，对网吧实施远程实时监控。二是聘请网吧义务监督员加强社会监督管理，目前全市已聘请了600余名网吧义务监督员。三是实施网吧挂牌监督制度，接受、查处群众举报。经过持续不断的整治，网吧经营秩序好转，违规接纳未成年人的现象明显减少。

2009年，贵阳市还加强对歌舞娱乐、电子游艺场所消防安全的督查，全年未发生娱乐场所安全生产事故；配合相关部门开展涉毒娱乐场所专项整治工作，取得明显成效。

2009年共出动检查人员3.1万人（次），开展集中行动300余次，检查各类文化市场经营户2万余家（次），取缔出版物市场、店档摊点482个，收缴各类非法出版物103.9万件；取缔娱乐场所52家，停业整顿3家，销毁游戏博彩机250台；查处违规网吧147家次，停业整顿网吧15家，吊销许可证2家，取缔黑网吧12个，共查缴主机77台。查办"扫黄打非"案件8起，抓获犯罪嫌疑人6人，刑事审结案件4起，判刑4人。4月22日，与省"扫黄打非"办联合举办了声势浩大的"全国统一集中销毁侵权盗版制品及各类非法出版物贵州分会场"销毁活动，公开销毁侵权盗版制品及各类非法出版物120万件，向市民发放了"拒绝盗版 从我做起"绿书签10000余张。（胡壹华）

生态社会建设

SHENG TAI SHE HUI JIAN SHE

教 育

【发展学前教育】 2009年，贵阳市共有幼儿园335所，在园幼儿人数78767人。教职工5757名，专任教师3226名。对小河、花溪、清镇、开阳、息烽、金阳区的10所幼儿园进行了省级一类幼儿园评估。开展了贵阳市幼儿园长和骨干教师高级研修班。配合九三学社开展了"贵阳市两城区幼儿园发展现状及幼儿教育情况调研"。花溪区幼儿园通过了省教育厅组织的"贵州省省级一类示范幼儿园"评估，升类成为我省第一家"省级一类示范幼儿园"。（孙永明）

【提高义务教育普及程度，完成"两基"迎"国检"工作】 在迎"国检"过程中，市级财政进一步加大投入，以划拨专项资金的形式，增加各区（市、县）经费投入，用于加大力度改善中小学校办学条件；组织进行多形式、多层次的内容丰富的专项培训，通过专项检查、随机检查、驻点检查、深入指导等方式，了解各区（市、县）的"两基"迎"国检"工作推进情况，帮助及时发现并解决问题。各区（市、县）以"两基"迎"国检"工作作为近两年教育工作的"重中之重"，优先满足"两基"迎"国检"工作的各项需求，优先安排教育经费，依法保证教育经费的足额投入，加强了对区域镇、学校"两基"迎"国检"工作推进的督促和指导。学校教职员工全身心投入到"两基"迎"国检"工作中来，校园育人氛围日渐浓厚。通过全市教育系统的不懈努力，贵阳市义务教育阶段学校设施设备配置标准极大提升，学校办学条件明显的改善，学校管理水平进一步提高。2009年6月，全市"两基国检"工作高标准、高质量地通过了国家"两基"督导检查组的检查验收，得到了国家检查组的一致肯定，为全市义务教育发展翻开了崭新的一页。（孙永明）

【重视普通高中教育】 2009年，贵阳市有普通高中学校77所，其中完中61所（含民办完全中学18所），高级中学13所（含民办高级中学3所），在校学生64825人，专任教师4507人。截至2009年，全市有省级示范性高中学校14所。在普通高中项目建设方面，完成了贵阳六中运动场、贵阳民族中学一期工程、贵阳八中、金阳高中新校选址等工作；对普通高中招生制度进行了重大改革，制定出台《贵阳市2009年初中毕业生学业考试与高中招生方案》和《贵阳市2009年高中招生网上录取办法》，全面实现了普通高中招生中采取网上报名、网上录取工作，网上考试评卷的改革，确保普通高中招生工作公平、公正、公开。（孙永明）

【大力发展职业教育】 2009年贵阳市有中等职业学校50所。其中市属公办中专16所，在校生21295人；职业高中34所，在校生31303人（其中民办职业高中24所，在校生24666人）。全市完成中职招生24000余人（含省属及联办形式）；市属中职学校完成农村劳动力转移培训任务4000人（次）；教育及有关部门共同完成农村实用技术培训26000余万人（次）。中职学校毕业生就业率达90%以上。市属中专、职高专任教师2229人；市属中等职校中有国家级重点中职校4所(市卫校、财校、经贸学校、女职校)、省级重点中职校5所（市四职校、旅游学校、乌当民职中、开阳职高、清镇职高）。贵阳卫生学校等4所中专、乌当职校等7所县级职教中心以及省商贸学校等2所民办职校共13所学校成为市农村劳动力转移培训基地。

为推动全市职业教育的持续健康发展，按照为生态文明城市建设八大生态产业服务的原则，重点建设机电、旅游与酒店、现代物流、卫生护理、制药、计算机应用与动漫、汽车运用与维修等实训中心。同时，积极支持县级职教中心建设，逐步完善各县级职教中心的基础能力。以"双师型"为核心，加强职业教育师资队伍建设，继续实施“中职学校紧缺专业特聘教师资助制度”，共安排专项资金100多万元，对16所学校的100余人（次）特聘教师给予补助。完善中职学生资助体系。2009年市委、市政府把为本市户籍的市、区（县、市）属中等职业学校新生免除学费列为2009年为民办的十件实事，共计为市属中职学校新生8300余人免除学费680万元。（孙永明）

【加快高等教育发展】 制定了《贵阳学院2009-2015年发展规划》、《贵阳学院2009-2015年学科专业建设规划》、《贵阳学院2009-2015年科研发展规划》、《贵阳学院2009-2015年师资队伍建设规划》、《贵阳学院2009-2015年校园建设规划》，进一步理清了学院的办学思想、办学定位和发展思路。在学院学科专业建设、教学建设、科研工作、师资队伍建设等方面提出了具体的发展目标和相应的工作措施。顺利通过了省教育厅组织的本科教学工作省级评估。

贵阳市护理职业学院顺利实现了全院9个系部、17个党政机构、100余个实验室，共计3000余万固定资产的整体搬迁工作。学院新校址位于金阳新区石林西路，占地面积约320亩，建筑面积121415平方米。建有现代化的教学实验楼、图书馆、会堂、风雨操场以及设施设备齐全的学生公寓、食堂等；拥有现化化教育信息中心、计算机室、多媒体教室、电子阅览室；有气相色谱仪、紫外分光光度计、鸟牌呼吸机等一大批高级精密仪器；建立了护理、药学、医学检验技术、医学美容技术等实训基地，有稳定的实习基地54个。现有在校学生数7640人，其中高职生2670人、中职生4970人。2009年完成1101名实习生的实习派送工作。

抓好贵阳职业技术学院建设。2009年，贵阳市财经学校、贵阳市第一高级技工学校、贵阳市科技学校、贵阳市职工中等专业学校顺利并入贵阳职业技术学院。学院建立、完善了学院管理体制，完成了中层干部的选拔配备工作，启动了学院新校区建设，按照“建设一所综合性、创新型、开放式、有特色的高等职业技术学院，为建设生态文明城市培训实用型、高技能人才”的发展战略，进一步夯实了学院发展的基础。学校现有教职工424人，高级职称96人、双师型教师42人。学校现有学生9245人，其中高职生2730人、中职生6515人。2009年学院高职招生1144人，中职招生1926人。完成13个专业共2371人的技能鉴定工作。（孙永明）

【重视特殊教育】 2009年，全市有九年制特殊教育学校9所，其中盲聋哑学校1所，启智学校4所，其它特殊教育学校4所，另有特教班9个，大量随班就读点，基本上形成了以特殊学校为骨干，以普通学校附设特教班和随班就读点为主体的特殊教育格局。2009年，视力残疾、听力语言残疾和智力残疾儿童少年入学率均达83%以上，在校残疾学生1640人。2009年9月，云岩区和南明区两所启智学校除招收智障学生外，还率先招收了自闭症学生、脑瘫学生、多重残疾学生，让更多的残疾学生能进入特殊教育学校接受义务教育。贵阳盲聋哑学校还充分发挥特殊教育基地的示范作用，开设了学校网站，承担了贵州省特殊教育网站的网络建设和管理任务。为全省特殊教育网站提供上传资料和信息稿件等，建立了贵州省特殊教育资源库。（孙永明）

【关心民办教育健康发展】 全面贯彻“积极鼓励、大力支持、正确引导、依法管理”的方针，鼓励支持社会力量办学。至2009年底，全市有民办中学101所，民办小学127所，民办幼儿园187所、民办中等职业学校26所，其中初中在校生32885人，占全市初中在校生总数的比例为25.78%；普通高中在校生6599人，占全市的比例为10.18%；民办小学127所，在校生78763人，占全市的比例为22.02%；民办中等职业学校在校生数26425人，占全市的比例为3%；民办幼儿园187所，在园幼儿36114人，占全市的比例为45.85%，民办教育已成为教育事业的重要组成部分，基本形成了学前教育、中小学教育、非学历培训等多层次、多体制的民办教育体系。（孙永明）

【切实解决进城务工人员子女接受义务教育】 2009年，在贵阳市义务教育学校就读的进城务工人员子女157980人，占全市义务教育阶段在校生总数的29.39%（其中有小学生120130人，占全市小学生总数的33.58%；有初中生37850人，占全市初中生总数21.10%）。在公办学校就读学生数为67796人，在民办学校就读学生数90184人，民办所占比例为57.09%；在民办小学就读的有74704人，占59.69%；在民办初中就读的有17476人，占46.17%）。经教育部门审批设置的民办农民工子女义务教育学校达197所，有教职工近4000个，解决义务教育阶段进城务工人员子女9万余人。主要采取了以下措施：1.将“为外来进城务工人员随迁子女接受义务教育提供免费教科书”列入市委、市政府“十件实事”，制定出台了《关于2009年秋季对义务教育阶段民办学校就读的进城务工人员子女提供免费教科书的通知》，市级财政共计投入经费493.06万元，受惠学生94948人。2.2009年继续实施“为义务教育阶段的进城务工人员子女减免学杂费”和“对承担进城务工人员子女义务教育的民办学校提供生均公用经费补助”的两项政策。其中，为义务教育阶段的进城务工人员子女减免学杂费，国家、省、市、县四级财政共投入1600万元，95685名学生受惠；同时，对承担进城务工人员子女义务教育的民办学校提供生均公用经费补助，市、县两级财政共投入1200万元，197所民办学校受惠。3.落实好“两为主”的政策，增大公办学校接收进城务工人员子女入学的规模。对8所公办中小学（其中云岩、南明区各3所，小河区2所）进行改扩建，解决进城务工人员子女义务教育问题。其中4所竣工，4所正在进行前期手续，已完成投资954万元。4.针对承担进城务工人员子女义务教育的民办学校，教育教学水平不高，师资缺乏的问题，出台了《关于在贵阳市义务教育阶段民办学校实施特聘教师计划的工作方案》，具体为每年由政府出资特聘200名高校毕业生到义务教育阶段民办学校任教，此项工作正在南明、云岩两区试行。（孙永明）

【实行“两免一补”，关注农村学生】 根据国家“两免一补”的精神，免除了全市城乡义务教育阶段的学杂费，对全市义务教育阶段农村学校学生免费提供教科书，为农村义务教育阶段贫困寄宿生提供生活补助。同时,扩大“一免一补”（免费教科书、补助寄宿生生活费）的范围，为义务教育阶段城市学校低保学生和片区内农村籍学生免费提供教科书，为18个国家级贫困乡镇寄宿生提供生活补助。其中，2009年春季，全市共有347795名义务教育阶段学生享受免费教科书，23796名学生享受寄宿生生活补助。中央、省、市、区春季用于“一免一补”的资金共2970.61万元；2009年秋季，全市共有339086名义务教育阶段学生享受免费教科书，24349名学生享受寄宿生生活补助，中央、省、市、区秋季用于“一免一补”的资金共2669.92万元。（孙永明）

【提高教育科研水平】 贵阳市教育局围绕建立高效课堂进行了系统性研究，注重研究导致课堂教学低效的原因。充分利用《教师论坛》，加强教师分层培训。积极探索和完善新的课堂教学策略。加强对学生的研究，加强对学法的研究和指导，指导学生形成良好的学习习惯和学习方法。制定了《贵阳市义务教育阶段质量监控实施细则》、《贵阳市小学质量监测和幼儿园环境创设过程性评价和结果性评价方案》，采用蹲点式

教研，探索小学质量监测、幼儿园环境创设评估标准、特殊教育教学管理的途径与方法。（孙永明）

【加强学生德育工作，创建生态文明校园】 围绕建设生态文明城市和创建生态文明校园，加强学生德育工作，编辑出版了《中华传统美德读本》（初中版），围绕建国六十周年开展了学生系列主题德育活动，通过“庆祝建国六十周年、歌颂伟大祖国、加强传统美德教育”手抄报比赛、“爱祖国，爱家乡，建设生态文明”暨2009贵阳市中学生避暑季夏令营活动、“祖国好，家乡美”诗文大赛、第十届贵阳市中小学爱国主义读书教育活动、“向国旗敬礼，做一个有道德的人”网上签名寄语活动、“清明节，网上祭先烈”活动、组织中小学生参加“全国优秀童谣推荐评选活动”、参与全国“双百”评选活动等开展，进一步加强了未成年人思想道德建设。特别是扎实开展生态文明教育进校园、进课堂工作，进一步修订《贵阳市生态文明城市建设读本》，做好任课教师的培训、教研工作，切实增强了全体师生的生态意识。2009年，共有8所中小学校被评为贵阳市生态文明学校，有102所学校被命名为“绿色学校”。同时，全市20所中小学、两个区县荣获省教育厅表彰的“校园文化建设先进单位”和“校园文化建设先进县”。贵阳市教育局荣获“第十六届全国青少年爱国主义读书教育活动组织特等奖”。（孙永明）

【加强教师队伍建设】 2009年，围绕教师队伍建设，提高教师素质，采取了以下措施：一是根据国务院、省厅有关文件精神，制定了《贵阳市义务教育学校实施绩效工资的实施办法》和《贵阳市市直义务教育学校实施绩效工资的实施办法》。制定了《贵阳市义务教育学校绩效考核办法》和《贵阳市市直义务教育学校和校长绩效考核办法》，确保贵阳市义务教育学校绩效工资制度顺利实施。二是充分发挥党员教师、教育名师、骨干教师、学科带头人的作用，教育系统广大优秀教师通过老带新、党员带群众、一帮一、上公开课、示范课等形式，将许多好理念、好传统、好作风传授给其他教师，营造起互帮共助的良好氛围。三是继续开展万名城镇教师支援农村学校活动。合理利用教师资源，解决农村师资薄弱问题，巩固“两基”成果，提高农村基础教育质量，促进了城乡教育均衡发展，加快了社会主义新农村建设。

集中开展师德师风建设活动。制定出台了《贵阳市教育局关于禁止公办中小学在职教师从事有偿家教的通知》，明确提出了被认定为“有偿家教”的七种行为及相应的七条行政处罚措施。及时处理个别顶风违规从事有偿家教的人员，并通过省、市新闻媒体进行曝光。（孙永明）

【推行学区化管理改革】 2009年4月，贵阳市出台了《贵阳市教育局关于下发义务教育阶段学区管理改革实施办法的通知》（筑教发〔2009〕49号），为缩小城区中小学校间的差距，推进义务教育均衡发展，缓解择校热，进行了学区管理改革。小学学区由3—6所学校组成，初中学区由2—3所学校组成，学区主任由学区内中心学校的校长担任。学区内实行划片入学，随机分班，起始年级的教师须有50%以上进行交流，云岩、南明分别组建了3—2个学区进行试点，积累经验后将逐步推广。（孙永明）

【中考、高考成绩喜人】 2009年贵阳市将初中毕业考试与升学考试合并为初中毕业生学业（升学）考试，恢复体育考试，体育成绩满分为50分，计入升学总分，升学成绩总分为650分。同时，对全市初中毕业文化考试实行网上统一评卷。

全市参加初中毕业学业考试人数为46529人，其中报考升学人数为39785人，占考试总数的85.5％。在报考升学的考生中，达到报考普通高中资格的有36602人，占92 %。四城区普通高中最低录取分数控制线为339分；全市五年制专科建档领表线为300分。对全市考生实行统一评卷和对四城区普通高中招生实行网上录取。全市普通高中录取19974人，五年制专科学校招生395人；中职学校（含普通中专、3+2学制、职业高中）录取初中毕业生11246人。上述三类学校录取总数为31615人。

高考成绩再创佳绩。2009年全市高等教育升学考试报名总数为23972人，其中理科14766人，文科9206人，中职报高职1264人。大专以上录取人数为16328人，录取率为68.11%，其中本科9946人（含三本），专科5853人，中职报高职529人。（孙永明）

就　业

【实施积极的就业政策】 贵阳市全面落实中央新一轮就业再就业扶持政策，结合实际继续抓好《关于建立就业岗位援助保障托底机制的通知》、《鼓励失业人员创业的意见》、《促进以创业带动就业的若干措施》和《做好促进就业工作的实施意见》等政策措施的落实，出台了《就业困难人员认定办法》、《公益性岗位管理办法》，通过多举措开发公益性岗位、创建充分就业社区和为就业困难人员提供技能培训、资金支持、创业扶持、岗位援助等就业援助，重点解决“零就业家庭”中的大中专毕业生、“4050人员”、“低保人员”等就业困难群体的就业问题。2009年全市完成新增就业岗位54975个，为年度目标的122%，同比增长4.2%。实现城乡统筹就业81601人，为年度目标的120%，同比增长4.2%，其中，城镇失业人员就业53021人，为年度目标的110%（就业困难对象就业13292人，为年度目标的121%）,同比增长0.5%；农村富余劳动力转移28580人，为年度目标的143%,同比增长11.8%。完成城乡统筹培训51128人，为年度目标的114%，同比增长5.4%，其中，城镇失业人员培训21854人，为年度目标的117%（就业困难对象培训3753人，为年度目标的134%），同比增长

2009年5月9日“千企万岗”高校毕业生大型招聘活动启动

11.3%；农村劳动力培训29274人，为年度目标的111%，同比增长1.5%。全市城镇登记失业率为3.3%。全市开发公益性岗位6569个，为年度目标的146%，同比增长42.5%。本年度发放小额担保贷款1804人，为年度目标的125.3%，贷款金额5547.8万元,同比增长23%；发放职业培训、职业介绍、公益性岗位、社会保险“四项”补贴10262.85万元，涉及人员62222人；减免行政事业性收费和各项税费2605.18万元，涉及人员5976人。（邹开勇）

【高校毕业生就业服务月活动】 2009年5月，市人事局与市劳动和社会保障局联合开展了贵阳市“2009年高校毕业生就业服务月”活动。活动期间，开设高校毕业生就业服务窗口，以登记失业、求职困难的高校毕业生为重点，提供政策咨询、职业指导和岗位需求信息；对申请参加职业技能培训的，按规定给予培训补贴；对自主创业的毕业生，提供创业项目推介、创业培训、小额担保贷款、跟踪指导等“一条龙”服务；对就业困难重点帮扶对象指定专人提供有针对性的就业援助。活动期间，全市共举办11场公益性招聘会，组织2518家用人单位进场(其中：参加现场招聘会的2166家，参加网上招聘大会和委托招聘的352家），提供就业岗位11005个，招聘80284人，达成就业意向4.2万人，其中：高校毕业生3.1万人，占73.8%；中国贵阳人才网入库人才增加4594人，其中应届高校毕业生3798人。（邹开勇）

【“零就业家庭”就业援助】 2009年，贵阳市进一步巩固“零就业家庭”动态为零成果，大力开发公益性就业岗位和便民利民岗位，落实鼓励失业人员就业创业政策，同时，对已就业的“零就业家庭”落实跟踪服务措施，加强动态管理，防止出现反弹，做到“新增一户、援助一户、解决一户、稳定一户”。2009年全市新增“零就业家庭”88户,开展就业援助88户，保持了“零就业家庭”户数动态为零。（邹开勇）

【创建充分就业社区活动】 按照党的十七大提出的“实施积极的就业政策，促进社会就业更加充分”的战略部署和市委八届六次全会关于深入实施“劳有所得”五年行动计划的意见，在巩固2007年、2008年充分就业社区创建成果的基础上，2009年进一步落实就业援助政策，坚持就业培训与市场需求、自谋职业与鼓励创业、岗位开发与政策帮扶相结合，加大创建工作力度和资金投入，完善评估验收标准体系，对新达标和持续达标的充分就业社区及时兑现1万元和5000元的奖励资金。截至12月末，全市创建充分就业社区178个，占全市453个社区总数的39%，为年度目标的131%，同比增长78%。在达标社区中，有劳动能力和就业愿望人口20.8万人，其中实现就业再就业20.59万人，综合就业率达到98%以上，登记失业人员中无长期失业者，新增的576户“零就业家庭”得到及时援助并保持动态为零，7250名有培训需求的下岗失业人员全部获得免费职业技能培训和创业培训。（邹开勇）

【发挥各级公共就业服务机构作用】 贵阳市依托市级劳动力中心市场、10个区（市、县）劳动力分市场、120个街道（乡镇）劳动保障所和453个社区、1166个村级劳动保障服务站开展求职登记、用工信息查询、职业介绍、职业培训、技能鉴定、创业培训等“一站式”免费就业服务，依托各类主题活动，以促进高校毕业生、下岗失业人员、农民工、城镇失业人员、被征地农民实现就业再就业为重点，开展“返乡农民工就业创业百日活动”、“就业援助月”、“春风行动”、“农民工招聘周”、“‘千企万岗’高校毕业生大型招聘会暨高校毕业生就业服务月”、“民营企业招聘周”等就业服务活动，促进城乡统筹就业。全市累计举办招聘会137场，组织4549家（次）企业进场招聘，提供就业空岗信息12.9万个次，达成意向性用工3.3万人；走访特困家庭4717户，送岗位2288个，送培训2498个，送政策11252人，送温暖2976人。云岩区、南明区等组织开展了“企业校园行”等主题就业服务活动，建成一批大学生就业见习基地，促进高校毕业生实现就业。（邹开勇）

【创建国家级创业型城市】 全面启动创建国家级创业型城市工作，完善促进创业政策支持体系，推进《鼓励失业人员创业的意见》、《促进以创业带动就业的若干措施》、《做好促进就业工作的实施意见》等政策措施的落实，制定了《农民返乡帮扶资金申领办法》、《自主创业奖励资金申领暂行办法》、《自主创业经营场所租金补贴申领暂行办法》、《创业补贴培训工作意见》、《SIYB创业培训项目管理暂行办法》等，积极开展创业培训、创业知识讲座和创业项目孵化工程，组建创业指导专家志愿团，全面落实市场准入、场地安排、税费减免、小额担保贷款及贴息等鼓励创业的扶持政策，优化创业环境，推动创业带动就业。2009年全市发放小额担保贷款1804人，为年度目标的125.3%，贷款金额5547.8万元,同比增长23%，带动就业10196人；扶持农民工返乡创业1000人，落实帮扶资金300万元，带动就业2608人，其中在“帮扶返乡农民工就业创业百日活动”中，为48名自主创业从事个体经营的返乡农民工发放贴息贷款76万元，对安置405名返乡农民工就业的5家企业发放贷款1620万元。云岩区积极推进创业培训和创业政策落实，培训后的创业成功率达30%，吸纳103人就业；南明区完善督导推动、部门联动、创业援助、跟踪服务“四项”机制，新建占地100余亩的创业实训孵化基地，现有13家企业进场，带动500余人就业；小河区建立了3个创业基地，率先在全市启动“企业孵化器”项目建设（贵阳经济技术开发区科技企业孵化园暨大学生创业园），为我省民营企业与政府合作建设企业孵化器提供了经验；乌当区在企业、机关、科技人员和城乡群众中开展多项活动丰富创建载体，并拟建3个创业孵化基地；花溪区举办“创业大课堂”、“创业高校行”、创业实训活动，促进高校毕业生通过自主创业实现就业。（邹开勇）

2009年8月市劳动监察支队现场监督发放农民工工资

医疗卫生

【创建国家卫生城市】 2009年3月，市政府、市文明办、市卫生局、市城管局、市环保局和云岩、南明两城区相关同志赴2008年获国家卫生城市称号的西安市和广州市学习考察，重点学习了这两个城市在创卫工作中的主要做法和成功经验，并分析了贵阳市创卫中存在的主要问题，提出了下步工作建议。11月，市委、市政府作出深入开展创建国家卫生城市的决定，市卫生局迅速向省卫生厅申报，同时调整充实了创卫领导小组成员，并落实办公室、拟定《贵阳市创建国家卫生城市攻坚实施方案》和《贵阳市创建国家卫生城市责任分解表》。12月8日省卫生厅组织专家组对贵阳市创卫工作进行考核评估，肯定贵阳市创建工作成效，决定向全

国爱卫会进行申报。12月29日，受市政府委托，市卫生局副局长金建平、爱卫办主任黄秋辰一行2人赴京，向全国爱卫办正式递交贵阳市创卫申请。（李　刚）

【农村卫生基础设施建设】 2009年，全市完成29个乡（镇）卫生院改造任务，比原计划增加10个。改造面积21600平方米，投入资金2158万元（中央补助1766万元，省102万元、市196万元、自筹94万元）。其中，在花溪区建成4个，乌当区建成1个，清镇市建成8个，开阳县建成8个，修文县建成3个，金阳新区建成1个，息烽县建成2个，白云区建成2个。同时，全市还建成202个村卫生室（中央扩大内需项目9个、省村卫生室建设项目193个），比原计划增加38个，建设面积12120平方米，投入资金1001万元（中央补助36万元、省965万元〈含设备135.1万元〉）。其中，纳入村级综合楼建设的村卫生室164个，独立建设的村卫生室38个。并为新建的202个村卫生室购置了价值141.4万元的设备。（李　刚）

【农村环境卫生整治】 2009年，贵阳市以农村为重点，积极推进爱国卫生运动，大力开展改水改厕7300个，共投入资金24万元，成功创建23个卫生村寨，比原计划增加4个。通过开展农村卫生户评比等工作，大力改善农村环境卫生，村寨庭院卫生、室内卫生、厕所卫生、畜圈卫生、个人卫生等方面得到了有效改善，做到了“路面硬化、村寨绿化、环境净化、庭院美化、村巷亮化”。（李　刚）

【新型农村合作医疗】 2008年底，市卫生局制定的《贵阳市2009年新型农村合作医疗制度实施方案》报经市政府批转执行。2009年，全市参合农民166.2万人，参合率达96%（南明区98.4%、白云区97.06%、息烽县95.77%、修文县96.40%、清镇市95.74%、乌当区96.53%、花溪区95.09 %、开阳县

金竹社区卫生服务中心

95.67%、小河区95.08%、云岩区99.18%、金阳新区95.87%）,比上年高1.4个百分点，比全省平均水平高1.75个百分点;筹资总额达1.7亿元，比上年增加0.3亿元；使用资金1.6995亿元，比上年增加0.3195亿元,资金使用率达99%，比上年高5个百分点。参合农民住院率达5%；参合农民就诊人次中门诊占98.6%，住院占1.4%，补偿费用门诊占41%，住院占59%，门诊住院实际补偿比为47.5%。2010年全市共有170万农民参保，参保率达到97%，提前两年完成贵阳市建设生态文明城市指标。（李　刚）

【惠民医疗服务】 2009年，根据市委办公厅、市政府办公厅《关于深入开展惠民医疗服务的实施意见》，全市将惠民医疗政策延伸到县级医院、乡（镇）卫生院和社区卫生服务中心。全年惠民医疗政策累计惠及困难群众13360人（次），为困难群众减免医疗费1022165.58元。其中3所惠民医院（市三医、市五医、市六医）接诊477人（次），减免医疗费415492.51元；县级医院、乡（镇）卫生院和社区卫生服务中心接诊12883人（次），减免医疗费606673.07元。（李　刚）

【城市社区卫生服务】 市卫生局制定

下发《贵阳市2009年关于开展创建示范性社区卫生服务中心的实施意见》和《贵阳市示范性城市社区卫生服务中心验收标准》。成功创建南明太慈、小河平桥、白云都拉、花溪溪北、乌当新添5个示范性社区卫生服务中心。同时贯彻执行《贵阳市关于开展社区卫生服务双向转诊及首诊制试点的实施意见（暂行）》和《贵阳市卫生局关于开展二级以上医院支援社区卫生服务工作的实施意见》，继续在小河区开展社区卫生服务首诊制试点，在全市全面推行社区卫生服务双向转诊、医院支援社区卫生工作。加强社区卫生服务与中医中药技术融合，充分发挥中医药特色优势，为社区居民提供“简、便、廉、验”的中医药服务，小河区荣获“贵州省中医药特色社区卫生服务示范区”称号。加快社区卫生服务全科人才培养，对社区卫生机构的266名全科医师和社区护士进行岗位培训。市卫生局、财政局等部门联合出台了《关于加强社区卫生专项资金管理及财务管理的意见》和《贵阳市社区卫生服务机构国有资产管理暂行办法》、《关于明确贵阳市社区卫生服务机构设置规范的通知》等，进一步规范了社区卫生服务机构的准入、退出、国有资产管理、财务管理、用人管理等一系列标准，全市社区卫生服务机构在提供公共卫生服务和基本医疗、慢性病管理、健康教育、儿童计划免疫、妇幼保健、老年人保健、计划生育技术、法定传染病网络直报、对慢性非传染性疾病等特殊人群实行微机动态化管理等社区卫生服务方面的功能得到进一步完善，服务能力和服务水平明显提高。（李　刚）

贵阳市委副书记、市长袁周，副市长余维祥视察金阳医院

【传染病预防控制工作】认真组织实施中央补助地方公共卫生专项资金流感监测与防治项目、狂犬病防治项目、登革热防治项目，严格落实各类传染病和人畜共患疾病的预防控制措施。全市无甲类传染病和重大传染病暴发疫情发生，乙类急性传染病报告发病率为64.5／10万，低于前3年平均水平。大力开展免疫规划疫苗（卡介苗、乙肝疫苗、脊髓灰质炎疫苗、百白破疫苗、白破疫苗、麻风疫苗、麻腮风疫苗、乙脑疫苗、A群流脑疫苗、A+C群流脑疫苗、甲肝疫苗）接种和脊灰疫苗查漏补种活动，严格入学入托查验接种证工作，全市以乡镇为单位免疫规划疫苗接种率达95%以上。其中新生儿乙肝疫苗首针及时接种率以县为单位达78.85%；全市麻疹监测系统共报告麻疹疑似病例95例，血清标本采集率97.9%，实验室排除81例,确诊14例，麻疹发病率为0.4/10万；全市AFP监测达到卫生部考核指标，继续保持无脊灰状态；现代结核病控制策略（DOTS）覆盖率100%，肺结核病人实际发现4789人；新发涂阳肺结核病人发现率为78.5%，治愈率为91.9%；肺结核病人追踪率为100%，追踪到位率91.25%，总体到位率提高到93.03%。落实国家“四免一关怀”政策，大力开展艾滋病高危人群监测和美沙酮维持治疗门诊工作，截至12月31日，全市未发生经采供血途径传播艾滋病，共免费为艾滋病病毒感染者或病人检测CD4细胞925人次；开展对吸毒、暗娼等高危人群HIV检测36578人，HIV感染者检出率为0.83%，全市16个美沙酮维持治疗门诊累计治疗10965人；加强地方病防治工作。认真实施

贵阳市实现2010年消除碘缺乏病目标，全市消除碘缺乏病危害成果继续巩固。组织清镇市、修文县实施中央补助地方专项资金防治燃煤污染型地氟病项目工作，共完成改良炉灶36350户。（李 刚）

【组建贵阳市康复疗养基地】 拟建的贵阳市康复疗养基地坐落于花溪河畔。按规划总占地面积约12万平方米，预计总投资2.8亿元,总床位数1300张,其中康复床位500张、养老床位400张、疗养旅游床位400张。预计2010年可开工建设，2012年6月建成。该项目一旦建成，将成为西南地区规模最大、现代化程度最高的康复疗养综合服务机构。（李 刚）

社会保障

【深化养老保险制度改革】 结合“老有所养”行动计划的实施，推进《关于完善贵阳市企业职工基本养老保险制度的实施意见》、《关于妥善解决原企业未参保退休人员基本养老保险问题的处理意见》、《关于进一步做好原单位职工参加基本养老保险工作的通知》等政策措施的落实，做好原企业职工和未参保退休人员参加基本养老保险工作，解决了1万余名困难企业职工的“老有所养”和生活困难问题；全面推进新型农村社会养老保险和做好被征地农民的社会保障，制定了贵广快速铁路（贵阳段）、花溪二道等一批建设项目的被征地农民社会保障方案，出台了《贵阳市城镇老年居民社会养老保险办法》（试行）和《关于被征地农民社会养老保险的意见》，至此，贵阳市养老保险实现了制度全覆盖。南明区解决了环卫工人、老集体退休人员等的参保问题，并超前思考和部署城镇老年居民参保启动工作；开阳县创新思路，在全市率先启动了“感恩”养老贷款，解决新型农保困难农村居民参保资金问题；乌当区对符合条件的离任村干部给予新型农保缴费补贴；花溪区采取加大督查力度、分类宣传动员、加强指导协调等措施推进新型农保；清镇市落实“双包责任制”、实行挂牌督办、创新活动载体推进新型农保；修文县“老来福”养老贷款促进新型农保扩面；息烽县率先在全市完成市下达新型农保目标任务。截至12月末，全市城镇职工基本养老保险参保77.33万人（其中离退休人员16.2万人），扩面7.37万人，为目标任务的147.34%；征缴养老保险费23.95亿元，为目标任务的199.6%。（邹开勇）

中共贵州省委常委、贵阳市委书记李军到惠民医院调研

【实施新型农村社会养老保险制度改革】 贵阳市将新型农村社会养老保险参保达到10万人列为2009年市委市政府为民办的“十件实事”之一，落实各级政府责任，层层分解目标，完善业务流程，抓好政策宣传，加强经办能力建设，协调金融机构开展“感恩”、“老来福”贷款，解决困难农村居民参保缴费问题。争取国家支持，贵阳市的开阳县、修文县、息烽县被列为全国新型农保试点县。截至2009年12月末，全市新型农村社会养老保险参保15万人,为目标任务的150%，基金收入32557万元，享受待遇61241人。（邹开勇）

【推进医疗保险制度改革】 启动大学生

参加城镇居民医保，完善单病种费用包干结算政策，开展社区卫生服务双向转诊及首诊制试点，推进《关于解决无力参加城镇职工基本医疗保险困难企业医保问题的意见》、《关于督促应参保但尚未参保企业参加医疗保险的实施意见》的落实。云岩区、白云区、花溪区加大城镇居民医保推进力度，分别完成扩面6.48万人、3.39万人和3.2万人。全市通过完善医疗保险政策，参保人员住院个人负担同比下降1.52%;单病种由4类扩大到8类，5211名单病种患者受益，医疗费用和个人负担分别下降了42%、63%，次均住院个人负担医疗费746元。通过调整城镇居民医保缴费标准、增加低级别报销比例和提高待遇保障水平，有13%的参保人员从三级医院流向低级别医院。加强医保基金监管，全年查处严重违规定点医院和药店55家，取消医保定点资格医院1家，暂停定点药店、医院医保业务54家，追回违规违约款200余万元。截至2009年12月末，全市城镇职工基本医疗保险参保97.52万人，扩面11.27万人，为目标任务的375.76%；征缴医疗保险费14.44亿元，为目标任务的180.49%。全市城镇居民基本医疗保险参保为57.89万人，扩面16.09万人，为目标任务的536.36%。（邹开勇）

【企业离退休人员社会化管理】 贵阳市做好承接符合条件的企业离退休人员移交托管工作，积极探索异地居住移交托管离退休人员社会化管理服务模式，在上海成立异地工作站，在贵州惠水纸厂、贵州永安电机厂成立退管站，依托原企业对离退休人员进行社会化管理服务。在云岩区、南明区、小河区招募志愿者开展社区托管企业离退休人员社会化服务“银丝带”活动试点，在各街道劳动保障所组建自管组织，进一步提高社会化管理服务质量，全市有111家企业2.5万名企业离退休人员纳入托管，涉及10个区（市、县）的76个劳动保障所、297个社区。同时，建立离退休人员健康档案，有计划地开展健康教育、疾病预防控制和保健工作。组织离退休人员开展文化、体育健身活动。南明区采取利用“一村一社区一名大学生”优势，整合社区委员、居民自治组织资源等多项措施，搭建社区企业离退休人员社会化管理服务平台；白云区、开阳县建立企业退休人员电子信息数据库，完善基础台帐，加强动态管理。（邹开勇）

【城市最低生活保障制度】 2009年，贵阳市城市低保标准进行了第四次提标，云岩区、南明区、小河区三中心城区从2008年每人每月215元提高到240元；乌当区、花溪区、白云区和金阳新区分别从2008年每人每月180元、175元、200元和190元统一提高到220元；清镇市、修文县、息烽县和开阳县从2008年每人每月170元提高到200元。截止到2009年12月，贵阳市城市低保对象38243户、83827人，1-12月累计发放低保金1.5亿元，城市低保障标准月平均218元，月人均补差标准150元，比2008年提高22元，月人均补差标准比全国低10元，比全省高4元。

贵阳市城市居民最低生活保障工作自1998年全面开展以来，经历了从试点、探索到全面推进、基本实现“应保尽保”的过程，形成了市、区（市、县）、街道、乡（镇）、社区四级的工作网络。2002年市人民政府出台了《贵阳市城市居民最低生活保障办法》，率先在全省建立了城市居民最低生活保障制度。2009年，建立起了政府领导、民政主管、部门配合、基层落实的城市低保工作管理体制和个人申请、社区调查核实、街道、乡（镇）审核、区（市、县）民政部门审批、金融部门发放低保金的运行机制。实行低保政策、低保标准、申请程序“三公开”，申请、审核和审批低保人员名单“三公布”，建立了城市低保对象备案制度和低保工作公示栏、举报箱、举报电话等形式的低保监督机制，推行了申请对象诚信申报承诺委托制。目前，以城乡低保制度为基础，医疗、教育、住房、司法等专项救助制度相衔接，临时救助制度为补充，各项优惠政策相配套的城乡社会救助体系基本建立，较好地发挥了社会保障最后一道“安全网”的作用，全市8万余城市低保群众基本生活得到保障。（吴 迪）

【低保规范化建设】 2009年，针对城乡低保工作中群众反映强烈的“人情保、关系保”、骗保、低保工作队伍不健全、低保档案不规范等问题，按照民政部《全国基层低保规范化建设暂行评估标准》，在全市开展了城乡低保规范化建设年活动。市民政局下发了《关于在贵阳市开展城乡基层低保规范化建设年活动的通知》，并制订了《贵阳市城乡低保规范化建设考核方案》，以“健全制度、规范操作、提高素质、改善条件、促进公开”为目标，从基础保障、组织管理、操作规范、监督检查和其他五个大类18个分项方面进行量化，并纳入到民政工作目标考核体系。

一是加强业务培训，强化管理意识。2009年4月，市民政局在贵阳市民政干部培训中心举办了各区（市、县）民政局、部分街道办事处、社区（村）居委会干部和工作人员共100多人参加的城乡低保规范化建设培训班。针对《低保证》填写、各类表格、档案不规范的问题、低保工作中存在的“人情保、关系保”、骗保、低保软件操作不熟悉以及工作中的疑难问题进行了培训。

二是以查处低保举报案为切入点，开展低保排查工作。在规范化建设活动中，市民政局以查处低保举报作为切入点，采取明查暗访的方式，做好低保排查工作。如：群众举报云岩区栖霞小区低保户黄某、赵某，家庭经济状况不符合低保条件，存在隐瞒收入的情况，接到举报后低保处立即组织人员进行调查，经查处属实，市民政局会同云岩区民政局立即取消了两户的低保资格。通过各区（市、县）各级民政部门的努力，在6至8月三个月的集中排查中，全市集中退出城乡低保的对象2626户6584人，为国家节约城乡低保金31.88万元。

三是建立诚信申报承诺和委托制，严把低保入口关。针对城市家庭收入核实难，申请低保的对象存在刻意隐瞒家庭收入的问题，贵阳市民政局制作了低保承诺书、委托书和家庭收入情况申报表，申请低保的群众要诚信填报家庭收入、家庭财产状况并进行承诺，同时授权委托社区低保工作人员对其家庭财产和收入进行核查，对虚报、瞒报家庭收入和财产的，不纳入低保范围，同时，两年内不能申请低保以及获得民政部门提供的任何专项救助。诚信申报承诺委托制的推行，不仅严把低保入口关，还在一定程度上提高了群众的诚信意识。

四是实行统一规范的低保文书档案，加强规范管理。为规范各区、市县民政部门各类社会救助档案的管理，贵阳市民政局对低保档案进行了规范，并制作了统一的模式，于2009年6月和9月先后下发了《关于对贵阳市城乡居民最低生活保障证和城市低收入家庭认定实行统一编号的通知》和《关于规范全市城乡社会救助档案管理工作的通知》，在统一低保公开栏和公示内容、统一低保档案、统一各类表格、统一低保证号等方面做到“四个统一”。

五是升级计算机网络，提高信息化水平。2009年，市级财政投入100万元用于社会救助管理系统的研究开发工作，通过招投标的形式选定一家资质高、有基础、能满足工作需要的软件开发公司负责社会救助管理系统的研发。社会救助管理系统将实现城乡低保、五保供养、城乡医疗救助、临时救助等社会救助工作的网上审核、审批，将低保工作人员从以前繁琐的手工操作中解脱出来，实现网上办公，并通过网络随时监督低保资金发放、低保申请受理及办理、数据核对等工作，出现操作错误、逻辑错误立即出现提示，避免由于手工操作出现的错误，也能防

止弄虚作假的情况出现，进一步提高贵阳市的低保管理水平。（吴　迪）

【城乡困难群众临时救助制度】 2009年，市委、市政府把建立城乡困难群众临时救助制度纳入为民办的十件实事之一，市民政局在认真调研、充分听取各区（市、县）民政部门和市直相关部门意见的基础上，起草了《贵阳市城乡困难群众临时救助暂行规定》报市政府，经4月27日市政府市长办公会议研究同意，7月1日正式实施。《贵阳市城乡困难群众临时救助暂行规定》是帮助困难群众解决因灾、因病造成暂时生活困难的救助制度，是对社会救助制度的补充和完善，救助对象包括低保对象和低收入群体，救助标准最高可达5000元、最低50元。据统计，自2009年7月至12月，共救助困难群众5261人，支出救助金126.8134万元，较好地发挥了临时救助制度救急、救难的作用。（吴　迪）

【社会办养老机构建设】 2009年，贵阳市民政局继续实施“老有所养”行动计划，积极扶持、引导和鼓励社会力量兴办养老机构，吸引社会力量兴办养老事业。全年新增社会办养老服务机构8家，其中云岩区新增2家，南明区新增1家、花溪区新增1家，白云区新增1家，金阳新区新增3家，新增床位数457张。同时，全年发放新增社会办非营利性福利机构开办补助近15万元，发放营运补助3.7万元。（袁　媛）

环境优美的云岩区康颐养老院

【社会福利设施建设】 贵阳市民政局加大社会福利设施建设力度，努力改善老人、精神病人、孤残儿童的生活、居住、医疗和环境条件。

2009年，投入60万元（省民政厅下拨30万元、市财政投入30万元）对贵阳市第二社会福利院原第二休养区进行维修改造，并更名“爱心护理院”，现已投入使用，共有床位130张，休养老人的生活环境得到明显改善；立项建设贵阳市第二社会福利院“三无”老人安置楼，拟建筑面积6400平方米，设置床位300张，总投入1500万元（市财政承贷承还1200万元、省级福利金资助250万元、市级福利金资助50万元）。截至2009年12月，“三无”老人安置楼前期工作已全面完成，资金全部落实到位，在2010年开工建设；立项建设贵阳市社会福利院“老人康复楼”，该项目以改善“三无”老人医疗康复条件为前提，拟建筑面积4866平方米，设置床位50张，拟投资830万元。截至2009年12月，工程前期工作基本完成，已落实民政部、省、市福彩公益金230万元；立项建设小河区国办养老机构，已通过立项、选址等工作。投入6万元对市精神病院门诊部的基础设施进行了改造，并投入25万元（市财政下拨）购置了多种医疗设备，新设立了睡眠门诊，开通了心理危机干预热线电话，不仅改善了硬件设施，提升了医疗水平，还拓展了业务范围。

投入10万元（省慈善总会下拨）对市儿童福利院在凝冻灾害期间受损的绿化及相关绿化管道进行修复，恢复了该院优美的生活环境；投入26万元（省民政厅下拨20万元、自筹资金6万元）建设院内安防系统，以满

足安防保卫工作的需要，确保在院儿童的安全。“贵州省脑瘫儿童术后康复训练示范基地”康复床位增到30张，工作人员从原有的6名增至17名，为福利机构的脑瘫儿童术前术后康复训练提供了有利条件。（袁　媛）

住　房

【廉租住房建设】 为加大力度解决好城市低收入群体住房困难，贵阳市制定了《市政府办公厅关于下达贵阳市2009-2011年廉租住房保障规划的通知》，对近三年来廉租住房保障目标进行分解落实。截至2009年底，全市已将人均住房建筑面积不足15平方米的城市低收入群体纳入廉租住房保障范围，累计投入廉租住房保障资金35064万元，其中：发放廉租住房租赁补贴3964万元，投入廉租住房建设资金31100万元；纳入廉租住房保障的家庭有17176户，其中：租赁补贴14107户，实物配租1828户，租金核减1241户。争取中央预算内投资补助廉租住房项目16个，总建筑面积28万平方米，总投资3.5亿元，获得中央资金11598万元，完成投资2.7亿元，竣工12.3万平方米。

截至2009年底，全市共争取到廉租住房中央财政租赁补贴和建设投资补助21871万元，其中：廉租住房专项补助资金10273万元；廉租住房预算内投资补助11598万元，部分缓解了全市廉租住房租赁补贴资金和建设资金不足的压力。

2009年，全市按程序申报2010年中央预算内投资计划的廉租住房项目49个，80余万平方米，拟申报中央补助资金3.2个亿。目前已初步建设50万平方米廉租住房项目库储备工作。（何建飞）

【经济适用住房建设】 2009年，贵阳市经济适用住房建设竣工目标为100万平方米，全年施工面积192万平方米，新开工50万平方米，竣工101.5万平方米，完成投资18亿元。

贵阳市廉租住房入住仪式

【农民工住房建设】 为切实关爱建筑业农民工，贵阳市建设局从2008年3月开始对全市施工企业进行了工作布置，要求全市一级以上施工企业必须为在建项目的农民工提供符合相关标准的食堂、厕所、淋浴室等必要的生活设施的集体宿舍，同时进行了日常监管。截至2009年底，各施工企业为农民工提供集体宿舍面积共为18.5万平方米，共解决约9万农民工的住房问题。市民政局在贵阳市救助管理站内和贵惠路（原卫生局大楼）设置了露宿街头务工人员临时寄宿点，有200张床位，男女分区管理，提供热水、取暖和住宿服务。2009年，劝导3000人次，共有600余人次前往临时寄宿点接受救助。（何建飞）

【农村危旧房改造情况】 按照“走前列、做表率”的要求，贵阳市危改工作作为全省唯一一个率先进入整市推进的地区，用两年的时间完成五年的危改任务，在全省率先完成农危房改造工作，切实改善农民群众的居住条件，让农民群众“住有所居”，感受到党和政府的温暖，逐步实现“生产发展、生活富裕、乡风文明、村容整洁、管理民主”的社会主义新农村目标。截至2009年底，全市农村危房改造主体工程基本完工，为确保2010年4月30日前通过省级验收打下基础，全市农村危房改造整区（市、县）推进的67168户，已进入全面实施阶段，已开工65774户，开工率98%；竣工49059户，竣工率73.1%。2009年农村“五保户”危房改造任务数258户，到12月底已完成，使农村“五保户”的居住条件得到了明显改善。全市农村危房改造总补助资金3.5亿元，其中：中央及省补助资金1.97亿元，市级补助资金6680.83万元，区（市、县）级补助资金9018.18万元。（何建飞）

平安建设

【全力维护社会稳定】 2009年，贵阳市各级各部门采取有力措施，维护了省会城市的和谐稳定。一是建立完善矛盾纠纷排查调处长效工作机制，组织开展矛盾纠纷排查调处工作。市维稳办全年共组织开展矛盾纠纷排查调处工作23次，排查掌握各类矛盾纠纷1396件，调处成功1335件，调处成功率为95.6%。二是建立完善市区乡维稳信息网络和信息员队伍，实现情报信息共享，做到提前预警、超前防范。三是协调联动，及时协调和配合有关地区和部门处理重大不稳定问题。组建工作组稳定了安厦房开公司拆迁安置遗留问题部分被拆迁户群体思想情绪，协调解决群众生活、住房困难等问题，已有7户纳入保障范围，住房实物安置正在报批中。市维稳办召开160余次协调会，先后处理了贵阳路桥公司、贵阳水泥厂、天力柴油机厂铸造厂、金果园楼盘、城市方舟楼盘、文昌北路怡馨美容院纵火案、息烽县杨某交通事故案件等出现的不稳定问题。四是加强督查督办工作。全年多次深入各区（市、县）和重点工程建设工地督促检查维稳工作措施落实情况，全面加强对各敏感日期各级各部门落实工作措施的督促检查，加强对突出矛盾、重大不稳定问题处理工作和上级交办事项的

全市基层“平安建设”推进会现场

督办，做到件件有落实、事事有交代。五是积极预防和处置各类群体性事件。各敏感日、重大政治活动、重大工作任务均制定预防性、控制性工作预案，多次成功防控“三方面”人员群体、市属企业要求解决住房增量退休人员群体组织的大规模群访活动，全年处置各类群体性事件43起。与上年相比，群体性事件发生数下降4.44%。六是加强调研和探索。完成了上级交办调研课题，开展农民工返乡、金融危机对经济领域的影响、重点工程建设项目维稳工作、维稳工作机制建设、维稳工作机构建设、非正常死亡涉稳问题、群体性事件现状、非正常上访人员处理等课题调研。通过充分调研制定了《关于在全市开展重大事项社会稳定风险评估工作的意见》，经市委常委会审议通过后已下发全市执行。七是积极开展防范和处理邪教问题。加强对防范和处理邪教问题各项工作的组织领导，指导、督促有关部门严密防范、严厉打击“法轮功”等邪教组织的违法犯罪活动。建立反邪教警示教育长效机制，在机关和企事业单位、城镇社区、村寨组织开展经常性的形势教育，进一步夯实基层反邪教基础。部署防范‘法轮功’邪教组织利用人民币进行反动宣传的警示教育活动，印发了《宣讲提纲》和宣传资料，采取多种形式深入厂矿、农村、学校、社区（村）大力宣传邪教本质和危害。积极开展“无邪教创建”活动。（陈尧年）

【深入实施“居有所安”行动计划】 2009年，全市各级政法部门以实施“居有所安”行动计划为载体，深入开展“严打‘两抢一盗’，保卫百姓平安”专项行动，把平安建设不断引向深入。一是加大打击力度。以开展“严打‘两抢一盗’，保卫百姓平安”专项行动为重点，全市公安机关实行“大兵团集中统一作战、区域轮流会战和小出击相结合”的打击模式，组织实施区域性滚动打击；集全警之力，每月组织1至2次全市集中行动。积极推进责任区刑警队建设，全市已组建17个责任区刑警队。全年全市共破各类刑事案件22206起，同比提升15.21%，抓获各类犯罪嫌疑人10759名，同比提升21.56%，共查处治安案件39437起，依法处理各类违法人员19218名，同比提升104.64%。打掉各类犯罪团伙566个，同比提升10.12%。检察机关推出“不捕说理”制度，帮助公安机关在审查逮捕时限内及时补充证据，有效降低了不捕率。审判机关坚持“两基本”原则，依法保证快速、精确地打击犯罪分子。二是深入开展打黑除恶专项行动，严厉打击严重刑事犯罪。重点打击涉黑涉恶有组织犯罪和爆炸、杀人、绑架等严重暴力犯罪，对重大案件实行了挂牌督办制度。目前已打掉黑社会性质犯罪组织5个，抓获涉案人员128人，破获各类案件85起；打掉经省打黑办审核认定的黑恶势力犯罪团伙66个，抓获涉案人员590人，破获案件665起。三是不断创新基层平安建设形式。3月和11月，市综治委分别召开了全市基层平安建设推进会、社区治安防范暨基层平安建设推进会和农村平安建设现场会，着力提高基层治安防范的能力和水平。各区（市、县）继续深化“平安区（市、县）”、“平安街道（乡、镇）”、“平安社区（村）”创建活动。在平安建设工作中，云岩区积极探索适应辖区治安防范工作新路子，在延中街道推出了综治“三长”制，黔灵镇推出警司联调机制，南明区制定了以“零发案小区”为创建标准的“九有一无”工作机制，清镇市以开展严打“七重七出”为抓手，深入推进“居有所安”行动计划。全市涌现出了“金地社区”等一批基层平安建设的典型。四是狠抓基层力量的保障。市公安局抽调机关干警直接到基层派出所工作，招聘文职人员置换干警，整体调配充实到一线。由市、区、街道三级出资组建的1500名专职治安巡防队员，全部用于中心城区的巡逻防控，在招聘700名社区综治工作者的基础上，全年又招聘了500名社区禁毒专干、400名流动人口协管员协助社区开展综治、禁毒和流动人口管理工作。五是狠抓基本素质的提高。深入开展学习实践科学发展观活动，每年举办2期综治干部培训班，不断提高政法干警、综治干部的综合素质。（陈尧年）

【社会治安防控体系建设】 一是加强社会面和村寨（居民）住宅小区的治安防控。强化街面治安防控工作，着力提高街面见警率。在巩固“三级巡逻，四级防范”的基础上，积极推进“网格化”巡逻模式，加强市、区（市、县）、派出所三级巡防责任区建设，完成了交巡警联勤，集中治安巡防队等安保力量，组织机关政工、后勤、纪检等部门警力投入一线，加强案件高发地段的高密度巡逻，确保90%以上的巡逻防范力量用于一、二、三级路面的巡逻防控。采取步巡、车巡、犬巡、屯警等形式，提高群众见警率。强化指挥中心建设，增强合成作战能力，加强城区三道防线建设，对深夜游荡街面的可疑人员和未成年人进行治安盘查；建成了10个出城卡口，加大出城卡口查缉力度。几个中心城区在重要时段、重点会议、敏感时期，启动强化社会面巡控工作机制，组织1000余名治安防控预备队伍，开展街面治安巡控。着力提高治安防控的科技含量。全市拟在原有城市报警与监控系统视频探头的基础上新建视频监控探头5000个，在全市建立了1万余个报警标识，通过对易发案地段和背街小巷的不间断监控，遏制了各类地段的“两抢一盗”刑事犯罪。着力提高基层群防群治水平。在社区全面实行社区警务战略，推行社区居民警务议事制度，提高社区的自防自治能力。全力抓好以社区民警为主的专业巡防队伍建设，加强了城镇居民住宅区技术防范设施建设，新建和成规模的住宅小区，落实了治安防范措施，实现了物业管理。在农村，推行民警驻村制、巡防制和包片制，重点抓好严重影响群众安全感的偷牛盗马、偷盗电力设施等案件的打击和预防工作。二是督促有关部门加大对治安重点区域和突出治安问题的综合整治。定期召开治安形势分析会和领导小组会议，层层部署推动，层层滚动摸排，层层督促检查，把辖区案件多发地区作为排查和整治的重点，有针对性地进行整治。在火车站、客车站片区整治工作中，由辖区政府牵头，10余个市直单位参与，建立联动工作机制，共同组建综合执法队伍，加强动态管控，开展了清理流动人口、出租屋、“黑面的”和“摩的”等专项行动，严打各种违法犯罪行为，净化周边环境，确保了“两站”及周边的良好秩序。目前，贵阳火车站、客车站及周边、大营坡及周边以及二戈寨三角花园地区等一批治安重点区域的整治工作已取得明显成效，刑事发案得到有效控制。在加强治安重点区域和突出治安问题的综合整治工作的同时，认真开展校园及周边、企业周边以及重点工程周边的综合治理工作，工作取得了明显成效。三是强化社会管理，最大限度地预防和减少犯罪。强化部门联动。制定了《贵阳市综治委成员单位分片联系制度》、《贵阳市党政领导干部社会治安综合治理实绩档案制度》、《贵阳市社会治安综合治理委员会成员单位、专门领导小组综治工作述职考评办

市交通管理智能监控指挥大楼

法》等文件，充分发挥综治成员单位的职能作用，切实加强部门联动。目前，全市38个综治成员单位已经与城区38个街道（乡镇）展开“一对一”联系帮扶，共同开展平安建设；组织了由市直有关部门负责人任组长的区（市、县）平安创建督导组，实行工作捆绑、责任捆绑、奖惩捆绑。强化各行业管理。文化、公安、工商、消防等部门结合工作职能加强所辖行业管理，形成了齐抓共管的工作格局。四是积极采取有效措施，切实增强人民群众的安全感。通过各级各部门的不懈努力，我市社会治安形势进一步好转，2009年5月我市被中央综治委授予“全国社会治安综合治理优秀地市”荣誉称号，连续4次16年获此殊荣，并再次被确认获得社会治安综合治理最高荣誉“长安杯”。（陈尧年）

【加强流动人口服务和管理工作】 贵阳市制定了《关于进一步加强流动人口服务和管理工作的实施意见》、《2009年至2011年贵阳市流动人口服务和管理工作责任分解表》和《关于实行流动人口服务和管理工作责任制的意见》，出台了《贵阳市居住证暂行办法》和《贵阳市出租房屋管理规定》两项法规，逐步完善流动人口服务和管理工作的相关法律。加强综合信息系统和协管员队伍建设，夯实基层基础。做好全市流动人口和出租房屋综合信息系统的立项和规划工作。利用中央关于公益性岗位补贴和社会保险补贴的优惠扶持政策，在我市配备流动人口协管员400人。督促有关部门进一步增强预防、控制和打击流动人口违法犯罪活动能力。开展用人单位流动人口从业人员数据采集工作，建立基础台账。开展对流动人口中带有地域亲缘群体和民族特征群体的调查摸排工作。开展创建街道（乡镇）流动人口服务管理示范中心、社区（村）流动人口服务管理示范站活动。目前，全市126个街道办事处（乡、镇），已建立流动人口服务和管理中心98个，445个社区、1170个村共建立流动人口服务和管理站1168个。通过整合，全市共有兼职流动人口协管员1491人。（陈尧年）

【开展禁毒人民战争】 第一，切实加强对禁毒工作的领导,实行严格的禁毒工作责任制和督办制度。全市各级党委、政府始终将禁毒工作纳入重要议事日程，把禁毒工作纳入我市的经济社会发展和构建和谐社会的总体规划中，狠抓各项工作措施和责任的落实。全市禁毒部门的禁毒工作责任意识日渐增强，禁毒工作保障机制愈加完善，禁毒业务工作水平逐渐提高。一是稳定禁毒工作经费，加大禁毒工作保障。按照年初禁毒委全会的安排，为表彰息烽县获得“无毒县”称号及清镇市实现毒品问题严重地区重点整治工作“摘帽”，市财政分别匹配了200万元及100万元专项奖励经费，使全市禁毒工作经费达到900万元，同时各区（市、县）也相应增加了经费，云岩区从220万元增加到520万元（含乡镇），南明区也达到了500万元。二是签订禁毒责任书，明确禁毒工作责任。市禁毒委分别与11个区（市、县）以及41个重点整治乡（镇、街道）签订了年度禁毒工作目标责任书,禁毒委各成员单位也分别与41个重点整治乡（镇、街道）对应签订了禁毒帮扶责任书，通过层层签订禁毒工作责任书，明确了各级党委、政府和单位的禁毒工作职责和目标任务，确保了各项禁毒措施落实到位。坚决在全市实行严格的禁毒工作责任查究制，如开阳县出现非法种植毒品原植物后，市禁毒办领导立即赶到现场，并对相关责任人进行了严格的责任追究。

第二，组织开展禁毒宣传六进活动，筑牢禁毒工作的第一防线。2009年的禁毒宣传工作主要以深入宣传贯彻《禁毒法》为重点，以落实社区戒毒（康复）工作为主题，通过调动各区（市、县）和禁毒委成员单位的力量，组织开展了一系列有特色、有创意的禁毒宣传活动。各区（市、县）以《禁毒法》宣传“六进”（社区、学校、单位、家庭、场所、农村）活动为工作的重点，采取解读《〈禁毒法〉宣传教育读本》、组织观看禁毒电影《缉毒警》、禁毒文艺汇演、禁毒宣传车巡回展出和手机短信等方式广泛宣传《禁毒法》,受教人数达30万人。同时，在《禁毒法》颁布纪念日至“6·26”国际禁毒日集中宣传活动期间，向中小学生及广大群众印发了50000份禁毒明信片，举行了“公交禁毒宣传车首发式”和“贵阳市6·26打击毒品犯罪公判大会”，举办了“贵阳市2009首届禁毒杯羽毛球赛”，组织新闻媒体集中采访报道了禁毒工作中涌现出的先进集体和先进个人，营造出全市禁毒宣传的良好氛围。同时，各禁毒委成员单位强化了对乡镇禁毒办的工作指导，协助开展了面向农村的“不让毒品进我村”活动。《禁毒周刊》刊登贵阳禁毒工作文章3篇，贵州省电视台报道贵阳市禁毒工作5次，法制报刊登贵阳市禁毒工作文章3篇。禁毒知识知晓率在2009年达95.5%，群众对禁毒工作的满意率达92%。

第三，督促公安机关加大打击毒品犯罪力度，切实开展破案攻坚战、流动人口贩毒歼灭战和娱乐场所禁毒战。全市各级公安机关始终坚持“打团伙、摧网络、抓毒枭、端毒窝、断通道”的思路，全警动员、全线出击，全力开展严打毒品犯罪活动。截至2009年11月底，全市公安机关共抓获涉毒犯罪嫌疑人1973人，强制隔离戒毒2733人，破获毒品案件1784起，缴获各类毒品57.3327千克，其中海洛因20.9155千克，冰毒4.5733千克，K粉28.5845千克，摇头丸0.0103千克，铲除罂粟7984株。共破获新型毒品案件106起，占破案总数的5.9%，缴获各类新型毒品高达34.0772千克，占缴毒总数的64.8%。针对新型毒品在娱乐场所的蔓延趋势，市禁毒委专门召开全市集中整治娱乐场所涉毒问题专项行动动员大会，安排部署为期3个月的专项行动，确保新型毒品的蔓延趋势得到有效遏制。各级禁毒和文化、公安、工商相关职能部门按照《娱乐场所涉毒问题集中整治工作方案》在全市娱乐场所开展了为期3个月的集中整治专项行动，文化部门在全市组织了两次歌舞娱乐场所摸底调查和核实登记工作，对部分无照经营、超范围经营的文化工商部门按照相关规定责令补办手续；工商部门共出动执法人员865人次，执法车辆282台次，共检查歌舞厅、夜总会、迪厅、酒吧200户，会所、棋牌室295户，饭店169户，旅店295户，洗浴中心305户，下达行政指导建议书16份，提出限期整改意见10条，对3户手续不完备的酒吧下达停业整顿通知；公安部门共明查暗访娱乐场所91户（次），出动警力500余人（次），车辆160余台次，共破获各类新型毒品犯罪案件36起，抓获犯罪嫌疑人48名，缴获各类新型毒品4.32千克，抓获吸食新型毒品人员16名。

第四，积极开展创建“无毒县”工作。按照市禁毒委全会提出的创建“无毒县”的要求，市禁毒办多次对息烽、修文、开阳三地的创建“无毒县”工作进行指导协助，三地的党委政府高度重视创建“无毒县”工作，认真开展调研，积极进行安排部署，各成员单位和各级组织对本地创建“无毒县”的工作意识明显增强，认真拟定了工作目标和完成时限，采取了多种措施，有效地推动了创建工作。在2009年8月，息烽县获得了省禁毒委颁发的“无毒县”称号。目前，全市的“五创”工作累计已创建无毒乡镇（街道）56个，无毒村（居）1141个，无毒学校942个，无毒单位2197个。（陈尧年）

【“畅通工程”交通组织措施】 为搞好“畅通工程”，缓解道路尤其是中心城区道路拥堵状况，对交通组织进行优化调整，采取了如下措施：

一是调整优化红绿灯配时，高峰期实行“快出慢进”，控制中心城区交通流量。先后调整优化喷水池、蟠桃宫、客车站、大南门、紫林庵、服务大楼、师大、刑侦大楼、化工路口、黄山冲路口、中天花园等路口信号灯配时，让车辆出城快，入城相对较慢，保证中心城区交通不因流量超负荷而瘫痪并尽可能畅通。二是设立单行线，减少交通冲突点，形成区域循环，缓解区域交通拥堵。将民权路、勇烈路、嘉禾路、城基路、太平路等道路设为单行线，随后，为配合我市道路建设重点工程的顺利进行，在黔灵山路、北京西路、南垭路等新建道路施工期间，认真做好前期交通流量、出行需求等基础数据的采集调研工作，并在此基础上先后在富水路、文昌路、公园路、安云路、环城北路、下威清路等多条路段实施单向通行交通组织措施，确保施工路段及其相邻区域交通形势的总体平稳。这部分道路实行单向通行后，达到了预期的目的，交通状况有效改善，富水路、文昌路等为配合道路建设临时设为单行线的措施因而延续下来。三是完善中心城区通行证办理制度，进一步严格控制中心城区交通流量。本着人流、物流分流，白天中心城区主次干道保证人流，支线和夜间放宽物流，允许一定数量的货车入城，人流优先，兼顾物流的理念，完善贵阳市中心城区车辆限行禁行方案和通行证办理方案，实行通行证网上申办，达到了通行证办理“公开、公平、公正”的目的。全年共核发各类市区通行证58222张，较去年下降14.3%，切实减缓了中心城区交通总量。四是对大货实行“禁货”入城措施。按照生态文明城市建设的总体要求，为认真落实市委、市政府的部署，在环城高速公路通车后，为消除大货入城带来的高污染、强噪声、添堵造堵的状况，采取“远端分流、中端劝返、近端处罚”的办法，在主城区周边设置28个卡点，全面开展“禁货”工作，严格将大货控制在中心城区外，对不听劝阻强行驶入的货车除按照相关法律法规进行处罚后，责令其立即驶离禁限路段和区域。“禁限”工作开展以后，共劝返各

交通管理智能监控指挥大厅

类货车61272台，处罚不听劝阻强行驶入“禁限”路段的货车6136台，各“禁限”路段白天基本无限行货车通行，中心城区交通压力得到有效的缓解。（黄建华）

武装设卡检察

【停车秩序管理】 一是加强违停管理力度。一方面在要求勤务大队加强管理的同时，安排支队机关民警每天加班加勤，重点整治违停车辆，另一方面，针对驾驶人在场违法停车的顽症，研究出台针对性的违法停车抄告处罚工作机制，对违反规定停放的机动车（驾驶人不在场），一律采取抄告或拖曳的方式进行查处，对违反规定停放的机动车辆（驾驶人在场），一律拍照取证并开具违法停车警告书后责令驶离，同时建立违法停车电子档案，对在一个记分周期内的首次违停不罚款、不记分，从第二次起将按违反交通标志标线的有关规定给于每次记2分的处理。2009年共查处违停258273起。二是加强停车场管理，制定了《贵阳市停车场（库）管理办法》，严格按照“两部”规定对全市新建的建筑停车场地配置进行审核，不定时对各停车场点进行检查指导，有效遏制停车场被挪作他用现象的再度发生，同时还在有条件的支线、空地开辟临时停车点，积极协调有停车场点的单位、企业对外开放停车场，有效增加了停车泊位。全年配合畅通办共清理恢复88家停车场，共增加和恢复15525个停车泊位。（黄建华）

贵阳特警

【行车秩序管理】 2009年共查处超速超载、无牌无证、酒后驾驶等各类交通违法行为348776起。一是大力整治摩托车。按照市委、市政府的要求，采取集中整治和日常工作中重点加强管理相结合的方式，一直不间断地开展摩托车交通违法行为整治行动。三个中心城区的一、二、五大队平均每天共查处、收扣摩托车30余辆。4月份，组织花溪、白云、乌当、小河等区的交警大队每周三在南明、云岩两区开展为期1月的整治摩托车专项行动，每次行动各队均收扣摩托车12辆、共收扣摩托车300余辆。在建国60周年大庆即将到来前夕，为营造良好的交通环境，开展整治“两的”交通违法行为专项行动。市公安局、市畅通办对专项整治行动给予了高度重视，制定了《贵阳市开展“两的”专项整治联合行动工作方案》，由市委常委、市政法委书记、市公安局局长邹碧声、副市长徐恒亲自挂帅，亲任专项行动工作领导小组组长，组织市局、各区公安分局、市畅通办综合执法大队、市客运管理局、市交通局运管处、武警等各方力量与交警统一行动，综合治理，保证专项行动声势浩大，收效显著。从2009年9月16日起，在市整治“两的”专项行动工作领导小组的领导、组织下，各参战单位分别于9月16日、17日、22日开展了3次专项联合整治行动。为使整治摩托车的工作取得更好的效果，花溪、白云、乌当、小河等区的交警大队以及贵开交警大队每周组织民警在云岩、南明两区各自开展不少于两次的整治行动。云岩、南明两中心区大队在专项行动之外的日常工作中，重点查处摩托车交通违法行为。从9月16日起专项整治开展行动后，共收扣摩托车2241辆，行政拘留82人，全年共收扣摩托车13856辆。二是加大酒后驾车违法行为查处力度。全年各大队坚持每周3到4次的夜检夜查，重点查处酒后驾车违法行为。从7月15日起，按照公安部的统一部署，本着“零容忍、无限期”的要求，每天组织3个大队对酒后驾车交通违法行为开展夜检夜查，同时各大队还主动到辖区餐饮、酒店上门走访，宣传酒后驾驶的危害性，告诫广大驾驶人杜绝酒后驾驶。共查处酒后驾驶89起，其中醉酒驾驶33起，因酒后驾驶引发的交通事故较去年同期相比下降了33%。三是严厉整治无牌无证违法行为。全年共查处无牌无证违法行为1417起。四是针对甲秀南路、北京西路、黔灵山路、水东路、机场路等道路的建设和一环二路路面“白改黑”等任务，及时调整支队勤务，将机关科室和县郊大队民警充实到中心城区一线岗位参与执勤，同时延长勤务时间，确保重点工程施工期间每天7时至24时均有民警在易堵路段指挥车辆、疏导交通，查处交通违法行为。五是维护交通秩序，确保交通警卫和道路保畅任务圆满完成。全年共完成级别警卫任务20起（其中一级警卫任务4起）以及省市“两会”、国庆焰火晚会等重大政治活动、重大群众集会活动等各类交通安保任务和保畅任务1546起。六是加强节假日交通管理，确保节日交通安全。以旅游客车、公路客运车辆为重点，进一步加强对重点车辆的源头管理和路面管控工作，尤其是对7座以上的客车逢车进行检查登记，重点检查客运车车况以及超员、疲劳驾驶等交通违法行为，发现问题及时整改，同时通过在我市高等级公路、主要国省道、重点旅游景区及

贵阳援疆特警指挥部

道路和城市主干道上设置交通宣传标语和卡通宣传牌、发放宣传资料等方式，大力营造交通安全宣传氛围。2009年春运、暑运和国庆等节假日期间，全市无客运车辆发生重大以上交通事故。七是抽调民警组成环城高速大队筹备组，在国庆前夕我市环城高速公路全线贯通后，严格按照“生态路、文明路、平安路、和谐路”的要求，全面履行环城高速公路的交通管理工作。（黄建华）

【认真部署，抓好食品安全专项整治】 贵阳市食品药品监督管理局认真履行“综合监督、组织协调、依法组织对重大食品安全事故进行查处”的职能，制定并下发了《贵阳市2009年食品安全工作方案》、《贵阳市食品安全整顿工作方案》，印发了《关于加强“2009中国·贵阳避暑季”期间食品安全工作在通知》、《关于做好2009年节假日期间食品安全工作的通知》、《关于印发贵阳市打击违法添加非食用物质和滥用食品添加剂专项方案的通知》等文件，对全市食品安全综合监管工作进行了具体部署。组织食安委各成员单位开展了元旦、春节等节日食品安全联合执法，抓好“2009中国·贵阳避暑季”期间的食品安全工作，确保了重大节日和重大活动期间的食品安全。开展了为期4个月的打击违法添加非食用物质和滥用食品添加剂专项整治工作，在国家专项检查组验收和省际交叉检查中获得好评。（龚 沁）

【妥善处置“三鹿奶粉”事件善后事宜】 贵阳市食品药品监督管理局牵头组织相关部门开展了对贵阳市1904名婴幼儿奶粉事件患儿的赔偿工作，积极化解矛盾，做好监督赔偿、宣传疏导、统计报表、汇总复核等工作，确保人民群众的利益得到保障。（龚 沁）

【开展食品综合监督抽检】 据贵阳市《2009年食品安全整顿工作方案》（筑食安协办发〔2009〕1号），贵阳市食品药品监督管理局组织开展了对猪肉、食用油、蔬菜等136个样快速检测工作，加强对高风险食品的检验检测，重点提高对食品中有毒有害物质鉴定排查、风险监测。（龚 沁）

【强化药品、医疗器械生产环节监督管理】 贵阳市食品药品监督管理局全年受理并完成22家药品生产企业的53条制剂生产线GMP复认证申请，5家药品生产企业新增的5条制剂生产线GMP认证申请和初审现场检查工作。对辖区36家药品生产企业进行GMP跟踪检查，检查覆盖面达应检的80%以上，检查发现1家企业不符合药品GMP认证检查评定标准。在11家具有高风险品种的药品生产企业中实施了药品生产质量授权人制度。受理并审查2家医院制剂的15个品种注册申请。对辖区10家医疗机构制剂配制质量管理进行了专项检查。受理并完成38家申请开办《医疗器械经营许可证》的发证工作，办理8家《医疗器械经营许可证》许可变更，办理73家《医疗器械经营许可证》有效期到期换发。（龚 沁）

【严格药品、医疗器械市场准入制度】 全年共发放《药品经营许可证》271份，其中，新办企业104份（零售连锁门店24份、零售药店80份），受理审批变更167份。申请经营体外诊断试剂的企业共有5家，经对资料初审合格后报省局。受省局委托，对申请变更的26家药品批发企业进行现场验收。换发《药品经营许可证》工作，完成589家药品零售企业换证，另对90家药品批发企业换发《药品经营许可证》申报资料进行初审合格后，报省局。对105家新办药品零售企业GSP认证申报资料进行审查和现场认证。对52 家药品批发企业的GSP认证申报材料进行初审，合格后报省局。（龚 沁）

【加大药械市场监管和案件查处力度】 2009年，贵阳市开展了整治非药品冒充药品、整治互联网低俗之风、义齿和计生医疗

器械专项整治；开展了糖脂宁胶囊、狂犬疫苗、盐酸芬氟拉明原料药和制剂、双黄连注射液、苗岭牌洁肤霜、香丹注射液、甲型HINI流感防控药械等专项检查行动，严厉打击制售假劣药械违法行为。市局系统全年共立案161件，办结150件，结案率为93.17%。没收假药2787盒（瓶、袋）、劣药1323盒（瓶）、无证经营中西成药851盒（瓶）、非法经营中西成药557盒（瓶）、假中药饮片464.7公斤、劣中药饮片237.8公斤、无证经营中药饮片470.6公斤、违法生产医疗器械60盒（袋、只）、非法经营医疗器械1件131盒431支；没收违法所得18.3835万元，罚款金额103.1466万元，罚没共计121.5301万元。协查并向市公安局移交涉嫌套购麻黄碱复方制剂案件3起。（龚 沁）

【开展药品、医疗器械抽验工作】 2009年，贵阳市食品药品监督管理局对药品生产企业、经营企业、医疗机构和疾病预防控制中心的化学药、中成药、生物制品、中药材及中药饮片共抽样600批次，收到药品检验报告书600份，其中合格报告书587份，不合格报告书13份，不合格率为2.2%。医疗器械抽样70批次，收到医疗器械检验报告书14份，均合格。同时，充分利用药品检测车大力开展快检工作。药品检测车共运行90次,总行程7000余公里, 快检覆盖率: 全市各区、县(市)为100%，乡镇为100%。监督检查涉药单位96家，筛查药品1056批，发现可疑药品99批，对可疑药品抽样95批，收到药品检验报告书95份，其中合格报告书82份，不合格药品报告书13份，不合格率为13.68%。（龚 沁）

【重视甲型H1N1流感防控工作】 2009年4月以来，全球暴发甲型H1N1流感疫情，特别在9月小河区发生首起本土聚集性疫情后，市政府迅速成立甲型H1N1流感防控工作应急处置领导小组，召开贵阳市甲型H1N1流感防控工作专题会议进行安排部署，制定了《贵阳市防控甲型H1N1流感疫情应急预案》。各级疾控机构、卫生监督机构、医疗机构积极做好疫情监测报告、应急处置、卫生监督、医疗救治工作；加强预检分诊、发热门诊、定点医院工作，做好医院内感染控制和医护人员个人防护；成立市级专家组，指导全市防控工作及疑似病例会诊、治疗和排查；加强全市医疗卫生机构（包括民营医疗机构）的相关知识培训，强化疫情网络直报工作；举行甲型H1N1流感疫情应急处置演练；指定市肺科医院大水沟呼吸病区为收治重症甲型H1N1流感病例市级定点医院，市紧急救援中心（120）统一负责疑似和诊断病例的转运工作，市五医为市级后备定点医院，各市级医院做好医疗救治准备工作，预备收治甲型H1N1流感病例的专用病区床位50张，ICU病床2张；确定各区（市、县）医院为当地收治甲流病例的辖区定点医院，指定1所二级综合医院为区（市、县）级后备定点医院，预备收治甲流病例床位220张；市级储备达菲450人份，明确省医、市一医、市妇幼保健院、清镇市一医为流感监测哨点医院，市疾控中心为流感监测网络实验室，及时监测甲型H1N1流感和季节性流感病毒的变化趋势；开展多种形式的预防甲型H1N1流感健康宣教活动，提高群众自我保护意识和防护能力；以学校作为甲型H1N1流感防控的重点，认真落实晨检和因病缺勤登记、治疗管理病人等防控措施，使学校疫情得以及时发现，在较小范围内得到有效处置。积极开展甲型H1N1流感疫苗接种工作。制定《贵阳市2009年秋冬季甲型H1N1流感疫苗预防接种工作方案和技术方案》，按照“知情、自愿、免费”的原则，对重点人群实施甲型H1N1流感疫苗接种，完成接种44万余人，未发生严重不良反应。

截至2009年12月31日，全市累计处置报告甲型H1N1流感实验室确诊病例497例，重症病例7例。已治愈487人，重症病例7例已全部出院，无死亡病例发生，有效地控制了疫

情和维护社会稳定。（李 刚）

【贵阳市卫生应急管理网建设】 市卫生局、市疾控中心和各区（市、县）卫生局成立了卫生应急工作机构，明确专人兼职负责卫生应急工作；乡镇卫生院也指定了专人兼职负责卫生应急工作。加强突发公共卫生事件应急处置队伍建设，完善突发公共卫生事件监测预警系统，市及各区（市、县）不定期开展了有针对性的卫生应急演练，及时修订、补充甲型H1N1流感、手足口病等应急预案。截至2009年底，市级已配备卫生应急管理专职人员6人，其中市卫生局2人，市疾控中心4人；县级兼职人员10人，包括10个区、市、县卫生行政部门各1人。78个乡镇卫生院均有兼职人员负责卫生应急工作。组建了由22名专家组成的贵阳市传染病、食物中毒突发公共卫生事件专家咨询委员会；成立了市级人感染高致病性禽流感、手足口病防治技术专家组、甲型H1N1流感医疗救治专家组共计55人，各区（市、县）及疾控中心、卫生监督所、医疗卫生单位也成立了相应应急救治队伍。贵阳市卫生应急管理网络进一步完善，极大地增强了突发公共卫生事件的应对处置能力。（李 刚）

生态政治建设

SHENG TAI ZHENG ZHI JIAN SHE

学习实践科学发展观

【概况】 2009年3月，按照中央和省委的统一部署，贵阳市按照“党员干部受教育、科学发展上水平、人民群众得实惠”的总要求，牢牢把握“坚持解放思想、突出实践特色、贯彻群众路线、正面教育为主”的原则，以“走科学发展路、建生态文明市”为总载体，坚持把开展深入学习实践科学发展观活动作为首要政治任务，作为加快生态文明城市建设的内在需求，精心组织、周密部署，全市7138个基层组织、148495名党员，分两批参加第二批、第三批深入学习实践科学发展观活动。其中，市、区（县）党政机关，人大，政协机关，人民法院、人民检察院等3952个党组织，72109名党员于2009年3月到9月参加第二批学习实践活动；乡（镇、街道）、村（社区）、中等职业学校、中小学校、医院、非公有制经济组织和新社会组织的 3186个基层党组织，76386名党员于2009年9月开始参加第三批学习实践活动。通过参加学习实践活动，基本实现了“提高思想认识、解决突出问题、创新体制机制、促进科学发展、加强基层组织”的目标。（刘光洪）

中共贵州省委常委、贵阳市委书记李军在“百姓—书记市长交流台”与市民交流

【“三思考”、“三创新”、“三为民”】 在学习实践活动中，贵阳市把学习实践活动转化为建设生态文明城市的生动实践，把“党员干部受教育、科学发展上水平、人民群众得实惠”的总要求，具体化为“三思考”、“三创新”、“三为民”主题实践活动。市委中心学习组就深入学习实践科学发展观、建设生态文明城市、促进经济平稳较快增长等进行专题学习，市委、市政府主要领导同志发出公开信，组织撰写署名政论文章，引导全市党员干部进一步解放思想、埋头实干；市委常委及全市县级班子成员围绕建设生态文明城市的重点领域，深入开展调查研究，共确定调研课题482个。各有关单位围绕“三思考”、“三创新”、“三为民”，注重开好领导班子专题民主生活会和党员组织生活会，注重调查研究并形成高质量的报告；统筹抓好制定整改落实方案、集中解决问题、完善体制机制等工作。（刘光洪）

【“百姓—书记市长”交流台】 为深入开展学习实践科学发展观活动，方便群众表达意愿、反映问题、建言献策，2009年3月29日，市委、市政府和各区（市、县）党委、政府，高新开发区工（管）委及金阳新区工（管）委依托互联网、邮政信件、专线电话、手机短信、网络视频5种载体，开通了直接面向市民的专用公开交流平台“百姓—书记市长交流台”。

交流台由市“百姓—书记市长交流台”、各区（市、县）、高新开发区及金阳新区“百姓—书记区（市、县）长（主任）交流台”共同组成。贵阳市“百姓—书记市长交流台”由市委办公厅、市政府办公厅具体承办，市委宣传部、市信访局及有关单位协办，下设管理办公室，负责日常工作的统筹、协调和管理，有关职责由市委办公厅信息处、市信访局办信处共同承担。其中，网络来信、短信平台及人民网上对书记、市长的留言由市委办公厅信息处负责办理，主要

依托金阳时讯建立；邮政信件、专线电话由市信访局办信处负责办理，主要依托市长信箱、市长专线合署受理。各区（市、县）、高新开发区及金阳新区“百姓——书记区（市、县）长（主任）交流台”由本地区依据以上程序设计自行管理。一年来，交流台共收到各种来电来信、手机短信及网上留言2.5万余件，其中2.2万余件纳入受理程序，办结1.6万余件，办结率70%以上，初始回复率达100%，平均每天办理100余件，充分发挥了“倾听百姓意见、汇聚百姓良策、疏解百姓情绪、维护百姓利益”的作用，成为新形势下市、区（市、县）两级党委、政府密切联系群众的有效方式。（李景碧）

【“三保三实”工作队】 2009年中央关于学习实践活动要为保增长、保民生、保稳定提供强大动力的要求提出后，贵阳市委多次组织召开常委会议研究贵阳市的“保增长、保民生、保稳定”工作。经过认真研究、反复讨论，决定从市、县两级机关、事业单位选派1万名以上干部，组建“保增长、保民生、保稳定、查实情、办实事、求实效”（以下简称“三保三实”）工作队，深入农村、社区、重点企业、重点项目开展服务工作。市委办公厅、市政府办公厅及时下发了《关于组建贵阳市“保增长、保民生、保稳定、查实情、办实事、求实效”工作队的通知》。全市共选派10146名干部，组建187支工作队、1678个工作组，分别由46名地级干部和316名县级干部带队，深入全市77个乡镇1166个村、49个街道办事处451个社区和111个重点企业、重点项目办实事、解难事、谋发展。

2009年5月20日，贵阳市召开“三保三实”工作队动员培训会议，要求全市各级各部门和各工作队要在深入调查研究的基础上，帮助所到单位办1至2件实事。会后，各工作队迅速投入到“走进企业解难事，千方百计保增长；进村入户办实事，尽心竭力保民生；走进社区办‘小事’，全力以赴保稳定”的各项工作之中。

团市委“三保三实”工作队走访慰问困难群众

2009年，“三保三实”工作队共深入基层联系帮扶困难群众7266户28697人，捐助资金125万元，帮扶物资折款6735万元；走访群众8.69万余人次，征求到意见建议6989条；为基层、群众、企业、项目办实事18532件，累计已争取资金7.26亿元，帮助解决突出问题2930个，为联系单位提出建议和办法措施4256条，得到基层广大党员干部和群众的好评。国家统计局贵阳调查队对“三保三实”工作的民意测评显示，基层党员干部和群众对组建“三保三实”工作队服务基层工作的方式、工作队服务效果、队员工作作风感到满意和比较满意的比例均在98%以上。（刘光洪）

【“三个一” 主题】 “三个一” 主题是贵阳市第三批学习实践活动的主题，它是指：第一，深化一个思想认识。牢牢把握“走科学发展路、建生态文明市”这个主题，深化对科学发展观的理解，凝聚生态文明城市建设的共识。第二，筑牢一线战斗堡垒。重点在“两新”组织开展“三覆盖三推动”活动，采取单独组建、区域联建、行业统建、挂靠托建等方式，已建党组织736个，在规模以上“两新”组织中实现全覆盖；实施村级综合楼建设三年规划，建成164个村级综合楼，实现每个村办公和服务用房都在100平方米以上，70%达到250平方米以上。加强村（社区）书记、主任培训工作，村（社区）书记、主任每年参加不少于7天的县级以上集中培训。第三，办成一批实事好事。在继续发挥“三保三实”工作队作用的基础上，选派6185名干部参加全省“十万干部下基层”活动，深入基层听民意、察民情、办实事，共帮扶困难群众28697人，办实事18532件。（刘光洪）

机制创新

【中共贵阳市委八届八次全会】 2009年12月29日至30日，市委八届八次全会召开。省委常委、市委书记李军代表市委常委会向大会作书面报告，作题为《大局大势、任务和执行力》的重要讲话。市委副书记、市长袁周总结2009年全市经济社会发展情况，安排2010年经济社会发展工作。全会审议通过了《中共贵阳市委、贵阳市人民政府关于提高执行力、抢抓新机遇，纵深推进生态文明城市建设的若干意见》，对市信访局局长、市科技局局长、市两湖一库管理局局长、市社科联主席等4个职位人选进行了推荐提名，专题报告了年度干部选拔任用工作情况，对干部选拔任用工作进行了民主评议，对新选拔任用干部进行了民主测评。

会议的主要任务是：以邓小平理论和“三个代表”重要思想为指导，深入贯彻科学发展观，全面落实党的十七届四中全会、中央经济工作会议和省委十届七次全会、全省经济工作会议精神，对切实提高执行力、抢抓新机遇、纵深推进生态文明城市建设进行安排部署；总结2009年全市经济社会发展情况，安排2010年经济社会发展工作。

全会强调，要把创建“国家卫生城市”、“国家环境保护模范城市”、“全国文明城市”和协办2011年第九届全国少数民族传统体育运动会（简称“三创一办”）作为载体，坚定不移地纵深推进生态文明城市建设，主要做好从战略向细节、从单一向系统、从抓点向面上、从见物向见人、从领导向基层、从被动向主动、从临时向常态、从人治向法治等8个方面的推进。会议还强调，

中共贵阳市委八届八次全体（扩大）会议召开

抢抓新机遇，完成“三创一办”，纵深推进生态文明城市建设，最重要、最关键的是靠全市各级干部的执行力。全市各级党组织要认真贯彻石宗源书记关于“切实增强广大干部执行力”的重要指示精神，加强干部队伍执行力建设，特别是要树立鲜明的用人导向，用德才兼备、执行力强的人，把干部的心思和精力引导到提高执行力上来。（韩丽芸）

【十大投融资公司成立】 为了抢抓国家扩大内需、增加投资的政策机遇，深化投融资体制改革，形成“借、用、还”一体化的市场投融资主体，带动社会投资，为加快生态文明城市建设提供资金支持，贵阳市通过新建和改造的方式，成立了贵阳市工业投资(集团)有限公司、贵阳铁路建设投资有限公司、贵阳市城市轨道交通有限公司、贵阳市城市建设投资(集团)有限公司、贵阳市工商资产经营管理公司、贵阳市公共住宅建设投资有限公司、贵阳市旅游文化产业投资(集团)有限公司、贵阳市交通发展投资(集团)有限公司、贵阳金阳建设投资(集团)有限公司、贵州阳光产权交易所有限公司等十大投融资公司，于2009年4月13日正式挂牌。十大投融资公司的成立标志着贵阳市改革投融资体制、搭建市场化投融资平台迈出了重要步伐。（宋宗泽）

【“百名基层干部上机关、百名机关干部下基层”工程】 2009年，全市根据中央的精神和省委的要求，在认真分析干部队伍现状的基础上，积极探索建立党政机关从基层、生产一线选拔干部和党政机关年轻干部到基层任职锻炼制度，实施以“百名基层干部上机关、百名机关干部下基层”为主要内容的“双百工程”。即选拔50名左右优秀的村、居委会（社区）党支部书记、主任到乡（镇、街道）或区（市、县）直单位担任领导职务，选拔50名左右乡（镇、街道）优秀干部充实到区（市、县）和市级党政机关工作；从市及区（市、县）机关、事业单位选派100名有发展潜力和培养前途的优秀年轻干部到乡（镇、街道）、村（居委会、社区）任职锻炼。按照《“百名基层干部上机关”工作的实施方案》和《“百名机关干部下基层”工作的实施方案》，采取报名和资格审查、笔试、面试、体检、组织考察、讨论决定、公示、任职、推荐和研究决定等程序，由市、县两级共同组织实施。通过“双百工程”的开展，从村、居委会（社区）党支部书记、主任中公开选拔了47名到乡（镇、街道）或区（市、县）直单位担任副科级领导干部，从乡（镇、街道）党政主要领导中选拔9名优秀干部到市县重要岗位担任副县级领导职务，从市县党政机关选拔31名优秀年轻干部到乡（镇、街道）担任副科级领导职务，还从市县党政机关、事业单位选派75名优秀年轻干部到村（居委会、社区）挂职3年，开展跟踪考察，对表现突出的优先提拔。（刘光洪）

【在“三重”（重点工程、重要工作、重大突发事件）中选拔任用干部】 2008年底，在市委八届六次全会上，省委常委、市委书记李军告诫全市各级领导干部对工作要敢于负责，为贵阳人民的利益而敢抓敢管、敢作敢为、敢闯敢试。贵阳市委组织部认真贯彻李军同志指示精神，建立在重点工程、重要工作、重大突发事件中选拔、培养、考察干部工作机制。2009年5月，市委组织部组织考察组对10个区（市、县）、高新区、金阳新区和12家市直部门、3家重点指挥部，在生态文明城市建设和重点工程、重要工作、重大突发事件中表现优秀，具有敢抓敢管、敢作敢为、敢闯敢试“六敢”精神的县级干部和正科级干部进行考察。考察采取个别谈话和书面民主测评推荐、个人书面向考察组进行汇报、实地跟踪考察了解、考察评价的方式进行。经过综合分析，建立174名综合成绩突出的“六敢”干部名单，其中，县级干部81名（女干部7名），正科级干部93名（女

干部19名），已提拔重用县级干部46名。（刘光洪）

【“一报告两评议”工作】 2009年，为贯彻中央组织部和省委组织部《关于深入整治用人上不正之风 进一步提高选人用人公信度的意见》和《关于落实深入整治用人上不正之风工作有关任务的通知》精神，贵阳市开展干部选拔任用“一报告两评议”工作。即，地方党委常委会向全委会报告工作时，要专题报告年度干部选拔任用工作情况，并在全委会委员中对干部选拔任用工作进行民主评议、对本级党委新提拔的党政主要领导干部进行民主测评。2009年上半年，市委及各区（市、县）党委分别在全委会委员中对2008年度干部选拔任用工作进行民主评议，对新提拔的79名党政主要领导干部进行民主测评。2009年底，在市委八届八次全会上，对2009年度干部选拔任用工作及新任用的19名县级正职领导干部进行了民主评议。同时，对市直单位“一报告两评议”工作进行了安排部署。（刘光洪）

【超常规加强人才队伍建设】 2009年，全市按照“超常规激活现有人才，超常规引进高端人才”和对人才“大气、大度、大方”的要求，加强了人才队伍建设。贵阳市认真贯彻落实省委常委、市委书记李军同志在贵阳市6大重点产业招商引才工作组培训动员大会上的讲话精神，制定出台《贵阳市引进海外高层次人才办法（试行）》、《贵阳市鼓励留学归国人才来筑创业办法（试行）》、《贵阳市人才工作重点企业联系与服务办法（试行）》、《关于进一步加强高校毕业生就业工作的意见》、《贵阳市鼓励和扶持高校毕业生自主创业办法（试行）》、《关于实施贵阳市“一社区一名大学生”计划工作方案》等6个政策规定，成功引进国家科技进步二等奖和国家发明二等奖获得者、享受国务院特殊津贴专家、国内沥青材料研发和产业化领军人物杨林江教授带资金、带项目、带技术到贵阳市创办贵阳高新兰亭高科有限公司；协助贵州普赛洛生物材料有限公司引进美籍华人、法律和生化双博士陈晓英。2009年，市委组织部编发《人才推介》14期，推荐高层次人才17名，其中博士15名、硕士2名，10名高层次人才与用人单位达成引进意向。市直部门共引进高层次人才103名，其中博士5名、硕士83名、正高职称4名、副高职称11名。启动实施“5050”企业经营管理人才培养工程，选派10名优秀企业经营管理人才到上海地区大型企业挂职锻炼；选送32名专业技术骨干攻读硕士学位；培养推荐13名高层次人才入选第五批省管专家队伍；资助培养13名在职人员取得博士学位；培养高技能人才1484名。实施“一村一名大学生”和“一社区一名大学生”工程，选聘775名高校毕业生到村（社区）任职或工作。（刘光洪）

【党的基层组织建设年活动】 2009年，是党的基层组织建设年活动“深化拓展年”，贵阳市印发《关于认真抓好党的基层组织建设年深化拓展有关工作的通知》，明确5个方面20项深化拓展工作重点。一是认真落实党建工作责任制。调整党建工作领导小组，市委主要领导担任组长。全面推行基层党委书记党建工作专项述职制度，将“书记抓、抓书记”的要求落到实处。2009年6月26日，召开党（工）委书记履行基层党建工作责任述职会议，14名党（工）委书记述职并接受评议。同时，指导各区（市、县）建立相关工作制度。全市1393名各级党组织书记进行专项述职。二是抓好党的基层组织建设年活动考核工作。贵阳市党的基层组织建设工作通过省考核验收组验收，在全省地（州、市）中排名第一。同时，按照党建年活动的目标任务，对各区（市、县）党委，市直机关工委等16个党（工）委进行了检查考核。三是做好“五好”基层党组织申报工作。印

发《关于做好2009年省级、市级“五好”基层党组织申报工作的通知》，经各地认真推荐、市委党建领导小组审核和市委常委会研究，推荐申报云岩区为全省基层组织建设先进县、云岩区团结社区党支部等51个基层党组织为全省“五好”基层党组织。同时，经各地推荐、审核并报市委常委会议研究，命名云岩区飞山社区党支部等200个基层党组织为市级“五好”基层党组织。四是大力加强社区党建工作。深入开展以“三级联创”进社区、活动场所建设进社区、远程教育进社区、党员承诺进社区为主要内容的“四进社区”活动。将社区干部培训纳入全市基层干部培训计划，对1200名社区干部进行了集中培训。研究起草社区工作“1+6”文件，筹备召开全市社区工作会议，重点解决社区办公服务场所、干部报酬、组织运转经费、工作机制等问题。（刘光洪）

【“万名组织部长下基层”活动】 2009年，全市按照中组部和省委组织部对“万名组织部长下基层”活动的要求，以“走进基层、贴近群众”为主题，扎实开展基层调研、谈心谈话、结对帮扶和信访接待，积极参加“万名组织部长下基层”活动。集中“三保三实”、“双千工程”、“领导干部联系点”、“计生三结合帮扶”等力量，整合现有资源，统筹安排。贵阳市委组织部副县级以上干部分别联系1个基层党组织，部机关各党支部分别确定1个以上村（社区）党支部作为联系帮扶点，组工干部广泛结对帮扶生活困难党员、老党员、下岗失业职工党员、农民工党员或贫困户。据统计，全年下基层调研走访100余人次，开展谈心谈话1000余人次，参加信访接待130余人次，建立联系点13个，结对帮扶困难党员群众26人，帮助解决实际问题30余个，协调帮扶资金130余万元、物资折款1万余元、项目近10个。同时，做好“上派下挂”工作，从区（市、县）直单位和市管企业选拔13名干部到市委组织部挂职1年，从市委组织部选派2名干部到乡镇（街道）任职或挂职锻炼，选派2名干部开展驻村帮扶工作。（刘光洪）

机构调整

【成立贵阳市人民政府污染物减排办公室】 为加强我市污染物减排工作，实现建设生态文明城市的目标，设立贵阳市人民政府污染物减排办公室。办公室设在市环境保护局，经费由市财政全额预算管理。贵阳市人民政府污染物减排办公室设3个职能处（综合处、计划统计处、督察处），共有事业编制15名。其中，主任1名（由市环保局副局长兼），副主任1名（正科级），正副处长3名。主要职责：贯彻实施国家污染减排法律法规和方针政策，研究制订并组织实施相关政策;指导全市污染减排工作，编制并组织实施全市污染减排规划和年度污染减排计划；负责全市污染减排工作的日常协调和考核工作;建立和完善全市污染治理、综合利用等信息服务体系；组织开展有关宣传培训和对外交流与合作工作；承办市人民政府和上级有关部门交办的工作。（张志刚）

【成立贵阳市人民政府节约能源办公室】 为加强对节能工作的组织领导，实现全市经济社会可持续发展，在市经贸委设立贵阳市人民政府节约能源办公室，为市人民政府节约能源管理工作的综合机构办公室，经费由市财政全额预算管理。同时，撤销市经贸委内设的资源节约与综合利用处，将其承担的职能划入市节约能源办公室。贵阳市节约能源办公室设3个职能处（节约能源处、资源综合利用处、推行清洁生产处）和1个节能监察支队，有事业编制15名，其中，节能监察支队有事业编制5名。市节约能源办公室设主任1名（由市经贸委副主任兼任），副主任1名（正科级），正副处长3名，节能监察支队设支队长1名，副支队长1名。主要职责为贯彻实施有关节约能源和清洁生产等方面的法律法规，组织指导全市节约能源和清洁生产工作；编制并组织实施全市节约能源和清洁生产规划；负责全市节约能源和清洁生产的日常协调、监督、检查和考核工作；指导全市资源综合利用工作；编制并组织实施全市资源综合利用规划；组织协调国家鼓励的资源综合利用及管理工作；参与协调发展新型墙体材料工作；参与全市环保产业发展；参与协调工业环境保护；组织实施与资源节约、清洁生产相关的新产品、新技术、新设备的应用推广工作；开展有关宣传培训、对外交流与合作；承办市人民政府交办的其他事项。（张志刚）

法制建设

【完善、出台建设生态文明城市相关法律法规】 2009年，出台了《贵阳市促进生态文明建设条例》、《贵阳市城市节约用水管理实施规定》、《贵阳市两湖一库违法违章行为举报奖励办法》、《贵阳市人民政府关于禁止销售使用国家明令淘汰用水器具的通告》、《贵阳市人民政府关于加大建设生态文明城市立法力度，为建设生态文明城市提供法律保障的整改措施》等涉及生态文明的法律法规及规范性文件；修改完善了《贵阳市水污染防治规定》、《贵阳市“两湖一库”管理办法》、《贵阳市城市社区管理办法》、《贵阳市燃气管理办法》等涉及生态文明的法律法规；参与了《贵州省旅游条例》、《贵阳市民用建筑节能管理条例》、《贵阳市机动车尾气污染防治规定》等生态文明的地方性法规、政府行政规章的立法调研。（谢显凤）

【审查生态文明城市建设规范性文件的合法性】 2009年，市法制办围绕贵阳建设

贵阳市廉政教育示范基地建设现场会

生态文明城市的目标，对《中共贵阳市委、贵阳市人民政府关于抢抓机遇，强化改革，力推开放，加快推进生态文明城市建设的意见》、《中共贵阳市委、贵阳市人民政府关于进一步加强社区工作，推进生态文明城市建设的若干意见》等涉及市委、市政府及有关部门的行政决策，关系建设生态文明城市各个领域的规范性文件认真进行了事前合法性审查。完成了对《贵阳市绿化管理办法》、《贵阳市森林防火办法》和《贵阳市城市节约用水管理实施规定》等城市绿化和森林保护、建和谐社会建设、城市管理、高新区发展、节能减排等方面的地方性法规（草案）的审理和政府规章的审查。（李兴明　张　俊）

【配合做好《贵州省红枫湖 百花湖水资环境保护条例》修订相关工作】 按照市政府的要求，2005年11月，市法制办会同市环保、水利、建设、城管等部门就加强红枫湖风景名胜区的保护和发展开展调研，提出了《关于红枫湖风景名胜区保护和发展地方性立法的调研及建议》，于2006年2月报经市政府审定同意。2006年9月，按照省政府法制办《关于报送2007年立法项目立项申请的通知》要求，通过征求市环保、建设、水利、旅游等部门和清镇市政府的意见，将红枫湖风景名胜区保护和发展的地方性立法项目建议报省政府法制办。2008年2月，市法制办会

同市两湖一库管理局、环保局等部门草拟了《关于建议修订<贵州省红枫湖百花湖水资源环境保护条例（以下简称条例）>有关情况的说明》，并对《条例》提出了具体修改建议报省环保部门。2009年，又参与研究《条例（修订草案）》征求意见稿的起草工作，结合本市实际多次对《条例（修订草案）》征求意见稿提出修改建议报送省的相关部门。（张 俊）

【出台《贵阳市促进生态文明建设条例》】 2009年10月16日贵阳市第十二届人民代表大会常务委员会第二十次会议通过此条例。该条例共分4章36条，就政府在生态文明建设工作中应履行的职责、生态文明建设指标体系及目标责任的制定、区域限批、生态环境和规划建设监督员、“门前三包”责任制、生态补偿机制、环境公益诉讼、生态文明建设绩效考核、在生态文明建设活动中应遵守的行为规范等方面的内容及责任追究等进行了规范，实现了生态文明建设的法制化、规范化。（黄健秋）

【出台《贵阳市扬尘污染防治管理办法》】 该办法于2009年7月27日贵阳市人民政府常务会议通过，自2009年10月1日起施行，共22条，就泥地裸露和在房屋建设施工、房屋拆除、道路与管线施工、物料运输和堆放、道路保洁、植物栽种和养护作业等活动中的扬尘污染防治及其相关管理措施、违反规定应承担的责任等内容进行了规范，是改善和提高空气质量，规范扬尘污染防治管理，保护人民群众的身体健康，促进生态文明建设的政府法规。（黄健秋）

党风廉政建设

【工作概述】 2009年，全市各级纪检检察机关深入学习实践科学发展观，认真贯彻落实中共中央《建立健全惩治和预防腐败体系2008-2012年工作规划》和省委《实施意见》，扎实推进反腐倡廉教育、制度、监督、改革、纠风、惩处各项工作，为贵阳建设生态文明城市提供了强有力的保证。（王 勇）

【开展“整治发展软环境，建设服务型机关”活动】 2009年，全市纪检监察机关以“整治发展软环境，建设服务型机关”专项工作为载体，成立领导小组，出台了《贵阳市“整治发展软环境，建设服务型机关”专项工作领导小组办公室人员构成方案及工作职责》、《贵阳市“整治发展软环境建设服务型机关”专项工作新闻媒体监督办法（暂行）》等文件，将“软环境”专项整治工作列入了2009年各级各部门年度保证目标“党风廉政建设”部分，先后与贵阳电视台、省广播电台等媒体合作，录制专题访谈节目；与《贵阳日报》共同组织、登载了多篇关于软环境专项整治工作的评论员文章，在林城清风网站、贵阳市政府门户网站上开设软环境整治专栏；在《贵阳日报》、《贵阳晚报》和市政府门户网站公布了各级各部门各单位整建办的服务承诺、举报投诉电话、电子邮箱等通信方式。在云岩区、南明区、花溪区、乌当区、白云区、清镇市、修文县等地建立了100家企业监测点，并在社会各界聘请了78名软环境监督员。

2009年，贵阳市整建办共收到软环境治理方面的群众投诉举报114件次，已办结 112件；各区（市、县）整建办共收到投诉举报212件次，已办结205件；共对99名影响发展软环境责任人员进行了责任追究。（王 勇）

【电子政务和电子监察系统建设】 2009年4月至7月，市监察局、市政务服务中心联合印发了《贵阳市行政审批和电子监察系统管理办法（试行）》及《关于推进贵阳市行政审批电子监察系统建设的通知》，明确2009年5月起对纳入电子监察系统各部门进行

“风清气正—庆祝祖国60华诞贵阳市反腐倡廉”书法、美术作品展

绩效考核，考核结果列入年终目标考核。当年，建成乌当区、开阳县政务中心和电子监察系统并投入使用，市政务大厅的8个分厅和开阳县政务服务中心的数据接口已开发完成，业务数据已纳入贵阳市电子监察系统接受监察；开始筹建南明区、小河区、花溪区、清镇市等地政务服务中心、电子监察系统。

2009年，市监察局、市政务服务中心、市法制办等相关部门对全市行政审批事项进行4次集中清理、削减、合并、下放，将原有的625项行政审批事项削减为128项，削减比例达80%，使贵阳市成为全国行政审批事项最少的城市之一。对进驻市政务服务大厅行政事业性收费项目进行了认真清理，督促有关部门取消了79项行政审批事业性收费项目。目前，市政务服务大厅只保留了75项行政事业性收费事项，削减比例达51%。据统计，2009年，市级行政审批服务事项平均实际办理时限为5.2个工作日，比法定办理时限加快了17.4个工作日，办事工作效率提高77%；全年政务中心门户网站访问量达157.8万余次，全市各部门共受理业务329.2万件，办结328.8万件（当即办结309.2万件），办结率99.88%；通过电子监察系统督办各类业务1100余件，处理群众各类意见（建议）60余件；全市行政审批服务事项办结群众满意度调查短信平台累计发送短信2534817条，回复342441条，其中回复“满意”的342428条，回复“不满意”的13条，群众满意率达99.99%。（王　勇）

【治理商业贿赂工作】 制定下发了《贵阳市开展治理商业贿赂专项工作实施方案》，对开展治理商业贿赂专项工作进行了全面安排部署，成立了治理商业贿赂领导小组。与司法机关和行政执法机关进一步加强协调配合和沟通，建立和完善情况通报、线索移送、案件协办、信息共享机制；与新闻媒体结合，对治理商业贿赂工作进行宣传报道，广泛开展反腐倡廉教育和社会主义荣辱观教育。市治理商业贿赂领导小组将工程建设、土地出让、产权交易、医药购销、政府采购、资源开发和经销作为全市治理商业贿赂工作的重点领域，建立、制定了《政府投资项目招标投标项目廉政监督规定》、《招投标行政监督部门联席会议制度》等各类预防和治理商业贿赂制度近百项。市建设局梳理出治理商业贿赂的重要环节，明确了重点部门、重要岗位、重要人员，制定了《评标专家纪律》、《招标办工作人员纪律》等10余个相关制度以加强防范。全市各级各相关部门以“诚信贵阳”建设为重点，以政务公开、办事公开体系建设为依托，把市场诚信体系建设作为构建治理商业贿赂长效机制的重要内容扎实有效地推进。2009年以来，全市共查办商业贿赂案件213件217人，涉案金额1.28亿元，挽回经济损失4996.13万元。（王　勇）

区（县、市）生态文明建设

QU XIAN SHI SHENG TAI WEN MING JIAN SHE

云岩区

【治理环境助推发展】 2009年，云岩区以“整脏治乱”和“整治发展软环境，建设服务型机关”活动为重点，着力提高城市综合管理水平和政府服务效能，努力打造群众满意的机关效能和发展环境。不断推进体制机制创新，深化重点领域和关键环节的改革。进一步完善《云岩区招商引资优惠政策》、《分税制街道（镇）财政体制》等制度。大力开展“整治发展软环境，建设服务型机关”活动，强化执法力度，改善执法环境，促进机关作风根本转变。加大财政投入和社会融资力度，进一步完善路网结构，全力配合市实施北京西路、花溪二道、贵金线、长岭南路等重大工程，修建改造草黄路、公园西路等道路。启动山体公园建设和蔡家关排水治污工程。以“三路两片三项目”为重点，加快三马片区开发建设。依托东、西、北三片区整体开发，不断拓展城区规模，加快“城中村”改造步伐。开展了延安路、中华路、大营坡等重要干道的市容综合整治行动；加强了对违法建筑的管理和监控，拆除违法建筑18.05万平方米。以“整脏治乱”为抓手，把长效管理、环境整治与关注民生、维护稳定相结合，坚持疏堵结合，完成了2个农贸市场升级，改造了大同街饮食大棚，创新了五级责任督查机制，大力实施弹性工作和“门前三包”等制度，加强辖区内主（次）干道、背街小巷、楼群院落、校园周边和城郊结合部等重点区域的综合治理；以完善设施、塑造形象为重点，投入1350余万元完成了中山路、宝山北路、北京路等道路的街景整治，大力加强阿哈水库、小关湖、黔灵湖及周边环境治理，加快了环城林带、公共绿地保护以及双龙峰山体公园等生态工程建设，着力提高了城区绿化率，扩大绿化面积，市容市貌焕然一新，彰显了“黔灵毓秀、贵中云岩”城区形象。（王 佺）

【提升产业优化水平】 2009年，云岩区认真贯彻落实全市服务业发展大会和振兴工业经济大会精神，制定了《云岩区实施“产业优化工程”推进生态文明城区建设工作方案》。以发展服务业和高新技术产业为重点，认真实施《关于振兴工业经济的若干意

建设生态文明城区实施五大工程动员大会

云岩区远眺

见》、《关于进一步加快发展服务业的实施意见》等文件，大力发展楼宇经济，不断提高招商引资水平，积极谋划一批符合科学发展规划的大项目，培育一批具有创新性、示范性的骨干企业和知名品牌。全年共对益佰制药等41家企业的银行贷款给予2541万元的财政贴息，大力推进以益佰制药、永吉印务、国贸广场为重点的企业扩张发展，加快推进益佰药研中心建设和技术改造工作，积极做好永吉印务异地搬迁和上市前的咨询辅导工作，扶持国贸组建集团公司，着力做好国贸集团购物中心建设，不断扶持企业扩大规模，推动企业改革创新，提高企业的市场竞争力。建立区领导协调联系、部门重点引进、街道属地服务、责任落实倒查等工作机制，全力为企业提供“保姆式”服务，认真落实“一企一策”和特事特办的措施，组织召开了银企政座谈会，帮助企业解决融资难的问题。着力做好元隆广场、中大国际、大上海商贸城、大力士轮胎二期工程等重点项目建设的全程服务工作，为企业的生产经营提供有力保障，做到签约项目早落地、开工项目早见效。（王　佺）

【保障民生惠及群众】 2009年，云岩区委、区政府高度重视民生问题，深入推进“为民办实事”工程，大力实施“六有”民生行动计划。一是实施积极的就业创业政策。加快建立街道人力资源市场，进一步完善区、街（镇）、社区（村）就业创业信息联网建设，全方位促进就业创业工作，创建充分就业社区26个，动态消除零就业家庭，新增城乡统筹就业17869人次。二是完善城市最低生活保障制度。在全省率先实现城乡低保标准、参合范围的一体化，建立了“低保、就业、社保”联动机制，成为全市第一个“全国基层低保规范化示范区”。三是大力推进教育改革与创新。共计23000余名学生享受了“两免一补”优惠政策，为辖区外来进城务工人员子女减免费用970万元，投入了1300万为全区公办、民办学校改善办学条件，配置了教学设施设备，启动了学区化建设试点，大力促进教育均衡化发展。四是积极促进社区教育发展。2009年顺利完成“两基”迎“国检”工作，成为全省唯一的“全国第四批社区教育实验区”。五是大力实施农村新型合作医疗改革。重点发展一批惠民医院，推行单病种包干措施，着力解决“看病难、看病贵”问题。六是大力推进住房保障体系、饮水项目等建设。竣工经济适用住房14万平方米，发放廉租补贴500余万元，启动了居家养老服务热线试点，扎实开展了雅关村、偏坡片区自来水管网工程和杨惠村、大凹村改水项目建设，切实解决村民饮水难问题。七是以创建“平安云岩”工程为重点，深入开展“严打‘两抢一盗’”专项整治和社会治安综合治理。启动了“五五七二四”治安巡逻工程，开展24小时不间断治安巡逻防控工作，依法严惩各类违法犯罪分子。在贵州省首家面向社会公开招聘200名云岩社区禁毒专职工作人员，充实社区戒毒（康复）力量，扎实推进禁毒工作。八是丰富群众文化生活。组织开展了“多彩贵州”、云岩区少儿艺术节、群众广场文艺、消夏纳凉晚会等各类丰富多彩的精神文明创建活动，进一步加强乡镇文化站、社区文化活动中心建设，完善“农村书屋”建设，大力倡导生态文化。（王 佺）

【大力实施“党的建设”工程】 2009年，云岩区将党的建设与学习贯彻党的十七届四中全会精神相结合、与学习实践科学发展观活动相结合、与生态文明城区建设相结合、与落实党委书记第一责任制相结合，不断提高党组织的战斗力、凝聚力和创造力。一是进一步创新干部选拔任用机制，在加强班子队伍建设上下功夫，积极开展“科学规范和有效监督县（区）委书记用人行为”试点工作，制定了干部选拔任用工作中重要环节的实施细则和工作流程图，并召开区委全会，通过区委委员投票对科级重要领导岗位进行初始提名，增强了工作的透明度，进一步健全和规范了干部选拔任用的科学机制和干部监督管理机制。二是以“四进社区”为总抓手，扎实开展“四进社区”示范点创建工作。进一步创新党组织设置，成立了楼道巡逻、临时摊主、工地维权、医疗服务、邻里和谐、环保生态等10余种类型的功能型党小组100个，扩大了党组织的覆盖面和影响力。设立了“三为民”服务站示范点，推出了“错时制”和“预约服务”项目，通过公示社区电话、印发服务卡片等，搭建服务平台，充分发挥基层党组织在推动发展、服务群众、凝聚人心、促进和谐方面的作用。三是创新开展了“党员群众家园”、“平安和谐家园”、“生态文明家园”、“非公发展家园”四个家园，搭建了服务平台，实现了重心下移，密切了党群关系。以社区党建、学校党建、非公党建、机关党建等为着力点，进一步完善党员联系服务群众的工作制度，结合“三保三实”工作，建立了党员联系点、党员责任区等制度，党员干部纷纷下基层、进社区，充分发挥先锋模范作用，推进生态文明社区和单位建设。全年，共创建了5个省级、20个市级、111个区级“五好”基层党组织。四是进一步强化了全区各级干部执行力，建立了问责制、作风巡查制等工作制度，开展了“纪检进社区、纪检进项目、纪检进城管”工作，以干部优秀、作风优良、项目优质保障了生态文明城区建设。建立健全惩防体系，不断完善领导干部廉洁自律各项规定，推进廉政文化建设，筑牢拒腐防变的思想道德防线。（王 佺）

大十字休闲广场

南明区

【推进龙洞堡东部新城建设】 2009年，龙洞堡片区已经进入全面开发的阶段。向世界银行贷款12亿元建设的龙洞堡片区与中心城区连接的机场路已于2009年12月

建成通车。投入1.7亿元实施龙洞堡片区排污综合治理一、二期工程基本完工。启动了3000余亩一期开发用地的储备和整理工作，并与多家国内投资企业达成开发协议。完成龙洞堡特色食品工业园区总体规划，引进云关水产品加工园等项目入驻园区，以“老干妈”企业为龙头的特色食品产业逐步形成。（谯高华）

【小碧乡、永乐乡成建制划转南明区】 2009年1月，根据《省人民政府关于同意贵阳市调整龙洞堡片区行政规划的批复》和《市人民政府办公厅关于将花溪区小碧乡、乌当区永乐乡成建制移交南明区管辖的通知》的文件要求，花溪区小碧乡、乌当永乐乡正式成建制划转南明区，南明区的国土面积由85.4平方公里增加到209.34平方公里（小碧乡面积66.04平方公里、永乐乡面积57.90平方公里）。1月16日，市委、市政府在南明区举行了花溪区小碧乡、乌当区永乐乡成建制划转交接仪式。小碧乡、永乐乡成建制划入南明区，理顺了龙洞堡片区行政体制，推进了东部新城建设和“临空经济区”的发展，使南明区的发展空间得到进一步的扩展，为南明区加快生态文明城区建设步伐，促进全区经济社会又好又快发展提供了更好的平台。（谯高华）

南明新貌

【大力推进农业产业化发展】 2009年,南明区委、区政府按照“农村城市化、农业产业化、农民市民化”的工作思路，深入推进“三农”工作。以“贵州省村级农村公益事业建设一事一议财政奖补试点”为契机，按照“一事一议搞建设，城乡统筹促发展”的要求，全力推进农村综合配套改革，编制全区关于统筹城乡发展，推进城乡一体化的《实施方案》和《近期目标责任分解表》，制定《关于试点推进永乐乡生态农业建设的实施意见》。开展“生态文明村镇”、“文明户”、“四在农家”等创建工作。举办了“桃花艺术节”、“桃园文化节”等活动，提升永乐乡艳红桃品牌知名度。大力提高永乐乡无公害蔬菜品质，实现产品进入大型超市销售。扶持永乐莲藕生态休闲观光基地、永乐乡特色辣椒产销一体化基地、小碧乡猫硐村芦笋基地和贵州万向食用菌生态农业观光园区等项目建设，将发展旅游业与建设新农村相结合，将文化、节庆与提升农产品品牌相结合，使产业发展为农户带来真正实惠。（谯高华）

【扎实推进文化建设】 2009年,南明区扎实推进生态文化建设。一是切实抓好生态文明理念的宣传。举办形式多样的培训班，县级领导带头宣讲，深化党员干部对科学发展观和生态文明知识的理解。利用远程教育网络，将生态文明理念宣传延伸至社区、企业。继续开展创建“绿色社区”、“绿色校园”、“节水型社区”等活动，不断提高全民生态文明意识。二是大力抓好精神文明建设。深入贯彻落实《公民道德建设实施纲要》，广泛开展以“八荣八耻”为主要内容的社会主义荣辱观学习教育活动。积极开展生态文明单位示范点创建工作，创建市级生态文明示范单位35家。启动南明“贵阳志愿者”招募活动，目前全区共有2万余人加入志

老干妈食品公司产品包装车间

愿者队伍。三是扎实推进城市管理工作。深入开展“整脏治乱”活动，打造19条“门前三包示范街”和17个“洁净院落”，在重点部位、重点路段实行“弹性工作制”，对火车站、蟠桃宫市场、花果园立交桥周边等区域进行综合整治，城市环境整治取得阶段性成果。进一步发挥数字城管指挥中心作用，共受理案件1.62万件，按期结案1.26万件。加大对违法建筑的拆除力度，共拆除违法建筑12.66万平方米。四是举办丰富多彩文化活动。围绕迎接新中国成立60周年，开展“喜迎国庆、洁净家园”、“百首爱国歌曲大家唱”系列文化活动和全民健身体育活动。积极引导和支持辖区内的书法家、美术家、摄影家、作家、音乐家、舞蹈家、戏曲曲艺等各类协会加强自身建设，进一步夯实发展文化事业的组织基础。2009年5月，成功举办中国·贵阳避暑季之南明“黔茶飘香·品茗健康”茶文化系列活动和各类书画艺术展，以茶文化活动为平台，积极宣传和推介贵州绿茶，有效拓展了贵州绿茶的消费市场，营造了浓郁的茶文化氛围，打造了茶文化品牌，也进一步弘扬先进文化，丰富辖区人民群众的文化生活。2009年10月，在北京成功举办了中国·贵阳·南明“大山之风”美术书法作品展，获得社会各界好评，30余家中央及省外媒体对活动进行了报道，互联网上关于活动的报道达2万余篇，有效提升南明区的知名度。（谯高华）

【着力解决民生问题】 2009年,南明区完成贵阳铁路枢纽、贵广快速铁路、环城高速公路南环线、甲秀南路、机场路等项目在南明辖区的征地拆迁工作，确保省、市重点工程顺利实施。顺利推进黔江路5号地块、水塔坡、八里屯、革老场、畜牧场等安置点的建设。对水口寺水淹区进行改造，安置点的建设顺利推进。“两基”工作顺利通过验收，对前进小学教学楼、摆郎小学教学楼、二十六中教学楼等进行了改扩建。切实解决外来务工人员子女入学难问题，共接收53624名外来务工人员子女接受义务教育。全区新增就业1.5万余人，实现城乡统筹就业1.6万余人。解决劳资纠纷280余起，妥善解决因拖欠农民工工资引发的突发事件23起，涉及金额2000余万元。及时处置和有效控制甲型“H1N1”流感等重大公共卫生突发事件。完善残疾人综合服务中心建设，率先成立区级智障人士“助力之桥”工作站，使全区服务残疾人工作走在全省前列，获“全国白内障

永乐乡石笋沟水库

无障碍县”称号。在全区开展“晚霞彩带”社区居家养老服务活动及机关老干部亲情服务活动，努力构建以居家养老为基础、社区照顾为依托、机构养老为补充的养老服务体系。继续加强社会治安防控体系建设，深入开展“严打‘两抢一盗’，保卫百姓平安”专项行动和“打黑除恶”、“扫黄打非”、“禁毒缉毒”等专项行动，全面净化社会环境，共破各类刑事案件5545起，打击刑事犯罪分子2747人，人民群众安全感达71.2%，较去年提高了0.66个百分点。认真办理“百姓——书记区长交流台”群众反映的各种问题，做到件件有领导批示，件件有部门回复，累计办结1052件，有效办结率为76.3%。继续抓好金地、送变电、凤栖等示范社区建设。全区141个社区居委会全部具有独立的办公房。获得“全国和谐社区建设示范区”荣誉称号，19个社区被评为省、市级“五好”基层党组织，5个社区被评为市级“三优精品社区”。李源潮部长等中央领导先后到我区检查指导社区建设工作，给予高度评价。（谯高华）

小河区

【强力推进“工业强区”战略】 2009年,小河区围绕工业结构优化、集群发展、产业循环衔接建设，加强对主导工业企业的扶持，加大对企业综合利用与节能工作的服务与管理，积极推动区投融资平台建设，大力推进银企对接合作，有效缓解企业融资难问题。航空航天、工程机械及汽车零部件、家用电器及电力器材、设备制造、现代医药等主导产业优势明显，经济回升迅猛，龙头带动作用凸显，工业呈现趋快上扬，工业支柱作用进一步强化。2009年，全区规模以上工业总产值突破100亿元大关，完成100.5亿元，增长23.96%；规模以上工业增加值预计完成26.11亿元，增长28.29%。以贵州詹阳动力、

中央文明办副主任王世民，中共贵州省委常委、贵阳市委书记李军视察小河区生态文明创建工作

西工集团、贵州永红机械、枫阳液压和贵航汽零等现有大中型企业为依托，围绕产业主导优势，狠抓配套能力建设，2009年成功引进青岛鑫恒泰板金配套项目、烟厂配套卷烟胶生产等项目，建立了中联重科与枫阳液压合作开发项目框架，积极促进了海信SMT表面贴装在小河区的实施，新型配套工业资源进一步整合。制定《小河区加强自主创新体系建设的意见和实施细则》，企业为主体、产学研相结合的自主创新体系基本建立。全年组织申报省级科技项目13个，争取市科技局“双20项目”7个，资金747万元，完成区技术改造工业投资19.2亿元，为全年任务的129%。通过自主研发和引进吸收再创新，调整升级产业结构等方面项目59个，工业企业自主研发能力进一步提高，经济活力进一步增强。2009年，小河区在全国2007-2008年度科技进步考核中荣获先进县称号，自主研发和创新能力进一步增强。加强与贵州大学的“产学研”合作工作，并与贵大智能控制中心、贵大经济研究所开展了贵阳经济技术开发区公共创新平台的项目合作和产业链课题的项目合作，促进了贵州大学与区内航天风华精密公司、西南工具集团、永红航空公司、红林机械公司等企业的产学研项目合作，“政、企、校”合作项目34项，“产

学研”合作工作进一步强化。在企业项目研发、技术攻关、科学管理以及城市发展规划等方面取得了丰硕的成果，有力地提高了小河区企业的核心竞争力，促进了小河区企业的创新发展与高校科技成果的产业化转换。（杨　刚）

【加快小孟工业园区开发建设】 2009年，小河区认真贯彻市委、市政府《关于建设小河—孟关装备制造业生态园区的实施意见》的精神，于6月初与花溪区正式签订了框架性合作协议，于7月下旬，召开小河—孟关装备制造业生态工业园区开发建设动员大会，形成了举全区之力推动小孟园区建设的氛围，吹响了小河区二次开发的号角。园区基础设施开发大道三期和小黄河改造顺利启动，小河区对花溪区陈亮、翁岩、付官3个村的社会事务进行托管，两区合作开发管理体制建立并逐步完善。（杨　刚）

【招商引资成果卓有成效】 2009年，小河区采取锁定重点区域、重点行业、重点企业的“三锁”方式，主动走出去、引进来，促成凯沃重工、盘江煤电等产值过亿项目的成功签约。2009年新增项目127个，其中二产项目29个，三产项目97个，二产项目到位资金28.43亿元，三产24.97亿元，新引进投资3000万元以上项目7个，落地2个，落地率42%；新开工建设重点项目3个，建成投产重点项目3个，全年招商成绩在全市排第一。全区19个重点项目中的劲嘉彩印、安大宇航、361一期、燃气储配站、富炬炉具、西郊变电站、鑫恒泰海信配套等7个项目建设工程已全部完工，有的已经投产，有的处于调试和内部完善阶段。烟厂技改项目、361二期、洛解工业园、刘老四食品加工、西班牙大棚、天盛、喜百年酒店、北京华联超市等8个项目施工进展顺利，烟厂项目联合工房Ⅰ、Ⅱ标段工程按进度顺利进展，部分设备已安装完毕开始进行调试。贵航军转民高新技术产业园一期2个子项目已进入工程设计阶段，今年年内将启动建设施工，二期已完成征地工作，143厂AMT汽车自动变速器等民品项目正在全力推进当中。全年落实中央扩大内需项目7个，落实新增中央投资3157.1万元。完成社区卫生服务中心、廉租房一期建设，詹阳动力双面镗床500吨压力机、精细等离子切割机等设备投入生产。（杨　刚）

浦江广场

【加快农业产业基地建设】 2009年，小河区以巩固发展园艺产业、特色养殖业、观光农业为重点，建立精品农业生产基地，大力发展特色经济。在小河区南部王宽、红艳一带建设万亩经果林基地、金竹建设1500亩梨杏基地、竹林建设1500亩杨梅基地，推广果树田间管理技术和无公害生产技术，大力提高水果品质，着力打造小河区精品果树种植基地。抓好4200亩以丰报云村韭菜基地为重点的无公害蔬菜基地建设；按照“企业+农户”的发展模式，加强贵阳市小河区生猪标准化规模养殖场（小区）建设和小河区优质禽基地建设，目前完成养殖户修建及改造圈舍6957平方米，投放鸡苗60户60000羽；组织开展2009中国—贵阳避暑季之小河区“火炭”杨梅节活动。（杨　刚）

【切实加强宜居宜业的生态环境建设】

2009年,小河区加快龙王村大型生产资料市场、中院村“城中村”改造；按程序完善王宽布依新寨调整方案相关审批手续，实事项目扎实推进，城乡面貌进一步改善。继续开展“整脏治乱”活动；抓好城市绿化建设，新增绿地面积4万平方米；社区建设全面提高，区兴隆社区、红林社区分获2008年度、2009年度“全国和谐社区建设示范社区”称号；宜居生活环境切实建设，2个市级绿色社区创建成功，打造了宜居宜业的环境。完成了花溪二道（小河段）、黔江路、贵阳绕城高速（小河段）、西南环线一期二段等道路建设工程，启动了珠显路一期（含珠显大沟）、长江路延伸段、金戈路等道路建设，初步形成了“五纵四横”的城市交通大框架，加快了城市基础设施建设，解决群众出行难。积极开展ISO14001环境管理体系创建及认证工作。圆满完成环境管理体系手册和环境管理程序核心文件编制，体系正式投入运行。完成大寨人工湿地建设，湿地污水处理规模50立方米/天，为农村环境治理提供成功经验。认真落实污染减排项目，加大污染减排投入，集中力量整治重污染行业，确保污染物总量减排、达标排放。2009年，工业固体废物综合利用量完成6万吨；纳入考核的规模以上企业万元工业产值综合能耗控制在0.22吨标煤以内，实现经济与环境协调发展。（杨 刚）

【“百姓—书记区长交流台”发挥重要作用】 2009年,小河区按照“倾听百姓意见、汇聚百姓良策、疏解百姓情绪、维护百姓利益”的要求，认真对待群众反映的问题，坚持有诉必接，每接必办，每办必果，做好回复，全程督查，确保了“件件有着落，事事有回音”。2009年，小河区“百姓—书记区长交流台”累计收到手机短信、网络留言及来信来电784件，收悉率达到100%，回复办理率达到98%以上，在全市各区（市、县）中位列第一。对已办结事项的群众回访调查，满

兴隆珠江湾畔小区

意率达98%以上。同时，为保证工作的长效规范，落实各项责任，先后制定了领导负责制、归口办理制、限时办结制、提醒督办制、责任追究制等一系列规章制度，规范了登记、拟办、交办、催办、查办、回复、反馈、统计等工作流程，在全区上下形成了一级抓一级、责任到人、层层落实的责任体系。使“百姓—书记区长交流台” 成为党委政府和广大群众的“爱心线”，成为推动工作有效开展的“助推器”，成为维护社会稳定的“保障线”，成为深化机关作风建设的“监督员”。（杨 刚）

【扎实推进“六有民生”行动计划】 2009年,小河区以“六有民生”工程建设为抓手，进一步加大社会事业的投入力度、社会保障的覆盖力度和群众利益的保障力度，推进了各项事业的全面进步和和谐小河的建设进程。顺利通过“两基”国家督导检查。全面加快教育资源整合，完成市三十四中综合楼改扩建工程，顺利组建区实验中学和区二小大兴校区；深入开展计划生育工作，荣获“中国人口早期教育暨独生子女培养示范区”称号；全力打造全区15分钟社区医疗服务圈，获“全国中医药特色社区卫生服务示范区”称号；制定《小河区甲型H1N1流感防控工作预案》和《工作方案》，甲型H1N1流

感疫情处置成效显著；在水源保护力度方面，确保阿哈水库水质恶化趋势得到初步遏制，启动阿哈水库周边阿哈寨、猪场坝、梨树脚、新中寨4个村寨农业面源和农村生活污染治理。拆除阿哈库区周边污染水源的违章建筑3万余平方米，在加大宣传力度的同时，引进新项目和新品种，并通过政策扶持、技能培训、专场招聘会等多种形式引导当地劳动力转移，切实保障市民的饮水安全。（杨　刚）

【成功举办2009亚洲青年动漫大赛科技动画专场】 小河区于2009年8月1日至9日承办了由国家文化部、贵阳市人民政府主办，多个部门联合举办的“2009亚洲青年动漫大赛—国际科技动画专场”活动。向公众展览“科技动画”平面作品和动画作品上百余件，并成功举办“亚太动漫交流中心启动仪式”，同时，还结合小河“三线”建设，举行了“三线文化老照片”展览。此次活动吸引了国内外20多个国家的近50位外籍专家，举行了6场精彩的专题演讲，观众达到6000人次，省内外20多家媒体对活动进行了全面的报道。2009年8月8日，亚太动漫协会主席约翰·兰特在2009亚洲青年动漫大赛科技动画专场启动仪式上宣布“亚太动漫交流中心”永久落户小河。（杨　刚）

【积极开展生态文明宣传教育】 2009年,小河区举办了“生态文明知识竞赛”和“十大青年礼仪之星大赛”等主题活动，发放《贵阳市建设生态文明城市学习问答》、《贵阳市小河区建设生态文明城市基本知识300问》等宣传资料，在全区中小学普及“生态文明”知识，率先在全市开展了“建设生态文明城市、美化绿化阳台”试点工作，在全区营造良好的学习氛围。全面发动，将创建生态文明先进变成全员的实际行动，宣传发动各单位踊跃参与生态文明机关（单位）、企（事）业、学校、社区、村寨创建评选活动，倡导干部职工将生态行为作为工作的出发点和立足点，使干部职工在学习中受到教育，在实践中得到提高。2009年，黄河办事处大兴社区等19家单位获得贵阳市创建生态文明示范点称号。同时，抓点带面，层层推进，以“全国生态文明示范社区”兴隆社区为重点，推动全区生态文明示范社区创建工作，为建设生态文明城区奠定良好的基础。（杨　刚）

小河区庆祝建国60周年文艺演出

【深入开展志愿服务活动】 2009年,小河区广泛开展了贵阳志愿者招募工作，共招募志愿者12965人，志愿者服务组织不断完善，全区初步形成了以区文明办（区志愿者协会）为枢纽，以街道、社区为连接，各类人员广泛参与的志愿服务体系。充分发挥国家公职人员示范作用，倡导全区国家公职人员每人每年不少于48小时的志愿服务时间，开展公职志愿者参与交通协勤、纠正不文明行为活动，机关志愿者参与“整脏治乱” 关爱老人志愿服务活动，多形式推动志愿者服务活动。同时，以活动为载体，促进志愿者事业纵深发展，配合上级部门成功举办全国“百万空巢老人关爱志愿服务行动”启动仪式，推行“邻里守望”社区志愿服务活动，开展关爱未成年人志愿服务系列活动，开展“保护人工湿地”等环保系列活动，主动为辖区农民工提供法律服务。以行动弘扬志愿精神，传播志愿服务理念，树立志愿者良好的社会形象，提高志愿

组织凝聚力。（杨 刚）

【大力加强基层党组织建设】 2009年,小河区不断加强村、社区、学校、“两新”组织等基层党建工作力度，出台了《中共小河区委关于进一步加强农村基层组织建设的意见》等“1+5”系列文件并严格落实，公认度和满意度有效提升，农村基层党建工作进一步夯实；拟定了《关于进一步深化生态文明示范社区建设的实施意见》，通过实施“三推一述两选”，选好配强党组织书记，使一批素质较高、年纪较轻、能力较强的优秀社区干部脱颖而出。（杨 刚）

【着力考核“三重六敢”干部提高工作执行力】 2009年,小河区高度重视加强和改进党的建设，始终把加强思想政治建设、基层组织建设、干部队伍建设和人才队伍建设摆在重要位置。结合小河区“项目推进年”活动，围绕小河—孟关装备制造业生态工业园区开发建设等重大部署，制定出台了《小河区重点工程、重要工作和重大事件考察评价干部办法（试行）》，在重点工作、重要工作和重大突发事件中考察评价干部，注重选拔敢抓敢管、敢作敢为、敢闯敢试的干部进入科（局）级领导班子，在此基础上加大公开选拔副科（局）级领导干部力度，拿出了街道办事处副主任等5个科（局）级领导职位面向全区公开选拔，不断营造风清气正的用人环境，将广大干部特别是年轻干部的精力和注意力引导到干事业谋发展上来，有效激励和促进班子整体与干部个人工作执行力的提高。（杨 刚）

花溪区

【提前完成农村危房改造任务】 2009年4月，花溪区被确定为全省整体推进农村危房改造的13个县（市、区）之一，全区待改造农村危房共10701户，涉及全部14个乡（镇、街道）。区委区政府统筹规划，多渠道筹集建设资金，区四大班子齐上阵，区属部门包户建设，推行县级领导包户、乡镇部门包村责任制，落实责任，整体推进。结合农村危房改造，开展了“六点一线”村寨整治工作，即对党武乡摆贡寨、石板镇林木寨等六个村寨524户进行房屋立面整治，实施产业发展、基础设施建设，全力打造花溪区生态文明新农村建设的示范村寨；对南环线沿线可视范围的979户进行房屋立面整治。经过全区干部群众近八个月的共同努力，提前保质完成了10701户危房改造和“六点一线”村庄整治任务，用一年的时间完成了三年的工作，极大地改善了农村困难群众的住房条件，村容村貌焕然一新；在危房改造和村寨整治中广泛运用LED节能灯、磷石膏标砖等一批新型节能材料，沼气池、沉沙池、三格式化粪池得到推广，为新农村建设注入了生态文明理念；形成了花溪特色的“坡屋面、石墙裙、杆栏式构架”的统一建筑风格，突出了地方特色；鼓励和引导农户发展乡村旅游，农民收入得到进一步提高。2009年，全省农村危房改造整县（市、区）推进工作会、“生态论坛·贵阳会议”相继在花溪召开，花溪区农村危房改造和村庄整治工作得到了充分肯定。（骆 婧 李文义）

【集中力量推进重点项目建设】 2009年，花溪区配合省市全力抓好重点项目建设，做到“高效、快捷、干净、透明”，花溪城市

南环线牛郎关互通立交桥

青岩堡集中安置点仿古商业街

发展竞争力和产业发展后劲进一步提升。迎宾大道建设，两天内成立指挥部并召开征地拆迁动员大会，7天内完成了与144户涉及被拆迁农户和企业签订征地拆迁补偿安置的协议，18天完成拆迁，将257亩红线土地全部交付施工方使用，5个月建成通车，创造了项目建设的“花溪速度”；贵阳环城高速公路花溪段、南环线、甲秀南路、田园北路按期建成通车；小河—孟关生态工业园开工建设，贵大改扩建工程、大学聚集区规划正式启动，贵阳铁路枢纽扩建工程花溪段等省、市重点投资项目顺利实施。（骆　婧　李文义）

【创新安置征地、拆迁户】 青岩堡集中安置点项目是贵阳环城高速公路南环线的重点配套工程，主要用于安置南环线建设中涉及的被征地、被拆迁农户。该安置点创新安置模式，按照六个统一的原则，即“统一规划、统一设计、统一建设、统一配套、统一安置、统一管理”，让农户搬得进来，住得下去，富得起来。

青岩堡集中安置点北接花溪、南连青岩，东西两侧是101国道和桐惠路，距已有600年历史的青岩古镇只有800米。集中安置点利用荒山荒坡修建，总占地面积350亩，建筑面积250亩，建筑群依山就势、因地制宜、合理布局，不搞大开大挖，基本保留了临近区域的农田现状和自然生态。建筑分两部分，一部分修建安置房61栋，安置拆迁农户290户，每户80—240平方米不等；第二部分专门设计了一条连接青岩古镇和安置点的商业街。

从规划上，安置点整体风格与青岩古镇的风格相协调，与青岩古镇交相辉映。从户型上，考虑到了农户的生产和生活双重性。从功能上，完善了供电、煤气、排污、通讯等公共设施。从环保上，为保护玉带河，在河的下游规划建设了一座污水处理厂。从整体效果上，安置点种植了本地的景观植物和独有的观景石，体现和挖掘了青岩的人文特色。建成后，安置点将与青岩古镇一起成为“可居、可商、可赏”的世外桃源。

为了解决农户的长远生计问题，集中安置点打造了一条商业街，为每户农户配套建设了40平方米的商业门面。利用“一户一宅一店”的安置理念和可持续发展的运作模式，借用青岩古镇的人气和名气，给农户带来从商和就业的机会，保证了安置户的经济来源。安置点不仅是贵阳市新农村建设的“亮点”，也真正体现了“便民、安民、富民”的科学发展观思路。（骆　婧　李文义）

【全面打响“整脏治乱”三大战役】 2009年,花溪区深入推进“整脏治乱”工作，组织力量全面打响“违法违章建筑拆违战、花溪河水源保卫战、城市形象整治战”三大战役。对重点区域和重点工程范围内5.77万平方米违法建筑进行拆除，有效控制违法建筑蔓延势头；实施花溪河环境治理，开展拆违还绿、植被恢复、河岸整治、河道保洁；拆除花溪河螃蟹井片区违法建筑20350平方米；取缔霞辉路、徐家冲片区马路市场，解决主城区赶乡场“脏、乱、差”问题。实施城市亮丽工程，加大对占道经营、户外标识标志、户外广告、门头牌匾及野广告等问题

的整治力度和对城市主次干道、背街小巷、社区院落、城郊结合部、景区景点环境卫生秩序的综合治理，完成步行街的升级改造，规范小吃城的经营管理。清理并启用了城区7个停车场。城乡环境卫生秩序得到改善。（骆 婧　李文义）

【努力提升国家级生态示范区形象】 2009年,花溪区充分发挥资源优势，成功创建贵阳市第一家国家级生态示范区，天河潭4A级景区正式授牌，十里河滩国家级城市湿地公园获住建部批准，品牌创建工作取得突破，城市形象进一步提升。开展旧城改造，花谷路、农院菜场路、松水路上段、松涛路下段等城区次干道路改造工程顺利完成；新区行政办公大楼、政法大楼顺利搬迁，人气、商气明显提升，行政新区建设跨入新时期；道路交通、城市绿化等一批市政基础设施项目顺利实施；南环线、甲秀南路、迎宾大道、田园北路等道路建成通车，进一步拓展了城市发展空间，实现了城市的增容扩容。（骆 婧　李文义）

【切实加强基层组织建设】 2009年,花溪区积极推进“一肩挑”和村“两委”成员交叉任职，对全区153个村和12个社区党支部、村（居）委会及“两委”成员开展满意度测评；把“模范村官”的评选作为加强基层组织建设的载体，制定了11条标准和6项硬性指标（全年无计划外生育、无非正常上访、无刑事案件、无违章建筑、无违反殡改、人均纯收入高于全区平均水平），对达到要求的3名“模范村官”进行重奖；面向全区村干部公开选拔3名副科级领导干部；开展争创“五好”基层党组织活动。落实村级组织活动场所建设三年规划，建成28个村级综合楼。

花溪党武乡摆贡寨新貌

加大竞争性选拔干部工作力度，面向全区公开选拔12名副科级领导干部，选聘5名团委兼职副书记，拓宽优秀年轻干部脱颖而出的渠道，让“伯乐相马”为“赛场赛马”。积极探索建立干部任用初始提名制度，制定了《花溪区规范乡科级领导干部初始提名暂行办法》，不断提高选人用人公信度，在全区干部大会上对缺额乡镇党委书记、乡镇长及部门负责人等10个职位进行实名推荐。（骆 婧　李文义）

乌当区

【大力振兴工业经济】 2009年，乌当区大力振兴工业经济，不断壮大电子信息、现代制药、先进制造、新材料、食品加工五大支柱产业，以推进新天园区二次创业为载体，加快推进生态工业扩规、提速、增效。一是进一步完善促进工业经济发展的制度、措施，加大政策支持与资金投入，振兴工业经济。按照全市振兴工业经济大会精神，乌当区出台了《关于落实贵阳市振兴工业经济若干政策的实施意见》、《关于鼓励在工业园区建设标准厂房的实施意见》、《乌当区对五个“五大企业”进行重点支持的措施》、《乌当区工业企业流动资金贷款贴息政策实施意见》等一系列配套措施。同时还全力打造融资平台，成立了贵阳新宏亿源投资担保股份有限公司，积极为企业投融资提供优质服务。二是对工业园区进行科学规划与建设。完成奶牛场食品药品工业园编制并通过市城规委的审批，编制新天园区南区、云锦—洛湾工业园等园区控制性规划。积极推进新天药业异地搬迁、膳香坊生产线技改、五福坊整体搬迁及技改扩建等项目。三是继续推进技改项目，开发新产品，增强竞争力。远程制药自主研发“抗妇炎胶囊”实现产值3亿多元；贵航能发、森瑞管业、远程制药等12个产业化及技改项目被省、市列为重点推进项目，总投资达7.5亿元；力源液压、新天药业、振华永光等23家企业被重新认定为贵州省第一、二批高新技术企业，占全省82家获牌企业的28%。（管洪荣　郭　昶）

【努力推进旅游业全面发展】 2009年，乌当区充分整合资源，大力发展温泉旅游经济，推进旅游业上规模、上档次。一是丰富了旅游线路及内容。以“庖汤＋泡汤”为载体，有效连接了景区、景点，形成新的旅游精品线，促进温泉旅游和乡村旅游协调发展。二是加大旅游宣传促销力度。2009年9月5日至7日，作为全国唯一取得举办分站赛的城市，成功承办了2009“金立手机杯”全国围棋甲级联赛贵阳乌当分站赛，10月又成功协办2009贵阳避暑季·温泉月活动，进一步提升和推介了温泉旅游品牌。2009年，乌当区共接待游客275.57万人次，实现旅游综合收入10.09亿元，同比增长71%。三是不断做大规模。全区共已成功开发温泉5处8口井，香纸沟温泉、振华万象温泉等在建项目有序推进。（管洪荣　郭　昶）

充分体现乌当区生态环境的花车和巡游队伍

【积极实施“六有”民生工程】 2009年，乌当区加大资金投入，提高服务水平，切实提高群众生活质量。一是大力实施均衡教育。认真落实国家“两免一补”政策。全年补助公用经费790.04万元，为4.45万人（次）中小学生提供免费教科书；乌当中学省级二类示范高中成果得到巩固和提高。民职中申报国家重点职业中学创建工作全面实施。二是积极完善公共卫生服务体系。新型农村合作医疗工作完成农业人口参合率达96.53%。完成新天社区卫生服务中心建设。惠民医疗政策100%覆盖城乡低保户、五保户等困难群众。三是全力维护社会稳定。成立了区应急指挥中心，完善全区各类应急预案和规章制度建设，荣获2009年全市应急管理工作先进集体。信访维稳工作扎实推进，实施领导包案、带案下访制，着力化解各类矛盾纠纷。四是稳步提高社会保障水平。全年完成养老保险参保人数为17603人，失业保险参保人数为10402人，发放养老金 216.08万元。城镇低保累计保障7847人，发放保障金157.32万元；农低保累计保障22643人次，发放保障金230.648万元。五是广辟就业渠道。全面落实就业再就业政策，开发公益性岗位1121个，安置各类就业困难人员986人，储备公益性岗位139个；举办招聘会3场，提供就业岗位11656个，达成意向用工3487人；完成城乡统筹就业3090人，完成城乡统筹培训2912人；全区“零就业家庭”实现动态为零；为企业和求职者搭建就业平台，创建充分就业社区4个并通过市级验收。六是加强保障性住房建设。开发经济适用住房项目7个，已竣工3万平方

米。完成廉租房二期工程建设项目，廉租住户申报工作顺利推进。（管洪荣　郭　昶）

【着力打造美食一条街】 2009年,乌当区按照市委八届六次全会、全市服务业发展大会和区委八届七次全会大力发展以旅游业为龙头的服务业的相关精神，投资1000多万元，在乌当区东北面高新路打造“秘境食街”，对街道两侧建筑物进行装修、改造、亮化，对路灯、绿化进行重新改造，对市政设施进行配套完善。通过深度挖掘乌当本土文化，将夜郎文化融入其中，使之成为一条极具乌当特色，在贵州乃至西南地区产生一定影响的旅游文化美食一条街。改造完成以来，已吸引全市、全省、全国部分特色餐饮企业入驻，进一步提高乌当知名度，繁荣当地饮食文化，促进第三产业发展，带动了乌当区经济社会全面协调发展。（管洪荣　郭　昶）

【下坝水电站建成发电】 2009年5月27日，乌当区下坝水电站经过2年半的建设，正式进入试运行发电阶段。乌当区下坝水电站是贵州省发改委批复的南明河上第一个水电站项目，总装机容量2万千瓦（二台各1万千瓦），设计年发电量6410万度，预计年产值1600万元，实际总投资1.48亿元。其大坝属埋石重力拱坝，最大坝高50.5米，坝顶长118.6米，正常蓄水位为972米，库容985万立方米。根据美国EIA（Energy Information Administration）研究报告计算，与燃煤发电相比，下坝水电站每年可节约燃煤23076吨，减少64100吨二氧化碳、224吨氧化氮、391吨二氧化硫等污染物排放。下坝水电站的建成，既有助于本地电网调峰调谷，促进地方经济发展，又可使南明河污水得以利用，减少碳排放，极大地促进了贵阳市生态文明建设。（管洪荣　郭　昶）

【生态文明建设初见成效】 2009年，乌当区全面深化“整脏治乱”工作，城市面貌不断改进。不断加强绿化建设，深入开展退耕还林管护、天然林保护工程、二环林带建设工作，全区森林覆盖率达48.92%，绿化率达34.41%，人均绿地面积实现9.41平方米。认真开展节能减排工作，关闭关停9家重点排污企业，完成3家循环改造减排工程，充实8个生态经济、循环经济项目进入项目库。三联公司大型沼气工程项目、羊昌村新田组农村中型沼气池项目建成并投入使用；完成新庄污水处理厂配套管网工程（含截污沟），全年实现二氧化硫184吨和化学需氧量35.05吨的控制目标。全年单位生产总值能耗为0.5吨标煤/万元，同比下降5%；工业增加值能耗为4.5吨标煤/万元，同比下降4.5%。百宜乡完成生态示范乡的各项创建工作，待省组织专家验收；偏坡乡荣获“全国创建精神文明村镇工作先进村镇”、“国家民族团结先进集体”称号，新堡王岗村被评为全省第一批民族历史文化村。（管洪荣　郭　昶）

1000人同演太极拳

白云区

【提出“1235”发展思路】 2009年2月6日，中共白云区委七届六次全体（扩大）会议提出了“1235”发展思路：坚持“一个统领”，即坚持以科学发展观为统领；围绕

"两个定位"，即建设现代化生态都市新城和现代化生态科技新城（简称建设"两个新城"）；把握"三个重点"，即投资拉动、地企联动、项目推动；实施"五大战略"，即工业强区、科教兴区、环境立区、三产富区、开放活区。之后，区委在深入调研、广聚民智的基础上，对"1235"的发展思路进行了拓展、深化和延伸，确立了打造"绿色之都、双宜城市、黄金商圈、产业高地、首善之区"的发展目标。（陶泽敬）

【开展"项目落实年"活动】 2009年，白云区按照"重点建设、重点支持、重点服务、重点保障"的要求，建立县级领导带项目制度，将确定的30个重点项目，落实到每一名副县级领导干部头上，明确责任单位和责任人，确保重点建设项目强力推进。同时，抓住中央扩大内需促进经济增长10项措施出台的机遇，及时做好项目编制、包装和上报，成功争取到廉租房建设、职教中心设备购置、乡镇兽医站基础设施建设等8个项目，落实资金3990万元，项目开工率达100%。（陶泽敬）

【城市基础设施建设快速推进】 2009年,白云区围绕贵阳市城市规划发展战略，按照"东拓、西提、南接、北扩"发展思路，迅速拉开城市框架。大力加强市政重点工程建设，一级市政干道云环路南湖新区段已完成路基工程，二级路网已建成通车，三级路网云湖路、云中路、天林路主干线工程已完工，实现了与金阳新区的"无缝"对接。档案馆、图书馆、残疾人康复中心等工程顺利完工，城市功能不断完善。房地产市场健康发展，全年新开工房开项目26个，面积达90万平方米，完成投资7.5亿元，保持了房地产市场的稳定。人居生态环境质量明显改善，大山洞片区污水收集管网改造全面完成，新增城市绿地面积4.66万平方米，全区空气环境质量基本达到国家二级标准。围绕"整脏治乱"主题，开展市容市貌、交通秩序、市场经营、环境卫生等专项整治，同心路街景整治、大山洞农贸市场"农改超"等工作顺利完成，有效提升了城市形象。（陶泽敬）

白云区南湖新区夜色

【城乡统筹有效推进】 2009年,白云区大力发展高效设施农业，加大了高档花卉品种引进力度，重点提升了黑石头香葱基地的产品质量，被国家农业部确定为国家级蔬菜标准化生产示范区。巩固新农村示范点创建成果，顺利完成都溪农业综合开发项目、扁山现代蔬菜科技园区基本农田建设项目。继续实施农村危房改造整区推进，452户农村危房改造及贵遵路白云段沿线村庄1305户农房整治工作基本完成。加快基础设施建设，改造完善了农村5000人饮水设施，恢复和建成56个村广播室，43公里串户路全面完成，小集镇建设有序推进，农村环境明显改善。着力提高农民素质，加大农村劳动力转移和培训力度，完成农村富余劳动力转移培训2155人，转移1870人。（陶泽敬）

【民计民生有效改善】 2009年,白云区紧紧围绕"六有"民生行动计划，全年共投入资金约2.7亿元用于民生建设，占区本级财政支出的60%以上。突出抓好就业再就业工作，完成新增就业岗位3291个，城乡统筹就业

5225人，登记失业率控制在4.2%以内，“零就业家庭”动态保持为零。坚持优先发展教育，继续实施“三免两补”，“两基”顺利通过国检，被教育部评为“全国推进义务教育均衡发展工作先进地区”。加快医疗资源整合，进一步完善卫生应急工作机制，大力推动新农合工作，参合率达97%，超过全国和全省平均水平。人口计生宣传教育工作总体水平不断提高，代表省人口计生委接受了国家对“婚育新风进万家”活动的评估验收。进一步加大安居工程力度，完成1.5万平方米廉租房建设，将662户人均住房建筑面积不足15平方米的城镇低收入家庭纳入廉租住房、廉租补贴保障范围。（陶泽敬）

【精神文化展现新形象】 2009年,白云区创作了《我是苗家吉祥鸟》民族舞蹈，参加第五届“小荷风采”全国少儿舞蹈展演获金奖。顺利通过全国文化先进县复查，被国家体育总局授予2004—2009年度“全国风筝运动先进单位”称号。全面启动文化体制改革工作，成立了文化产业发展办公室，出台了《关于深化文化体制改革，加快文化产业发展的意见》，顺利通过国家新闻出版总署对“农家书屋”的检查验收，白云电视台被中国广播电视协会评为“全国百家先进台”。扎实开展了生态文明进社区、进农村、进学校、进企业活动，生态文明创建成效明显。（陶泽敬）

【全面推行“三免两补”】 2009年，白云区在2005年实行的免除农村学生义务教育阶段书费、学费、杂费并免除城镇贫困残疾人子女、残疾学生、三残儿童、城乡低保户子女的学杂费和书费；补助边远农村学校学生中餐费和城乡低保家庭义务教育阶段寄宿生生活费（即“三免两补”）的基础上，将“三免两补”政策扩大实施至全区城乡义务教育阶段学生和招商引资入驻白云区的职工子女及外来务工的农民工子女。同时，进一

白云区南湖新区一角

步完善助学扶困机制，使教育这一民生事业普惠更加广泛。

一是免除城市义务教育阶段学生学杂费。2009年，共计为37338人次城区义务教育阶段小学学生减免学杂费159.58万元；为17536人次城区义务教育阶段初中学生减免学杂费171.78万元；为全区54947人次公办义务教育阶段学校学生减免书本费61.45万元；为2627名边远农村学生和困难学生提供中餐补助、困难寄宿生费73.29万元。同时，为进城务工人员子女提供免费教科书，免除本区户籍高中贫困生学费，免除贵阳市户籍市属中等职业学校学生学费。2009年春季，为在白云区公办学校就读的进城务工人员子女小学5700人，初中1924人提供免费教科书价值47.92万元；秋季，除继续为在公办学校就读的进城务工人员子女小学5926人，初中1956人，提供免费教科书价值47.48万元。同时，为49名本区户籍在校贫困高中生免学费7.54万元；为105名贵阳市户籍市属中等职业学校学生免费学费7.64万元。

二是为承担义务教育阶段的民办学校提供学杂费和生均公用经费补助。2009年春季给予承担义务教育阶段的民办学校中、小学学生学杂费补助64.71万元，给予学校生均公用经费补助61.22万元，秋季给予书费补助41.66万元，学杂费补助61.08万元，生均公用经费补助44.25万元；全年共计投入272.92万元。

三是建立困难学生帮扶机制，组织开

展各种教育帮扶活动。对11名在白云区普通高中毕业并经省招生委员会正式录取升入高等院校的本区户籍的应届贫困学生进行了资助，资助金额共计2.4万元；对111名白云区符合贷款条件的经济困难家庭高校新生进行了资助，共计核贷金额52.7万元；组织教育系统师生为患病学生杨龙龙、杨蔓玲、靳文贵等捐款8.61万元，给予白云六中学生刘雄（孤儿）6000元生活补助。（陶泽敬）

【启动新型农村社会养老保障】 2009年6月30日，白云区作为贵阳市首批新型农村社会养老保险试点区，在艳山红镇举行了“新型农村社会养老保险”启动仪式。新型农村社会养老保险制度坚持广覆盖、保基本、能转移、可持续的原则；坚持权利和义务相对应、社会统筹和个人账户相结合的原则；坚持政府引导、农民自愿参保的原则。适用于贵阳市行政区域内具有本市农业户籍、年满18周岁及以上(在校学生除外)的人员。已经参加被征地农民社会养老保障或城镇企业职工基本养老保险的人员不纳入本试行办法的参保范围。新型农村社会养老保险的缴费基数按区(县、市)上年度农民人均纯收入确定。参保人员按缴费基数的8%缴纳养老保险费。个人缴纳的养老保险费可由参保人选择按月、按季或者按年缴纳。新农保参保人的养老保险关系可以在贵阳市行政区域内的区(市、县)直接将个人账户储存额本息进行转移；跨市行政区域的，个人账户储蓄额本息退还个人。半年中，白云区新增新型农村社会养老保险参保8341人。（陶泽敬）

【启动贵州省现代农业展示园项目建设】 贵州省现代农业展示园项目位于白云区牛场乡蓬莱村，是贵州省首个由“政府投入基础设施建设、企业实施经营管理”的省级现代农业展示园。项目建设单位为白云区农业水利局，合作开发单位为广州南国农业集团贵州盛隆农业发展有限公司，项目规划

白云区黑石头村成为远近闻名的香葱种植专业

占地1000亩，政府已投入基础设施建设资金5021万元，预计于2012年建成。项目包括六个展示区、四个基地、四个中心，即：农作物新品种展示区、特色精品果树展示区、特色水产展示区、特色畜禽养殖展示区、特色花卉展示区、精品茶园与茶文化展示区、农作物新品种试验基地、农作物新品种国家级区试基地、油研试验基地、农作物良种繁育基地以及园区展示中心、交易中心、培训中心、技术研发中心等。建成后，贵州省现代农业展示园将集生态农业、循环农业、精致农业，观光农业于一体，集中展示现代农业的“新品种、新技术、新设施、新模式”，实现“成果展示、交易平台、科教培训、技术研发、休闲观光”五大功能，成为“立足贵州、辐射西南”、“省内领先、国内一流”的现代农业展示园区。（陶泽敬）

【申报国家可持续发展实验区】 为加快推进白云区经济社会的全面协调和可持续发展，2009年5月，白云区向科技部递交创建国家可持续发展实验区申请，2009年12月，白云区顺利通过国家可持续发展实验区专家组考察，专家组一致同意推荐白云区参加国家级可持续发展实验区联席评审。（赵 靖）

【打造“五基地三平台”】 2009年,按照

贵阳关于振兴工业经济的有关精神，白云区着力打造“五基地三平台”：依托贵阳国际新材料产业园现有的先进人才、先进产业、先进技术优势，着力打造国际新材料产业基地；依托麦架——沙文——扎佐高新技术生态产业经济带建设的优势，着力打造高新技术产业基地；依托动漫产业园区初具规模，动漫产业技术领先、特色突出、附加值高等优势，着力打造贵阳数字内容产业基地；依托铝工业优势，着力打造铝及铝深加工基地；依托万亩花卉苗木、万亩晚番茄、万亩香葱和万亩经果林等优势，发展现代观光农业，着力打造现代观光农业示范基地；立足于产业结构调整、帮助企业解困发展，着力构建新型投融资平台；立足于承接产业转移、加速产业集聚、培育产业集群，着力构建生态园区平台；立足于促进科研工作及成果转换，着力构建科技创新平台。（陶泽敬）

【都市农业迅速发展】 2009年，白云区加快现代农业发展，启动了三安农业技术推广示范园建设，总投资5000余万元的贵州现代农业展示园正式落户白云。依托基地、园区优势，大力发展高效设施农业，加大了高档花卉品种引进力度，引进了海南金林公司、贵阳白云裕隆源食用菌科技有限公司等龙头企业，种植花卉苗木150多万株，销售鲜切花3000万枝。顺利完成都溪农业综合开发项目、扁山现代蔬菜科技园区基本农田建设项目，重点提升了黑石头香葱基地的产品质量，蔬菜总播种面积5.5万亩次（其中无公害蔬菜2.75万亩），总产量8.65万吨，被国家农业部确定为国家级蔬菜标准化生产示范区。（陶泽敬）

【林业生态建设稳步推进】 2009年，白云区新增城市绿地面积4.66万平方米，完成退耕还林补植补造2481亩，其中退耕地853亩，荒山地1628亩；完成贵遵高等级公路白云段沿线通道绿化建设300亩；完成义务植树建设100亩植树20万株；完成中日合作项目新造林150亩，灾后补植补造250亩；完成新育苗41亩；实施了同心路绿化改造，更换金叶女贞、大叶黄杨等绿化苗木2万余株；引进了花卉企业海南金林公司实施鲜切叶种植项目，完成了洋桔梗、鸟巢蕨等花卉新品种的引种试验示范工作，成功申报了鲜切叶植物种植示范园建设项目，争取到省级专项经费80万元。（陶泽敬）

【节能减排取得新成效】 2009年，白云区按照市委、市政府关于加快生态文明城市建设和区委、区政府关于建设“两个新城”的要求，大力实施节能减排工作，建立企业控制指标台帐，严格监控3000吨标煤以上重点企业的能耗指标。中铝贵州分公司改造4台160吨硫化床锅炉新建供热系统工程、吉达环保除尘器生产线改造等重点项目如期完成并试产，完成6家重点企业污染源在线监测系统和白云区环境空气自动监测系统建设，启动贵州力邦年产80万吨超细磷锰渣微粉生产等7个循环经济项目。全年规模以上工业企业万元产值综合能耗为3.7吨标准煤，单位生产总值能耗降低4%，主要污染物排放降低2%，利用工业固体废弃物40.5万吨。（陶泽敬）

清镇市

【完善建设生态文明城市规划】 2009年，清镇市按照生态文明、可持续发展的理念和国际休闲体育城市的定位及城市东进、物流南进、工业西进的总体部署和最适宜人居住、最适宜企业家创业、最适宜科学家思维的目标要求，进一步修编完善城市总体规划，提出了“一轴二区三带”的建设生态文明城市总体规划布局。“一轴”即清镇—站街—卫城—王庄一线，是全市发展的中心轴。“二区”即以站街镇为分水岭将全市分为南北两区，南区突出保护，做精做优，北区突出发展，做大做强。“三带”即三大生态屏障带，第一带即百花湖—老马河—红枫湖，突出治水育林；第二带即流长乡—犁倭乡—站街镇麦格乡，突出治矿（铝）育林；第三带即新店镇—王庄乡—卫城镇—暗流乡，突出治矿（煤）育林。编制了清镇市循环经济煤化工铝工业生态工业园区规划，开展了清镇市循环经济煤化工发展规划、铝工业发展规划、土地利用总体规划、城市建设详细规划、物流园区建设规划、农业农村面源污染治理规划等规划的编制工作。（严　杰）

【大力发展循环经济生态工业】 2009年，清镇市坚定不移地实施“工业强市”战略，坚持走科技含量高、经济效益好、资源消耗低、环境污染小、人力资源优势得到充分发挥的新型工业化道路。一是推进循环经济生态工业园区规划建设。修改完善工业西区规划，抓好湖潮至林歹至织金铁路、工业西区“一环六绕三射线”公路、厦蓉高速公路清镇段、沪昆高速公路清镇段、工业西区电力、给排水、通讯基础设施配套工程等基础设施项目建设。大力发展能源、煤及煤化工、铝及铝加工、镁及镁加工、建材等资源型产业。协助企业加快自主创新。按照“减量化、再循环、资源化”的原则，发展循环经济，推广清洁生产。严格环保“三同时”规定，环评不过关的项目，一律不得建设；环保设施未经验收的项目，一律不得投产；生产过程中未实现达标排放的企业，一律停止生产。二是全力抓好重大工业项目建设。贵州华能焦化制气股份有限公司四号焦炉项目、水晶集团3.6万吨醋酸项目、贵州兰花水泥厂二期年产100万吨水泥项目已建成投运。中国华电清镇塘寨电厂2×60万千瓦机组项目、贵州美丰年产30万吨复合肥环保项目、清镇铝厂80万吨氧化铝项目、贵阳海螺盘江年产400万吨新型干法水泥熟料生产线项目、山东枣矿配煤基地项目、深圳劲同铝矾土综合项目、香港中华煤气煤化工及城市燃气项目和中国五矿重组七砂项目等重大项目建设正在全面推进。三是招商引资强势推进。共实施招商引资内资项目42个，实际利用内资25.77亿元，同比增长17.4%；实际利用外资345万美元。（严　杰）

【大力发展现代农业】 2009年，清镇市农村改革发展稳步推进。一是统筹城乡协调发展。建立城乡统筹协调发展机制，推进统筹城乡规划、城乡土地利用、城乡基础设施

成功举办2009年国际太极拳交流大会

建设、城乡产业发展、城乡公共服务、城乡劳动就业、城乡社会管理等“七个统筹”，突出生态文明新农村建设和小城镇建设“两个抓手”，构建工业反哺农业、城市支持农村“两个新格局”。二是深入实施“一基三化”（基础设施和规模化、标准化、产业化）富民工程，提升农业产业化水平。完成粮食总产量13.9万吨，同比增长2%。建立了标准化奶牛养殖小区3个，标准化肉鸡养殖小区152个，建立了全省最大的、年产鸡苗2000万羽的标准化种鸡场1个。建立了无公害蔬菜基地30个，建立了沃尔玛超市蔬菜直供基地1000余亩，带动全市发展蔬菜20.6万亩。全市种植烤烟4.5万亩、中药材9000亩、有机茶8000亩、优质水果15000亩，形成了“鸡、猪、牛、烟、菜、果、药、茶”八大产业项目。三是全力抓好农业服务保障。实施融资平台、财政扶持、龙头企业、技术培训、诚信教育、依法管理、协调服务、保险业务、体制机制“九个跟进”，为“一基三化”富民工程提供保障。（严　杰）

【大力发展服务业】 2009年，清镇市成功举办了国际太极拳交流大会、国际围棋邀请赛、“药王谷之夏”麦格生态民俗文化节以及第五届红枫葡萄文化节和第三届“玉冠山”桃园文化节等系列活动，取得了广泛、积极的影响，为清镇旅游向“运动健身，休闲避暑”转型发展奠定了坚实的基础。全年共接待游客103万人次，实现旅游营业收入12.26亿元。加快开发建设物流园区，全力引进大型第三方物流、专业市场、仓储配送、加工包装等项目。积极推进房地产、物流、商贸、餐饮、娱乐、交通运输、金融等服务产业全面发展。（严　杰）

【加强生态环境建设】 2009，清镇市全力抓好“三个调整”：调整城市发展布局；调整产业布局；调整行政区划，最大限度地减小群众生产生活和产业发展对“两湖”（红枫湖、百花湖）造成的环境压力，坚持铁腕治理“两湖”污染，关闭“两湖”周边企业3家、迁出“两湖”保护区1家、进行技术改造2家、进行产业转换1家；“两湖”周边27家企业除水晶集团、清镇电厂外，其余25家污水、废水基本实现零排放。建成清镇市在线监测监控中心，对重点污染企业实行24小时在线监测。9家重点工业企业完成在线监测系统安装。朱家河污水处理厂二期项目前期工作扎实推进，站街污水处理厂、百花污水处理厂、城区生活污水收集管网已建成投入试运行。东门河综合治理一期工程全面完成，二期工程已全面启动。清镇市城市生活垃圾卫生填埋场已开工建设。全面取缔和禁止了“两湖”周边规模化畜禽养殖，大力实施乡村清洁示范工程、人工湿地建设、湖滨生态修复以及有机生态茶叶、有机蔬菜、蚕桑种植等农村面源污染治理项目。通过努力，红枫湖水质总体上由2007年的劣Ⅴ类提高到Ⅳ—Ⅴ类，百花湖水质由Ⅴ类提高到Ⅳ类，“两湖”水质恶化问题得到遏制。完成巩固退耕还林补植补造共计24201亩。加大石漠化治理力度，完成石漠化综合治理9934亩，完成社会义务植树52.5万株，义务植树造林120亩。强化森林资源保护和水土流失综合治理，生态建设得到加强。（严　杰）

【深入实施“八有”民生行动计划】 2009年,清镇市进一步深入实施“八有”民生行动计划。

“学有所教”行动计划：优先发展教育事业。狠抓“两基”巩固提高，顺利通过“国检”；大力发展各类教育，推进城乡义务教育均衡发展；启动“清镇市助学基金”，资助更多贫困学生上学；推进农村中小学标准化建设；全市高考成果取得新突破，“两免一补”政策全面落实到位。

“劳有所得”行动计划：新增就业岗位3508个，完成城乡统筹就业7872人，农村富余劳动力转移4297人，城乡统筹培训5388

人，城镇登记失业率控制在4.5%以内；落实就业再就业各项扶持政策，强化劳动力就业培训；完善就业援助机制，确保“零就业家庭”就业援助动态为零；积极推进全民创业工程；完善农民工工资支付保证制度；抓好返乡农民工就业工作。

“病有所医”行动计划：大力推行城镇居民基本医疗保险制度；大力推行新型农村合作医疗保险制度，参合率达95%；深化医疗卫生管理体制改革，不断改善基层医疗卫生条件，新建、改造8个乡镇卫生院、47个村卫生室，建成市一医内科大楼，加强甲型H1N1流感等重点传染病和重大疾病防控，及时有效处置突发公共卫生事件。

“老有所养”行动计划：扎实开展城镇企业职工养老保险工作；新型农村社会养老保险扩面完成20875人；完善城乡老人救助制度；加快建设各级敬老院，发展社区养老服务，健全养老服务网络。

“住有所居”行动计划：建设1.26万平方米廉租住房、3.4万平方米经济适用住房；加快城中村及旧城区和破烂住宅区的改造；整体推进农村危房改造15109户。

“居有所安”行动计划：继续深入开展“严打”整治活动，严厉打击各种违法犯罪行为，2009年，在贵阳市唯一一家荣获全国平安县（市、区）称号；认真做好禁毒工作，通过了全省毒情重点整治检查验收；认真做好信访维稳工作；加强突发事件应急处置能力。

“困有所助”行动计划：巩固城市低保和农村低保的动态管理，实现“应保尽保”，提高城乡低保救助标准；积极推动城乡救助体系建设；加强灾害救助；广泛开展助困、助医、助学、助残、助老、助孤等“六助”活动。

“民有所乐”行动计划：完成农村广播电视“户户通”工程14300户，完成236个村通广播；加强文体基础设施建设；积极推进文化体制改革和文化产业发展；举办形式多样的文体活动，不断丰富市民的业余文化生活。（严　杰）

清镇市第二届乡村旅游发展暨第三届旅游产业发展大会

【强力推进资源就地转化】 2009年，清镇市全力促进资源就地转化。修编《清镇市矿产资源规划》，明确了矿产资源就地转化的目标和要求，初步建立矿产资源开发利用管理机制，综合运用经济、行政、法律手段，引导27家矿山企业依法规范开采、矿产资源及初加工产品就地转化、按要求恢复矿山植被。大力推动资源利用企业发展精深加工，延伸产业链，拓宽产业幅，实现产业升级，促进资源高效开发利用，推动矿产资源开发利用向合法化、规范化、规模化、集约化、产业化、生态化的方向发展。（严　杰）

【加强诚信农民建设】 2009年，清镇市以诚信农民建设为推手，促进农村科学发展、社会和谐。大力开展以“五个诚信”即诚信于党和政府、诚信于法律法规、诚信于市场准则、诚信于金融支持、诚信于合同约定为基本内容的诚信教育，构建了诚信农民建设政府主导、企业主推、农民主体的“三位一体”基本体系，建立了诚信农民与诚信政府、诚信龙头企业、诚信金融机构的“三维联结”机制，包含着政府—企业—金融—

农民的内在关联，相互推动，相互促进，解决了农民发展致富过程中的扶持问题、市场问题、资金问题。全市农村诚信意识得到提高、农民收入得到增加、投资环境得到改善、产业水平得到提升。（严　杰）

修文县

【成功举办“两节一会”】 2009年5月5日，“2009中国·贵阳避暑季”开幕式暨第四届国际阳明文化节开幕式、贵阳市第三届旅游产业发展大会在修文举行，国家部委及省市有关领导出席，来自中国、日本、韩国、美国、瑞典等11个国家和地区的“王学”专家及海内外5000名嘉宾和游客参加了开幕式，观众逾万人，盛况空前，是全省规模最大的室外演出，得到了省、市领导的充分肯定和媒体的广泛关注。活动期间，成功举办了“天人合一与生态文明”、“知行合一与贵阳精神”、“致良知与道德建设”主题论坛。贵州电视台品牌栏目《论道》以“一个城市的记忆”为题在修文录制，专题播出。同时，相继举办了高尔夫精英赛事、桃源河魔幻漂流峡谷冲浪大赛、“六月六”布依歌会、第五届“梨花节”、六广河全国大力士拉力赛等系列节事活动。（陈万兵）

【首钢贵阳特殊钢有限公司新特循环经济项目开工建设】 2009年，贵州省委将该项目建设作为省委常委会2009年认真学习实践科学发展观的23项整改任务之一，也是贵阳市重大循环经济工业项目之一。该项目采用目前国际领先水平的工艺和设备进行生产，能达到污水零排放，属节能环保循环经济示范项目，项目总投资120亿元，年产200万吨特钢，主要生产钎钢钎具、锻钢锻材、扁钢、铁路车轮、大棒材、小棒材、线材、钢管等，每年将实现营业收入15亿元，可实现增值税10亿元。项目建设共涉及修文县扎佐

贵钢项目开工建设

镇小堡村、三里村、大堡村、新庄村、和平村、大园村、喻家街村等7个村，涉及房屋拆迁600户，10万平方米。项目于2009年8月20日开工建设，项目的开工被评为2009年贵州省十大经济事件之一。（陈万兵）

【城市面貌焕然一新】 2009年，修文县紧紧抓住“两节一会”举办契机，加快县城开发和建设，投资5000余万元，组织实施县城综合管网入地工程，城区主干道维修及“白改黑”；对阳明大道、龙场镇阳明村泥竹寨、幸福村水堰庄和贵遵路沿线房屋实施立面整治；通过改造建设，城市面貌焕然一新，展示了规划科学、特色独具、管理规范、整齐有序的城市新形象。建成县城污水处理厂并投入使用，日处理污水5000吨，基本完成主城区污水管网收集系统，县城生活污水集中处理率达70%；2009年，新开工利尔上河城、新都·口岸二期、明河花园等房开项目，开发商品房18万平方米。（陈万兵）

【“两基”工作顺利通过国家检查验收】 修文县“两基”工作于2000年通过省政府评估验收，2004年通过复查和“普实”验收，认定为“合格”。2007年明确“两基”迎“国检”任务。接到任务后，修文县成立

了“两基”迎“国检”工作领导小组，始终将“两基”的巩固提高作为重中之重，坚持“巩固成果、深化改革、夯实基础、提高质量”的方针，建立“两基”迎“国检”工作“五级”责任制，真抓实干，周密部署，强化职责，以“两基”工作为契机，有力地促进全县教育事业的持续、健康发展，“两基”工作于2009年6月顺利通过国家检查验收。（陈万兵）

【扎实做好新一轮发展规划】 2009年，修文县成立城市建设规划委员会和专家委员会，负责全县规划的审核把关，委托华中科技大学对县城规划进行新一轮修编，认真做好8个乡镇、10个中心村以及《修文县城总体规划》修编工作，将扎佐镇纳入县城规划范围，重点打造“一城两区”，通过新建城市干道进行连接，整合人流、物流、信息流等资源；同时委托香港汇银亚洲城市运营有限公司，就立足“生态贵阳后花园”总体发展定位，就“中国阳明文化园”进行运营策划，相继完成《贵州省修文县旅游产业发展总体规划》（修编）、《修文县阳明文化园旅游概念性规划》、《修文县六广河旅游区概念性规划》的编制工作，实现政治、经济、文化的统一，拓展城市发展空间。（陈万兵）

【全力振兴工业经济】 2009年，面对国际金融危机的持续影响，修文县委、县政府认真贯彻落实全市振兴工业经济大会精神，提出了以项目建设为带动的战略，抢抓机遇上项目，狠抓技改促发展，科学应对金融危机的不利因素,有效促进经济复苏。制定出台了《修文县招商引资奖励办法》、《修文县招商引资优惠政策若干规定》，对投资项目、引资奖励、项目扶持等进行具体明确，营造良好发展环境，增强招商引资吸引力。建立“一个项目、一名领导、一个班子”的工作机制，实行县级班子成员联系乡镇、重点企业、重大项目、重点帮扶制度，加快大项目建设。金久公司投资6.9亿元日产 4 000吨水泥生产线建成投产；华飞集团10万吨氢氧化铝项目基本建设；涵盖白酒生产、保健养

干净整洁有序的修文县城

生、物流配送等行业的同济堂产业园区落户建设，一期2000吨白酒生产线动工修建；诺亚公司20万套精密铸件、金久公司二期等项目全部落实；2009年，实现新增规模以上企业5户，完成规模以上工业总产值40.04亿元，同比增长19%，工业增加值12.99亿元，同比增长15.78%，非公经济增加值23.5亿元，同比增长15%。（陈万兵）

【抓好扩大内需项目落实】 2009年，修文县抢抓国家扩大内需机遇，成立扩内需项目领导小组，认真研究国家扩大内需政策规定、资金投向、实施要求等，共争取4个批次20个项目，总投资6924.8万元，其中，中央投资3597.92万元，地方配套2827.38万元，县级配套2200.395万元，企业自筹368.5万元，其他资金131万元。同时认真做好立项审批、项目招投标、建设施工等，成立专门内需项目工作督查组，加强对配套资金、规范程序、工程进度等的检查力度，做到进度不慢、标准不低、程序不减、质量不降，保质保量完成内需项目，截止2009年年底，1000亿元的投资项目中有8个，现已全部完工；1300亿元的投资项目中有6个，已完工2个，4个已全部开工；700亿元的投资项目中有4个，已全部开工；800亿元的投资项目有2个，已全部开工；完成社会固定资产投资37.3亿元，同比增长36.3%。（陈万兵）

【建立党组织书记抓党建工作专项述职制度】 为认真贯彻落实党建工作责任制，2009年,修文县以开展第三批学习实践科学发展观活动为契机，建立《党组织书记抓党建工作专项述职制度》，明确要求10个乡镇、4个部门党委书记就谋划和指导基层党建工作的思路、抓落实的措施、工作创新的成果、存在的突出问题和薄弱环节等进行述职，参会的县委党建工作领导小组、党代表、群众代表根据述职情况，对述职人进行现场测评打分，形成综合测评意见，现场公布，并将测评结果作为党委和党委书记年终考核的重要依据。

同时，为使述职制度形成长效机制，县委规定每年乡（镇）、部门党委书记要定期就履行基层党建职责情况，向县委党的建设工作领导小组述职，各党支部（总支）要向党委专题汇报党建工作，村（社区）党支部定期召开由村（社区）居民代表、党员参加的述职评议会，初步构建一个覆盖全县涉及各级党组织书记的完整的述职考评体系，并以此为切入点，构建一个将述职、测评考核、考核结果运用等衔接起来的、综合性的基层党建工作责任体系。通过强化述职结果运用，切实增强党组织负责人抓基层党建工作的主动性和责任感，在党组织书记中间形成“抓好党建是天职，不抓党建是失职，抓不好党建是不称职”的工作氛围。（陈万兵）

开阳县

【磷煤化工（国家）生态工业示范基地建设】 2009年,开阳县严格按照循环经济理念及《行业类生态工业园区标准（试行）》扎实稳步推进基地建设。一是转变“生产-消费-废弃”的简单模式，改变工业经济“三高一低”现象，最大限度地减少废弃物排放，实现生态环保与社会经济协调发展。二是结合产业实际，优先抓好磷化工、煤化工、氯碱化工、能源等基础项目建设，让优势资源向优势企业集中，使产业群体优势得到充分放大。三是制定相关政策，本着集约化发展和坚持优质资源向优势产业和优势企业配置的原则，从有利于项目推进、企业发展、产业做大做强的目的推进“三大整合”。四是加强循环经济的领导，发挥政府强势主导作用，成立了县委、政府主要领导任组长的磷煤化工生态工业建设领导小组，对循环经济项目实行一站式服务，对项目建设手续实行代办制。严格执行招商引资“四条禁令”，

“我为县城文明值守一日”活动启动

建立完善招商引资服务体系和服务机制。五是加强保护管理、合理利用资源，着力构建绿色和谐矿区，引导矿山企业走磷化工深加工路线，转变企业发展思路。（刘汉勇）

【项目申报和实施】 2009年,为应对金融危机，抢抓中央、省、市扩大内需的机遇，开阳县委、县政府紧紧抓住有利的政策环境，按照科学发展观的要求，在经济社会发展的重点领域，精心谋划一批规模大、投资多、带动力强的项目，确保项目建设早启动、早实施、早见效。在中央、省、市和有关部门的大力支持下，经过争取，开阳县得到中央扩大内需投资安排项目63个，获中央资金2.3亿元，涉及基础设施、民生、产业发展、生态建设和保护、科技创新等方面。2009年争取的前四批项目全部开工建设，地方配套资金全部落实。其中，第一批32个项目有29个项目已完工，第二批10个项目有6个项目已完工，第三批9个项目有2个项目已完工。全面完成构皮滩水电站开阳库区8047人的搬迁任务，确保国家重点工程构皮滩水电站按期下闸蓄水发电。麦肖公路开阳段（二级）公路改造完成总工程的85%，贵阳至开阳、久长至永温两条铁路顺利开工。息烽至开阳高速公路和开阳港的筹建进度进一步加快，预计2010将开工建设。建成县城污水处理3000米截污干管、云湾水库、楠木渡镇供水管网改造（一期）、16个工程点2.81万人的农村饮水安全工程、3303口沼气池及配套工程等城乡重要基础设施建设。（刘汉勇）

【粗放型工业向新型工业转型】 2009年,开阳县委、县政府认真贯彻落实全市振兴工业经济大会精神，编制了《贵阳市开阳磷煤化工（国家）生态工业示范基地控制性详细规划》，实施了6家铝土矿山和17家磷矿山整合。加大项目服务力度，加快项目建设进度，进一步优化工业产业结构。开磷120万吨磷铵（一期60万吨）项目、磷都公司2万吨甲酸、青利公司7万吨甲酸钠和安达公司1万吨白炭黑项目已建成投产，南江现代公司1万吨有机肥项目已试生产，启动了路发公司50万吨磷铵、紫江水泥公司120万吨磷渣水泥、磷城磷化工公司10万吨饲料级磷酸氢钙等项目建设。2009年，规模以上工业总产值和增加值分别完成70亿元、22亿元，分别增长3.5%和5%；净增规模以上企业3户，完成年度目标的150%；规模以上工业产销率达105%；累计完成技改投资30.7亿元，完成进度122.8%。万元GDP能耗下降5%；黄磷尾气综合利用率达到30%;工业固体废物利用量达20万吨,同比增长37.17%。（刘汉勇）

【农业转型助推乡村发展新步伐】 2009年，开阳县着力加快推进产业结构调整，大力推进传统农业向现代农业转型。一是提升传统农业。实施粮油增产工程，全年粮食产量14.29万吨，比上年增长1.8%；油菜籽产量2.06万吨，增长8.8%；发展现代烟草农业，烤烟收购19.5万担，为任务的100%。二是大力推进农业产业结构调整。进一步加快特色基地建设，巩固和发展养殖小区134个、蔬菜基地8个，发展壮大富硒系列农产品，加大对农产品加工企业的引进和扶持力度，不断加快

现代农业发展进程。2009年，农林牧渔业总产值18.5亿元，同比增长10.5%；畜牧业产值8.1亿元，增长13%。（刘汉勇）

【推进复合型旅游转型】 2009年，开阳县进一步强化旅游规划落实、景区打造、宣传促销和行业管理等工作，成功举办乡村旅游文化活动节、枇杷节、南江大峡谷全国激流越野赛、围棋国手开阳行等系列活动，成功召开"全省乡村旅游经验交流会"，旅游业发展成效显著。2009年，共接待游客128.5万人（次）,实现旅游收入3.62亿元，分别比去年同期增长62.6%和53.3%。同时，认真落实汽车、摩托车及家电下乡惠民政策，加大房地产开发力度，加强商业网点规划建设，繁荣活跃消费市场，快速发展商贸旅游。2009年，兑现汽车、摩托车及家电下乡补贴资金591.4万元，新建成农村便民服务店16个，社会消费品零售总额完成15亿元，增长22%。（刘汉勇）

【加强城镇基础设施建设】 2009年，开阳县大力推进老城改造、新区建设和优美乡（镇）打造，完成《开阳县总体规划（2010-2030）》修编初步规划设计方案、《西绕线修建性详细规划》、《"十里画廊"修建性详细规划》和8个重点乡（镇）、16个中心村（居）整体规划等编制工作，完成环西路、胜利东路改造主体工程和三台山小区路灯工程，建成云开生态停车场，实施了县城垃圾填埋场，进一步打造"设施完善、功能健全、环境优美、生态良好、景观宜人、能源结构合理"的山水园林城市。有重点地发展以金中、双流为代表的"生态工业小镇"，以楠木渡、龙岗为代表的"生态农业小镇"，以城关、禾丰为代表的"生态旅游小镇"。目前，全县城镇人口达16.8万人，城镇化率达43.9%；县城道路硬化率达100%，重点乡（镇）城镇道路硬化率达80%以上。（刘汉勇）

【加强生态治理和环境保护】 2009年，开阳县大力实施国家天然林资源保护、石漠化综合治理、巩固退耕还林成果、德援项目等林业生态重点工程，完成石漠化治理11.8平方千米，完成14060亩退耕还林、受灾林地补植补造和15270亩林草植被建设和保护任务，完成中央新增投资项目封山育林3000亩，全县森林覆盖率达52.9%。加大县城、乡村、旅游区、矿区和高速公路沿线绿化力度，城镇建成区绿化覆盖率达39.97%，新增公共绿地26770平方米，人均公共绿地8.72平方米。编制完成《地质灾害防治方案》，完成金中镇熊家田沟滑坡治理、毛云乡簸箕村岩底崩塌和半边山滑坡、金中镇后山滑坡搬迁等工程建设，正在实施上洋水河用沙坝矿区1350冲沟泥石流治理，148家矿山企业缴存矿山环境恢复治理保证金9761.3万元，退还矿山环境恢复治理保证金1731万元，60余家矿山企业编制了《矿山环境恢复治理方案》并通过专家评审。（刘汉勇）

南江大峡谷漂流

【社会各项事业长足发展】 2009年，开阳县深入实施“十有”民生工程，千方百计解决群众最关心、最直接、最现实的利益问题，统筹推进人口与计划生育、科技创新等社会各项事业协调发展。

实施“学有所教”工程。着力促进城乡教育均衡发展，全面实行“两免一补”政策，受惠学生达12万人（次）；争取社会资金63.8万元，帮扶贫困学生1302人；投资3200余万元实施了东山小学迁建及开阳民族中学、楠木渡中学标准化建设等11所学校的建设工程；教育教学质量明显提高，2009年，全县高考录取率达到63.43%，比2008年提高了10个百分点。2009年6月，通过了国家“两基”验收检查。

实施“劳有所得”工程。进一步建立健全劳动和社会保障制度及运行机制，加大拖欠农民工工资清理力度，大力做好返乡农民工服务工作，积极引导他们自谋职业、自主创业、带动就业。2009年，新增就业岗位1552个，城乡统筹培训6099人，城乡统筹就业7396人，零就业家庭动态保持为零，城镇登记失业率控制在2.45%以内，清理追欠农民工工资591万元。

实施“病有所医”工程。进一步健全疾病防控体系，积极开展爱国卫生运动，健全突发公共卫生事件应急处置机制和医疗救治体系。积极开展人禽流感防控和甲型H1N1流感防控等应急工作，县乡两级全部开设发热门诊,有效控制了疫情蔓延，全年未发生重大公共卫生事件。完成县人民医院综合业务楼建设和8个乡（镇）卫生院改造建设，城镇居民基本医疗保险参保12001人，工伤保险参保14708人，新型农村合作医疗参合率达95.67%，乡（镇）、村覆盖率达100%；制定了《开阳县城乡医疗救助实施方案》，全县14600人城乡低保对象和五保对象参加了新型农村合作医疗保险，共救助1479人，下拨救助金231.4万元。

实施“老有所养”工程。坚持党委、政府领导与社会力量广泛参与相结合，运用市场机制，全面推进养老服务体系建设。2009年，累计参加企业职工基本养老保险26326人，新型农村社会养老保险累计参保31810人；出台了《开阳县“感恩”养老贷款参保方案》，争取到国家级新型农村养老保险试点县项目，有效解决了农村贫困家庭老年人口养老保险参保问题；建立各类可提供食宿

农村新风貌

的收养性社会福利单位11个，“五保”供养列入县财政预算全面落实。

实施“住有所居”工程。以建设廉租房为重点，多渠道解决城乡低收入群体住房困难。2009年，廉租住房建设完成120套6000平方米，新开工建设商住房13.4万平方米、经济适用住房10万平方米；完成441户省级示范点农村危房改造工程，完成9256户农村危房改造工程。

实施“居有所安”工程。以深入开展“严打‘两抢一盗’，保卫百姓平安”、“打黑除恶”专项行动和禁毒斗争为重点，严密防范和依法打击违法犯罪活动。经国家统计局和省城调队2009年群众安全感测评，群众安全感达92.75%，居贵阳市第一名，“无毒县”创建工作顺利通过市级预检。深入开展“县委书记大接访”活动，扎实推进“清积案、促和谐”工作计划，全力把矛盾纠纷化解在基层。

实施“困有所助”工程。完善社会救助体系，城乡一体的社会救助网络形成。2009年，完成2008年度财政扶贫续建项目79个，启动实施33个2009年度财政扶贫项目；投入财政扶贫资金729.5万元，实施13个贫困村整村推进，减少农村低收入贫困人口3600人。发放使用各类救灾物款188万元，城乡最低生活保障做到应保尽保，保障城镇低保1683户2869人，累计发放金额553.5万元；保障农村低保5503户13127人，累计发放金额788.4万元。

实施“幼有所爱”工程。通过“手拉手”结对帮扶，动员全县各级党员干部和社会各界人士参与关爱留守儿童行动；以“优秀青少年维权岗”创建活动为抓手，深入开展失足青少年帮教、文化市场监督、校园周边环境治理、未成年人法律援助等。2009年，共举办“农村留守儿童监护人”培训班12期，在龙水乡开展了“代理家长”活动。

实施“境有所美”工程。以“整脏治乱”为抓手，大力开展“美化、绿化、亮化、净化”工作；以新农村示范点和“十里画廊”沿线为重点，大力加强景观绿化、公路绿化、庭院绿化和经济林建设；加大违法违章建筑拆除力度，依法拆除各类违章建筑15425平方米。

实施“需有所应”工程。充分发挥“百姓——书记县长交流台”的作用，为民服务全程代理“511”工作机制进一步完善，涌现出高寨乡“干群连心屋”、毛云乡“干群连心电话”、紫江社区“为民服务直通车”等为民服务新模式。2009年，共受理各类代理事项71963件，办结71058件，办结率达98.7%，群众满意率为99.3%。（刘汉勇）

息烽县

【加快生态文明县建设】 2009年1月，息烽县委、县政府在学习实践科学发展观活动中，制定了《关于抢抓机遇进一步加快生态文明县建设的实施意见》。提出以“生态文明引领新息烽、建强升位实现新发展”为总揽的工作思路，“产业生态化、生态产业化”的工作思路在全县整体推进、全面发展，加快了生态文明县的建设步伐。（袁 晔）

【循环经济建设】 2009年9月，总投资400亿元的息烽循环经济精细磷煤化工工业园暨30万吨合成氨等精细化工项目奠基，标志着全县在大力发展磷煤精细化工产业，进一步推动产业结构和产品结构优化升级上迈出了新的步伐。11月，中国生态经济学会2009中国循环经济学术交流会在息烽召开。以磷复肥生产企业为突破口的循环经济健康发展，磷业公司1亿块新型石膏砖、合成氨公司年产30万吨合成氨、贵州开磷息烽化工股份有限公司年产2.5万吨氟硅酸钠、中化开磷1千吨无水氟化氢等一批项目先后建成投产。农村生态能源项目逐步推广，以98A型强回流沼气池为主的“四改一气”工程普遍实施，建

池普及率达80%以上，并配套修建了农村串户路，“草、畜、沼、果、水、路”六位一体的循环农业模式逐步形成。（袁 晔）

【生态工业建设】 2009年，息烽县委、县政府坚持把生态工业作为新型工业化的重要方向，先后编制了《贵阳息烽循环经济磷煤化工生态工业基地规划》、《息烽磷煤化工生态工业规划》及《小寨坝磷复肥循环经济发展规划》，初步形成了以小寨坝精细磷煤化工城为龙头的“一城二基地”工业布局和以磷煤化工、制药、食品加工为框架的产业雏形。加快了工业项目建设，华丹生物降解公司5000吨生物降解塑料、味美公司复合型调味油生产线及压榨系统技术改造等项目顺利投产，开磷磷业公司2×5亿块磷石膏标砖配套5万吨黄磷以及拜克公司3800万件汽车零部件等项目建设进展顺利。全年完成规模以上工业总产值100.03亿元，同比增长48.86%；完成规模以上工业增加值29.87亿元，同比增长48.74%。（袁 晔）

【生态农业建设】 一是实施“三良工程”。与贵州开磷集团、贵阳市农业局共同在全国率先以良肥推广为切入点，在全县161个村实施良种、良肥、良法。免费发放磷酸二铵6298吨，折合资金1763万元，推广面积314776亩。通过实施“三良工程”，全年完成粮食总产量9.33万吨，同比增长5%，增加农民收入6328万元，人均增收298元。二是狠抓农业产业结构调整。完成畜牧业、中药材和虫茶、核桃产业发展规划，建成标准蔬菜大棚260个、蔬菜基地6.5万亩，获无公害蔬菜产品认证8个。建成烟水配套工程4个，全年收购烟叶4万担。投入资金361.67万元，建成花卉大棚3.7万平方米。在苗姑娘食品有限公司、特驱家禽养殖有限公司、辉皇畜牧业有限公司、金钯生猪养殖场等农业龙头企业带动下，全县共发展种、养殖大户1080户，出栏肉鸡120万羽，存栏肉牛3万余头，出栏肉牛0.5万余头，被国家农业部确定为全国农产品加工基地。（袁 晔）

【大力发展旅游业】 2009年，息烽县

2009中国生态经济学会循环经济学术交流会在息烽召开

委、县政府制定下发了《息烽县关于进一步加快实施"旅游活县"战略的意见》、《息烽县旅游产业促进计划》等一系列激励政策措施。在重庆渝中区设立了"息烽旅游专线营销中心"。创建了红岩葡萄沟等3个县级乡村旅游点，发展县级乡村旅舍15家、乡村旅游示范户9家。养龙司堡子村被全国妇联授予"全国妇女教育基地"，柏香山乡村旅游示范点被列为市级乡村旅游示范点。全年共接待省内外游客180.14万人次，实现旅游总收入4.2亿元，同比增长435.69%。（袁 晔）

【生态文明新农村建设】 2009年，息烽县启动了31个生态文明新农村示范点，全县建设点总数达77个。对贵遵高速公路沿线两侧房屋整治1089栋，开工899栋、竣工657栋，示范点基本农田建设、农发项目4个，已实施3个。完成渠道维修16.3千米、改造梨园150亩、种植行道树500株、庭院绿化193户，修建小水池162口、沼气池127个，购买葡萄基地架材12万棵，维修山塘1处、发展经果林3440亩、建成科技示范园200亩、金银花种植400亩、杨梅后续管理350亩、种植辣椒700亩、板栗基地后续管理120亩、种植白茶200亩，改造危房270户、完成村通121户、完成少数民族跳场建设1个、农家店5个、科技书屋150平方米、串户路23.6千米、机耕道8.3千米、村公路9.2千米、进组路8千米，完成土地开发150亩、土地整理1000亩、烟水配套水池6100立方米、新建卧式密集烤房6间，种植蔬菜8320亩（常年）、秋淡蔬菜3000亩、大葱800亩、早熟蔬菜600亩，建蔬菜大棚196个、生猪养殖小区1个、花卉大棚150个。通过建设，以省、市生态文明新农村建设示范点为核心的小寨坝镇红岩、潮水，永靖镇立碑、猫洞、老街，养龙司乡幸福、堡子、灯塔，西山乡林丰、柏香山，流长乡水尾、新中五大板块效应明显，生态文明村主导产业覆盖率达70%以上，试点村寨农民人均纯收入增长了13%以上。（袁 晔）

新农村建设市县共建点——幸福村新貌

【治污减排工程建设】 2009年，息烽县斥资2亿元"三管齐下"加强治污减排工程建设，打造生态文明县。一是投入1.5亿元实施河道环境综合整治工程，重点规划治理永靖镇下阳朗村至西山乡林丰村河道，总长近7000米，主要建设雨污管网分流系统、城区范围内雨污管网改造、河道治理、沿河景观治理等。该工程完成后，息烽城市雨水通过治理河道集中进入乌江流域，污水通过城区污水管网集中进入污水处理厂处理后实现达标排放。二是投资2200万元建成了县城污水处理厂，日处理污水7000吨，基本实现了县城生活污水的净化处理。三是投资近3486.32万元，在小寨坝盘脚营村建设生活垃圾卫生填埋工程，该工程投入使用后，县城垃圾处理率可达88%。（袁 晔）

【城乡基础设施建设】 2009年，息烽县进一步改善以交通、水利建设为重点的城乡基础设施。完成续建村公路50.69千米和农村串户路339.8千米，投资1172万元建成了龙塘湾至茅坪公路，九庄至石硐公路主体工程完工，鹿窝乡客运站和青山苗族乡客运站主体完工；实施农村人饮工程20处，确保了

永靖镇阳朗花卉产业

8138人饮水安全，完成山塘整修10口，建成小水池511口，新增节水灌溉面积1400亩；完成3292套沼气池和30个农村沼气服务网点建设，建成7个乡镇兽医站；完成土地开发项目12个，土地整理项目3个，新增耕地面积1343.92亩；完成封山育林8000亩，完成石漠化治理试点工程9495亩；县城污水处理厂、小寨坝污水处理厂投入试运行，全县46套环保设施正常运行，单位生产总值能耗降低5.1%，主要污染物排放严格控制在市下达目标内。顺利完成了中街旧城改造拆迁工作，息烽大道中段奠基，全县城镇化率达到38.2%，比上年提高1.8个百分点。全县森林覆盖率达到45.3%，荣获“中国绿色名县”称号。（袁 晔）

文献选编

WEN XIAN XUAN BIAN

贵阳市促进生态文明建设条例

（2009年10月16日贵阳市第十二届人民代表大会常务委员会第二十次会议通过）

第一章　总　则

第一条　为促进生态文明建设，实现经济社会全面协调可持续发展，根据有关法律、法规的规定，结合本市实际，制定本条例。

第二条　本市行政区域内的国家机关、企业事业单位、社会团体和个人，应当遵守本条例。

本条例所称生态文明，是指以尊重和维护自然为前提，实现人与自然、人与人、人与社会和谐共生，形成节约能源资源和保护生态环境的产业结构、增长方式和消费模式的经济社会发展形态。

第三条　本市以建设生态观念浓厚、生态环境良好、生态产业发达、文化特色鲜明、市民和谐幸福、政府廉洁高效的生态文明城市为发展目标。

第四条　实施生态文明建设，应当遵循以人为本、城乡统筹、统一规划、创新机制、政府推动、全民参与的原则。

第五条　市人民政府统一领导实施全市生态文明建设工作，履行下列职责：

（一）组织编制、实施生态文明城市总体规划、生态功能区划；

（二）制定、实施生态文明建设指标体系；

（三）制定、实施促进生态文明建设政策措施；

（四）建立生态文明建设目标责任制，实施绩效考核；

（五）建立生态文明建设协调推进机制。

县、乡级人民政府领导实施本行政区域的生态文明建设工作。

县级以上人民政府行政管理部门根据职责负责实施生态文明建设工作。

第六条　国家机关、企业事业单位、社会团体和个人都有参与生态文明建设的权利和义务，依法承担违反生态文明建设行为规范的法律责任，有权检举和依法控告危害生态文明建设的行为。

各级国家机关应当为实现公众的生态文明建设知情权、参与权、表达权和监督权提供有效保障。

第七条　各级人民政府应当对促进生态文明建设成绩显著的组织和个人进行表彰和奖励。

第二章　保障机制和措施

第八条　编制、实施城乡规划、土地利用总体规划等生态文明建设规划，划定生态功能区，应当贯彻生态文明理念，明确建设发展目标，发挥资源优势，体现区域环境特色，符合环境影响评价要求，严格保护生态资源和历史文化遗产，促进生态环境改善。

划定生态功能区，应当具体规定优化开发区、重点开发区、限制开发区和禁止开发区的范围及规范要求，科学确定片区功能定位与发展方向。

经依法批准的城乡规划、土地利用总体规划等生态文明建设规划，划定的生态功能区，任何单位和个人不得擅自改变。

第九条　生态文明建设指标体系应当包括基础设施、生态产业、环境质量、民生改善、生态文化、政府责任等指标，体现生态优先，并与公众满意度和生态文明建设的发展需要、实施进度相适应。

第十条　制定生态文明建设指标体系和目

标责任制，应当突出下列内容：

（一）经济社会发展约束性指标；

（二）水污染防治及饮用水水源保护；

（三）水土流失防治及林地、绿地保护；

（四）大气污染防治及空气质量改善；

（五）噪声污染防治及声环境质量改善；

（六）公众反映强烈的其他生态环境问题。

第十一条 生态文明建设资金，采取政府、企业投入和社会融资等方式多元化、多渠道筹集。

涉及民生改善、生态环境建设等公益性项目，应当主要由财政资金予以保障。

第十二条 县级以上人民政府应当将节能、节水、节地、节材、资源综合利用、可再生能源项目列为重点投资领域，鼓励发展低能耗、高附加值的高新技术产业、现代生态农业、现代服务业和特色优势产业，推进发展循环经济、实施清洁生产和传统产业升级改造，优化产业结构。

禁止新建、扩建高能耗、高污染等不符合国家产业政策、环保要求的项目，禁止采用被国家列入限制类、淘汰类的技术和设备。

县级以上人民政府应当按照国家规定和生态文明建设需要，制定、公布本区域内落后生产技术、工艺、设备、产品限期淘汰计划并组织实施。有关单位应当按照计划限期淘汰。

第十三条 各级人民政府及有关部门进行建设开发决策或者审批建设项目，应当优先考虑自然资源条件、生态环境的承载能力和保护水平，以法律法规的规定及已经批准的规划、环境影响评价文件为依据。

下列建设项目，各级人民政府及有关部门不得引进和批准：

（一）不符合国家产业政策的；

（二）不符合环保要求的；

（三）不符合生态文明建设规划的；

（四）不符合生态功能区划的。

第十四条 实行区域限批制度。对超过污染物排放总量控制指标，或者不按期淘汰严重污染环境的落后生产技术、工艺、设备、产品，或者尚未完成生态恢复任务的区、县、市，环境保护行政管理部门暂停审批新增污染物排放总量和对生态有较大影响的建设项目的环境影响评价文件。

第十五条 依托新农村建设和乡村清洁工程，推进农村环境综合整治，防治农村生活污染、工业污染、农业面源污染和规模化畜禽养殖污染，加强农村饮用水安全项目建设与管理，加快沼气工程建设，改善农村能源结构，保护农村自然生态。

倡导社区支持农户的绿色纽带模式，促进城乡相互支持、共同发展。

第十六条 加强以环城林带为重点的林地、绿地资源保护，维护良好自然景观，建设优美生态环境。

禁止在下列区域采矿、采石、采砂：

（一）国道、省道、高等级公路、旅游线路、铁路主干线两侧可视范围内；

（二）饮用水源保护区、风景名胜区、自然保护区、文物保护区和环城林带内；

（三）湖泊、水库周边，河道沿岸。

上述区域内已经建成的采矿场、采石场、采砂场，由县级以上人民政府依法责令限期关闭，并由生产经营者进行生态修复。

第十七条 实行生态环境和规划建设监督员制度。在社区居委会、村委会设立监督员，及时发现并报告辖区内破坏生态环境、违反城乡规划的行为。

监督员制度的具体规定，由市人民政府制定。

第十八条 实行“门前三包”责任制度。市容环境卫生行政管理部门、街道办事处、乡镇人民政府与管理区域内的机关、企业事业单位、社会团体和个体工商户，应当遵循专业管理和群众管理相结合原则，按照划定范围和管理标准签订“门前三包”责任书。

责任人履行责任书确定的环境卫生、市容秩序、绿化维护责任，市容环境卫生行政管理部门、街道办事处、乡镇人民政府履行相应的组织、指导、协调、监督、执法等职责。

“门前三包”责任制度的具体规定，由市人民政府制定。

第十九条 建立以资金补偿为主和技术、政策、实物补偿为辅的生态补偿机制，设立生态补偿专项资金，实行生态项目扶持补助和财力性转移补偿。接受生态补偿后的居民收入不得低于当地的平均水平。

生态补偿的具体规定，由市人民政府制定。

第二十条 各级人民政府及有关部门进行涉及公众权益和公共利益的生态文明建设重大决策活动，应当通过听证、论证、专家咨询或者社会公示等形式广泛听取意见，并接受公众监督。

对涉及特定相对人的决策事项，还应当征求特定相对人或者有关行业组织的意见。

第二十一条 县级以上人民政府及有关部门应当依法主动公开有关生态文明建设的政府信息，并且重点公开下列信息：

（一）生态文明城乡规划；

（二）生态功能区的范围及规范要求；

（三）生态文明建设量化指标及绩效考核结果；

（四）建设项目的环境影响评价文件审批结果和竣工环境保护验收结果；

（五）财政资金保障的生态文明建设项目及实施情况；

（六）生态补偿资金使用、管理情况；

（七）环境保护、规划建设的监督检查情况；

（八）社会反映强烈的生态文明违法行为的查处情况。

第二十二条 生态文明建设绩效考核按年度进行，以完成生态文明建设目标责任和公众评价为主要依据，与考核对象类别、区域功能定位相适应，客观、公正反映考核对象的工作实绩，并根据考核结果进行奖惩。

对生态文明建设目标责任单位及第一责任人的绩效考核，实行主要生态环境保护指标完成情况一票否决。

第二十三条 检察机关、环境保护管理机构、环保公益组织为了环境公共利益，可以依照法律对污染环境、破坏资源的行为提起诉讼，要求有关责任主体承担停止侵害、排除妨碍、消除危险、恢复原状等责任。

检察机关、环保公益组织为了环境公共利益，可以依照法律对涉及环境资源的具体行政行为和行政不作为提起诉讼，要求有关行政机关履行有利于保护环境防止污染的行政管理职责。

第二十四条 审判、检察机关办理环境诉讼案件，应当适时向行政机关或者有关单位提出司法、检察建议，促进有关行政机关和单位改进工作。

鼓励法律援助机构对环境诉讼提供法律援助。

第二十五条 各级人民政府、有关行政管理部门和基层自治组织，应当加强生态文明道德建设，弘扬生态文化，培育城市精神，组织开展生态文明宣传，普及生态文明知识，创建生态文明示范单位，提高公众生态文明素质，倡导形成绿色消费、绿色出行等健康、环保、文明的行为方式和生活习惯。

机关、团体、企业事业组织，应当定期组织国家工作人员、单位员工进行生态文明学习培训；学校、托幼机构应当结合实施素质教育，设置符合受教育对象特点的生态文明教育课程，开展儿童、青少年的生态文明养成教育。

第二十六条 公民应当自觉遵守生态文明建设行为规范，积极维护城市形象，不得有下列行为：

（一）随地吐痰、乱扔废物；

（二）随意倾倒垃圾、污水；

（三）乱涂、乱贴、乱画；

（四）违章占道摆摊设点；

（五）践踏绿地、攀折花木；

（六）违法横穿马路、翻越交通隔离带；

（七）违法修建、搭建建筑物、构筑物。

第二十七条 各级人民代表大会及其常务委员会应当加强生态文明建设的法律监督和工作监督，定期听取审议同级人民政府有关生态文明建设的报告，检查督促生态文明建设有关工作的实施情况。

第二十八条 广播、电视、报刊、网络等新闻媒体，依法对生态文明建设活动及国家机关履行生态文明建设职责情况进行舆论监督。

有关单位和国家工作人员应当自觉接受新闻媒体的监督，及时调查处理新闻媒体报道或者反映的问题，并通报调查处理情况。

第三章 责任追究

第二十九条 实行生态文明建设行政责任追究制度，严肃整治和处理各种违反行政管理规范的行为，改善行政管理，提高政府执行力和公信力。

第三十条 违反本条例第三条规定，废止、中止实施生态文明建设发展目标，或者对生态文明建设发展目标进行重大变更的，应当依照有关规定对作出相应决定的负责人从重问责，直至免职。

第三十一条 行政机关及其工作人员有下列行为之一的，由各级人民政府及其行政监察等有关行政管理部门予以问责，追究过错责任：

（一）擅自改变生态文明建设规划、生态功能区划的；

（二）引进、批准不符合国家产业政策、环保要求、生态文明建设规划或者生态功能区划项目的；

（三）批准引进和采用被国家列入限制类、淘汰类的技术和设备的；

（四）不按照规定制定、公布落后生产技术、工艺、设备、产品限期淘汰计划的；

（五）不依法重点公开生态文明建设政府信息的；

（六）不履行“门前三包”责任制相应职责的；

（七）拒不履行环境诉讼裁决的；

（八）拒不接受舆论监督和公众监督的；

（九）行政不作为或者不按照规定履行职责等其他阻碍生态文明建设的行为。

第三十二条 有下列行为之一的，由有关行政管理部门责令改正，依法实施行政强制、行政处罚：

（一）不按照名录、计划限期淘汰落后生产技术、工艺、设备、产品的；

（二）新建、扩建高能耗、高污染等不符合国家产业政策、环保要求项目的；

（三）采用被国家列入限制类、淘汰类的技术和设备的；

（四）在禁止区域内采矿、采石、采砂的。

第三十三条 违反本条例第十八条规定，责任人不履行“门前三包”责任的，由县级人民政府市容环境卫生行政管理部门予以警告，责令限期改正，并可以采取通报批评、媒体披露等方式督促改正；逾期不改正的，对单位处以3000元以上3万元以下罚款，对个人处以300元以上3000元以下罚款。

第三十四条 违反本条例第二十六条规定，由有关行政管理部门责令改正，依照有关法律、法规予以处罚；情节严重的，依照有关法律、法规的处罚上限实施处罚。

第四章 附 则

第三十五条 本条例规定由市人民政府制定的配套办法，市人民政府应当在本条例施行之日起6个月内制定公布。

第三十六条 本条例自2010年3月1日起施行。

中共贵阳市委　贵阳市人民政府

关于抢抓机遇进一步加快生态文明城市建设的若干意见工作责任分解表

工　作　任　务	总负责人	完成时限
抢抓机遇，进一步加快生态文明城市建设。	李　军 袁　周	2009—2010年

一、保增长，加快重大项目建设

类别	工作任务	分管领导	主要责任单位	完成时限
牢牢把握中央扩大内需的重点领域，争取国家和省的更大支持，千方百计建成一批、开工一批、储备一批重大项目，力争2009年、2010年全社会固定资产投资年均增长30%左右，地方生产总值年均增长12%左右。		申振东	市发改委	2009—2010年
1、加快铁路、公路等重大基础设施建设。	加快贵阳铁路枢纽、改貌集装箱编组站、贵广快速铁路贵阳北站建设。	徐　恒	市铁建办	2009—2010年
	积极做好贵阳快速铁路网"一环一射二联线"建设的前期准备工作，力争开工建设。	马长青 徐　恒	贵阳快速铁路建设指挥部	2009年
	全力配合贵阳至广州、贵阳至重庆、贵阳至昆明、贵阳至长沙、贵阳至成都快速铁路建设。	徐　恒	市铁建办	2009—2010年
	做好城市轻轨建设前期工作，力争开工建设。	徐　恒	市建设局 市建投公司 市发改委 市国资委 市轻轨交通公司	2009年
	加快以"三条环路十六条射线"为主的城市路网主骨架建设。	徐　恒	市建设局 市建投公司	2009—2010年
	建成贵阳环城高速公路。	马长青	环城高速公路建设指挥部	2009年
	建成北京西路、花溪二道。	徐　恒	市建设局 市建投公司	2009年
	建成贵金线。	李　忠 徐　恒	金阳新区工(管)委 市建设局	2009年
	力争开工建设北京东路。	徐　恒	市建设局	2009年
	力争开工建设白云麦架至修文扎佐道路。	帅　文	市交通局	2009年
	力争开工建设小河至孟关道路。	徐　恒	市建设局 市建投公司	2009年
	力争开工建设金阳客货运枢纽中心和东出口客货运站。	帅　文	市交通局	2009年
	建成油小线。	帅　文	市交通局	2010年
	规划建设二环路东段。	徐　恒	市规划局 市建设局	2010年
	全力配合完成厦蓉高速公路贵阳段建设。	徐　恒	市规划局	2009—2010年
	积极配合龙洞堡国际机场改扩建。	徐　恒	市规划局	2009—2010年
	建设改造城农网。	王　方	市经贸委	2009—2010年
	完成"一环四路"城市综合管网改造入地工程。	王　方 徐　恒	市经贸委 市城管局	2009年

类别	工作任务	分管领导	主要责任单位	完成时限
2、加快自主创新和产业结构调整。	力争建成高新技术成果转化基地、1—2个国家级重点实验室、3—5个国家级工程中心。	翟彦	市科技局	2010年
	支持贵州航空高技术产业园发展。	申振东	市发改委	2009年
	加快软件业和动漫产业发展，建成软件服务外包基地。	翟彦	市信息产业局 高新开发区工(管)委	2010年
	争取国家和省批准建立贵阳国家生物产业基地。	申振东	市发改委	2009年
	支持新天、同济堂等药业企业实施一批产业化项目。	翟彦	市乡企局	2009—2010年
	完成贵州中烟工业公司异地技改项目。	翟彦	市经贸委	2009年
	建成老干妈食品工业园。	翟彦	市经贸委 市乡企局 南明区	2009年
	支持振华高频大容量钽电容器扩能建设，推进贵州大力士轮胎有限公司子午胎项目、詹阳特种工程机械产业化、贵阳钢厂100万吨特钢异地改造等项目建设。	翟彦	市经贸委	2009—2010年
	实施市公交总公司华能60万吨焦化尾气治理。	翟彦	市国资委 市经贸委	2009—2010年
	实施开磷120万吨磷胺（二期）和清镇80万吨氧化铝等项目。	翟彦	市经贸委	2009—2010年
	建成贵阳国际会议展览中心。	李忠	金阳新区工(管)委	2010年
	完成西南国际物流中心、扎佐物流园区铁路战略装车点和贵州宝通工业物流园主体工程。	季泓	市商务局	2010年
	重点建设乌江峡红色旅游区、青岩古镇、阳明文化旅游区等一批精品旅游景区。	季泓	市旅游局	2009—2010年
	加快金阳商业步行街等特色商业街区建设。	李忠 季泓	金阳新区工(管)委 市商务局	2009—2010年
	支持星力百货等龙头企业发展社区连锁超市。	季泓	市商务局	2009—2010年
	积极做好家电下乡工作。	季泓	市商务局	2009—2010年
	积极做好“农家店”配送中心建设工作。	帅文	市供销社	2009—2010年
	完成全市农产品冷链物流规划。	帅文 季泓	市蔬菜办 市农业局 市商务局	2009年
	基本完成县级农产品质量安全检验检测体系和动植物防疫检疫体系建设。	帅文	市农业局 市蔬菜办	2010年
	重点扶持贵阳裕东等10家龙头企业建成2万亩无公害生态蔬菜基地。	帅文	市蔬菜办	2010年
	支持贵阳三联和贵州好一多等乳业公司建成规模为2万头的奶牛标准化养殖基地。扶持贵州台农公司等企业扩大生猪养殖规模，建成开阳年出栏生猪50万头的规范化生猪生产储备基地。	帅文	市农业局	2009年

类别	工作任务	分管领导	主要责任单位	完成时限
3、加快节能减排和生态环境建设。	完成中铝贵州分公司工业炉窑余热利用节能技改、贵州轮胎股份有限公司蒸汽供热系统优化节能改造等一批重点节能项目。	王　方	市经贸委	2010年
	完成市公交总公司城市公交车清洁燃料技改项目。	徐　恒	市城管局 市公交总公司	2010年
	加快“两湖一库”周边重点工业污染源治理，2010年实现超低排放。	王　方 帅　文	市环保局 市两湖一库管理局 清镇市	2010年
	支持平坝污水处理厂建设。	申振东	市政府办公厅	2010年
	加快“两湖一库”周边区域污水收集处理系统建设，实现“两湖一库”上游及周边生活污水全部收集处理。	帅　文 徐　恒	市建设局 市城管局 市两湖一库管理局 金阳新区工(管)委 清镇市 云岩区 花溪区 小河区	2010年
	完成人工造林3500亩，退耕还林1万亩。	帅　文	市林业绿化局	2009年
	建成湖滨生态修复带6000亩。	帅　文	市两湖一库管理局	2010年
	改造完善城市污水收集及处理系统。	徐　恒	市城管局	2009—2010年
	建成南明河水口寺至新庄段截污沟以及新庄、清镇、修文、息烽、开阳等污水处理厂和配套管网。	徐　恒	市建设局 清镇市 修文县 息烽县 开阳县	2009年
	县级以上城镇生活污水集中处理率达100%。	徐　恒	市城管局 市建设局 金阳新区工(管)委 各区（市、县）	2010年
	建成南郊、开阳、息烽、清镇生活垃圾填埋场。	徐　恒	市城管局 花溪区 清镇市 息烽县 开阳县	2010年
	建成贵州省危险废弃物暨贵阳市医疗废弃物处理处置中心。	王　方	市建投公司 市发改委 市建设局 市城管局 市环保局	2010年
	加强环城林带建设和保护，实施石漠化综合治理、采石迹地生态修复及重点防护林和保护区建设。	帅　文	市林业绿化局	2009—2010年
	实施通道绿化和城市绿化建设。	徐　恒	市林业绿化局	2009—2010年
	基本完成观山公园基础设施建设。	李　忠	金阳新区工(管)委	2009年
	力争治理水土流失面积300平方公里。	帅　文	市水利局	2010年

类别	工作任务	分管领导	主要责任单位	完成时限
4、加快农村基础设施建设。	完成1000公里农村公路及场站建设。	帅文	市交通局	2010年
	积极配合实施黔中水利枢纽工程。	帅文	市水利局	按省政府要求时限配合完成
	2009年起陆续投资24亿元加快建设渔洞峡水库等水利项目。	帅文	市水利局	2009—2018年
	实现农村人均有效灌溉面积0.5亩。	帅文	市水利局	2010年
	基本解决农村饮水安全问题。	帅文	市水利局	2009年
	阶段性完成病险水库治理，启动新一轮病险水库除险加固规划工作。	帅文	市水利局	2010年
	加快农村生态清洁能源工程建设，建成30口大中型沼气池。	帅文	市农业局	2010年
5、切实保障项目建设用地。	超前谋划、认真摸排重点项目用地，依法完善用地手续，积极保障项目用地。	徐恒	市国土资源局	2009—2010年
	加大对闲置土地和擅自改变土地用途的监管力度。	徐恒	市国土资源局	2009—2010年
	积极争取省跨市（州、地）调剂新增耕地指标。	徐恒	市国土资源局	2009—2010年
	完成《贵阳市城市总体规划》修编，做好各类规划的相互衔接。	徐恒	市规划局	2009年
	完成《贵阳市土地利用总体规划》修编。	徐恒	市国土资源局	2009年
6、多渠道筹措建设资金。	按照国家和省确定的投资方向和重点，抓紧做好项目前期准备和申报工作，争取中央和省更多资金支持。	申振东	市发改委 市财政局	2009年
	推进政银企合作，促进签约项目的落实，扩大信贷规模，确保贷款增量高于上年水平，贷款总量增幅超过全省平均水平。	申振东	市金融办 市经贸委	2009年
	拓宽直接融资渠道，鼓励有条件的企业发行企业债券、中小企业集合债券、上市融资。	申振东	市金融办 市发改委 市财政局 市经贸委	2009—2010年
	积极争取发行地方政府债券，充分利用信托、融资租赁等手段融资。	申振东	市金融办 市财政局 市发改委	2009—2010年
	鼓励和引导社会资金投向政府优先发展的项目和符合国家产业政策的领域。	申振东 翟彦	市发改委 市经贸委	2009—2010年
7、严格投资监管和评估。	严格政府重大项目投资决策程序。	申振东	市政府办公厅	2009年
	落实项目法人责任制、招投标制、工程监理制、合同管理制，保证工程质量。	申振东 李忠	市发改委 市审计局 市监察局	2009—2010年
	建立公开透明的资金运行和监管机制，加强全程监督检查，严肃查处各种违反财经纪律的行为。	申振东 韩力争	市纪委 市财政局 市审计局 市监察局	2009—2010年
	完善政府投资建设项目后评估制度，对项目交付使用后产生的实际效果等进行综合评价。	申振东	市发改委	2009—2010年
	完善政府投资绩效评价体系，对采取直接投资、资本金注入和转贷方式的投资项目进行绩效评估。	申振东	市发改委 市财政局 市审计局	2009—2010年

二、重民生，着力实施“六有”民生行动计划

类别	工作任务	分管领导	主要责任单位	完成时限
8、全力促进就业增长。	拓展“充分就业社区”创建工作，“充分就业社区”比例要达到全市社区的30%，继续保持全市“零就业家庭”动态为零。	翟彦	市劳动和社会保障局	2009年
	落实好国家支持自主创业的政策，鼓励和扶持各类人员自主创业。	翟彦	市劳动和社会保障局	2009—2010年
	小额担保贷款扶持人数增长20%。	翟彦	市劳动和社会保障局	2009年
	加大职业技能培训投入，重点做好农村富余劳动力、城镇下岗失业人员和返乡农民工培训工作。	帅文 翟彦	市农办 市农业局 市劳动和社会保障局	2009—2010年
	建立公益性岗位储备制度。规范用人单位裁员行为。积极做好返乡农民工就业安置工作。	翟彦	市劳动和社会保障局	2009—2010年
	积极做好大中专毕业生就业安置工作。	季泓	市教育局 市人事局	2009—2010年
	加快服务业发展，增加就业岗位。	季泓	市商务局	2009—2010年
	加快中小企业发展，增加就业岗位。	翟彦	市经贸委	2009—2010年
9、加快完善城乡社会保障体系。	在继续做好基本养老、基本医疗、失业、工伤、生育等保险扩面征缴的基础上，全面推进城镇居民医保、新型农村合作医疗、新型农村社会养老保险，力争2009年新型农村社会养老保险参保人数达到10万人。	翟彦 余维祥	市劳动和社会保障局 市卫生局	2009—2010年
	强化劳动保障维权和劳动争议调解仲裁工作，继续推行劳动用工备案制度，开展劳动保障维权专项检查，重点做好农民工工资支付情况检查。	翟彦	市劳动和社会保障局	2009—2010年
	运用价格调节基金继续实施“温暖工程”，进一步完善城乡低收入群体补贴与物价上涨联动机制，确保低收入群体生活水平不因物价上涨而明显下降。	季泓	市物价局	2009—2010年
	落实国家和省关于提高优抚对象等人员抚恤和生活补助标准政策，完善抚恤补助经费增长机制。	李忠	市民政局	2009—2010年
10、加快医疗卫生、文化教育事业发展。	完善社区卫生服务体系。力争建成22个社区卫生服务中心、19个乡（镇）卫生院及164个村级卫生室。	余维祥	市卫生局	2010年
	加快公共文化服务设施建设。	季泓	市文化局	2009—2010年
	建成市青少年活动中心、妇女儿童活动中心、工人文化宫。	李忠	市发改委 金阳新区工（管）委	2009年
	建成164个村级综合楼。	俞静	市委组织部	2009年
	建成贵阳奥体中心主体育场。	李忠	金阳新区工（管）委	2010年
	建成贵阳广电中心。	季泓	市发改委 市广电局	2010年
	力争建成贵阳市科技馆。	翟彦	市科协 金阳新区工（管）委	2010年
	力争建成10个社区服务中心。	李忠	市民政局	2010年

类别	工作任务	分管领导	主要责任单位	完成时限
	力争建成34个乡（镇）文化站。	季泓	市文化局	2010年
	加强教育基础设施建设。建成6所中等职业教育学校、2所特殊教育学校、金阳高中。	季泓	市教育局	2010年
	建成贵阳职业技术学院。	申振东 季泓	建设筹备领导小组	2010年
	建成金华园（南园）初中、小学。	季泓	市教育局 金阳新区工(管)委	2010年
	在云岩、南明、小河建成8所接收进城务工人员子女的义务教育公办学校，在农村改造建设20所义务教育标准化学校。	季泓	市教育局 各区（市、县）	2010年
	继续鼓励和支持民办教育发展。	季泓	市教育局	2009—2010年
11、加快建设保障性安居工程。	建成廉租房20万平方米，实现人均住房建筑面积不足15平方米的城镇低收入群体全保障。	申振东 徐恒	市住房保障和房产管理局	2010年
	建成经济适用住房200万平方米。	徐恒	市住房保障和房产管理局 市建设局	2010年
	加快汉湘街等中心城区成片危旧房集中改造。	徐恒	市住房保障和房产管理局 南明区	2009年
	争取上级资金，实施农村危房改造“万户工程”，力争3年内改造3.8万户农村危房。	李忠	市民政局	2009—2011年
	加快地质灾害户危房搬迁。启动6个隐患点716户农房搬迁，力争再投入7800万元启动70个隐患点治理和农房搬迁。	徐恒	市国土资源局	2009年
12、千方百计保障人民群众生产生活安全。	建立严打长效工作机制，深入开展“严打两抢一盗，保卫百姓平安”专项行动。	邹碧声	市委政法委 市公安局	2009—2010年
	强化校园及周边治安、重点企业及周边等重点区域突出治安问题的整治。	邹碧声	市委政法委 市公安局	2009—2010年
	突出加强群防群治工作，加强治安防控体系建设。	邹碧声	市委政法委	2009—2010年
	群众安全感高于全国平均水平1个百分点。	邹碧声	市委政法委	2010年
	强化食品药品生产、流通、消费等环节的监管力度，重点打击违法添加非食用物质的行为，确保公众饮食和用药安全。	翟彦 季泓	市药监局 市质监局 市工商局	2009—2010年
	加强重点行业、重点领域的安全监管，严厉打击各种违法违规生产经营行为，坚决遏制重特大安全事故发生。	帅文	市安监局	2009—2010年
	健全应急管理体制机制。	申振东	市政府应急办	2009—2010年
	深入开展矛盾纠纷排查化解，全力维护社会和谐稳定。	邹碧声	市委政法委	2009—2010年

三、推改革，实现重点领域突破

类别	工作任务	分管领导	主要责任单位	完成时限
13、加快农村改革发展。	稳定和完善农村基本经营制度。坚持以家庭承包经营为基础、统分结合的双层经营体制，现有土地承包关系要保持稳定并长久不变。	李涛 帅文	市农业局	2009—2010年
	建立农村土地经营权流转中心，引导农户依法采取股份合作、承包权置换和委托流转等方式流转土地承包经营权，提高农业集约经营效益。	李涛 帅文	市农业局	2009年
	探索建立以土地承包权置换城镇社会保障、以农村宅基地置换城镇房产的制度。	帅文	市农业局 市劳动和社会保障局 市住房保障和房产管理局	2009年
	将集体林地承包经营权和林木所有权落实到户，鼓励林地、林木依法规范流转。	帅文	市林业绿化局	2009年
	完善城乡一体化制度。统筹城乡规划、产业布局、基础设施建设和公共服务、劳动就业及社会管理，逐步建立城乡统一的就业、户籍管理、养老保险、医疗保险和最低生活保障等配套制度。	帅文	市农办	2009—2010年
	强力推进城中村改造。	徐恒	市建设局	2009—2010年
	加快云岩、南明、小河以及其他区（市、县）政府所在地和区域性中心镇城乡一体化进程。	帅文	市农办 市发改委 市建设局	2009—2010年
	落实强农惠农政策。健全农业补贴制度，对支农补贴实行直通车一卡制发放。落实将上年度土地出让金的20%以上用于基本农田建设的政策。	李涛 申振东 帅文	市农办 市农业局 市财政局	2009—2010年
	确保各级财政对农业投入增长幅度高于经常性收入增长幅度。	申振东	市财政局 各区（市、县）	2009—2010年
	鼓励和引导各部门资金更多投向农村。	申振东	市财政局	2009—2010年
	推进以县为主的财政支农资金整合工作。	申振东	市财政局	2009—2010年
	加快组建农村合作银行，稳步发展村镇银行、农村资金互助社等新型农村金融机构。	申振东	市金融办	2009年
	建立农村信贷担保中心。	申振东	市金融办	2010年
	抓好政策性农业保险工作。	帅文	市农业局 市金融办	2009—2010年
	继续做好贫困乡村扶贫开发工作。	帅文	市农办	2009—2010年
	注重农村居民最低生活保障制度和各项公共政策与扶贫开发政策的有机衔接。	李忠 帅文	市民政局 市农办	2009年
	加强村镇规划建设。	帅文 徐恒	市农办 市建设局 市规划局	2009-2010年
	完成40个重点乡（镇）、100个中心村规划。	徐恒	市规划局 各区（市、县）	2009年

类别	工 作 任 务	分管领导	主 要 责任单位	完成时限
	从2009年开始每年划拨50%的小城镇建设资金，重点用于贵遵路、贵黄路、贵毕路等交通干道可视范围内的村寨整治。	李 涛 帅 文	市农办	2009年
	建成一批“民族文化、生态环境、特色鲜明”精品示范村寨。	李 涛 帅 文	市农办 市民宗局	2010年
14、改革和完善投融资平台。	组建贵阳市工业投资（集团）有限公司，承担工业投融资等职能。资本金由政府持有的部分国有工业和工业上市公司股权等资产注入。财政预算安排用于项目建设的技改、乡镇企业等专项资金作为增量注入，投入项目建设和滚动发展，公司享有其形成的资产和收益。	翟 彦	市国资委 市经贸委	2009年4月
	组建贵阳市旅游文化产业投资（集团）有限公司，承担旅游、文化等服务业投融资职能。资本金由政府历年投入旅游、文化、体育设施等形成的存量资产注入。财政预算安排用于项目建设的旅游、文化、体育等服务业专项资金作为增量注入，投入项目建设和滚动发展，公司享有其形成的资产和收益。	蒋星恒 余维祥 季 泓	市国资委 市旅游局 市文化局 市体育局	2009年4月
	组建贵阳市城市建设投资（集团）有限公司，在贵阳市建设投资控股有限公司和贵阳市城市建设投资有限公司基础上搭建，承担城市基础设施建设、土地一级开发、投融资等职能（金阳新区除外）。资本金由政府历年投入城市基础设施建设等形成的存量资产，部分国有和上市国有股权及收益，停车场、广告等经营权及收益，城市建设土地一级开发权及收益等注入。财政预算安排用于项目建设的城市建设、维护等专项资金、部分土地出让收益作为增量注入，投入项目建设和滚动发展，公司享有其形成的资产和收益。	徐 恒	市国资委 市建设局 市发改委 市财政局	2009年4月
	组建贵阳市交通建设投资（集团）有限公司，在贵阳市城市发展投资股份有限公司和贵阳通源道路建设开发有限公司基础上搭建，承担交通建设、土地一级开发、投融资等职能。资本金由政府历年投入交通设施建设形成的公路、场站等存量资产，交通设施建设区域内附属设施的经营权及收益，交通建设项目土地一级开发权及收益等注入。财政预算安排用于项目建设的交通发展专项资金作为增量注入，投入项目建设和滚动发展，公司享有其形成的资产和收益。	马长青 帅 文	市国资委 市交通局	2009年4月
	组建贵阳市金阳建设投资（集团）有限公司，在贵阳市金阳新区开发建设有限公司基础上搭建，承担金阳新区基础设施建设、土地一级开发、投融资等职能。资本金由政府历年投入金阳新区基础设施建设等形成的存量资产，部分国有和上市国有股权及收益，金阳新区停车场、广告等经营权及收益，金阳新区城建土地一级开发权及收益等注入。财政预算安排用于金阳新区城市建设、维护的专项资金、部分土地出让收益作为增量注入，投入项目建设和滚动发展，公司享有其形成的资产和收益。	李 忠	市国资委 金阳新区工（管）委	2009年4月
	组建贵阳市公共住宅建设投资有限公司，在贵阳市经济适用住房建设有限公司、贵阳市房地产综合开发公司和贵阳市危旧房改造公司基础上搭建，参与经济适用房、廉租房等保障性住房开 发建设，剥离市直相关部门承担的政府保障性住房开发建设、投融资等职能。资本金由政府历年投入政府保障性住房形成的存量资产注入，财政预算安排的廉租房等专项资金作为增量注入，投入项目建设和滚动发展，公司享有其形成的资产和收益。	徐 恒	市国资委 市建设局 市住房保障和房产管理局	2009年4月
	成立贵阳市土地储备中心，明确为市属事业单位，对全市土地储备统一管理。对承担重大基础设施建设的国有投融资平台，赋予其与土地储备机构合作的职能，探索实行重大基础设施建设与区域土地成片储备、开发相结合的投融资模式。	徐 恒	市国土资源局 市编委办	2009年4月
	拓展贵州阳光产权交易所交易范围。将贵州阳光产权交易所从贵阳市国有资产投资管理公司剥离，明确为市管企业，承担各类资产资源交易处置和集中采购代理等职能。	申振东	市国资委 市国资公司 市财政局	2009年4月
15、深化国有企业改革。	改革贵阳市工业投资控股有限公司和贵阳市商贸投资控股有限公司管理体制，组建贵阳市工商资产经营管理公司，承担市国资委授权的企业国有资产经营、管理和监督职能。	翟 彦	市国资委	2009年
	继续完成贵阳市工业投资控股有限公司、贵阳市商贸投资控股有限公司和贵阳市建设投资控股有限公司尚未完成的国有企业改革改制工作。	翟 彦	市国资委	2009—2010年
	全部终结政策性破产工作，基本完成国有企业改革重组。	翟 彦	市国资委 市经贸委	2009年
	全部完成国有企业改革重组，保留30户左右国有及国有控股企业，并完成保留企业的公司制改革。	翟 彦	市国资委	2010年
	建立国有企业领导人员任期制。探索建立国有及国有控股企业领导人员任期制。加强对国有企业领导人员的考核、聘任和调整。	李 涛 俞 静 翟 彦	市委组织部 市国资委	2009年

类别	工作任务	分管领导	主要责任单位	完成时限
15、深化国有企业改革。	推行职业经理人制度。创新国有企业高级管理人员选拔任用机制，积极推行国有企业高级管理人员遴选市场化、社会化和国际化。	李涛 俞静 翟彦	市委组织部 市国资委	2009年
	建立健全企业经营管理者的激励约束机制。	翟彦	市国资委	2009年
	加强国有企业经营业绩考核。各类国有及国有控股企业纳入国有资本经营预算管理和企业经营业绩评价考核。	翟彦	市国资委	2009年
	开展市属国有资本经营预算和收益收支管理试点工作。	翟彦	市国资委 市财政局	2009年
	全面实施市属国有资本经营预算和收益收支管理工作。	翟彦	市国资委 市财政局	2010年
16、深化财政管理体制改革。	完善财政转移支付制度。按照公共财政职能及生态功能区划，优化转移支付结构，逐步缩小区（市、县）人均财政支出水平差距，促进基本公共服务均等化，力争到2010年，区（市、县）人均财政支出水平差距缩小到2倍以内。	申振东	市财政局	2010年
	调整优化财政支出结构。严格控制职务消费，压缩会议、接待、差旅、出国考察等行政支出，财政资金重点向“三农”、“六有”民生行动计划等倾斜。力争到2010年，全市财政用于民生方面的支出达到一般预算支出的50%。	申振东	市财政局	2010年
	整合现有市级相关专项资金注入我市投融资平台，市本级新增财力重点用于实施扩大内需项目的资金配套。	申振东	市财政局	2009—2010年
	完善市以下财政体制。根据全市统筹发展的需要，在确保各区（市、县）既得财力的基础上，进一步明晰各级政府的事权，科学合理界定各级政府财权，调整完善市以下财政体制，增强市本级财政调控能力，逐步提高市本级可支配财力占全市可支配财力的比重。	申振东	市财政局	2009—2010年
	加强财政对行政事业国有资产的监管。政府授权市财政局对全市行政事业国有资产履行出资人职责，委托贵阳市国有资产投资管理公司进行管理。	申振东	市财政局	2009—2010年
	落实国家增值税转型改革和出口退税等各项政策。从2009年1月1日起，所有企业（增值税一般纳税人）抵扣其购进机器设备所含的增值税。	申振东	市国税局	2009年1月
	及时与税务、外贸等部门沟通协调，确保出口退税新政策全面贯彻执行。	申振东	市财政局	2009—2010年

四、促开放，增强发展活力

类别	工作任务	分管领导	主要责任单位	完成时限
17、完善行政审批制度。	市级行政审批项目在现有基础上减少80%左右。	申振东	市政府法制办 市政务服务中心	2009年
	市、区（市、县）两级均有权审批的事项全部下放到区（市、县）。	申振东 李忠	市政务服务中心 市监察局	2009年
	依法在部分领域、区域实行相对集中行政许可权试点。全面推行行政审批“三集中、三到位”，强化政务服务中心功能。	申振东	市政府法制办 市政务服务中心 市编委办	2009—2010年
	优化审批流程，减少审批环节，压缩审批时限。	申振东	市政务服务中心	2009年
	开通和完善重大项目审批服务“绿色通道”。	申振东	市政务服务中心	2009年
18、全面清理行政事业性收费。	完成行政事业性收费清理，凡无法律法规等依据的收费项目一律取消。	季泓	市物价局	2009年1月
	不定期对收费情况进行检查。	季泓	市物价局	2009—2010年

类别	工作任务	分管领导	主要责任单位	完成时限
19、建立投资环境评价体系。	综合政策、服务、信用、生态、城市基础设施等环境因素，量化评价指标，实行投资环境分级评价、动态管理，定期向社会公众发布投资环境评价结果。	王方	市招商引资局	2009—2010年
20、建设承接产业转移平台。	力争基本完成“麦架—沙文—扎佐”高新技术产业经济带核心区基础设施建设，建成金苏大道、麦沙大道，同时储备和推出一批高新技术项目，同步开展招商引资。	李忠	高新开发区工(管)委	2010年
	加快小河—孟关产业带规划建设。	翟彦	市经贸委 小河区 花溪区	2009—2010年
	创新小河—孟关产业带管理体制。	翟彦	小河区 花溪区	2009—2010年
	力争基本完成小河—孟关产业带基础设施建设。	徐恒	市建设局 市建投公司	2010年
	引导航空航天和汽车零部件、工程机械等企业在产业带聚集。	翟彦	市经贸委 小河区 花溪区	2009—2010年
	各区（市、县）要根据功能分区和产业发展布局，合理规划建设产业聚集区，完善基础设施。	翟彦	各区（市、县）	2009—2010年
21、扩大开放领域。	凡是法律法规没有明令禁止的投资领域，都要向社会资本开放，严禁任何部门和单位搞行政垄断、设置行政障碍。	申振东	市发改委 市监察局	2009—2010年
	鼓励和吸引外来投资者采取独资、合资、合作等形式，参与公交、供水、污水处理、垃圾处理等城市公用设施建设和经营，参与科教文卫、社会福利等公益性事业建设。	申振东 王方	市发改委 市招商引资局	2009—2010年
22、强化对外宣传。	充分整合经济、旅游、宣传、新闻、文化、外联等部门资源，每年组织3—4次外出大型宣传推介活动，推介贵阳整体形象，宣传贵阳投资环境，提高贵阳城市影响力和知名度。	蒋星恒 季泓	市委宣传部 市旅游局 市招商引资局 市商务局	2009—2010年
23、提高招商质量。	建立招商引资项目前期评审机制，完善高质量招商引资项目库。	王方	市招商引资局	2009年
	创新招商方式，重点做好领导招商、园区招商、特色产业招商和特色资源招商。	王方	市招商引资局	2009—2010年
	着力引进战略投资者，把吸引国内外500强企业、跨国公司入筑作为招商引资工作的重点，采取“一项一议、一企一策”的办法，给予政策倾斜。	王方	市招商引资局	2009—2010年

五、善领导，切实落实各项工作

类别	工作任务	分管领导	主要责任单位	完成时限
24、加强组织领导。	全市各级党委要切实加强和改进对经济工作的领导，进一步完善党委统一领导、党政齐抓共管、有关部门各负其责的领导体制和工作机制。重大改革措施和投资项目明确牵头市领导、相关责任单位和责任人，制定周密的工作方案，确保顺利实施。	李军 袁周	市委办公厅 市政府办公厅	2009—2010年
25、强化领导班子和领导干部绩效考核。	落实《贵阳市县级党政领导班子和领导干部落实科学发展观、建设生态文明城市绩效考核办法（试行）》，每年随机抽取部分区（市、县）和市直部门作为被考核单位，对公众评价满意率达不到三分之二的，按规定进行组织处理。	李涛 俞静	市委组织部	2009—2010年
	建立在重点工程、重要工作、重大突发事件中考察识别干部、培养锻炼干部、考核评价干部机制。	李涛 俞静	市委组织部	2009—2010年
26、严格实行领导干部问责制。	以强化责任、提高能力、改进作风为重点，加强领导班子思想政治建设。	俞静	市委组织部	2009—2010年
	严格按照《贵阳市党政领导干部问责办法（试行）》，对市管县级领导班子和县级领导干部履职不力的，实行责任追究。	韩力争	市纪委 市监察局	2009—2010年

中共贵阳市委　贵阳市人民政府

关于振兴工业经济若干政策的意见

（2009年6月9日）

为积极应对国际金融危机，抢抓国家扩大内需、实施产业调整和振兴规划的机遇，加快推进我市产业振兴与发展实施计划，振兴工业经济，加快新型工业化步伐，实现到2012年全市工业增加值保持年均增长18%左右的目标，进一步推动生态文明城市建设，现根据中央和省有关文件精神，结合贵阳市实际，提出如下意见。

一、抢抓机遇，强力推进重大工业项目建设

1.鼓励企业争取国家和省项目支持。凡获国家和省支持的项目，要求地方匹配的资金，必须确保足额按时到位。对争取到国家和省1000万元——3000万元资金支持的项目，奖励项目单位及有功人员30万元；争取到国家3000万元——5000万元资金支持的项目，奖励项目单位及有功人员50万元；争取到国家5000万元以上资金支持的项目，奖励项目单位及有功人员100万元。

2.实行项目前期费用补贴。总投资20亿元以上的项目，补助前期费用100万元；10亿元以上的补助60万元；3亿元以上的补助30万元；1亿元以上的补助20万元；1亿元以下1000万元以上的给予适当补助。项目获国家、省立项后预付补贴50%，正式开工建设后兑现余额。

3.加强重大项目协调扶持。将投资额在2亿元以上的资源类产业项目，8000万元以上装备制造业项目，5000万元以上加工制造类项目，2000万元以上高新技术类项目列为市重大工业项目。重大工业项目立项后，应在法定最低时限内办理完毕相关手续。涉及由当地政府完善配套的基础设施，严格按承诺完成。

对总投资3000万元以上的项目，从产生税收之日起，项目形成税收的地方所得部分由受益财政第一年按70%、第二年按50%、第三年按30%的额度用于支持企业扩大再生产。

4.强力推进在建重大项目。2009年完成贵州中烟150万大箱/年异地搬迁技改扩能项目、开磷120万吨/年磷铵二期、林泉电机复式永磁电机生产线、老干妈食品工业园等项目建设。2010年完成清电塘寨2×60万千瓦机组、华能焦化4号60万立方焦炉、海螺盘江2×4500吨/天新型干法水泥生产线、高峰石油机械二期、险峰花溪二期扩能技改等项目建设。2011年完成贵州轮胎年产70万条全钢子午胎技改扩能项目、清镇广铝80万吨/年氧化铝、贵航军转民高新技术产业园、贵钢180万吨特种钢/年异地改造搬迁等项目建设。

二、抓大促小，着力扩大工业经济规模

5.加快培育一批大企业（集团）。2012年前，着力培育30家以上年销售收入超5亿元的骨干企业，20家以上年销售收入超10亿元的龙头企业，5家以上年销售收入超30亿元的大型企业（集团）。从2009年起，对年实缴税金首次超过1000万元、3000万元、5000万元、8000万元、1亿元的独立核算企业，由受益财政按新增税收地方所得部分30%的额度用于支持企业扩大再生产（其中5——10%用于奖励经营团队）。此条奖励不重复计算，与第3条不重复奖励。

6.激活工业存量资产。市工商资产经营管理公司要加快推进市属国有企业改革改制，2009年全部终结政策性破产工作，一般性竞争领域市属国有企业要实现有序退出。对改制的市属国有企业，旧址土地依照城市总体规划重新确定土地使用性质，通过招拍挂方式公开出让的价款，扣除企业改制成本、搬迁补偿费和必须上缴国家及省的各种税费以及国家、省规定的其他部分之后的收益，全部用于支持企业扩大再生产。对“退二进三、进郊优二”异地改造的企业，有关土地问题按《市人民政府印发贵阳市国有建设用地使用权“净地”出让工作实施意见（试行）的通知》（筑府发〔2008〕127号）执行。对中央、省属及其他在筑企业采取“一事一议”的办法给予扶持。充分利用企业的专利权、专有技术、商标权、生产许可权、特许权等无形资产招商引资。市属国有企业所在区（市、县）通过招商引资参与企业改制重组的，对重组后企业税收形成的新增地方所得部分，市与区（市、县）按4：6分成。

7.支持企业联合重组。市内外行业龙头企业和优势企业与本市企业进行联合重组成功的，对投资额在1亿元——5亿元的战略合作伙伴，给予投资方50万元的奖励，给予引资方30万元的奖励；投资额在5亿元——10亿元的给予投资方100万元的奖励，给予引资方50万元的奖励；投资额在10亿元以上的给予投资方200万元的奖励，给予引资方100万元的奖励。

企业并购重组中办理土地房产等资产转让过户时，相关税费（土地出让金除外）地方留成部分以同级财政奖励的形式予以企业全额补助。企业联合重组后2年内，由受益财政将新增税收地方所得部分按50%的额度支持企业扩大再生产。

8.加快中小企业发展。组织实施工业企业“小巨人”成长工程。到2012年，全市年销售收入1亿元以上企业由2008年的131户增加到200户以上；年销售收入3亿元以上企业由2008年的49户增加到80户以上。推动创业辅导、市场开拓、人才培训、管理咨询、公共信息、法律援助、技术创新和融资担保等中小企业服务平台建设。2009年市中小企业服务中心挂牌运行，各区（市、县）要相应建立中小企业服务中心。

三、拓宽投融资渠道，切实增加工业投入

9.加快工业投融资平台建设。从2009年起，市财政连续3年每年从市技改资金中划拨1.5亿元作为市工业投资（集团）公司增量资本注入。市工业投资（集团）公司要充分发挥资产经营、融资担保、工业投资、工业土地一级开发等功能，优化资本结构，加快自身发展，促进资产保值增值，力争3年实现总资产翻番。

10.支持企业直接融资。鼓励具备条件的企业发行企业集合债券和短期融资债券，市政府组织协调担保机构给予担保，并对成功发行债券的企业给予一次性补贴50万元；鼓励具备条件的企业上市，特别是积极利用好创业板上市融资，对成功上市的企业（包括“买壳上市”）给予一次性补贴100万元。

11.多渠道解决中小企业融资困难。加快设立中小企业创业基金，完善中小企业贷款风险补偿机制，对金融机构为我市中小企业直接提供中长期贷款（单笔在800万元以下）所产生的风险损失，经认定核准后，给予10%的补贴。积极推进小额贷款公司试点工作，引导支持申请设立小额贷款公司，激活民间资本，促进中小企业成长。各区（市、县）也要加快设立中小企业创业基金，成立中小企业信用担保公司。

12.加强政银企沟通协调。由政府相关部门牵头定期召开政银企交流合作会议，搭建政银企交流平台。金融机构要加大对工业企业和项目的信贷投放力度，努力提高工业贷款在总信贷规模中的比重，及时为企业解决流动资金问题，为在建重大工业项目的固定资产投资提供重点支持。

13.进一步增加财政投入。以2009年财政扶持工业类预算资金为基数，以后每年按市本级财政收入实际增长率逐年增加。合理统筹安排技改资金、乡镇企业发展资金、应用技术研究与开发资金等各类财政性资金，改进和创新使用办法，提高资金的使用效率，增强对工业经济发展的扶持力度。各区（市、县）从2009年起要根据财力增长情况逐年增加工业发展专项资金。

四、促进技术创新和技术改造，增强工业经济发展后劲

14.鼓励企业增强自主创新能力和开发新产品。对首次认定的高新技术企业给予20万元项目补助。对新认定的国家级和省级企业工程技术中心分别给予50万元、20万元项目补助。对列入市工业技术创新重点项目计划，并通过省级以上鉴定且达到国内领先水平，当年投入试生产销售收入达到500万元以上的新产品，每个项目给予一次性奖励 50万元。

15.鼓励企业开展产学研合作和重大产业技术研发项目。对列入国家科技计划的项目，给予一次性补助20万元——300万元。对列入省科技计划重大专项的给予一次性补助20万元。对列入市企业技术创新项目计划的产学研合作项目和重大产业技术开发项目，每个项目给予不低于20万元资金补助。

16.鼓励企业加快信息化、标准化和知识产权建设。对新列入国家级、省级企业信息化试点的工业企业，分别按信息化项目投资额的10%和15%给予补助，补助额最高不超过50万元。加强企业知识产权的申报、管理和保护工作。对主持制定行业标准、国家标准、国际标准并获得认可和实施的企业，每项分别给予企业50万元、100万元、150万元的一次性奖励。

17.鼓励企业更新重大装备。鼓励企业充分运用增值税转型政策，利用信贷、融资租赁、信托等方式加快设备更新。设备购置款在100万元以上的，市技改资金按银行当期利率的50%给予2年贴息补助。企业技术改造后产生的新增税收地方所得部分，由受益财政第1年按50%、第2年按30%、第3年按10%的额度用于支持企业扩大再生产。对中央、省属及其他在筑企业采取“一事一议”的办法给予扶持。

五、加强产业政策引导，发展现代生态工业

18.支持特色优势产业发展。强化产业政策的导向作用，重点支持装备制造业、现代药业、特色食品等特色优势产业发展，对成长性好的企业可采取“一事一议”的方式，在项目立项、财政扶持和土地、信贷、电力等方面给予倾斜。

19.支持发展循环经济和清洁生产。重点支持煤化工、磷化工、铝工业循环经济项目开发和建设。企业购置循环经济综合利用专用设备、专有技术的，经相关部门认定后，按当年实际完成投资额的5%给予补助，最高补助额一般不超过20万元。对列入国家、省循环经济或清洁生产试点项目的企业，除享受国家、省有关优惠政策外，市政府给予企业法定代表人2万元——5万元的一次性奖励。新建的铝、磷等资源型项目，资源就地转化率必须达到100%，原有企业，2011年底前资源就地转化率必须达到60%以上。

20.支持节能环保型企业和产品发展。支持企业研发生产节能环保型产品和专项设备，对可再生能源产品开发、资源综合利用、节水节能等有较大促进作用的项目和产品，视投资情况给予一定金额的贴息支持。

21.切实推进企业节能降耗。对超额完成市年度节能降耗考核指标的重点耗能企业进行奖励，一次性奖励企业法定代表人5万元。对节能减排未达标、重点项目未达到目标责任要求的区（市、县），暂停审批新增建设项目。

六、加强扶持引导，鼓励企业创品牌拓市场

22.支持企业创建品牌。从2009年起，每年滚动选择30家市级年主营业务收入超亿元企业、20家市重点企业和10家企业集团作为争创名牌名品的培育扶持对象。

23.支持企业开拓市场。各级政府每年安排一定资金专项用于市场建设贴息、举办产品展销会或参加国内外产品展销的费用补助。对企业参加国内外有影响力的专业展及品牌会和省、市政府组织参加的重要展会等，经有关业务主管部门审定确认后，展位费由政府给予全额补助。

24.引导使用地产品。编制贵阳市名优产品推荐目录，引导各级政府采购部门和本地用户采购选用。以市、区（市、县）财政投资为主体的重点工程项目，在材料、设备等工业品招投标时，同质同价情况下，优先选用本地产品。

凡是使用我市生产的主机装备的用户，可以优先参与我市项目招投标，在规费上给予优惠或减免，在生产要素供给上给予倾斜。鼓励主机生产企业在生产配套上使用本地产品，对优先使用本地产品配套的供需双方，视其配套规模由政府分别给予一定奖励。

25.提高本地产品配套程度。积极开展产业链招商，鼓励工业企业从市外引进或在本地培育新办配套企业。配套企业自投产之日起3年内，新增税收地方所得部分，由受益财政第1年按50%奖励主导企业，50%奖励配套企业；第2年按30%奖励主导企业，50%奖励配套企业；第3年按20%奖励主导企业，30%奖励配套企业。

七、加强工业集中区建设，推进工业聚集发展

26.加快工业集中区基础设施建设。市里重点支持麦架——沙文——扎佐高新技术产业带、小河——孟关装备制造业产业带基础设施建设。鼓励具备条件的区（市、县）按照产业规划建立特色工业园区，市政府对园区基础设施建设给予一定的资金支持，对社会资本投资建设园区的，给予3年贷款贴息，对自有资金比照银行同期贷款利率给予相应补助。对市政府确定重点发展的、由区（市、县）投入建设的产业园区，以2008年为基数，对园区上划市财政的共享收入，2009年——2012年增量部分的50%返还区（市、县）用于园区的基础设施建设。

27.推进工业企业向工业集中区集聚。凡新建和引进项目，除对建厂选址有特殊要求的能源、资源类项目外，按照工业布局规划和环保要求必须进入工业集中区。对不能进入工业集中区的特殊工业项目，须经市政府审核批准。突出园区定位，推进园区产业调整，形成各具特色、错位发展的产业布局。磷及磷化工产业项目主要向开阳、息烽集中，煤及煤化工产业项目主要向清镇集中，铝及铝加工产业项目主要向清镇和白云集中。积极引导和鼓励现有药业园区优化整合，提高集中度。

28.完善工业集中区利益分配机制。凡属“飞地工业”模式（各区、市、县招商引资引进企业，在其他区、市、县建厂生产的工业发展模式）新建企业产生的增值税、营业税和企业所得税等税收地方所得部分，原则上由引资方与企业（项目）所在地按3:7的比例分配；所形成的引资额、固定资产投资额、工业增加值等经济指标在市目标管理上按5:5的比例分别纳入引资方和所在地统计。

29.确保工业建设用地。在符合城市总体规划和土地利用规划的前提下，年度用地指标优先安排工业用地。除云岩区、南明区、花溪区外，其余区（市、县）的建设用地储备中工业用地储备比例不低于30%。建立工业项目效益评价制度，对落户工业集中区的项目投资强度、单位土地产出率等制定控制指标。引导和鼓励工业企业通过提高项目容积率、建筑密度、兴建多层厂房等方式，节约集约用地。在符合国家有关政策的前提下，切实降低工业用地成本。

八、加强人才队伍建设，为工业发展提供有力支撑

30.加强市管国有及国有控股企业经营管理层建设。市管国有及国有控股企业改制后，企业经营班子副职由公司董事会聘任，

并报市委组织部和市国资委备案。监事会由市国资委派出。市国资委负责制定绩效目标及奖惩办法，强化对公司高层管理人员的绩效考核。实行年薪制，并可通过持有本企业股权和期权，激发企业高层管理人员的积极性。

31.抓好工业人才队伍建设。切实落实《中共贵阳市委、贵阳市人民政府关于进一步加强人才队伍建设的意见》（筑党发〔2008〕21号），加快培养引进大批工业人才。市人才资源开发资金每年要安排专项经费用于工业人才的培养引进。鼓励企业引进高端专业技术人才，对工业领域领军人才可采取一事一议方式引进。加快大学生创业园建设，吸引和激励大中专毕业生入园创业。贵阳学院、贵阳职业技术学院等院校及社会各类培训机构，要围绕我市特色优势产业开设相应的专业和课程，大力培养我市急需的装备制造业、药业、食品加工和电子信息等各类专业人才。企业应将其提取的教育经费用于职工技能培训，其培训经费不足部分，由市劳动保障部门按规定给予适当补贴。

32.切实提高企业家的待遇和地位。在市内外聘请一批知名企业家为市政府经济发展顾问，在各级劳动模范、党代表、人大代表和政协委员中增加企业家的比例，为企业家的成长创造良好的社会环境。畅通人才流通渠道，根据工作需要，选拔优秀中青年企业家到市级党政机关或事业单位任职，选派部分党政机关和事业单位优秀中青年干部到企业挂职任职。

九、健全保障机制，优化工业发展环境

33.强化振兴工业经济工作机制。成立贵阳市振兴工业经济领导小组，由市委、市政府主要领导任组长，市政府分管领导任副组长，负责领导全市振兴工业经济工作，领导小组下设办公室在市经贸委，由市经贸委主要负责人兼任办公室主任，负责日常工作。建立联席会议制度，定期研究和解决工业项目推进中的具体问题，加强对工业经济运行的预测、协调和预警。

制订振兴工业经济评价指标体系和考评奖励办法，提高工业在综合目标绩效考核和招商引资目标管理中的权重，强化工业发展目标专项考核。根据我市资源状况、产业基础和发展方向，制定《加快贵阳市工业经济发展实施重点产业招商工作方案》，成立若干产业招商和引才小组，采取定点定向招商，提高招商质量。建立市级领导和有关部门联系重点产业、重点企业和重大项目制度，强化“一个重大项目、一个领导挂帅、一个部门为主负责、一个专门班子具体抓”的工作机制，加强督查协调，严格责任追究。各区（市、县）也要建立相应领导机制，加快推进本地工业经济发展。

34.下放工业项目市级审批权限。按照市批复工业集中区的总体规划及控制性规划，对进入集中区符合国家产业发展政策的项目，由区（市、县）按照有利于项目建设的原则自行把握核准或备案；工业集中区总投资3000万元以下的备案类建设项目一律由各区（市、县）审批，并报市经贸委或市发改委备案；工业投资项目涉及的规划、用地、环保等在不违反国家政策的情况下，审批权限下放至区（市、县）。

35.切实减轻企业负担。除国家和省规定的收费项目外，本市自定的收费项目依照有关程序全部予以取消。国家和省规定的收费项目及收费标准设有上下限规定的，一律按下限执行。物价部门将现有涉企行政事业性收费项目汇总并对外公布，企业如发现收费内容、收费标准与公布项目不符的，可拒付并投诉或举报。任何单位和组织不得以任何理由强迫企业加入各种协会、学会，不准向企业摊派接待、广告、报刊等费用。

36.维护正常生产秩序。市软环境治理办公室要加大行政执法监督力度，杜绝滥用职权等执法扰企现象，切实解决多头执法和“三乱”等问题。严禁多级重复检查和跨区域越权执法，必要的例行检查应将检查计划按季度事先报同级振兴工业经济领导小组审

中共贵阳市委　贵阳市人民政府

关于加快金阳新区改革发展的意见

(2009年2月24日)

为全面贯彻落实科学发展观，加快生态文明城市建设步伐，结合金阳新区面临的新形势、新要求、新任务，现就加快金阳新区改革发展提出如下意见。

一、加快金阳新区改革发展是适应形势发展需要的迫切任务

1.深刻认识金阳新区建设面临的新形势。在省委、省政府的正确领导和关心支持下，我市强力推进金阳新区开发建设，经过8年的努力，17平方公里基础设施建设基本完成，一批配套设施相继建成并投入使用，城市功能逐步完善，40平方公里的基础设施建设全面启动，新型现代化城区雏形初步显现。随着贵阳国家高新技术产业开发区北移，金阳街道办事处、金华镇、朱昌镇划入金阳新区管辖范围，金阳新区的发展空间不断扩展；以贵广快速铁路为标志的7＋2国家、省、市重大铁路建设项目的全面启动，金阳新区开始步入大提速、大扩容、大发展的关键阶段，进入经济社会协调发展，生态文明城市建设加快推进的重要时期。

2.深刻认识加快金阳新区改革发展的必要性和紧迫性。金阳新区的建设与发展事关全省、全市发展大局，事关我市建设生态文明城市目标的顺利实现。近几年来，我市的市情和金阳新区的区情都发生了深刻变化，对金阳新区的全面发展提出了更高更新的要求，金阳新区经济社会发展任务日益迫切，城市管理和社会建设亟待加强，原有的管理体制和运行机制已难以适应新的发展要求。因此，必须进一步加快金阳新区改革发展步伐，及时调整目标任务，完善发展规划，促进金阳新区在生态文明城市建设上“走前列、做表率”，率先实现经济社会的跨越式发展。

二、改革发展的总体目标

3.总体目标。以科学发展观为统领，以加快推进生态文明城市建设为总抓手和切入点，大力深化管理体制改革，拓宽投融资渠道，加强城市管理、社会管理和公共服务，抓好生态建设和环境保护，加快产业发展和人口聚集，统筹城乡发展。2012年前，全面实现贵阳市建设生态文明城市指标体系的目标。2013年前，基本建立行政区管理体制，在全面完成建设区开发建设的基础上，基本完善规划控制区范围内的基础设施、城市功能配套和生态产业布局，建立合理的生态产业结构和产业体系，完善社会公共服务体系。2009年——2013年，累计完成固定资产投资400亿元以上，聚集人口30万以上。2013年——2020年，基本完成金阳新区198平方公里管辖范围内城市基础设施建设、功能配套建设和区域生态文明建设，按照建设生态文明城市的要求，努力把金阳新区打造成为生态型、园林式、数字化的新城区，强力推进金阳新区经济、社会、文化、生态协调健康发展。

三、深化体制机制改革，健全管理职能

查（法律、行政法规、规章另有规定的除外）。从严打击阻挠项目建设和企业生产秩序的违法行为，依法快速处理涉及企业的各类重大案件，维护企业的合法权益。加强对企业安全生产的督查指导，优化企业安全生产环境。

本意见由市振兴工业经济领导小组制定实施细则并负责解释。本意见自下发之日起实施，有效期至2012年12月31日。市原有关文件规定与本意见不一致的，以本意见为准。

4.改革行政管理体制。金阳新区管委会要加快申报行政区工作，设立完善相关职能机构，逐步向行政建制区转变；全面加强198平方公里管辖范围内的经济管理、社会管理、规划管理和公共服务职能，大力促进城乡统筹发展。

5.强化人事管理。市直部门派驻金阳新区的机构接受派出单位和金阳新区工（管）委的双重管理，派驻机构主要负责人的任命、调迁须征求金阳新区党工委意见。改革金阳新区人事制度，推行全员竞争上岗制、轮岗制、部分岗位聘任制等人事管理制度。

6.加强行政委托。市直人事、建设、住房保障和房产管理、人防、劳动和社会保障、林业绿化等相关职能部门依法授权或委托金阳新区管委会相关部门行使市级相关行政许可、行政处罚等职权。金阳新区管委会在市政务服务大厅设立相应的窗口统一审批办理区域内排污许可证、拆迁许可证、房屋所有权证、商品房预售许可证等证照。金阳新区城市综合执法职权由市城市综合执法局金阳分局履行。

7.完善财税征管体制。金阳新区按行政区理顺财税体制、财政收支、转移支付等工作。2012年前，对金阳新区管辖范围内实现的收入，继续全额留给金阳新区用于机构运转、开发建设和债务偿还。凡属于金阳新区管辖范围内的生产经营单位，按照属地管理原则，由金阳新区税收管理部门统一征税。市直各部门在安排上级部门下拨、转移支付的各类经费时应将金阳新区视为行政区进行统筹考虑。

8.推进企业改革。贵阳金阳新区开发建设有限公司实行与金阳新区管委会政企分开的管理体制和运行机制。2009年4月前，在目前贵阳金阳新区开发建设有限公司的基础上，组建贵阳市金阳建设投资（集团）有限公司，按照《公司法》的相关规定，建立产权明晰、责权明确、管理科学的现代企业制度，完善法人治理结构，面向市场、自主经营、自我发展、自我还贷，积极参与市场竞争。新组建的贵阳市金阳建设投资（集团）有限公司在金阳新区管委会的指导下做好金阳新区规划范围内的基础设施建设、土地一级开发等工作。

9.拓宽投融资渠道。充分发挥财政资金的杠杆作用，鼓励和引导社会资本参与城市基础设施、公益事业和社会事业建设，逐步形成投资主体多元化、运营主体企业化、运行管理市场化的投融资体制新格局。支持贵阳市金阳建设投资（集团）有限公司发行企业债券。鼓励采取BT、BOT、TOT等方式，扩大资金来源，加快资金循环。

四、发展生态产业，促进经济协调发展

10.大力发展物流业和商贸服务业。按照《贵阳市现代物流业发展规划（2008——2020）》的要求，从2009年起，启动11平方公里物流园区、市场带规划及配套基础设施建设，启动贵广快速铁路配套物流商贸园区建设。2012年建成金阳物流园区并投入使用。鼓励企业在金阳新区内发展配送型、产业基地型、行业分拨型等多种物流体系。鼓励在金阳新区开发建设超级市场、仓储式商场、特色商业街区、汽车4S店、专业市场等大型商业设施。积极发展连锁经营店、社区商业、特色餐饮、茶楼、酒吧、美容美发、洗浴、休闲娱乐以及小超市、小百货等便民服务业。2013年前，建成100万平方米以上各类商业购物中心。

11.积极发展总部经济。发展商业办公楼宇经济。鼓励银行、保险、证券、信托等金融机构和世界500强、国内500强、民企100强企业及境内外上市公司入驻金阳新区。引进国家重点科研机构及各类工程（技术）研究中心、研发中心、重点实验室、高新技术创业服务中心、新产品开发设计中心和决策运营中心。推进中央商务区建设。2013年前，引进建成10座以上企业总部大楼。从贵阳市其他区（市、县）迁入金阳新区的企业总部，由金阳新区统一征收企业应缴的税

费后按照一定比例补偿给企业总部迁出的区（市、县），具体比例由金阳新区管委会与相关区（市、县）协商。

12.加快发展新兴服务业。大力发展会展会务服务业，积极扶持创意设计、3G网络游戏、动漫、广播影视、高科技广告制作、网络传媒等文化、科技、体育、观光旅游产业和项目。2009年启动体育公园建设。2010年完成奥体中心一期工程。2011年完成贵阳国际会议展览中心项目建设并投入运营。2012年前，建成覆盖金阳新区40平方公里的无线互联网络。2013年前全面完成奥体中心、体育公园、观山公园、十二滩公园、“文化山”等项目建设。

五、实施民生计划，强化社会管理

13.全面实施民生计划。建立健全就业服务体系，鼓励辖区企业招用本地农民工，帮助困难群体就业。加快农民拆迁安置房规划建设，改善金阳新区居住条件。扩大社会保险在金阳新区企业、居民、农民中的覆盖面，提高被征地农民参加社会保障的比例。巩固和发展新型农村合作医疗制度，进一步提高农业人口参合率。设立金阳新区社保和医保中心，启动金阳新区职业学校建设，引进公共就业服务机构和职业中介机构。加大教育投入，将教育事业支出列入财政预算。制定金阳新区2009年——2013年教育发展规划。每年新建或改（扩）建1——2所标准化中小学，确保金阳新区内所有适龄儿童接受义务教育。创建省、市级示范幼儿园各1所，按照省级示范性高中标准新建1所高中。设立贵阳一中金阳班，招收具有金阳新区户籍并且在金阳新区实际居住和就读的学生。到2012年高中阶段教育普及率达到90%以上。

14.加强和改进社会管理。加强基层基础工作，推进社区建设、基层民主建设和党组织建设。建设法制型和服务型政府，推进依法治区。重点加强通往金阳新区地段的治安巡逻，严打“两抢一盗”，创建无毒社区。加强对外来流动人口的服务和管理，建立和完善突发公共事件应急预案，切实维护社会稳定。

六、贯穿生态文明理念，加强规划管理

15.科学调整和修编规划。按照《贵阳市生态文明城市总体规划》要求，加快制定198平方公里经济社会发展规划、分区规划、控制性详细规划。建立金阳新区各层次规划、专项规划、专业规划相互衔接的生态文明城乡规划体系。结合金阳新区范围扩展的实际，科学合理划定优先开发区、重点开发区、限制开发区和禁止开发区。2010年上半年完成金阳新区198平方公里分区规划方案编制。启动中心环北线、贵金线、北京西路道路两侧产业布局规划和组织实施。

16.严格规划管理。坚持依规办事，重大规划按程序报市城乡规划建设委员会审定。完善规划公示制度，听取各方意见，接受公众监督。切实维护规划的严肃性，严格按照审批的规划开发建设，严禁随意调整规划。

七、加强城市管理，营造优美生态环境

17.加强生态环境建设。大力加强对公园、绿轴线、湿地、绿地、植被及森林资源的保护，严肃查处破坏生态环境的违法案件，依法保护生态环境，严格治理各种污染，对已破坏的生态环境要加快修复和重建。抓好金阳新区管辖范围内百花湖的环境治理和保护。支持和发展各种生态环保项目、替代产业和替代能源。力争2013年前在金阳新区内建成5个节水型、节能型绿色社区；完善排水系统，实现雨、污分流，城镇污水处理率达100%。

18.畅通新老城区交通。以政府为主导建立金阳新区公交客运服务网络。加强市客运行政主管部门与管理机构对连接新老城区的交通以及区内公共交通的组织、协调、服务和管理等工作。以政府为主导，实行市场化运作，尽快在金阳新区设立公交分公司，增设定点定时、封闭运行的快速公交线路。

19.实行“整脏治乱”长效管理和网格化管理。加强对环境卫生、垃圾无害化处理等

的规范化管理。规划建设一批公厕、小市场等便民设施。规范户外广告、街景照明及亮化工程设施等审批管理，严格按照审批的规划方案统一设置。加大社区绿化、山体公园的建设以及主干道沿线立体绿化、美化。全面打造建设生态文明城市的示范区。

八、统筹城乡发展，提高城市化率

20.促进城乡一体化。2010年前，力争将辖区范围内的农业户口转为非农业户口，农民可暂时保留原土地承包权及相应的农村居民有关待遇。鼓励农民在不改变土地使用性质的前提下，采取联合或以土地入股形式，按照统一的规划、设计和建设标准在指定区域修建集中居住区或兴办产业。到2013年，金阳新区40平方公里范围内基本形成城乡一体化发展格局，并逐步向198平方公里推进。

21.加快“村改居”步伐。2012年前完成金华镇和朱昌镇撤镇设立街道办事处工作；2013年前完成辖区范围内所有村改居工作，并根据人口居住情况相应设立社区居委会和公安派出所等机构。调整和规范辖区范围内地址名称，展示金阳新区城市形象。

九、加大政策扶持，注入发展活力

22.建立重点项目绿色通道机制。凡在金阳新区实施的列入实事项目、基础设施建设项目、重大招商引资产业项目等重大项目，可纳入市重点项目绿色通道，实行特事特办、一事一议。

23.鼓励公建配套建设。观山公园、奥体中心、贵阳国际会议展览中心、文化体育等重大公建配套项目，继续享受市政配套费减免优惠政策。

24.保障土地供应。在安排全市土地利用年度计划指标时，要向金阳新区倾斜，优先支持金阳新区发展现代服务业等生态产业项目。

25.支持生态产业发展。金阳新区管委会定期制定和发布《金阳新区重点扶持发展产业目录》。对符合目录的现代服务业、总部经济、物流业等生态产业项目，其建设发展用地基准地价参照工业用地基准地价进行招拍挂；对其购买或租赁办公用房可给予一定补贴。

26.设立产业发展扶持资金。金阳新区地方财政每年要安排15000万元专项资金用于扶持金阳新区重点发展产业项目，一定5年不变。

27.优化投资环境。对于入驻金阳新区的企业，除国安、纪检、司法、环保等部门依法进行的检查外，未经金阳新区管委会批准，任何单位和部门一律不得随意进行检查、评比、收费和罚款。

28.鼓励商业地产开发。凡在金阳新区从事商业地产开发且注册登记纳税的企业，按实现开盘销售产生税收时计算财政奖励起止时段。

29.提升金阳新区城市建设品位。金阳新区范围内批准住宅用地中的三类住房（经济适用房、廉租房和中低价位、中小套型普通商品房）比例可在全市范围内进行平衡。

30.鼓励在金阳新区购房。自2009年1月1日起至2010年12月31日止，凡在金阳新区团购商品房的，经认定可给予一定购房补贴。具体认定标准及实施细则由金阳新区管委会负责制定。

31.加快金阳新区房产流转。市住房保障和房产管理局与金阳新区工（管）委要尽快研究制定有利于金阳新区房产流转的相关政策规定。

十、提高执行能力，完善协调机制

32.提高执行力。完善领导班子议事规则和决策程序，规范重大事项和任用干部的决定程序。加强教育和管理，提高干部队伍素质，切实增强各级干部的执行力。

33.推行绩效管理和问责制度。制定金阳新区建设发展目标绩效考核体系，将责任细化到每一层次、每一岗位。以公众评价为基础，全面客观公正地考核金阳新区建设发展的各项工作。按照《中共贵阳市委、贵阳市人民政府关于印发<贵阳市党政领导干部问责

中共贵阳市委　贵阳市人民政府

关于进一步加快贵阳国家高新技术产业开发区发展的决定

（2009年3月26日）

为进一步加快贵阳国家高新技术产业开发区发展，推动生态文明城市建设，促进贵阳市在全省率先实现经济社会发展的历史性跨越，作出如下决定。

一、举全市之力，培育新的经济增长极

1.重大意义。市委八届六次全会明确提出：大力扶持高新技术产业的发展，举全市之力支持贵阳国家高新技术产业开发区建设。进一步加快高新开发区发展,有利于促进生产要素集聚和产业升级，推动我市经济结构战略性调整和经济发展方式的根本性转变;有利于加快高新技术的研发和成果转化，提高我市自主创新能力；有利于优化我市产业布局，辐射带动区域协调发展；有利于形成新的经济增长极，增强我市经济实力和发展后劲。

2.总体思路。努力推进改变区位及扩区申报工作，拓展高新开发区发展空间。集中一切资源，超常规加快沙文生态科技产业园开发建设。实施项目带动战略，全力打造具有贵阳特色的高新技术产业集群。创新体制机制，形成高新开发区与白云区互生共赢、合力发展的格局。通过5—8年的时间，把高新开发区建成产业特色突出、规模优势明显、创新体系健全、综合环境优良、配套设施完善、科技人才荟萃和极具投资创业吸引力的生态科技新城。

3.基本原则。坚持解放思想、改革创新，凡是我国法律、法规和规章没有明文禁止的，高新开发区都可以先行先试；坚持环境立区、产业强区，实现经济效益、生态效益相统一；坚持政府推动、市场运作，广泛调动社会资源参与开发建设；坚持因地制宜、分类指导，促进各园区优势互补、协调发展。

4.奋斗目标。2009——2012年，高新开发区主要经济指标年均增长30%以上。2012年，高新开发区规模以上工业总产值力争达到150亿元，高技术工业总产值达到100亿元。一批高新技术项目建成投产，沙文生态科技产业园初具规模，努力申报国家可持续发展实验区。

二、创新体制机制，提高运行效率

5.落实管理权限。高新开发区党工委、管委会是市委、市政府的派出机构，享有

办法（试行）>的通知》（筑党发〔2008〕38号），完善党政领导问责制度。严格执行行政执法责任制和过错追究制。

34.构筑廉政防线。建立健全以惩治和预防腐败为重点的反腐倡廉体系。大力开展反腐倡廉教育，增强领导干部廉洁自律意识。坚决纠正不正之风，杜绝各类违纪违法现象。加强审计监督。加强对重大工程、产权交易、政府采购等重点领域的管理和监督。

35.完善金阳新区建设发展协调机制。积极争取国家和省直有关部门支持、参与金阳新区的建设发展，加快由国家和省直有关部门负责审批的项目进度。金阳新区重点建设项目和产业项目要争取列入国家和省重点项目范围。市直部门要继续支持、全力配合金阳新区建设发展。加快与三桥马王庙片区、白云区、清镇市、高新开发区等周边地区的连接和成片开发。建立合理的利益分配机制，形成共建合力，推动各项事业协调健康发展。

市级经济管理和行政管理权限。市发改、经贸、建设、环保、林业绿化、人防、住房保障和房产管理、城管、统计、人事等相关部门，要尽快完善市级行政许可、行政处罚权限的委托。

6.深化干部人事制度改革。改革人事管理体制，推行竞聘上岗制、轮岗制等人事管理制度，实现人事管理由“身份管理”向“岗位管理”转变。改革分配激励机制，将干部职工的收入与岗位职责、工作业绩、实际贡献直接挂钩，实现薪酬管理由“铁工资”向“活薪酬”转变。对市直部门派驻高新开发区机构的负责人，实行干部双重管理。授权高新开发区自主确定新聘任人员的岗位、任用、职责、待遇等。

7.完善财税体制。过渡期内，高新开发区区域范围内区级以下地方财政收入全部留给高新开发区，征收范围由白云区和高新开发区共同商定。高新开发区的土地出让金，在按规定上交中央、省后，剩余部分全部留给高新开发区，专项用于高新开发区的土地开发、基础设施建设和改善投资环境。过渡期结束后，由市财政局和高新开发区共同商定市对区的财政管理体制，报市政府审定。

8.做强贵阳高科控股集团公司。要充分发挥贵阳高科控股集团公司在基础设施建设、土地一级开发、投融资、产业孵化、园区配套服务等方面的功能作用，按照建立现代企业制度的要求，夯实管理基础，提升核心竞争力，力争2012年集团总资产达到100亿元，实现上市融资的战略目标。不断加大对高科集团的投入，财政预算安排用于支持高新技术产业培育、基础设施建设和维护的专项资金以及部分土地出让收益等，作为增量注入，投入项目建设和滚动发展，高科集团享有其形成的资产和收益权。高科集团承担沙文生态科技产业园土地一级开发职能，土地开发出让后，可按一定比例提取基础设施建设专项资金，并列入土地开发成本。积极支持高科集团发行企业债券。

三、强力推进，加快沙文生态科技产业园建设

9.高起点规划。按照生态文明的理念和“布局集中、用地集约、产业集聚”的要求，借鉴国际一流科技园区的规划经验，做好贵阳国家高新技术产业开发区总体规划。2009年编制完成沙文生态科技产业园综合规划和控制性详细规划。

10.严格规划管理。坚持依规办事，重大规划按程序报市城乡规划建设委员会审定。规划管理由市规划局与高新开发区管委会双重管理，具体明确工作事权。

11.加快建设步伐。2009年，全面启动沙文生态科技产业园主干道路、公建配套设施、拆迁安置区等项目建设；2010年，建成金苏大道、麦沙大道，建成软件服务外包基地，力争建成高新技术成果转化基地；2012年，基本建成沙文生态科技产业园骨干路网以及水、电、气等基础配套设施和创业孵化中心等服务配套设施。赋予高新开发区管委会市政公用事业特许经营权的授权主体资格。高新开发区的基础设施建设项目和重点招商项目原则上都列为市重点项目，并积极争取列为省或国家重点项目。

12.保障土地供应。积极协调省国土资源厅在每年下达土地利用年度计划指标时重点向高新开发区倾斜，确保沙文生态科技产业园开发建设用地需要。园区范围内的建设用地，由高新开发区统一规划、统一征用、统一开发、统一出让、统一管理。集约节约利用土地，努力提高单位土地面积的投资强度和产出效率。

13.拓宽融资渠道。鼓励采取BOT、TOT、BT等方式，吸引社会资本以各种方式参与沙文生态科技产业园开发建设。按照“共同投资、利益共享、风险共担”的原则，设立开发建设投资基金，积极吸引各方面资金参股，扩大资金来源，实现滚动发展。大力推进政银企合作，利用政府信用为高新开发区公益性基础设施建设项目提供资金保障。

14.全力做好社会保障工作。市级各相关部门及白云区政府要采取城中村改造、减免相关规费、享受移民待遇等优惠政策，制定具体措施，对沙文生态科技产业园农民安置点的建设，失地农民的生活、就业、医疗和养老等给予支持和保障。

四、发挥比较优势，形成特色鲜明的产业集群

15.培育主导产业。集中力量，优先发展新材料新能源和航空产业，建设在全国具有重大影响的新材料新能源和航空产业两大基地；依托资源优势，重点发展铝深加工及其关联产业，建设全国铝深加工及其关联产业的重要基地；壮大电子信息、生物医药、先进制造等高新技术产业，提升产业竞争力。力争2012年在主导产业形成年销售额超过50亿元的产业集群，培育3——5个年销售收入超过10亿元的龙头企业，造就一批高新技术名牌产品。

16.发展高端服务业。积极发展金融、现代物流、服务外包、网络信息、创意设计等高端服务业，加快完善主导产业生产的前期研发、设计和中期管理、融资以及后期物流配送、市场销售等服务环节，不断拓展服务功能，形成上中下游产业互动发展格局，增强产业配套服务能力。

17.促进产业聚集。市直各部门要帮助、支持高新开发区完善产业扶持政策体系，不断优化发展环境，加强专业园区建设，引导产业聚集。凡今后引进的高新技术项目，尤其是新材料新能源和航空产业项目，要布局到高新开发区内。设立重点产业发展扶持资金，促进重点产业快速形成规模。市级技术改造资金和应用技术研究与开发资金要重点向高新开发区倾斜。

18.提高招商引资水平。按照产业发展规划和布局，围绕主导产业招大引强。发展开放型经济，加大引进和利用外资力度。完善招商引资激励机制。探索组建专业性的招商公司，实行企业化运作，按照合同指标承担招商任务，实行招商引资报酬与业绩挂钩。对引荐并促成世界500强等大企业以及高端研发机构落户高新开发区的组织和个人给予重奖，具体实施办法由高新开发区自行制定。

五、加强自主创新，推进科技成果转化

19.深化产学研合作。高新开发区要加强与科研院所、骨干企业、高等院校合作，加快建设一批企业技术创新服务平台，促进科技成果转化和产业化。支持高新开发区设立中小企业创业投资引导基金和担保基金，优先支持创业投资机构对产学研联合创新项目进行投资，扶持和壮大一批具有自主知识产权的科技型中小企业。鼓励高新开发区企业引入高等院校、科研院所的科技资源，建立企业技术研发机构，对此类研发机构，经有关部门认定后，可享受相关优惠政策。到2012年，力争建成1——2个国家工程研究中心或国家工程技术研究中心和一批国家级企业技术中心，通过组织实施10项左右的重大产学研示范项目，使高新开发区在主导产业领域实现部分核心技术和关键技术的突破，以带动相关产业集群发展。

20.加快孵化器建设。加大投入，推进科技企业孵化器建设，充分发挥高新开发区留学人员创业园、大学生创业园等孵化器的作用，不断增强孵化服务能力。建立和完善以公共技术服务平台、投融资平台等为重点的创新创业服务体系，降低企业研发成本，提高创新效率，打造创新集群。凡国家部委、省有关部门扶持企业孵化和高新技术产业发展的资金，市直有关部门要按照相关要求匹配。到2012年，高新开发区新建创业孵化场地50万平方米以上，累计引进各类孵化企业达到500家以上。

21.构筑人才高地。强化人才资源是第一资源的意识，确立人才工程是第一工程的地位，努力构筑人才聚集高地。鼓励国内外创新创业团队或人才带资金、带项目、带技术入区创业，鼓励高等院校、科研院所科技人员到高新开发区开发高新技术产品。对到

中共贵阳市委　贵阳市人民政府

关于加快推进三桥马王庙片区开发建设的意见

（2009年4月13日）

三桥马王庙片区（以下简称三马片区）是金阳新区与老城区实现有机连接的关键，是我市中心城区的西出口和交通中心。加快推进三马片区开发建设，是贯彻落实科学发展观，进一步加快生态文明城市建设的客观要求；是提升贵阳城市功能，加快金阳新区建设的现实需要；是加快服务业发展，优化我市经济结构的有效途径；是实现区域协调发展，提高人民群众生活质量的重要举措。为此，市委、市政府决定，将加快推进三马片区开发建设作为城市建设与发展的重要突破口和首要任务之一，并提出如下意见。

一、加快推进三马片区开发建设的指导思想、基本原则和发展目标

1.指导思想。按照全面贯彻落实科学发展观、进一步加快生态文明城市建设的要求，

高新开发区实施成果转化、兴办高科技企业的归国留学人员和外地专家，要在住房、子女入学、厂房出租、资金扶持等方面给予优惠。高新开发区可对引进的特别优秀人才和急需人才实行协议工资或年薪制。支持高新开发区企业在国内外设立研发机构，利用外地人才为我市高新技术产业发展服务。

六、完善保障措施，形成加快高新开发区发展的强大合力

22.加强组织领导。积极争取省直有关部门的大力支持，构建省、市共建模式。成立由市长任组长，市委、市政府分管领导、省直有关部门分管领导任副组长，市直相关部门负责人为成员的贵阳国家高新技术产业开发区建设发展协调领导小组，及时研究解决高新开发区在建设和发展过程中的重大问题。完善专家咨询制度，对高新开发区发展战略、规划建设、重大项目等提出意见和建议。

23.完善法律保障。在2010年前，按程序制定并颁布实施《贵阳国家高新技术产业开发区管理条例》，明确高新开发区地位、作用、功能、管理权限、管理机构和工作职责，进一步保障高新开发区规范管理、高效运转和快速发展。

24.优化发展环境。高新开发区有关职能部门与工商、税务等派驻机构实行“一窗受理、首问负责、限时办理、急事急办、责任追究”等服务制度。要按照“少干预、多支持”的原则，由高新开发区自行决定是否参加市级各类检查评比，是否参加市级部门召开的业务会议。规范对园区企业的检查行为，除国家法律、法规明确规定必须入园检查的以外，要事先征得高新开发区管委会同意。市属各新闻媒体要加大宣传力度，营造支持高新开发区加快发展的浓厚氛围。

25.加强督办落实。市直有关部门要就贯彻落实本《决定》尽快制定措施和办法，并报市委、市政府备案。高新开发区要根据本《决定》制定具体实施意见。市委督查室、市政府督查室要及时对本《决定》的落实情况进行督查。

全市各级各部门要强化政治意识、大局意识、服务意识，切实把思想统一到市委、市政府的重大战略部署上来,深刻认识加快高新开发区发展的重大意义,全力支持高新开发区的各项工作，推动高新开发区实现超常规、跨越式发展，为加快生态文明城市建设作出新的更大贡献！

坚持高起点规划塑造特色、高标准建设打造精品，着力加强基础设施建设，完善市政基础设施配套体系，大力发展现代服务业，努力把三马片区打造成为特色品位鲜明、服务设施配套、城市功能完善的新城区。

2.基本原则。统一规划、整体开发，统筹兼顾、分步实施，以区为主、全市支持，政府主导、市场运作。

3.发展目标。用5至8年时间，把三马片区建设成为我市乃至全省的重要物流集散中心、大型专业批发市场带和新兴城市居住区。

二、加大基础设施建设力度，优化发展环境

4.加快路网结构的优化与建设。坚持道路先行，抓住贵阳环城快速铁路、城市轻轨、铁路新客站即将开工建设和花溪二道、北京西路等重点项目即将建成通车的有利时机，尽快改善片区交通状况，建立现代交通体系。力争2009年6月动工建设金工路云岩段，年内完工；2009年8月动工修建金西大道云岩段，1年内完工；2009年启动新马王路建设。

5.加快完善公共服务设施。加快供水、供气、供电、通信等城市基础设施建设。在全市城市维护建设计划中对三马片区给予倾斜。切实加强森林资源保护与公共绿地建设。严格执行环保准入制度，推进循环经济发展和能源资源节约利用。

二、加快现代产业培育，形成商贸物流聚集区

6.加快大型专业批发市场带建设。依托特殊的区位交通优势，着眼片区经济的外向辐射和对外围产业的承接、各类资本的吸纳，抓好市场体系的规划设计和开发建设，形成特色鲜明、连接城乡、辐射带动力强的市场带。

7.大力发展现代商贸物流业。积极引进国内外知名物流企业进驻物流园区，形成以物流仓储、转运、加工、配送、交易、货运服务为主的现代物流商贸走廊。

8.提高房地产开发建设水平。按照“组团式”发展格局，开发建设高品质住宅区。统筹推进、成片改造，加快金西大道沿线的开发利用，形成一批新兴居住区。

9.改造提升现有产业。按照产业发展规划要求，市有关行业主管部门要加强分类指导，对科技含量高、市场前景好的企业要大力扶持；对市场前景不好、效益差的企业要促使其加快改制、搬迁步伐，优化区域产业结构，提高区域经济质量。

四、坚持以人为本，全面发展片区各项社会事业

10.大力发展科教事业。加大科技投入，促进科技成果转化。拓宽“产、学、研”相结合的渠道，鼓励大专院校、科研院所到三马片区创建研发机构，兴办高新技术企业。按照规划要求，改造建设中小学校。

11.强力推进人才队伍建设。充分调动各类人才参与三马片区开发建设的积极性，引导和鼓励各类人才，尤其是高校毕业生到三马片区自主创业和就业。加大对三马片区急需和紧缺人才的培养、培训力度，不断提高人才队伍的专业水平和综合素质。

12.切实加强文体设施建设。按照“政府牵头、市场运作、共建共有、共管共享”的原则，鼓励社会资金参与开发建设文化体育设施，逐步完善社区文化和公共体育健身娱乐设施。大力加强广场文化、社区文化、校园文化、企业文化、老年文化和家庭文化建设。加强对文化体育市场的培育和管理。

13.强化公共卫生体系建设。合理配置医疗资源，逐步形成与三马片区发展相适应、满足不同层次医疗需求、以区域性医疗中心和社区卫生服务机构为主体的医疗服务体系。

14.加大民生改善力度。多渠道、多形式筹措资金，解决好片区居民的社保、医保和低保以及失地农民社保等问题，进一步加大扶贫济困力度，切实解决好片区贫困、特困家庭生活及其子女入学等困难。

15.加强城市管理。组建城市综合执法队伍。强化“整脏治乱”、城市网格化管理和长效管理，加强市容秩序、环境卫生、垃圾

贵阳市城市节约用水管理实施规定

贵阳市人民政府令第3号

《贵阳市城市节约用水管理实施规定》已经2009年4月13日市人民政府常务会议通过，现予公布，自2009年8月1日起施行。

市长　袁周
二○○九年五月六日

贵阳市城市节约用水管理实施规定

第一章 总则

第一条　为加强城市节约用水管理，科学合理利用水资源，根据有关法律、法规，结合本市实际，制定本规定。

第二条　本市城市公共供水企业、使用城市公共供水和自建设施供水的单位和个人，必须遵守本规定。

第三条　城市节约用水应当遵循统一规划、总量控制、计划用水、治污为本、科学开源、综合利用的原则，大力推行节约用水

无害化等规范化管理，杜绝违章建筑。

五、市区联动，合力推进三马片区开发建设

16.加强开发建设工作的领导协调。市委、市政府成立三马片区开发建设指挥部，统筹协调、研究解决开发建设中的重大问题。市直各有关部门对三马片区的开发建设要密切配合、通力合作，推进项目审批代理制和预约服务，积极主动地帮助做好建设项目特别是龙头项目的策划、引进、报批及融资等工作，做到特事特办、急事急办。

17.充分发挥云岩区的建设主体作用。云岩区委、区政府作为三马片区开发建设的实施主体，要切实履行职责，具体抓好工程建设、征地拆迁、招商引资等工作。

18.严格执行各项开发建设规划。加快推进三马片区修建性详细规划的编制，完善各小区控制性详细规划。要注重强化规划管理，加强城市设计，塑造城市景观。各项规划一经批准，必须坚决执行。

19.加大财政扶持力度。三马片区开发建设期间产生的国有土地出让金、城市建设配套费、人防设施（异地建设）费、财政税收等各种收益，除有明确规定须上缴国家和省的部分外，剩余部分全额用于片区开发建设，并在市财政监督下封闭运行。财政性公益事业项目要有重点地向三马片区倾斜。开发建设中，如云岩区无力再融资时，由市政府统一打捆承贷，云岩区负责承还。

20.加大相关政策支持力度。三马片区开发建设中涉及征地拆迁、安置扶助、招商引资、建设服务等各项政策参照市委、市政府给予金阳新区的相关政策执行。对三马片区开发建设用地指标给予倾斜，三马片区储备土地的一级开发由云岩区组织实施并明确开发主体，基本建设、土地一级开发房屋拆迁保证金由云岩区财政监管运行。

21.多渠道筹集建设开发资金。云岩区要切实经营好三马片区的城市资产和资源，有效筹措建设资金。在基础设施建设上，推行市场化配置与经营，吸引和鼓励社会资本投资城市建设。按照“谁投资、谁经营、谁受益”的原则，利用公用设施建设项目向社会招商引资，有偿出让经营权，并把道路、桥梁、供水、供气、污水处理、环卫、消防等有形资产和依附于其上的名称、形象等无形资产纳入城市经营范围。

措施，推广节约用水新技术、新工艺，发展节约用水型产业，建设节水型城市。

第四条 市人民政府城市节水行政主管部门主管本市计划用水、节约用水工作，其所属的节约用水管理机构具体负责云岩区、南明区、小河区、高新区和市人民政府确定区域的城市节约用水日常工作。

其他区（县、市）人民政府城市节水行政主管部门负责本行政区域内城市计划用水、节约用水日常工作。

第五条 符合下列条件的，按照下列规定予以表彰：

（一）在节约用水和节约用水管理工作中，做出突出贡献的单位和个人，由市人民政府予以表彰；

（二）在节水科学技术研究开发和创建节水型社会、节水型单位、节水型社区等工作中，做出突出贡献的单位和个人，由市、区（县、市）节水行政主管部门予以表彰；

（三）在节水科学技术推广使用和单位节水管理工作中，做出突出贡献的内设机构和个人，由其所在单位予以表彰。

第二章 计划用水

第六条 月用水量在100立方米以上的非居民生活用水的单位、个人，需使用城市供水（含自建设施供水）或者增加城市公共供水量的，必须向所在地的城市节水行政主管部门申请用水计划指标，城市节水行政主管部门自收到申请之日起5个工作日内按规定下达用水指标，并签订计划用水管理责任书。

非居民生活用水单位或者个人应当在规定期限内，到所在地城市节水行政主管部门申报下一年度用水计划。不按时申报计划的，按上一年度用水计划指标核减20%后，作为本年度计划用水指标。

第七条 超出计划用水指标的用水量，除据实缴纳水费外，城市节水行政主管部门根据该单位实际执行的水价标准，收取超计划累进加价水费：

（一）超计划用水25%（含25%）以下的，按水价的1倍加价收费；

（二）超计划用水25%以上50%（含50%）以下的，按水价的2倍加价收费；

（三）超计划用水50%以上100%（含100%）以下的，按水价的3倍加价收费；

（四）超计划用水100%以上的，按水价的4倍加价收费。

超计划用水单位必须在接到缴费通知之日起15日内，足额缴纳超计划用水加价水费，逾期不缴纳的，按每超1日加收超计划用水加价水费5‰的滞纳金。

第八条 需申请临时用水（含基建用水）计划的单位或者个人，须到临时用水项目所在地的城市节水行政主管部门申请临时计划用水指标，签订临时用水管理协议。用水单位或者个人应保证临时水表完好，不得损坏或者擅自更换。

城市节水行政主管部门自收到临时计划用水指标申请之日起5个工作日内，根据计划用水指标管理规范要求，作出批准或者不批准的决定。

第九条 临时用水（含基建用水）有下列情形之一的，按以下标准实行累进加价收费：

（一）超过使用期，但未超过临时用水指标的，按超期使用水量水价的1—2倍加价收费；

（二）超过使用期，并超过临时用水指标的，其超计划用水量按水价的2—4倍加价收费；

（三）擅自更换、拆除临时用水表和欺

瞒真实用水量的，按实际下达计划水量的4—10倍加价收费。

第十条 非居民生活用水单位或者个人用水未按本规定第六条、第八条规定申请用水计划指标使用城市供水的，其水量按水价的4—10倍加价收取。

建筑施工用水未安装临时水表的，其用水量按已建工程面积每平方米建筑施工用水定额水量计算。

第十一条 非居民生活用水单位或者个人应当做好计划用水统计工作，建立健全用水日抄月报原始记录和统计台帐，并于次月25日前向所在地的城市节水行政主管部门报送节约用水统计报表。

供水企业应当于每月25日前向所在地城市节水行政主管部门报送上月用水单位的用水量和相关用水资料。

区（县、市）城市节水行政主管部门应当将年度节约用水数据统计汇总，于次年1月30日前报市城市节水行政主管部门备案。

第三章 节约用水

第十二条 建设项目配套建设的节约用水设施实行评估制度。建筑面积在2万平方米以上的新建、改建和扩建的建设项目，应当在可行性研究阶段编制节约用水设施评估报告，其他建设项目的可行性研究报告应当包括节约用水设施方案。

第十三条 建设单位应当将建设项目节约用水评估报告或者方案报建设项目所在地城市节水行政主管部门审查，城市节水行政主管部门应当自受理之日起5个工作日内作出审查意见。

建设项目在办理供水开户手续时，应当向供水企业提交该建设项目节约用水设施评估报告或者方案的审查意见。

第十四条 新建、改建、扩建的建设项目符合下列条件的，应当配套建设中水设施：

（一）建筑面积在2万平方米以上的宾（旅）馆、饭店、商店、公寓、综合性服务楼及高层住宅；

（二）建筑面积在3万平方米以上的机关、科研单位、大专院校和大型综合性文化、体育设施；

（三）住宅小区规划人口在3万人以上的；

（四）中水日用水量在750立方米以上的。

第十五条 已建、新建、改建、扩建的污水处理厂，应当按照城市节约用水规划，建设相应的城市污水处理再生水利用设施。

第十六条 中水设施、再生水利用设施由建设单位负责建设，其建设投资应当纳入主体工程总概算，并与主体工程同时设计、同时施工、同时交付使用。

第十七条 节约用水设施、中水设施、再生水利用设施竣工后，应当经项目所在地的规划、城市节水行政主管部门核实。未经核实或者经核实不符合规划条件的，建设单位不得组织竣工验收。

建设单位应当将节约用水设施、中水设施、再生水利用设施竣工验收相关材料报建设项目所在地城市节水行政主管部门备案。

第十八条 再生水、中水设施管道、水箱等设备的设置必须按规定统一颜色、设置标识，严禁与供水设施连接。

园林、绿化、景观、洗车、环卫及建设施工用水，应当首选使用再生水。

第十九条 非居民生活用水单位或者个人应当加强对用水及节水设施、设备、器具的管理和维护，保持完好和正常运行，避免漏水损失。

已安装使用非节水型器具的非居民生活用水单位或者个人，应当按市节约用水管理机构的要求限期更换。

鼓励居民生活用水户使用节水型器具。

第二十条 从事洗车、洗浴、游泳、水上娱乐等业务的场所必须安装、使用节约用水设施、设备。

第二十一条 月用水量在1000立方米以上的非居民生活用水单位或者个人，应当每3年至5年进行一次水量平衡测试，发现浪费情形的，应当及时予以整改。

非居民生活用水单位或者个人申请增加计划用水指标的，必须按规定进行水量平衡测试。

第二十二条 对符合以下节约用水奖励条件的单位，经城市节水行政主管部门和财政部门批准后，按节约用水量水价的30%提取节约用水奖金：

（一）用水量低于用水计划，产量消耗不超定额；

（二）水表保护完好，用水计量准确，相关统计台账和资料齐全；

（三）节约用水措施和管理制度健全并落到实处，完成节约用水基础管理工作。

行政、事业单位经考核后的节约用水奖励经费，由各行政、事业单位上报在下一年度部门预算中，经财政部门核实后进行预算批复。

企业的节约用水奖励经费从节约的水费中列支，计入成本。

第四章 罚则

第二十三条 建设单位未将建设项目节约用水评估报告或方案报建设项目所在地城市节水行政主管部门审查的，责令限期改正，逾期未改正的，处2000元以上1万元以下罚款。

第二十四条 新建、改建、扩建的建设项目，建设单位不按规定配套建设中水设施或者所建中水设施未达到国家要求，擅自投入使用的，责令停止使用，限期改正，处5万元以上10万元以下罚款。

已建、新建、改建、扩建的污水处理厂未按规定建设城市污水处理再生利用设施擅自投入使用的，责令停止使用，限期改正，处5万元以上10万元以下罚款。

第二十五条 非居民生活用水单位或者个人未按要求更换非节水型器具的，按每套（件、只）处30元以上100元以下罚款，罚款总额最高不超过1万元。

第二十六条 从事洗车、洗浴、游泳、水上娱乐等业务的单位或者个人，未安装使用节约用水设施的，处1000元以上1万以下罚款。

第五章 附则

第二十七条 本规定所称“再生水”，是指城市污水和废水经处理净化后，水质达到国家城市污水再生利用分类标准，可以在一定范围内使用的非饮用水，用于农业灌溉、绿化浇灌、道路清洁、工业冷却、景观环境、城市杂用和建筑物内杂用（包括洗涤、冲渣、生活冲厕、洗车等）可以接受其水质标准的用水。

本规定所称中水，是指部分生活污水经处理净化后，达到《生活杂用水水质标准》，可以在一定范围内重复使用的非饮用水。

本规定所称中水设施，是指中水的集水、净化处理、供水、计量、检测设施以及其他附属设施。

第二十八条 本规定自2009年8月1日起施行。

2009年贵阳市国民经济和社会发展统计公报

贵阳市统计局

2010年3月10日

2009年，全市人民在市委、市政府的领导下，团结一致，开拓进取，紧紧围绕保增长、保民生、保稳定的目标，沉着应对国际金融危机的严重冲击，以邓小平理论、“三个代表”重要思想为指导，全面落实科学发展观，深入贯彻党的十七届四中全会和市委八届六次全会精神，经过奋力拼搏，全市经济保持了平稳较快增长，各项社会事业取得新的进步。

一、综　合

初步核算，全年实现生产总值902.61亿元，比上年增长13.3%。分产业看，第一产业增加值50.07亿元，增长8.1%；第二产业增加值402.24亿元，增长12.6%；第三产业增加值450.30亿元，增长14.5%。三次产业结构为5.5:44.6:49.9，第一产业比重比上年下降0.3个百分点，第二产业比重下降2.4个百分点，第三产业比重上升2.7个百分点。全市人均生产总值达22832元，按年末汇率计算折合3344美元，比上年增长12.6%。

图1　2005-2009年生产总值及其增长速度

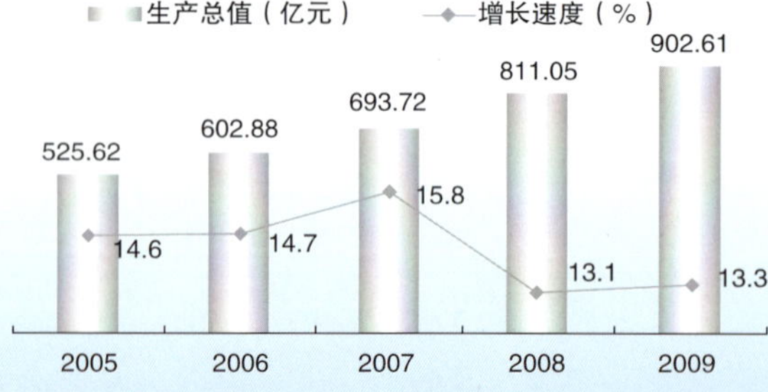

居民消费价格比上年下降2.3%，食品类价格下降1.7%。工业品出厂价格下降5.9%，其中生产资料价格下降8.8%，生活资料价格上涨1.1%。原材料、燃料、动力购进价格下降7.1%。房屋销售价格上涨3.6%。

表1：2009年居民消费价格比上年涨跌幅度

指　　标	涨跌幅度（%）
居民消费价格	-2.3
食　品	-1.7
烟酒及用品	1.9
衣　着	-6.9
家庭设备用品及服务	-0.5
医疗保健和个人用品	1.0
交通和通信	-3.3
娱乐教育文化用品及服务	1.2
居　住	-7.8

图2　2005-2009年居民消费价格指数

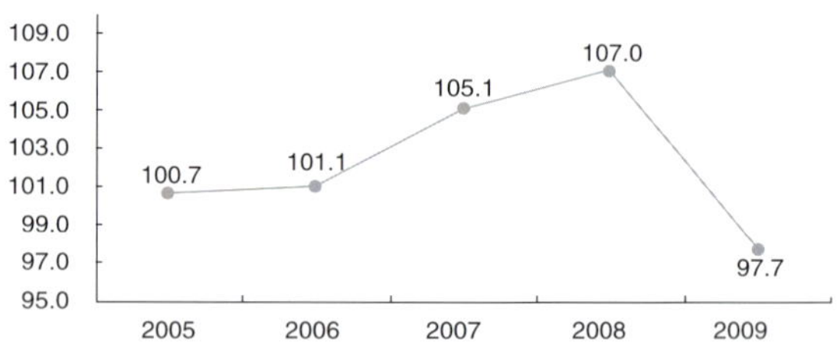

二、农　业

全年粮食播种面积11.80万公顷，比上年增长0.3%；蔬菜播种面积8.12万公顷，比上年增长14.9%；烤烟播种面积1.10万公顷，比上年下降8.0%。

全年粮食产量64.11万吨，比上年增长1.5%。其中夏粮产量11.02万吨，比上年增长4.8%；秋粮产量53.09万吨，比上年增长

0.8%。

表2：2009年主要农产品产量

指　　标	绝对数（万吨）	比上年增长（%）
粮　食	64.11	1.5
夏　粮	11.02	4.8
秋　粮	53.09	0.8
蔬　菜	156.17	16.0
油　料	5.73	12.9
油菜籽	5.48	15.5
烤　烟	2.11	-6.3
园林水果	9.11	3.6
茶　叶	0.18	4.9

图3　2005-2009年粮食产量及其增长速度

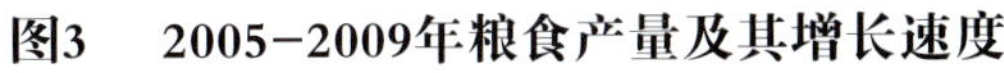

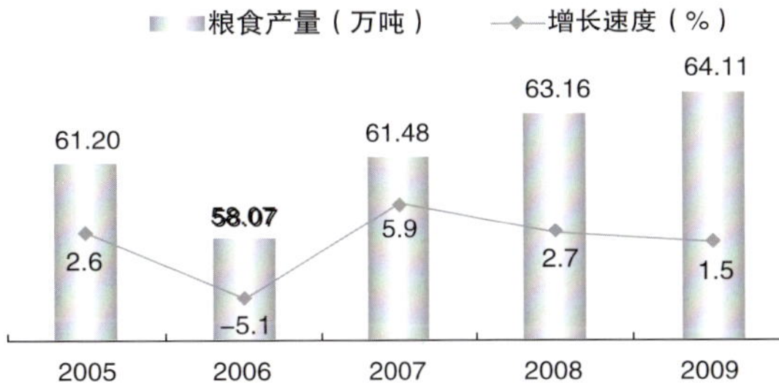

全年完成造林面积3648公顷，幼林抚育作业面积3953公顷。油茶籽产量145.92吨，核桃产量150.49吨，板栗产量273.43吨。

全年肉类总产量13.34万吨，比上年增长9.3%；牛奶产量3.51万吨,比上年增长22.5%；水产品产量9190吨，比上年增长18.0%。

表3：2009年主要畜产品产量

指　　标	单　位	绝对数	比上年增长(%)
肉类总产量	万吨	13.34	9.3
猪　肉	万吨	10.05	5.1
牛　奶	万吨	3.51	22.5
禽　蛋	万吨	2.09	34.4
大牲畜年末存栏数	万头	30.42	1.6
大牲畜当年出栏数	万头	4.69	3.7
猪年末存栏数	万头	86.64	2.9
猪当年出栏数	万头	117.78	8.1
羊年末存栏数	万只	4.50	50.0
羊当年出栏数	万只	2.03	3.5
家禽年末存栏数	万只	1269.37	70.0
家禽当年出栏数	万只	1715.81	43.0

全市年末拥有农业机械总动力114.95万千瓦,比上年增长4.4%；全年实现机耕面积5.83万公顷，比上年增长1.9%；年末农田有效灌溉面积达3万公顷；农用化肥施用量（折纯）6.60万吨，比上年增长2.3%。

三、工业和建筑业

全年全部工业增加值304.49亿元，比上年增长10.3%。其中，规模以上工业增加值288.31亿元，比上年增长10.1%。十大工业行业规模以上工业增加值229.59亿元，比上年增长10.0%，占全市规模以上工业增加值的79.6%。

图4　2005-2009年规模以上工业企业增加值

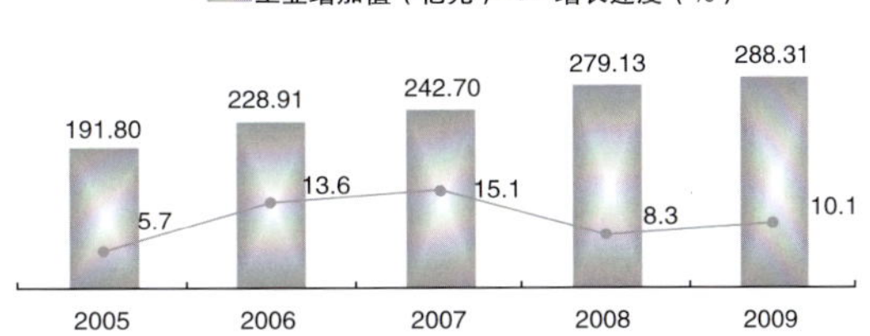

表4：2009年规模以上工业企业增加值及其增长速度

指　　标	绝对数（亿元）	比上年增长(%)
规模以上工业增加值	288.31	10.1
市　属	134.23	16.9
轻工业	130.05	11.8
重工业	158.25	8.9
国有企业	124.64	6.2
股份制企业	139.96	15.1
外商及港澳台投资企业	16.25	18.9
国有控股企业	177.31	6.3
大中型企业	209.19	8.7
非公有制工业	89.62	17.0
高技术工业	55.06	20.4
十大工业行业增加值	229.59	10.0
烟草制品业	59.88	5.5
有色金属冶炼及压延加工业	19.70	2.1
电力、热力的生产和供应业	32.27	-0.4
医药制造业	35.89	21.9
化学原料及化学制品制造业	31.15	28.0
橡胶制品业	14.29	12.3
交通运输设备制造业	13.12	4.9
黑色金属冶炼及压延加工业	7.50	-13.5
非金属矿物制造业	7.44	5.2
通信设备、计算机及其他电子设备制造业	8.36	31.9

表5：2009年规模以上工业企业主要产品产量

指　标	单 位	绝对数	比上年增长(%)
原　煤（全社会口径）	万 吨	418.61	24.5
焦　炭	万 吨	71.67	-5.3
发电量	亿千瓦时	114.61	-8.0
铝	万 吨	36.96	12.1
成品钢材	万 吨	19.58	-34.0
轮胎外胎	万 条	517.21	13.1
磷矿石（全社会口径）	万 吨	796.49	4.4
化肥（农用氮磷钾肥折纯）	万 吨	165.22	79.8
彩色电视机	万 台	72.56	-8.4
移动电话机	万 部	124.89	1.1倍
水　泥	万吨	542.80	6.1
卷　烟	亿 支	518.22	4.0
中成药	万 吨	2.21	-5.1

规模以上工业主营业务收入961.10亿元，比上年增长4.3%。实现利税总额177.05亿元,比上年增长5.0%。工业产销率达95.14%，比上年提高0.28个百分点，工业综合经济效益指数194.31。

全市建筑业实现增加值93.76亿元，比上年增长22.0%。房屋建筑施工面积2802.33万平方米，比上年增长16.1%；房屋建筑竣工面积608.48万平方米，比上年增长12.7%。

四、固定资产投资

全年全社会固定资产投资完成782.64亿元，比上年增长30.1%，其中城镇固定资产投资完成722.57亿元，比上年增长32.7%。

表6：2009年全社会固定资产投资额完成情况

指　标	绝对数（亿元）	比上年增长(%)
全社会固定资产投资总额	782.64	30.1
按计划管理渠道分		
基本建设	333.44	40.0
更新改造	166.58	28.1
房地产开发	210.33	23.6
按产业分		
第一产业	16.78	64.5
第二产业	213.91	17.5
工　业	210.40	17.4
第三产业	551.95	34.8
按城乡分		
城　镇	722.57	32.7
农　村	60.07	5.5

图5　2005-2009年固定资产投资及其增长速度

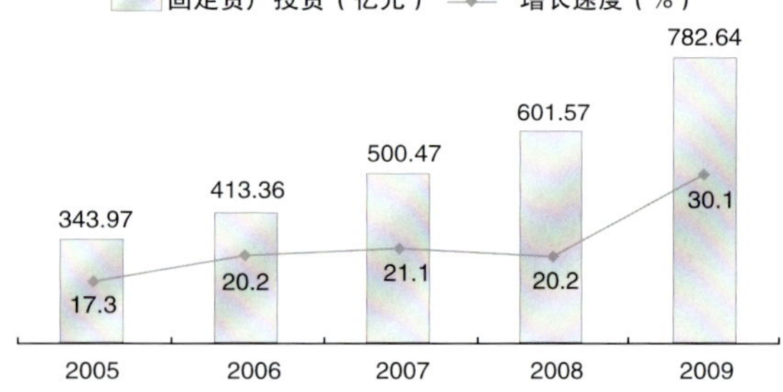

全市房地产开发投资210.33亿元，比上年增长23.6%。按工程用途分，住宅投资136.52亿元，增长41.2%，其中经济适用房投资16.32亿元，办公楼投资5.46亿元，商业营业用房投资15.03亿元，其他投资53.33亿元。

表7：2009年房地产开发和销售主要指标完成情况

指　标	单　位	绝对数	比上年增长(%)
投资完成额	亿元	210.33	23.6
本年资金来源	亿元	445.39	78.0
国内贷款	亿元	80.58	85.9
自筹资金	亿元	105.14	16.2
利用外资	亿元	0.11	-90.7
其他资金	亿元	259.57	125.3
房屋施工面积	万平方米	3088.57	24.5
房屋新开工面积	万平方米	719.08	-7.7
房屋竣工面积	万平方米	740.05	128.1
商品房销售面积	万平方米	818.16	98.6
本年购置土地面积	万平方米	184.28	-33.6
完成开发土地面积	万平方米	67.91	-42.2

五、国内贸易

全年实现社会消费品零售总额412.72亿元，比上年增长20.1%。分地域看，城市消费品零售额378.02亿元，增长20.1%；县及县以下消费品零售额34.70亿元，增长20.2%。分行业看，批发业零售额38.76亿元，增长13.2%；零售业零售额279.80亿元，增长21.4%；住宿和餐饮业零售额87.84亿元，增长20.7%；其他行业零售额6.32亿元，增长5.2%。

图6　2005-2009年社会消费品零售总额及其增长速度

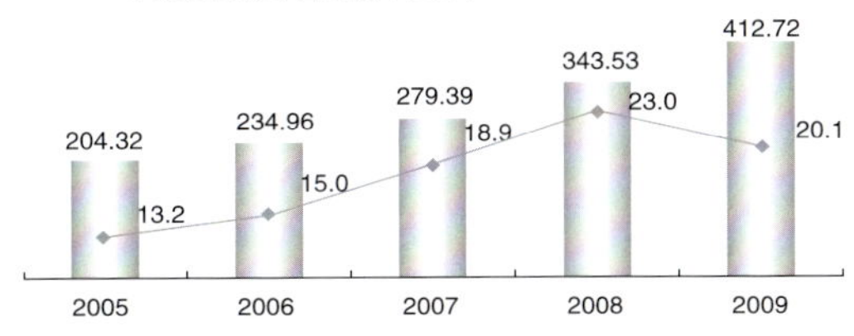

图7　2005-2009年海关进出口总额（亿美元）

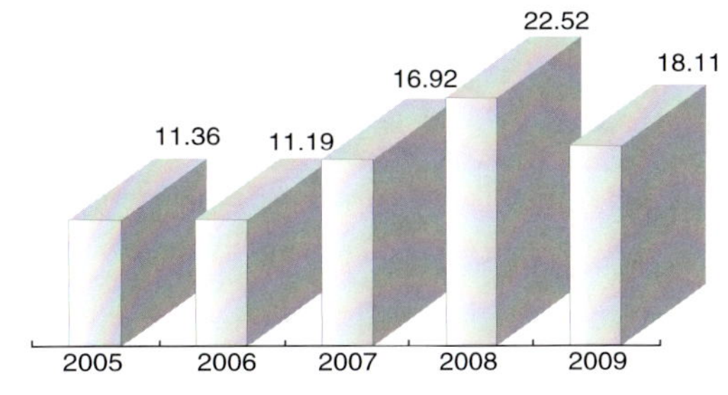

六、对外经济

全年海关进出口总额达18.11亿美元，比上年下降19.6%。其中出口12.63亿美元，比上年下降10.4%；进口5.48亿美元，比上年下降34.9%。

全年批准外商投资项目19项，比上年增长11.8%。实际直接利用外资11220万美元，比上年增长20.0%。

表8：2009年海关进出口情况

单位：亿美元

指　标	绝对数	比上年增长(%)
海关进出口总额	18.11	-19.6
出　口	12.63	-10.4
进　口	5.48	-34.9
按企业性质分		
三资企业	1.20	-27.6
国有企业	13.98	-20.6
集体企业	0.23	-55.7
民营企业及其他	2.69	-1.2
按贸易方式分		
一般贸易	14.14	-28.5
加工贸易	2.31	0.9
其他贸易	1.66	2.8倍

表9：2009年分国别（地区）海关进出口总额

单位：亿美元

地　区	进出口总额	出　口	进　口
总　计	18.11	12.63	5.48
亚　洲	10.94	8.25	2.69
日　本	0.96	0.60	0.36
东　盟	4.02	2.39	1.63
香　港	1.11	1.06	0.05
印　度	0.84	0.80	0.05
韩　国	0.59	0.50	0.09
非　洲	0.66	0.51	0.15
欧　洲	2.69	1.32	1.37
欧　盟	2.30	1.08	1.22
拉丁美洲	0.82	0.35	0.47
北美洲	1.90	1.14	0.76
美　国	1.48	1.07	0.41
大洋洲	1.09	1.06	0.04
澳大利亚	0.94	0.90	0.04

七、交通、邮电和旅游

全年各种运输方式完成货物运输量9061.96万吨，比上年增长24.5%。完成旅客发送量26713.17万人次，比上年增长3.9%。

表10：2009年交通运输完成情况

指　标	绝对数	比上年增长(%)
货物运输量（万吨）	9061.96	24.5
铁　路	1378.20	-1.4
公　路	7645	30.8
航　空	5.16	22.9
水　运	33.60	3.4
旅客发送量（万人次）	26713.17	3.9
铁　路	978.50	-2.9
公　路	25007	3.6
航　空	568.77	31.5
水　运	158.90	21.9

全市年末民用车辆拥有量48.92万辆，比上年末增长24.2%，其中汽车拥有量34.61万辆，比上年末增长26.7%。私人汽车拥有量27.49万辆，增长32.5%。

全市邮政业务总量2.65亿元，比上年增长2.0%；电信业务总量99.67亿元，比上年增长5.5%。年末固定电话用户达97.48万户，比上年下降6.0%；移动电话用户367.75万户，比上年增长18.7%；互联网宽带接入用户39.18万户，比上年增长43.7%。

图8　2005-2009年电话用户数（万户）

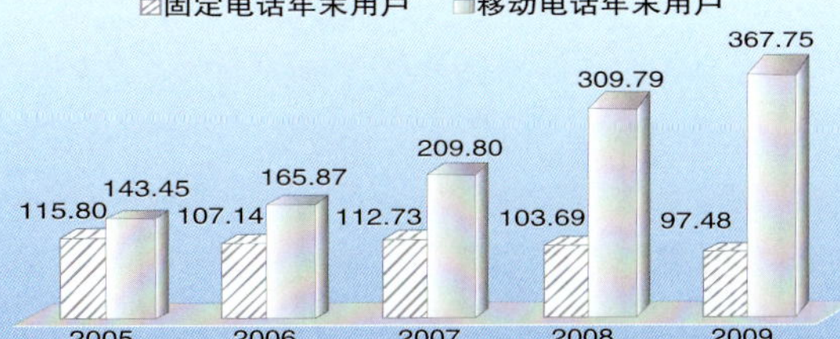

全年接待国内游客人数3279.36万人次，比上年增长25.5%，国内旅游收入292.09亿元，比上年增长60.2%。接待海外旅游人数9.11万人次，比上年下降32.9%，其中外国人旅游3.83万人次，占42.0%；港澳同胞旅游2.78万人次，占30.5%；台湾同胞旅游2.51万人次，占27.5%。旅游外汇收入4042.28万美元，比上年下降35.5%。旅游总收入294.85亿元，比上年增长57.4%。

八、财政、金融、证券和保险

全年完成财政总收入252.05亿元，比上年增长12.4%；地方一般预算收入105.36亿元，比上年增长18.3%；一般预算支出169.84亿元，比上年增长19.4%。

表11：2009年财政收支完成情况

单位：亿元

指　标	绝对数	比上年增长(%)
财政总收入	252.05	12.4
地方一般预算收入	105.36	18.3
税收收入	90.72	19.2
增值税	9.03	-3.0
营业税	34.71	27.3
企业所得税	14.35	29.1
个人所得税	6.41	10.0
非税收入	14.65	13.3
教育费附加	3.70	7.9
一般预算支出	169.84	19.4
一般公共服务	27.23	13.0
教　　育	27.67	6.5
科学技术	2.89	6.4
社会保障和就业	16.08	5.7
医疗卫生	10.01	27.0
环境保护	2.66	-21.5
城乡社区事务	12.43	-21.3
农林水事务	13.23	30.8

全市年末金融机构人民币各项存款余额2454.43亿元，比年初增长23.3%。其中企业存款余额803.59亿元，比年初增长26.2%；居民储蓄存款余额921.94亿元，比年初增长20.2%。金融机构各项贷款余额2070.34亿元，比年初增长27.6%。其中短期贷款余额415.35亿元，比年初增长17.7%；中长期贷款余额1570.78亿元，比年初增长30.6%。

全年保险保费收入40.27亿元，比上年增长19.5%。保险赔付支出12.23亿元，比上年下降1.2%。

表12：2009年保险业发展情况

单位：亿元

指　标	绝对数	比上年增长(%)
保费收入	40.27	19.5
财产险	13.77	24.5
机动车辆保险	10.69	29.3
人身险	26.50	17.0
人寿保险	24.70	17.1
健康保险	1.35	14.4
意外伤害保险	0.45	18.4
赔付支出	12.23	-1.2
财产险	8.95	-7.4
机动车辆保险	5.10	-5.9
人身险	3.28	21.0
人寿保险	2.70	20.5
健康保险	0.45	36.4
意外伤害保险	0.13	持平

全市年末共有上市公司12家，其中上交所4家，深交所8家。上市公司总市值610.08亿元，比上年增长1.7倍。证券公司1家，证券营业部15家，资金帐户数31.60万户，比上年下降8.9%。成交金额达到2684.80亿元，比上年增长52.9%。

九、科学技术和教育

全年投入应用技术研究与开发资金1.05亿元，实施重大科技专项项目8项、重点科技项目136项。全市国家级示范生产力促进中心2家。全市53家企业被重新认定为国家高新技术企业，占全省比重达60%以上。针对“两湖一库”科技攻关项目，安排专项应用技术研究与开发资金500万元，启动实施了《“两湖一库”入湖河道、湖湾生态环境改善技术集成与治理工程示范》等5个科技攻关项目。

全年专利申请受理量为2465件，比上年增长28.9%，占全省的比重为66.5%，比上年提高1.5个百分点；专利授权量1336件，比上年增长27.0%，占全省授权量的64.1%，比上年提高3.2个百分点，其中发明专利234件，实用新型专利789件，外观设计专利313件。

全年研究生教育招生3493人，在校生9171人，毕业生2434人；普通高等教育招生5.70万人，在校生18.13万人，毕业生4.59万人；中等职业教育招生5.67万人，在校生14.68万人，毕业生3.41万人；普通高中招生

2.37万人，在校生6.48万人，毕业生1.90万人；普通初中招生6.22万人，在校生17.94万人，毕业生4.87万人；普通小学招生5.23万人，在校生35.77万人，毕业生6.42万人；特殊教育招生201人，在校生1640人，毕业生191人；幼儿园在园幼儿7.88万人。

图9　2005-2009年各类教育招生人数（万人）

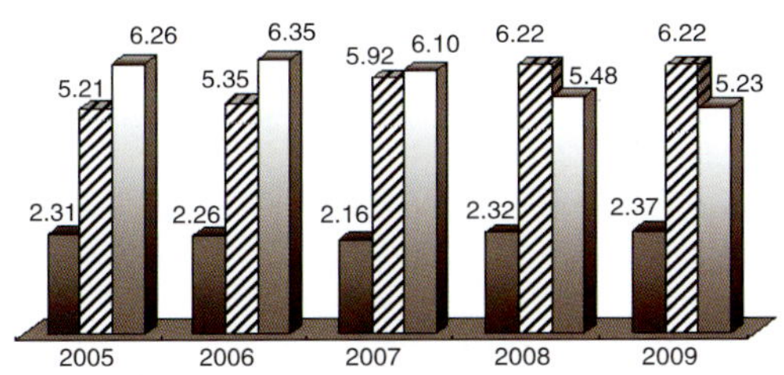

十、文化、卫生和体育

全市共有艺术表演团体11个、群众艺术馆2个、文化馆10个、公共图书馆9个，图书馆藏书量246.54万册。全市有广播电台2座，电视台2座，广播电视台4座，广播人口覆盖率100%，电视人口覆盖率99.23%。全年出版图书1033种，其中新出版512种；印刷出版杂志77种，总印数达到1273万册；印刷出版报纸29种，总印数达到28310万份。

全市年末拥有卫生机构（含诊所、卫生所和医务室）1528个，拥有卫生技术人员23046人，拥有卫生机构床位19736张，平均每千人拥有卫生技术人员和医疗床位5.81人和4.97张。

表13：2009年卫生事业发展情况

指　标	单 位	绝对数
卫生机构	个	1528
医院、卫生院	个	219
卫生防疫、防治机构	个	14
妇幼保健院、所、站	个	10
床位数	张	19736
医院、卫生院床位数	张	18037
卫生技术人员	人	23046
执业医师	人	9223
执业助理医师	人	890
注册护士	人	10143

全年市级运动员在国内重大体育比赛中获得奖牌355.5枚，其中金牌129.5枚。

十一、城市建设、环境保护和生态建设

年末市区道路总长度达到823公里，道路面积1163万平方米，桥梁149座，其中立交桥17座。公交运营车辆2531辆，折合标准运营车辆2396标台，运营线路总长度359公里，公交客运总量59082万人次。城市出租汽车3605辆。

全市自来水综合生产能力116.5万立方米/日，供水管道长度达到2812公里。全年供水总量21257.36万立方米，售水总量15576.86万立方米，其中生产运营用水2231.68万立方米，公共服务用水2211.52万立方米，居民家庭用水10155.45万立方米，其他用水978.21万立方米。

年末有煤气用户41.01万户，其中家庭用户40.80万户。全年煤气供气量22851万立方米，家庭消费量9141万立方米；液化气用户20.5万户，液化气供气量3.4万吨；天然气供气量844.26万立方米。

全市空气污染指数年平均值为65，年降水PH值为7.01，空气质量为优或良的天数占全年天数的94.79%，市区大气可吸入颗粒物年平均值为0.075毫克/立方米，达到国家环境空气质量二级标准；二氧化硫年平均值为0.058毫克/立方米，达到国家环境空气质量二级标准；二氧化氮年平均值为0.026毫克/立方米，保持在国家环境空气质量一级标准内；地面水环境质量保持良好状况，城市地表水水质达标率为95.83%，饮用水源水质达标率为100%。

年末建成区园林绿地面积5748公顷，建成区绿化覆盖面积5926公顷，建成区公共绿地面积1170公顷，建成区绿地率41.05%，建成区绿化覆盖率42.3%，人均公共绿地面积9.75平方米。

十二、人口、人民生活和劳动就业

全市年末总人口（常住半年及以上）为396.79万人，比上年增加2.93万人，增长0.74%。全年人口出生率11.06‰，人口死亡率6.17‰，人口自然增长率4.89‰；户籍人口为367.08万人。

全年城市居民人均可支配收入15041元，扣除价格因素，实际增长11.4%；农民人均纯收入5316元，扣除价格因素，实际增长10.3%。

全年施工住宅面积2356.36万平方米，比上年增长17.9%，其中经济适用房施工面积

2009年贵阳市固体废物污染环境信息公告

根据《中华人民共和国固体废物污染环境防治法》和《大中城市固体废物污染环境防治信息发布导则》的有关规定，现将2009年贵阳市固体废物污染环境防治信息公告如下：

一、综述

2009年，贵阳市认真贯彻实施《中华人民共和国固体废物污染环境防治法》，坚持以科学发展观为统领，大力建设生态文明城市。加快发展循环经济，推行清洁生产，加强固体废物污染防治，提高综合利用和无害化处置水平。推进危险废物处置基础设施建设，严格执行相关法律法规和各项管理制度，全市固体废物环境监督管理水平不断得到提高，环境管理力度得到不断加强。

二、固体废物污染防治状况

（一）工业固体废物

2009年，全市工业固体废物产生量为872.64万吨，综合利用量（包括利用往年固体废物量）为411.21万吨，处置量（包括处置往年固体废物量）为443.11万吨，贮存量为43.27万吨，排放量为0.01万吨，处置利用率为95.18%，较上年增加1.39个百分点。具体工业固体废物产生及利用情况见表一。

全市工业固体废物产生量居前五位的是冶炼尾矿、粉煤灰、冶炼废渣、脱硫石膏、炉渣，其中，产生量分别为：128.6万吨、122.02万吨、84.98万吨、42.97万吨、40.69万吨。主要工业固体废物种类情况见表二。

全市工业固体废物产生量前5位企业，共

397.17万平方米。全年竣工住宅面积641.83万平方米，比上年增长1.4倍，其中经济适用房竣工面积156.38万平方米，比上年增长2.2倍。廉租房建设项目竣工12.3万平方米，全市人均住房建筑面积不足15平方米的城市低收入家庭全部纳入廉租住房保障范围，廉租住房保障家庭共17176户，是上年的2.3倍。

全市年末在岗职工66.25万人，在岗职工年平均工资28026元，比上年增长6.2%，扣除价格因素，实际增长8.7%。全年城乡统筹就业人数达81601人，比上年增长4.2%。下岗失业人员实现再就业12490人，其中就业困难对象（4050人员）实现再就业13292人，比上年增长67.4%。新增就业岗位54975人，比上年增长4.2%。年末城镇登记失业率为3.3%，比上年下降0.28个百分点。

十三、社会保障和福利事业

全市年末参加基本养老保险人数61.12万人，比上年增长21.1%；失业保险参保人数38.22万人，与上年基本持平；基本医疗保险参保人数97.52万人，比上年增长13.2%；参加生育保险人数75.97万人，比上年增长10.4%；农村合作医疗参合人数达到166.21万人，参合率达到96.0%。

全市城乡各级收养性社会福利单位共91个，有床位2891张，年末收养人员1815人；城镇综合性社区服务中心34个，城镇各种社区服务设施1412个；城乡居民享受最低生活保障的人数达15.25万人，其中城镇最低生活保障人数为8.38万人，农村最低生活保障人数为6.87万人；国家抚恤、补助优抚对象总人数达到13435人；全年民政部门接受社会捐赠款1077万元，接受捐赠衣被1千件，受益人数达6.78万人次。

注释：

1.公报中所列数据为初步统计数。

2.生产总值和各产业增加值绝对数均为当年价格，增长速度按可比价格计算。

3.公报中人口数为常住半年及以上口径，人均指标均按常住半年人口计算。

4.城市建设方面数据为城管局系统口径。

计产生工业固体废物654.34万吨，占全市当年工业固体废物产生总量的74.98%。主要工业固废产生企业情况见表三。

表一：工业固体废物产生及利用情况

工业固体废物	单位	数量
产生量	万吨	872.6
综合利用量	万吨	411.21
处置量	万吨	443.11
贮存量	万吨	43.27
排放量	万吨	0.01

表二：主要工业固体废物种类

指标	其它废物	粉煤灰	尾矿	冶炼废渣	炉渣
产生量（万吨）	415.82	122.02	128.06	84.98	40.69
占总量比例（%）	47.65	13.98	14.68	9.74	4.66
综合利用量（万吨）	108.49	91.8	44.07	72.41	34.98
综合利用率	26.09	75.23	34.41	85.21	85.97

表三：主要工业固废产生企业（前5位）

（单位：吨）

企业名称	工业固体废物产生量	其中危险废物产生量	其中冶炼废渣产生量	其中粉煤灰产生量	其中炉渣产生量	其中尾矿产生量	其中脱硫石膏	其他废物产生量
贵阳中化开磷化肥有限公司	3360866			5966	4017			3350883
中国铝业股份有限公司贵州分公司	1270826		14165			1248048		8613
贵州华电塘寨发电有限公司	716555			465198	37798		213559	
中国国电集团贵阳发电厂	637228.3			414824.67	46091.63		176312	
贵州西洋肥业有限公司	557910				9823			548087
合计	6543385.3		14165	885988.67	97729.63	1248048	389871	3907583

（二）工业危险废物

2009年，全市共产生工业危险废物10354吨，工业危险废物处置量为254吨，综合利用量为10100吨。工业危险废物处置利用率100%。工业危险废物产生及处置情况见表四。

加强危险废物转移、处置监督管理，2009年，共计办理转移审批15家单位80.719166吨危险废物跨市转移处置。

表四：工业危险废物产生及处置情况

工业危险废物	单位	数量
产生量	吨	10354
处置量	吨	254
综合利用量	吨	10100
贮存量	吨	0
排放量	吨	0

（三）医疗废物

2009年，医疗废物产生量为5619.32吨，处置量为5619.32吨。医疗废物处置率100%。医疗废物产生及处置情况见表五

表五：医疗废物处置情况

产生量（吨）	处置量（吨）	处置率（%）	主要处置方式
5619.32	5619.32	100	焚烧、填埋

（四）城市生活垃圾

全市现有贵阳生活垃圾填埋场于2001年投入使用，处理能力为1530吨/日。2009年，市区生活垃圾产生总量为71.02万吨，无害化处理总量为66.25万吨，无害化处理率为93.3%，较上年增加0.04 个百分点。城市生活垃圾处置情况见表六。

表六：城市生活垃圾处置情况

产生总量（万吨）	处置总量（万吨）	处置率（%）	主要处置方式
71.02	66.25	93.3	卫生填埋

2009年全市生活污水处理厂、处理设施污泥产生量为57977吨，处理量为57977吨，处理率100%。污水处理厂、污水处理设施污泥处置情况见表七。

表七：污水处理厂、污水处理设施污泥处置情况

单位名称	污泥产生量（吨）	污泥处置量（吨）	污泥利用量（吨）	污泥排放量（吨）
朱昌污水处理厂	57	57		
南方汇通股份有限公司	64	64		
贵阳市白云区污水处理厂	1575	1575	0	0
中国铝业股份有限公司贵州分公司				
贵州水晶有机化工（集团）有限公司.	28	28		
贵州西电龙腾铁合金有限公司清镇公司				
清镇市北控水务有限公司	3339	3339		
小河污水处理厂	6671	6671		
绿地环境科技有限公司	31	31		
贵阳二桥污水处理厂	33161	33161		
小河污水处理厂二期	2119	2119		
花溪区污水处理厂	4545	4545	0	0
鱼梁河截污沟污水处理应急工程	6255	6255		
开阳天润污水处理有限公司污水处理厂	132	132		
合计（吨）	57977	57977	0	0

贵阳市环境状况公报（2009年）

根据《中华人民共和国环境保护法》和《贵州省环境保护条例》的规定，现发布2009年《贵阳市环境状况公报》。

贵阳市环境保护局
二〇一〇年五月

综述

2009年，面对国际金融危机的严重冲击，贵阳市深入贯彻落实科学发展观，以加快生态文明城市建设为总抓手，按照“应挑战、保增长、重民生、推改革、促开放、善领导”的要求，解放思想、埋头实干，坚定不移地贯彻党中央、国务院的环境保护决策部署，加快产业结构的调整、优化、升级和城市基础设施建设的步伐，全面开展污染防治和生态保护与建设工作，完成了“十一五”主要污染物排放总量减排阶段性目标，城市环境综合整治定量考核排列全省前列。

2009年，全市空气质量优良率为94.79%，达到国家环境空气质量二级标准；饮用水源地水质得到有效保护，主要饮用水源水质达标率为100%，地表水水质达标率为95.83%；区域环境噪声和道路交通噪声平均值分别为55.7分贝、67.9分贝，达到国家考核标准。城市大气环境质量、水环境质量、声环境质量进一步改善。

大气环境

大气环境质量状况

2009年贵阳市二氧化硫年均值为0.058毫克/立方米，达到国家环境空气质量二级标准；二氧化氮年均值为0.026毫克/立方米，继续保持在国家环境空气质量一级标准以内；可吸入颗粒物年均值为0.074毫克/立方米，达到国家环境空气质量二级标准；大气环境质量整体达到国家环境空气质量二级标准，2009年与2008年贵阳市空气质量比较见下图。

2009年全市环境空气质量优良天数达346天，优良率为94.79%，其中，空气质量一级（优）的天数为97天，比上年增加21天，二级（良）的天数为249天，比上年减少22天，三级（轻微污染）的天数为19天，与上年持平。空气质量API指数平均值为65，与上年相比有所下降。

2009年全市中心城区降尘年平均值为4.75吨/km²月，降水pH年平均值为7.01，酸雨

2008年－2009年贵阳市环境空气质量对比图

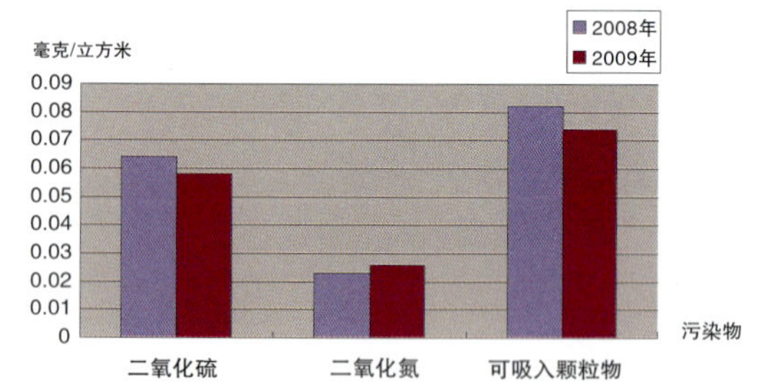

（五）危险废物处置设施

目前，全市投入使用的危险废物处置设施有贵阳特种垃圾处理场，该处理场于1992年底建成运行。在建的危险废物处置设施有贵州省危险废物暨贵阳市医疗废物处理处置中心。危险废物处置设施情况见表八。

表八：危险废物处置设施情况

危险废物处置单位	设施地址	设施名称	实际处理数量
贵阳特种垃圾处理场	小河区	焚烧设施	5619.32吨

信息发布城市：贵阳市
信息发布机构：贵阳市环境保护局

未检出。

废气中主要污染物排放情况

2009年贵阳市主要污染物二氧化硫排放量为17.95万吨，其中工业二氧化硫排放量为8.45万吨，占排放总量的47.08%，生活二氧化硫排放量为9.5万吨，占排放总量的52.92%；烟尘排放量为3.02万吨，其中工业烟尘排放量为1.38万吨，占排放总量的45.7%，生活烟尘排放量为1.64万吨，占排放总量的54.3%；工业粉尘排放量为1.47万吨。

措施与行动

■ 大气污染综合治理

2009年，全市大力推进电力、冶金、有色、化工、建材等行业大气污染治理；进一步巩固清洁能源建设工程成果，坚决取缔违法锅炉；积极开展工业污染源稳定达标排放工作，对污染严重和超标排放单位进行限期整改和限期治理；淘汰、关停污染严重的落后生产工艺和企业；对全市重点污染源企业安装了在线监测装置。对贵州轮胎股份有限公司、华润雪花啤酒（贵州）有限公司、贵阳中化开磷化肥有限公司、贵阳卷烟厂、清镇市银峰磨料有限公司、国华磨料有限公司等单位的污染物排放进行了限期治理；淘汰、关闭了开阳县磷城磷化工公司的3500千伏安黄磷生产线及全县范围内的转锅制黄磷装置以及修文县新宇冶炼有限公司等污染严重、群众反映强烈的落后生产工艺和污染企业。

■ 对贵阳市机动车尾气检测实施规范化、系统化管理

2009年，贵阳市建成投运了6家机动车环保检测站，同时，在全省率先建成了贵阳市机动车尾气环保检测在线监控系统，并与6家机动车尾气环保检测站联网，对各个检测站尾气检测进行实时检测数据采集并对检测过程进行监控。通过加强对机动车尾气环保检测工作的管理，2009年全市机动车尾气环保检测率达到96.31%。

■ 开展机动车尾气治理

完成1000余辆公交车和出租车“油改气”改装工作，目前已有680辆车改装完毕投入运行；通过限型、区域禁行等管理措施，有效减少了机动车尾气排放量。

■ 促进企业实施清洁生产

完成了贵州轮胎股份有限公司、贵州美丰化工有限责任公司等5家企业强制性清洁生产审核工作。企业通过实施无/低费方案、中高费方案，达到了“节能、降耗、减污、增效”的目的。

■ 积极推进餐饮油烟和扬尘整治

建成城区黔灵西路、博爱路等餐饮油烟整治示范街，累计对2000余家餐饮油烟进行了整治。2009年《贵阳市扬尘污染防治管理办法》的公布实施，为扬尘污染管理工作提供了有力的法制依据。

水环境

水环境质量状况

饮用水源地

贵阳市中心城区集中式饮用水源地主要有：阿哈水库（向南郊水厂供水）、南明河麦达河段（向中曹水厂供水）、南门河汪家大井段（向东郊水厂供水）、红枫湖（向西郊水厂供水）、沙老河水库（向北郊水厂供水）。饮用水源地水质达标率为100%，水质总体良好。

主要河流

2009年贵阳市地表水水质达标率为95.83%，城市主要河流受到不同程度污染，污染特征主要以氮、磷为主的营养盐和生化需氧量为主的有机污染。

六广河：六广河水质达到国家《地表水环境质量标准》的Ⅱ类标准。

南明河：南明河花溪断面和普渡桥断面水质达到国家规定的水功能区要求；水口寺断面因新庄污水处理厂未正式投入运行，未达到国家规定的水功能区要求，生化需氧量、氨氮超标率为16.67%。

主要湖泊与水库

红枫湖：红枫湖主要以总磷污染为主，水体受到轻度污染，但与去年相比，有机污染总体有所减缓。西郊水厂水源地取水口水质达到国家饮用水源地水质考核要求。

百花湖：百花湖主要以总磷污染为主，水体受到轻度污染，但与去年相比，有机污染总体有所减轻。

阿哈水库：阿哈水库水质达到国家《地表水环境质量标准》Ⅲ类标准，符合国家饮用水源地水质考核要求。

乌江水库：乌江水库除总磷、粪大肠菌群外，水质可达到国家《地表水环境质量标准》Ⅱ类标准。

废水中主要污染物排放情况

2009年贵阳市废水排放总量为15546.6万吨，其中工业废水排放量为2356.4万吨，占排放总量的15.16%，城镇生活废水排放量为13190.2万吨，占排放总量的84.84%；废水中主要污染物化学需氧量排放总量为5.02万吨，其中工业化学需氧量排放量为0.18万吨，占排放总量的3.59%，城镇生活化学需氧量排放量为4.84万吨，占排放总量的96.41%；氨氮排放总量为0.41万吨，其中工业氨氮排放量为0.01万吨，占排放总量的2.43%，城镇生活氨氮排放量为0.4万吨，占排放总量的97.57%。

措施与行动

■ 水污染综合治理

2009年，全市进一步加大煤炭、化工、冶金、食品等行业水污染治理力度，加强工业污染源废水排放的监督管理，落实水污染防治环境保护目标责任制，严格实施主要污染物排放总量控制，加大排污许可证管理和污染源治理力度，开展环保专项行动，严厉打击环境违法行为，对全市重点水污染企业和城镇生活污水处理厂安装了污染物排放在线监测装置。同时加大对污水处理厂的监管力度，确保设施正常运行，污水达标排放。对污染严重和超标排放的贵州省第二人民医院等7家医院进行了限期治理。

■ 加大执法力度，确保饮用水水质安全

建立健全了饮用水源保护区污染情况档案，建立和完善了饮用水源保护区定期检查和不定期巡查制度，采取明查和暗访相结合的方式，加大执法力度，严查重处环境违法行为，确保污染防治设施正常运行，污染物稳定达标排放；督促饮用水源地周边的污染源单位健全相应的环境污染事故应急预案，逐步建立饮用水源地突发环境事件监控预警体系，做到预防为主，防范在先；2009年我市环境监察部门认真贯彻落实贵州省环保厅《长江（乌江部分）环保执法行为工作方案》，对我市涉及乌江干流的息烽县、修文县、开阳县进行了排查，对涉及乌江干流的环境污染投诉进行清理和“回头看”，对北郊水库等9个饮用水源地开展环境综合整治，及时解决水环境污染问题。

■ 实施五大工程，强力推进“两湖一库”（红枫湖、百花湖、阿哈水库）污染治理

实施工业污染治理工程

制定了《贵阳市两湖一库周边重点工业污染源超低排放工作实施方案》，贵州美丰化工有限责任公司超低排放项目已完成，正在申请验收，贵州水晶有机化工集团公司已完成7个工业废水零排放项目，贵州华电清镇发电有限公司异地建设项目塘寨发电厂正在加快建设，贵州华能焦化制气有限公司废水深度处理回用项目已进入试运行阶段。

实施生活污染治理工程

清镇市生活垃圾卫生填埋工程已全面动工建设，站街镇、红枫湖镇后午、百花湖乡、城中云岭小区、修理厂、百花新城6座垃圾中转站主体施工已完成；龙井村异地搬迁试点工程正在实施；省工行培训中心、灵达度假村、省体育局水上训练基地、华诚兴隆国际会议中心、贵州省电力职业技术学院、星苑度假村、红枫发电厂物业公司等7家沿湖单位稳定实现零排放；总投资4700万元的东门河治理一期工程已完工。

云岩区投资约2亿元，正在实施金钟河河道治理以及三马片区、蔡家关片区的污水越域治理工程，以解决上述区域工业、生活污水污染阿哈水库问题。

小河区启动了阿哈水库饮用水源保护区金竹片区的污水综合治理工程。

实施农业面源污染治理工程

在红枫湖镇扁山村后午组、中山村新院组、羊昌村土门组、陈亮村陈亮组实施清洁工程示范点4个，在各示范点建污水处理池，对人畜粪便和生活污水进行无害化处理；实施测土配方施肥，禁止在“两湖”最高水位线下种植农作物和开展畜禽养殖，减少规模畜禽养殖对红枫湖水质污染；同时，加大农药市场的查处力度，采取科学防治方法，减少农药使用。

实施生物净化工程

在红枫湖实施生物浮床水质净化工程项目，项目一期工程实施面积20亩，实施水域水质达到了国家饮用水质的标准，项目二期工程正在实施中。在红枫湖、百花湖投放2-3寸鲢鳙鱼种3100万尾，实施水体生态修复工程。

实施生态修复工程

在“两湖”区退耕还林6000亩、植被恢复人工造林2500亩、石漠化综合治理人工造林5858亩、封山育林4074亩，同时在“两湖”采石迹地实施石漠化生态修复、底边生态修复等生态修复工程；投资45万元建成红枫湖水土保持监测站点，提高水土保持监督和管理水平，为水土保持规划治理、效果评价、管理决策和宣传提供技术服务。

■ 加强南明河沿岸的污染防治

环境监察部门上下联动，继续加大对南明河沿岸污染源的执法监管力度，督促检查各污染源单位完善污染防治设施的运行记录及各项管理制度，确保废水达标排放。

花溪区制定了《花溪饮用水水源地花溪水库坝脚至黄金大道段环境综合整治方案》，通过对花溪河沿岸烧烤点及游船经营等违法排污现象进行专项整治，使花溪河水质得到了有效保护。

南明区沿鱼梁河岸建截污沟和截污隧洞，拟将该片区生活污水及工业废水集中收集后，通过截污沟及隧洞统一排入南明河下游截污沟，最后进入新庄污水处理厂进行处理。

乌当区从治理南明河流域内的污染源入手，关停了新堡4家纸厂（云和纸业有限公司、新峰造纸厂、荣昌造纸厂、金桥造纸厂），对境内保留的4家造纸厂（下坝乡）重点监察，确保纸厂废水循环使用不外排，对9家制药厂、嘉旺屠宰场等污水排放重点企业定期检查和监测，确保污水处理设施正常运行，污染物稳定达标排放。

■ 加快城市生活污水处理设施建设

2009年全市建成投运了小河污水处理厂（二期）、修文县污水处理厂、息烽县污水处理厂和开阳县污水处理厂，同时新庄污水处理厂（25万吨/日）已于2009年12月30日进水调试运行。目前，我市污水处理能力已提升至63.1万吨/日，实现了“县县都有污水处理厂”。

■ 积极推进跨区域污染治理

全市先后安排专项资金1000万元支持安顺市建成平坝县城污水处理工程；安排资金170万元，帮助地处安顺市的贵州天峰化工公司完成磷石膏渣场渗出液治理工程，红枫湖总磷含量明显下降。

声环境

声环境质量状况

2009年贵阳市中心城区区域环境噪声为55.7分贝，道路交通噪声为67.9分贝，声环境质量与2008年相比无明显变化。

措施与行动

■ 区域噪声污染综合治理

加强噪声污染日常监督管理，切实加强对工业企业、建筑施工、文化娱乐、五金加工等各类噪声源的监管和整治，从源头上控制噪声污染。中、高考期间，环境执法人员在各考场定点值守，对考场周围100米范围内的敏感噪声污染源进行巡查，实行强制性监控，严查噪声超标违法行为，消除噪声污染隐患，确保考试期间良好的环境质量和环境安全。

■ 交通噪声治理

强力推进道路交通基础设施建设，相继建成贵阳环城高速公路和甲秀南路、北京西路、黔灵山路、机场路等一批城区干道，实现车辆有序分流。同时，通过中心城区主干道“白改黑”等措施，有效减少了交通噪声污染。

固体废物

工业固体废物

2009年，全市工业固体废物产生量为872.64万吨，综合利用量为436.28万吨，处置量为443.11万吨，贮存量为43.14万吨，排放量为0.01万吨，处置利用率为97.97%。

生活垃圾处理情况

2009年，市区生活垃圾产生总量为71.02万吨，无害化处理总量为66.25万吨，无害化处理率为93.3%。

措施与行动

■ 加强对固体废物的监督管理

进一步加强工业固体废物污染防治，加快发展循环经济步伐，提高综合利用处置水平；强化对固体废物的监督管理，对重点产废单位加强监督检查，完善落实监管办法和责任。

根据《中华人民共和国固体废物污染环境防治法》和《大中城市固体废物污染环境防治信息发布导则》，在《贵阳日报》和贵阳环境保护网等公共媒体发布了《2009年贵阳市固体废物污染环境信息公告》，提高社会公众对固体废物污染防治工作的认识，扩大公众参与的途径，增强公众参与的能力。

■ 固体废物综合利用

继续抓好循环经济试点工作，提高固体废物的综合利用率；实施再生资源分拣中心建设、社区绿色回收站（亭）建设、电子废弃物回收利用、城市生活垃圾资源化利用等项目，规范和完善基础回收环节工作，搭建集中分拣和交易平台，建立规模化、集约化的再生资源加工利用产业。开展废旧电池回收工作，在城区专门设置废旧电池回收箱600个，收集后统一运往高雁城市生活垃圾卫生填埋场存放，待贵州省危险废物处置中心建成投运后，再运往该中心集中处理。

辐射环境管理

2009年，贵阳市环保局加大了辐射执法能力建设，配备了辐射执法专用设备，对监管人员进行了辐射安全管理专业知识上岗培训和辐射从业人员上岗证培训，规范辐射安全日常监管程序，建立辐射设备运行台帐制度、出入库登记台帐制度、移动源备案及报告制度、辐射监测制度、辐射年度评估制度等，同时完善辐射设备验收手续，强化现场监督，确保运行安全，促进了全市辐射安全监管能力的提升。

2009年，全市共计办理辐射项目528个。其中省级审批移动基站350个、电力项目69个、办理辐射安全许可证79家、强制收储闲置（废弃）放射源21枚、化学试剂250克，市级审批9家。

生态环境保护与建设

自然生态环境

2009年，贵阳市森林覆盖率达到41.78%，建成区绿地面积达5747.6公顷，绿化覆盖率42.3%，绿地率41.05%，人均公共绿地9.75平方米。

自然保护区　花溪区青岩油杉自然保护区，面积3733公顷。

风景名胜区　贵阳市现有风景名胜区10个，其中国家级1个，省级 8 个，市级1个：

红枫湖风景名胜区（国家级）、百花湖风景名胜区（省级）、花溪风景名胜区（省级）、开阳风景名胜区（省级）、息烽风景名胜区（省级）、修文阳明风景名胜区（省级）、清镇暗流风景名胜区（省级）、香纸沟风景名胜区（省级）、贵阳相思河风景名胜区（省级）、鱼洞峡风景名胜区（市级）。

森林公园　贵阳市现有森林公园5个：其中国家级1个，省级 4 个：长坡岭森林公园（国家级）、息烽温泉森林公园（省级）、景阳森林公园（省级）、贵阳鹿冲关森林体育公园（省级）、贵阳云关山森林公园（省级）。

生态恢复与建设

2009年，全市紧紧围绕建设生态文明城市的奋斗目标，加强生态环境保护与建设。全市以森林覆盖率增加一个百分点为目标，完成营造林14.254万亩，其中：天保工程封山育林2.5 万亩、退耕还林补植补造8.63 万亩、石漠化综合治理营造林3.124万亩。

为进一步强化我市建成区绿地建设，我市加大开展山体公园、中心城区增绿工程和道路绿化建设工程。2009年建成1号山、仙鹤山、末汾冲山等山体公园，通过实施道路改造、边坡治理、生态恢复、立体绿化、公园广场建设及配套绿地建设等措施共新增建成区绿地25.8万平方米，绿化覆盖率达42.3%，较上年提高0.2个百分点。

水土流失综合治理

完成“两湖一库”40平方公里水土流失治理工程；投入30余万元在“两湖一库”饮用水源保护区内村寨开展水体保持管护体系试点建设，聘请了75名管护员，有效防止水土流失，切实保护“两湖一库”生态环境。

生态环境监督管理

2009年，全市加大了对自然保护区、风景名胜区、森林公园生态环境保护监管力度，进一步加强了对全市自然保护区、风景名胜区、森林公园的环境执法检查，对破坏生态环境违法行为及时制止和纠正，切实保护了我市的生态环境和自然资源。

农村环境保护

2009年，全市以生态文明新农村建设为载体，加大农村环境保护工作力度，积极推进环境优美乡镇和生态示范区、乡（镇）试点创建工作。2009年7月，花溪区国家级生态示范区建设试点通过省环保厅验收，正按程序向国家环保部申报；小河区启动了申请创建国家生态工业示范园区工作，委托中国环境科学院编制完成了《贵阳经济技术开发区创建国家级生态工业示范园区建设规划》；修文县的六屯乡、小箐乡、六广镇、扎佐镇，清镇市的百花湖乡，息烽县的温泉镇，乌当区的百宜乡等七个省级生态示范乡镇试点正在按总体规划进行建设；乌当区建成了以黄金梨、折耳根、金花石蒜为主的规模化集约化的生态农业基地。

加强农村清洁能源建设，防治农业和农村面源污染。2009年，全市投资899万元建成了20个农村清洁工程示范村工程；投资2370.905万元新建农村户用沼气池10472口；争取国家后续服务资金共计1471.4万元，用于乡村沼气后续服务维修工作；投资4323万元，建成养殖小区、大型养殖企业大中型沼气工程55个，截至2009年底，我市共建成沼气池22.4万余口，配套改圈、改厕、改灶，工程覆盖11个区、县（市），惠及农户22万余户，农村户用沼气使用率达到90.47%，实现了畜禽粪便的资源化利用和环境治理双重目标，极大地改善了农业生产环境和农村生产、生活条件。

生态文明建设稳步推进

2009年6月，国家环保部将全市列为全国生态文明建设第二批试点城市。全市成立了贵阳市生态文明建设试点工作领导小组，编制了《贵阳市生态功能区划》，出台了《贵阳市促进生态文明建设条例》、《贵阳市生态公益林补偿办法》、《贵阳市关于建立生态补偿机制的意见（试行）》等地方性法规。目前，全市正以创建国家环境保护模范城市为抓手，纵深推进生态文明城市建设。

召开生态文明贵阳会议

2009年8月22-23日，由全国政协人口资源环境委员会、北京大学和贵阳市委、市政府共同主办的2009生态文明贵阳会议，在贵阳花溪迎宾馆隆重举行。

在两天的会期中，国家环境保护部周生贤部长、英国前首相托尼. 布莱尔等嘉宾到会并分别作了主旨演讲、特邀演讲、午餐会演讲等，举办了生态城市论坛、科学家论坛、生态教育和传媒论坛、经济企业界论坛4个专题论坛，来自多学科、多界别的嘉宾围绕建设生态文明阐述了自己的观点，发表了深刻而又富有思想性和想象力的见解，提出了许多建设性的意见和建议，开展了形式多样的互动性讨论，并最终达成了对建设生态文明、发展绿色经济具有积极意义的《贵阳共识》。这次会议内容丰富，成果显著，必将对生态文明建设产生十分积极和深远的影响。

污染减排

2009年是全市“十一五”主要污染物减排的攻坚年，在市委、市政府的领导下，我市多部门齐抓共管，紧紧围绕《贵州省主要污染物总量减排攻坚战行动方案》要求，攻坚克难，采取强力措施，全力推进污染减排工作。

大力推进污染减排“三大体系”建设

通过改进、完善统计方法，加强基层环境统计业务培训，确保全市环境统计数据能够及时、准确、全面地反映主要污染物排放状况和变化趋势，完善了我市污染减排指标体系；完成了污染减排重点项目监督性监测，建立了准确的减排监测体系；制定了《贵阳市2009年污染减排目标考核方案》，进一步规范了减排考核体系。

加大督查力度,实施“三大措施”减排

2009年，全市通过积极实施产业结构减排、工程治理减排和监督管理减排三大措施，淘汰、关停了一批白酒、土法造纸、岩页砖生产等污染严重的落后生产工艺和企业；完成了贵州詹阳动力公司、南方汇通股份公司、中国航空工业标准件制造公司、贵阳第二玻璃厂的燃煤锅炉清洁能源替代工程、中国铝业贵州分公司的锅炉烟气脱硫制酸项目和贵州美丰化工有限责任公司生产废水处理、修文县大丫口煤矿废水治理、贵阳济仁堂药业有限公司废水治理及中国振华群英无线电器材厂、贵州天安药业股份有限公司、贵阳新天药业有限公司、南方汇通股份有限公司的中水回用项目；先后建成投运了小河污水处理厂（二期）、修文县污水处理厂、息烽县污水处理厂、开阳县污水处理厂和新庄污水处理厂，使全市污水处理能力提升到63.1万吨/日。2009年，我市主要污染物二氧化硫、化学需氧量排放总量分别为17.95和5.02万吨，完成了全市“十一五”污染减排阶段性任务。

污染源普查

2009年，按照国务院《关于开展第一次全国污染源普查的通知》要求，我市完成了污普数据二次终报、污普档案收集整理、污普成果开发等工作，接受了国家、省污普办对我市的污普数据和整体工作验收。我市有五家单位被国务院第一次全国污染源普查办评选为全国先进集体，24人被评选为全国先进个人，4家单位被省污普办评选为省级先进集体、28人被评选为省级先进个人；市污普工作办公室组织编写的《贵阳市第一次全国污染源普查技术报告》，代表贵州省参加全国评选，被国务院第一次全国污染源普查办公室评选为三等奖。

2009年全市加大污普成果开发力度，花溪区污普办利用污普成果完成了《花溪区饮用水源保护调研报告》、《花溪“十里河滩”环境保护调研报告》。全市收集普查档案盒762盒、18096件，影像资料光盘14盘、电子文件资料光盘17盘、数据光盘14盘。

法制建设

全面开展环境保护法制建设和依法行政工作，制定了环境保护行政处罚自由裁量实施标准，开展环保系统行政执法案卷评查工作。2009年全市严查环境违法行为，全年共依法做出163起行政处罚，处罚总金额96.3万元。2009年，全市制订并颁布实施了《贵阳市水污染防治规定》修订案、《贵阳市阿哈水库水资源环境保护条例》、《贵阳市禁止生产销售使用含磷洗涤用品规定》和《贵阳市扬尘污染防治管理办法》等地方性法规、规章。

环境准入

严格执行环境影响评价制度，大力促进宏观调控政策落实、产业结构调整优化、区域经济合理布局、经济增长方式转变和循环经济发展，从源头上防止环境污染和生态破坏。积极推进华电清镇塘寨电厂2×60万千瓦机组项目、首钢贵阳特殊钢新特材料循环经济工业基地、贵阳卷烟厂小河厂区等工业结构调整项目建设，帮助企业采取新工艺、新设备实现污染减排。积极支持国电贵阳发电厂织金项目建设，推动该厂在我市辖区外的异地搬迁改造。

在项目审批中，坚决实行四个“一律不批”：对于国家明令淘汰、禁止建设、不符合国家产业政策的项目，一律不批；对于环境污染严重，产品质量低劣，高能耗、高物耗、高水耗，污染物不能达标排放的项目，一律不批；对于环境质量不能满足环境功能区要求、没有总量指标的项目，一律不批；对于位于自然保护区核心区、缓冲区内的项目，一律不批。加强建设项目实施过程中的监督管理，强化建设项目施工期监督检查。组织对辖区内开发建设项目的清理检查，对各类环境违法行为严肃查处。

2009年，全市办理各类建设项目环评审批手续942个，拟投资151.868亿元。其中市级审批的建设项目187个，拟投资138.43亿元；区级审批的建设项目755个，拟投资13.438亿元。建设项目“三同时”执行合格率100%。2009年，根据相关法律法规否决建设项目51个。

对外合作与交流

国家环保部与意大利环境、领土与海洋部官员在北京就《贵阳经济技术开发区创建国家生态工业园区规划编制项目》纳入中意环保合作项目签订了合作协议。

贵阳市与上海同济大学共同开展了生活垃圾填埋场渗滤液深度处理研究，为全市垃圾填埋场渗滤液处理达标排放提供科学依据和借鉴。

环境监察

环境监察日常工作

2009年，全市环境监察部门紧紧围绕节能减排、环保专项行动等国家、省、市环保重点工作和群众投诉热点难点问题来开展环境监察工作，坚持日常巡查制度和双休日上班制度，强化日常环境现场监督管理工作，增加污染源现场监察频次，加强对重点污染源的污染治理设施运行、建设项目执行、限期治理完成、排污许可证执行等情况的现场检查，及时查处环境违法行为，督促污染源单位遵守环保法律法规，确保环境安全。

建立健全环境突发事件应急机制

坚持预防为主，防范在先，建立健全突发环境事件应急机制。对全市重点污染源单位的应急预案进行了修编，基本形成了全市环境突发事件应急处置工作体系。

进一步加强饮用水源地环境安全隐患排查，对集中式饮用水源地进行了现场检查，督促要求饮用水源地周边的污染源单位配备应急设施，健全相应的环境污染事故应急预案。

加大污水处理厂和垃圾填埋场现场监管力度

将污水处理厂和垃圾填埋场纳入国控重点污染源监管范围，完善落实了监管办法和责任，加大环境监管力度，确保污水处理厂、垃圾填埋场正常有效运行。目前全市污水处理厂（除新庄污水处理厂外）已全部安装了在线自动监控装置，基本做到了与环保部门联网，实现了24小时实时监控。

加强环境监察，促进减排工作

2009年全市环境监察队伍对列入国控重点污染源和治理工程项目的单位，严格按照国家污染减排现场监察要求，提高减排监察频次，采取明查和暗查相结合的方式对各污染源单位和减排治理工程进行督查。

汛期安全检查

加强汛期环境安全检查工作，建立健全了节假日和汛期环境安全检查和突发事件应急工作制度，加大对高危行业及污水处理设施环境安全隐患排查和现场监督检查力度，采取定期检查、抽查、巡查等多种形式，对全市的尾矿库、电厂灰渣坝等高危堆场进行了认真检查，及时要求和监督各污染源单位对污染隐患进行限期整改，严厉打击偷排、漏排等各种违法行为，将环境污染隐患消灭在萌芽状态，杜绝污染事故发生。2009年4月25至7月5日，全市共开展现场检查1806家次，查处环境安全隐患28项，整改到位28项，全市汛期未发生污染事故。

深入开展尾矿库专项整治行动

根据省环保厅《关于继续开展尾矿库环境隐患排查的通知》文件精神，为确保我市辖区内各尾矿库良性运行，我市环境监察部门对国电贵阳发电厂、中国铝业股份有限公司贵州分公司、贵阳中化开磷化肥有限公司等6个污染源单位的11座尾矿库的环境安全进行了全面、详细的检查，共出动人员80余人次，认真核查各尾矿库执行环保法律法规情况、污染防治措施落实情况、环评和“三同时”执行情况等，针对尾矿库存在的问题下达了限期整改，督促消除事故隐患，确保环境安全。

整治违法排污企业，保障群众健康环保专项行动

按照国务院八部委和省环保专项行动领导小组的统一部署，2009年我市继续组织开展整治违法排污企业保障群众健康环保专项行动，深入开展了“两高一资”行业企业、钢铁企业、涉砷行业企业以及水泥行业的集中检查和重点案件后督察工作，有力地提高了企业环保意识和有关部门的执法力度，取得了初步成效。专项行动中，全市共出动执法人员7196人次，现场检查污染源单位3694家次，对42件违法行为进行了查处、结案。

加强排污费征收管理工作

采取有效措施继续加强排污费征收管理工作，夯实排污费征收管理基础，狠抓污染源现场监控，规范排污费征收工作程序，进一步拓宽排污费征收面，在征收工作中做到依法、全面、足额征收排污费。2009年，全市对1520户污染源征收排污费4819.21万元。同时，严格按照《排污费征收使用管理条例》和《关于加强和规范贵阳市环境保护专项资金使用管理的通知》（筑环通字〔2004〕105号）要求，做好环保专项资金的使用和管理。2009年，我市安排市级环保专项资金的污染治理项目共23个，共安排环保专项资金912.1万元。

积极办理群众来信来访及人大、政协建议、提案

2009年全市环保部门着力改善信访工作环境，做到了信访接待、投诉受理不缺位、不空岗，认真办理，及时反馈，“件件有着落，事事有回音”，信访工作质量明显提升。

2009年共收到人民群众来信、市长专线电话、12369有效投诉电话1262件，办理回复率100%。

在办理人大建议、政协提案过程中,切实按照“抓办理、促工作、办实事、树形象”的总体要求来开展工作，做到答复明确、具体，力求解决实际问题。2009年共办理人大建议20件、政协提案42件。办结率及满意率均100%。

环境监测

环境质量监测

2009年对贵阳市环境空气质量、地表水及饮用水源地环境质量、声环境质量进行了监测，并实时报出环境空气自动监测数据8760个，环境空气质量自动监测周报52期、预报365期；降水监测数据503个，降尘监测数据52个；监测了重点流域、国控断面（普渡桥断面）、省控断面（乌江六广、清水河新庄、花溪水库、红枫湖、百花湖）、四个集中式饮用水源地（阿哈水库、南明河、南门河、红枫湖）、各区、县（市）主要城镇饮用水源地以及贵阳市地表水（包括市辖河流、重点湖库及支流、水功能区达标断面）的水质，共报出水质例行监测数据26544个；监测并报出区域环境噪声监测数据2640个，功能区噪声监测数据1152个，交通噪声监测数据1048个。

污染源监督性监测

2009年对国控、省控重点污染源和市控污染源、污染源执法检查、排污收费、建设项目执法检查等专项检查以及污染事故纠纷处理和信访等进行了监督性监测；完成了重点污染源123家（次）监测任务，同时，完成了全市污水处理厂每季度一次的监督性监测任务；对各区（县）所辖企、事业单位污染源废水、废气、噪声、油烟、烟（粉）尘监测1433家（次）；完成了46起建设项目执法检查、污染事故纠纷处理和信访等专项监测任务和39家建设项目“三同时”验收监测任务。

突发环境污染事件应急监测

2009年按照《贵阳市环境监测中心站突发性环境污染事故应急监测工作响应程序》，完成了云岩、小河、花溪等地的突发环境污染事件的应急监测工作。

其他监测

完成南明河“三年变清”水质监测任务，报送18期水质报告；完成黔灵湖、小关湖等“十件实事”监测，报送月报12期；完成“两湖一库”水质预警及“两湖一库”支流监测任务，报送监测简报41期；配合全国性的无车日活动，开展了环境空气质量和交通噪声监测，并对监测结果进行了统计分析。

环境宣传与教育

污染减排宣传

举办“绿色出行、节能减排”宣传活动，鼓励市民“绿色出行”，减少机动车尾气排放量，促进城市空气质量改善；以“六·五”世界环境日为契机，举行“减少污染、行动起来”大型广场宣传活动，图文并茂全方位地介绍我市近年来环保工作成效，同时举办主题为“我为贵阳献良策、生态环保大家谈”的环保民情、民意调查活动，除了在市人民广场设置主会场开展启动仪式外，还在政府门户网站以及各区（市、县）设立的11个分会场向全市人民广泛征集环境热点问题，使社会各界参与到污染防治工作中来。

生态文明城市建设宣传

以新中国成立60周年为契机，以生态文明和污染减排为重点，组织林业局、城管局、两湖一库管理局三家单位，组稿制作了展示贵阳市生态文明建设情况的展板，于国庆期间进行了展出。

环境质量状况宣传

在北京路八角岩路口设立了“贵阳市环境质量公益电子显示屏”，通过在该电子显示屏上播放环境公益短片、贵阳市环境空气质量、显示屏所在地实时环境噪声指数等内容，公布贵阳市环境质量状况，向广大市民进行环保宣传。

领导干部环境保护教育宣传

在公务员任职培训班中开设了环境法概论的课程，全市100余名党政机关新任领导职务人员参加了学习培训，使各级领导环境保护意识得到了提高。

开展绿色创建系列活动

2009年全市以推进 “绿色文明”为契机，全面开展了“绿色社区”、“绿色学校”等一系列创建活动，进一步加大了环境宣传力度，各类创建活动成效显著。

截至2009年，全市创建国家级“绿色社区”2家，省级“绿色社区”14家，市级“绿色社区”89家；创建国家级“绿色学校” 3所，省级“绿色学校”25所，市级“绿色学校”101所。

创建国家环境保护模范城市专栏

2009年，贵阳市创建国家环境保护模范城市工作进入攻坚阶段，明确提出了举全市之力，攻坚克难，力争2010年实现 “创模”目标，并将“创模”目标列入了市委八届八次全会作出的“三创一办”的重要内容。市委、市政府多次召开市委常委会、市政府办公会和“创模”领导小组工作会议，对全市创模攻坚工作进行专题研究和部署。

制定创模攻坚工作方案

2009年，本市制定了《贵阳市创建国家环境保护模范城市攻坚工作方案》，明确了责任单位、责任人和责任时限，同时，市委、市政府召开责任书签订大会，具体落实各责任单位创模攻坚责任，要求全市上下要全力推进创模攻坚工作，确保攻坚任务如期完成。

“创模”规划通过专家评审

根据新的创模考核标准要求，全市及时调整修改了《贵阳市创建国家环境保护模范城市规划》，通过了创模专家的评审。本市根据专家提出的意见，对规划进行了修改完善，并由市政府正式发布实施。

强力推进创模宣传

2009年全市正式选出创模标识以及50条创模宣传口号，在贵阳电视台和贵阳广播电台各频道黄金栏目时段连续滚动播出创模宣传标语和口号，制作和滚动播出创模动画和公益广告，及时报道创模新闻；在市区人民广场等主要地段及市级行政中心户外电子显示屏滚动播出创模宣传视频；在公交车和公交站台张贴创模宣传标语，布设创模广告。

建设生态文明城市大事记

JIAN SHE SHENG TAI WEN MING CHENG SHI DA SHI JI

2009年

1月

6日

◎白云区、清镇市成为贵州省可持续发展实验区建设首批实验区。

8日

◎贵阳花溪果蔬产品技术服务平台动工建设。至此，全市获中央千亿资金支持的149个子项目全部开工。

9日

◎2008年度贵阳市农村危房改造完成暨农村危房改造集中建房点搬迁入住仪式在乌当区百宜乡举行。全年全市投入资金2.31亿元，完成10670户、96.03万平方米农村危房改造，解决4.48万农村人口的住房问题。

14日

◎市委副书记、市长袁周接受新华网贵州频道访谈，并就贵阳市经济社会发展以及民生等问题与网民在线交流。

◎在北京举行的中国传媒大会上，《贵阳日报》获“金长城传媒奖·2008中国地市报十强”殊荣。

15日

◎贵阳市召开推进城乡一体化领导小组全体（扩大）会议，讨论通过《贵阳市城乡一体化发展规划》。

19日

◎贵阳市举行2008年度廉租房入住仪式。612户困难户入住贵阳市蛮坡世纪园廉租住房小区。

20日

◎在全国精神文明建设工作表彰大会上，贵阳市获全国创建文明城市工作先进城市称号，乌当区新场乡王坝村、白云区沙文镇凉水村、息烽县小寨坝镇获全国文明村镇称号，小河区兴隆社区、公共交通总公司、市实验小学、市国家税务局、贵阳铝镁设计研究院、贵阳龙洞堡国际机场、贵州大学获全国文明单位称号，乌当区文明办主任徐云森获全国精神文明建设先进工作者称号，贵阳日报社（贵阳日报传媒集团）等12个单位和清镇市百花湖乡等9个村镇分别获“全国精神文明建设工作先进单位”和“全国创建文明村镇工作先进村镇”称号。

◎贵阳市岩溶地区石漠化综合治理试点工程在清镇市红枫湖镇启动。

22日

◎主题为“百元悠游贵阳、城乡和谐共进”的“2009中国·贵阳生态旅游年”活动启动。

2月

1日

◎国家旅游局公布147个国家4A级旅游景区，贵阳市天河潭景区、贵阳野生动物园、贵阳保利国际温泉、贵阳南江大峡谷景区入选。

◎到9月30日，红枫湖、百花湖、阿哈水库水域全面实行禁渔期管理。其间，该区域禁止一切捕捞作业。

16日

◎修文县扎佐医药产业园区被农业部授予“全国农产品加工业示范基地”称号。

21日

◎以高级水资源工程师张庆丰为团长的亚洲银行代表团就贵阳市水资源综合开发和水土保持项目进行贷款评估。

26日

◎在北京召开的第二届中国城市旅游竞争力年会上，贵阳市被授予2009年度中国旅游竞争力百强城市称号。

3月

2日

◎《贵阳市鼓励和扶持高校毕业生自主创业办法（试行）》实施。在工商登记注册、创业资金扶持、税收优惠、提供创业服务等方面鼓励和扶持高校毕业生自主创业。

3日

◎贵钢新特材料循环经济项目进厂主通道在修文县扎佐镇开工建设，贵钢100万吨特殊钢异地技改项目进入实质性工作阶段。

4日

◎清镇市朱家河污水处理厂一、二期工程以及百花、站街污水处理厂30年的特许经营权以总价4620万元和0.8元/立方米的污水处理费被中科成环保集团有限公司竞得。这是贵州省首次通过招投标进行市政公共事业特许经营权转让。

◎白云污水处理厂投入运行，日处理城市污水4万吨。

6日

◎贵阳市召开深入学习实践科学发展观活动动员大会。以“走科学发展路，建生态文明市”为总载体，以“三思考”、“三创新”、“三为民”为主题实践内容的全市第二批学习实践活动启动，活动截止到8月底。

7日

◎贵阳市首支生态文明建设民兵师成立，此举标志着贵阳市开始成建制组织民兵参加地方生态文明建设。民兵师辖7个团。

◎贵阳市政府与北京市旅游协会联合开展的“京津唐百万游客游贵阳”行动计划启动。

10日

◎“2009（北京）贵阳经贸交流洽谈暨旅游推介会”在北京举行。签订项目28个，涉及金额110.334亿元。

◎市委副书记、市长袁周做客中央人民广播电台访谈节目，推介爽爽的贵阳。

12日

◎中国西部旅游城市合作会议在西安举行。贵阳与西安、银川、宁夏等23个西部城市，共同发起组建中国西部旅游城市发展联盟，并签订《中国西部旅游城市合作协议书》，启动西部旅游合作机制。

13日

◎花溪区政府与德国下萨克森州奥尔登堡市签订友好合作关系协议书，双方将在太阳能技术生态示范小区建设、生态文明论坛创建等领域正式展开合作。

14日

◎以“百元悠游贵阳”为主题的“贵州人游贵阳”大型旅游活动在凯里启动。活动持续一年，并向旅游者发送200余万元的旅游优惠券。

◎贵阳市在全省“整脏治乱”考核中连续三年夺魁。

17日

◎“长三角百万游客游贵阳”计划在筑启动。市旅游局与上海春秋国旅签署合作协议，年内春秋国旅将组织7万人来筑旅游。

◎中德双方共同投入3314万元实施森林可持续经营项目。项目在开阳县和息烽县开展试点工作，2011年实施完毕。

20日

◎开阳“十里画廊”乡村旅游文化节开幕。文化节推出“十里画廊”——中国散文诗之乡开阳行、南江枇杷节、布依歌王歌后争霸赛等六大系列活动。

22日

◎贵州水晶集团电石渣综合利用工程开工建设，工程总投资2.3亿元，2010年建成投产。建成后每年可综合利用废渣近50万吨。

◎第十七个“世界水日”宣传活动举行，同日，由市两湖一库环境保护基金会和两湖一库管理局组织的“市民看水源——两湖一库调查活动”启动。

23日

◎贵阳市农村危房改造工程动员大会召

开。

24日

◎市十二届人大常委会十六次会议审议通过《贵阳市城市总体规划(2007-2020年)》。

◎麦架——沙文——扎佐高新技术产业经济带的规划建设方案通过终审。

26日

◎贵阳高新区大学生创业园挂牌。同日，高新区促进高校毕业生就业与创业系列活动启动。

27日

◎《贵阳市轨道交通建设规划》通过专家组评估。

◎“贵阳——湄潭”茶乡生态旅游线路开通。

29日

◎贵阳市“百姓——书记市长交流台”正式开通。同日，各区、县（市）党委、政府，高新开发区及金阳新区工（管）委“百姓——书记区、县（市）长（主任）交流台”启动。

4月

1日

◎《贵阳市鼠、蚊、蝇、蟑螂监测工作方案》、《贵阳市单位卫生达标验收（复查）标准》、《贵阳市健康教育示范社区、村寨检查评比标准》、《贵阳市卫生村寨检查验收评比标准》等四项卫生评定标准4月起施行，原有标准同时废止。

5日

◎阿哈水库实施“禁游令”在人民网举行的“2008年十大地方新政”评选活动中以5541票的票数排名第二。

6日

◎贵阳市首个“清明茶祭王阳明典礼”举行。

10日

◎省委常委、市委书记李军到“百姓-书记市长交流台”就我市城市管理工作与群众面对面交流。

11日

◎由贵州画院、广东画院联合主办，贵阳美术馆协办的“2009广东画院作品巡回展”在贵阳开幕。

◎贵阳市首个“步行日”活动在10个区、县（市）同时启动，上万名群众参与。

◎“全国百城旅游宣传周”贵州·贵阳分会场启动。贵阳市印制的5万张“爽爽贵阳游”打折卡和代金券同时向游人发放。

◎贵阳市青云小区当选2008年度全国物业管理示范住宅小区。

15日

◎“爽爽的贵阳——中国国家画院走进贵州·贵阳暨中国国家画院、贵州画院贵阳写生作品联展”在北京开幕。展出画作118幅。

16日

◎《贵阳市红枫湖、百花湖、阿哈水库农业农村面源污染治理规划》通过专家评审。全市将投入17亿元，力争2012年使红枫湖、百花湖水质达到三类标准，确保阿哈水库水质稳定在三类水质标准。

23日

◎2009年“世界读书日”暨“林城读书月”活动启动。活动包括推荐100本好书、县级干部读书优秀心得交流会、市民文化讲坛、“走科学发展路，建生态文明市”演讲比赛、“弘扬传统美德，促进生态文明”教育实践活动、“职工素质教育工程”建设活动、编辑印发《贵阳市农民学习手册》等。

24日

◎“2009中国·贵阳避暑季之弘扬传统美德、促进生态文明”系列活动在乌当区启动。

5月

1日

◎《贵阳市阿哈水库水资源环境保护条

例》、《贵阳市禁止生产销售使用含磷洗涤剂规定》施行。

◎市十二届人大常委会十七次会议审议通过了《<贵阳市水污染防治规定>修正案》。

5日

◎由国家旅游局、省政府主办，市委、市政府及省旅游局承办的2009中国·贵阳避暑季暨第四届国际阳明文化节开幕。

◎贵阳市第三届旅游产业发展大会举行，国家旅游局、省市领导人和相关企业300余人参加会议。会议确定新形势下贵阳市旅游发展的新思路。

13日

◎《贵阳市城市总体规划纲要》通过住房和城乡建设部工作组评审。

17日

◎全国妇联2009年科技活动周示范活动在贵阳启动。本次示范活动主题是“家庭节能减排，科技在我身边”。全国妇联宣传部部长王卫国、贵州省妇联副主席吴爱平、省科技厅副厅长陈训等领导出席启动仪式。

19日

◎《贵阳生态文明城市建设市民读本》首发。《读本》采用48开小开本，携带方便。全书图文并茂，文字以易读易诵的诗歌为主，配图以漫画为主，首印10万册。

◎中日友好环境保护中心主任唐丁丁及国家环保部、日本JICA驻中国专家一行6人赴筑进行调研。

20日

◎贵阳市召开“三保三实”工作队动员培训会。全市抽调10146名干部，组建187个“三保三实”工作队，1678个工作组，分别由46名厅级干部和316名县级干部带队，深入到村、社区、企业及重点项目开展服务工作。

22日

◎省委常委、市委书记李军率贵阳市党政代表团学习考察内蒙古自治区在发展工业经济方面的先进经验。

26日

◎市妇儿工委、市妇联在修文县启动“‘三百’行动资助特困学生”活动，对全市200名特困学生、100户特困家庭进行帮扶。

◎2009中国贵阳避暑季之南明“黔茶飘香·品茗健康”系列活动开幕。期间开展茶品牌推广展示及现场品茗、2009贵州茶艺之星表演、茶文化知识科普宣传活动及茶文化广场文艺演出等。

6月

3日

◎第六届“中国避暑旅游城市”排行榜及第三届全球避暑旅游名城口碑金榜在香港发布，贵阳连续第五次名列第一，同时，贵阳还获“2009全球十佳避暑旅游名城”称号。

4日

◎贵阳市12个行政村成为“2009年全省农村信息化网络建设点”，助力农民信息脱贫、信息致富。

5日

◎“我为贵阳献良策、生态环保大家谈”环保民情、民意调查活动启动。活动旨在问需于民、问计于民，切实了解人民群众关注的环境热点、难点问题，着力解决群众最关心、最直接、最现实的环境问题。

9日

◎贵阳市振兴工业经济大会召开。会议印发市委、市政府《关于振兴工业经济若干政策的意见》，强调全市上下要充分认清工业经济发展面临的严峻形势，切实增强危机感和紧迫感，以科学发展观为指导，通过大调整、大开放、大实干，实现大提速、大增效，奋力振兴全市工业经济。

◎贵阳市第一次全国污染源普查工作通过省级验收。

11日

◎市委、市政府制定《关于对贵阳市户籍中等职业学校学生实行免除学费的通知》。就读贵阳市属和区属中职学校的贵阳户籍学生，可以同时享受“免学费”、“拿补助”两项实惠。

16日

◎市中级人民法院、清镇市人民法院“环境保护审判专家咨询委员会”成立。13名受聘专家及5名“人民陪审员”领取聘任书和任命书。

17日

◎贵阳森林野生动物园成为省青少年科技教育基地，该园将利用每年的科技月、科技周、假期和周末，向广大青少年开展科普、科教活动。

19日

◎小河——孟关装备制造业生态工业园区开发建设全面启动。2年内园区完成以道路为主的基础设施建设，并启动园区土地一级开发；用5年左右的时间，使其工业总产值达到500亿元左右，税收贡献达到20亿元；用15年左右的时间，使其工业总产值达到1500亿元左右，税收贡献达60亿元。

21日

◎贵阳重庆经贸洽谈暨旅游推介会上，重庆与贵阳市共签约项目20个，其中，投资合作项目13个，旅游合作项目7个，涉及金额7.3亿元人民币。

22日

◎贵阳市赴上海经贸洽谈暨旅游推介活动举行。经贸洽谈共签约项目20个，总金额37.976亿元。其中旅游合作项目7个，一产项目2个，涉及金额1960万元；二产项目6个，涉及金额6.67亿元；三产项目5个，涉及金额31.11亿元。协议10个，涉及金额15.266亿元；意向3个，涉及金额22.71亿元。

◎花溪区镇山村打造文化旅游精品村的21个建设项目全部启动。

23日

◎南明区苗岭小学挂牌成为专门招收农民工子女的民办小学。

24日

◎贵阳广州经贸洽谈会暨旅游推介会举行，贵阳与广州共签约21个项目，总金额达21.4075亿元。其中，一产项目1个，涉及金额2525万元；二产项目4个，涉及金额2.5亿元；三产项目7个，涉及金额18.655亿元。

25日

◎白云区麦架镇新材料产业园区内贵州省国家复合改性聚合物材料工程技术研究中心通过科技部验收，升格为国家级工程技术研究中心。

7月

6日

◎贵阳被国家环保部列入全国生态文明建设试点工作名单，要求努力实现“经济发达、生活富裕、环境优美、社会和谐、行为文明”的基本要求，为全国生态文明建设发挥典型示范作用。

8日

◎贵阳黔菜创新电视大赛闭幕，40家企业、80道菜报名参赛。评选出“创新菜品”一等奖2个、二等奖3个、三等奖4个、优秀奖菜品15个。黔外婆酒楼、贵阳仟纳饮食文化有限公司被评为“最佳黔菜创新企业奖”。

22日

◎贵阳市与黔南州签订蔬菜产业带合作框架协议，共建贵广“两高”快速通道沿线蔬菜产业带。

23日

◎“2009中国·贵阳避暑季之同济堂第五届医药博览会暨民族药交易会”开幕，236家国内外知名药企及部分业内专家学者参会。与省外药企签订29个项目，涉及金额15.85亿元。其中，药材种植业项目1个，涉及金额3000万元；药品研发项目1个，涉及金额3000万元；药品贸易销售项目27个，涉及金额15.25亿元。中国中药协会中药材种植养殖专业委员会贵州工作站、贵阳市医药商业协会成立。

◎花溪区通过国家级生态示范区验收小组的验收，成为国家级生态示范区。

27日

◎贵阳市“中国铁建国际城” 获亚洲人居环境协会专家授予“绿色亚洲人居环境范例项目”称号。

◎国务院贯彻实施《公共机构节能条例》工作情况专项检查组到筑进行专项检查。

8月

1日

◎《贵阳市城市节约用水管理实施规定》施行。

7日

◎“2009亚洲青年动漫大赛暨‘宏立城’中国（贵阳）卡通艺术活动”开幕。同日，亚太动漫协会入驻贵阳，国际知名动漫活动组织代表共同签署战略合作协议。

◎2009亚洲青年动漫大赛暨“宏立城”中国（贵阳）卡通艺术活动颁奖典礼举行，48个国家和地区的1520部动画、8120幅漫画插画参赛。贵阳市原创作品《森林小英雄》获“最佳形象设计奖”。

8日

◎贵阳市开展首个“全民健身日”活动，举办贵阳市体育法规宣传暨体育产业服务展示会，号召市民积极参与体育健身活动、提高身体素质。

14日

◎贵阳国家高新区分别与贵州大学、市科技局、市商业银行兴筑支行签署《推进研究生创业工作合作协议》、《关于扶持大学生科技创业项目合作协议》、《大学生创业贷款扶持合作协议》，贵阳国家高新区促进高校毕业生创业扶持政策体系初步形成。

◎“红枫湖污染底泥疏浚规划”全面完成并通过专家组验收。这标志着作为“两湖一库”科技攻关“三大体系、十大任务”之一的底质污染治理技术研究和示范工程，取得了重要的阶段性成果。

15日

◎第22届南方城市节水工作会议在贵阳召开。来自全国44个城市的100余名节水专家参会，旨在探索节水经验，加强交流合作，共促节水工作发展。

16日

◎国内首个“苦荞麦文化研究基地”在贵阳高新科技产业园成立。

20日

◎首钢贵阳特殊钢新特材料循环经济工业基地开工建设。项目投资100亿元，3年内建成年产100万吨特殊钢制品、销售收入100亿元的特殊钢精品基地。

◎市委副书记、市长袁周应邀参加中央电视台经济频道《对话》栏目录制，与英国前首相、世界气候组织发起人托尼·布莱尔及国内有关专家、著名企业家共话“低碳经济”。

21日

◎为期3天的2009中国·贵阳特色农产品加工业博览会开幕。来自全国26个省（市、自治区）的480余家企业参展，参会人员3000人。签约项目共52个，涉及金额20.17亿元。

◎以“迈向绿色经济和绿色就业”为主题的联合国教科文组织未来论坛在贵阳市举行。论坛旨在更好地介绍绿色经济理念，提高人们对绿色经济和绿色工作对经济可持续发展的认识，分享绿色经济在现实领域的成功经验。

23日

◎以“发展绿色经济——我们共同的责任”为主题的生态文明贵阳会议闭幕。会议由全国政协人口资源环境委员会、北京大学和中共贵阳市委、市人民政府联合主办，为期2天的会议进行了主旨演讲、特邀演讲、午餐会演讲，举办生态城市论坛、科学家论坛、生态教育和传媒论坛、经济企业界论坛4个专题论坛，并达成《贵阳共识》。

◎多彩贵州舞蹈民族民间舞专项赛总决赛落幕。贵阳代表队选送的苗族舞蹈《吉宇鸟》获金黔奖。

◎环保项目“太阳能LED照明千村计划”启动。花溪区摆贡村成为全球第一个示范村庄。

9月

1日

◎全国首例社团组织环境行政公益诉讼案——中华环保联合会诉清镇市国土资源局未履行监督职责案在清镇市环保法庭开审。由于清镇市国土资源局在开庭前主动履行职责，中华环保联合会当庭撤诉。

8日

◎中日环境合作示范城市贵阳项目之一的“贵州水晶集团汞污染治理项目”竣工投产。项目总投资62140万元,其中利用日元贷款37500万元。

10日

◎国家统计局中国经济景气监测中心发表《中国城市发展研究报告》，贵阳市入选“60个新中国60年城市发展代表”。

14日

◎在辽宁省铁岭市举行的首届全国优秀农产品经纪人评选中，贵阳市贵州百花富硒茶业有限责任公司董事长马太军荣获“全国十大创业模范”称号。

18日

◎由市旅游局与中国旅游出版社共同编制的《贵阳攻略》出版，全书分为贵阳主题畅游行动、贵州五天四晚畅游、贵阳夏日避暑八大胜地、贵阳地道美食大盘点、贵阳民族节庆大盘点五大版块。

19日

◎多彩贵州舞蹈大赛电视新人选拔赛闭幕，贵阳市的宋洁夺得金黔奖、巩中辉获银瀑奖、赛娜与郭承武获铜鼓奖。

◎贵阳交响乐团成立。同时举行“庆祝中华人民共和国成立60周年，贵阳交响乐团成立首演——向祖国献礼”。

20日

◎省委常委、市委书记李军，市委副书记、市长袁周分别带队开展迎国庆环境卫生大扫除义务劳动。

25日

◎旨在全面展现新中国成立60年来中国城市幸福的大型调查推选活动——“2009年中国最具幸福感城市调查推选活动”启动。贵阳市成为候选城市。

26日

◎第二届多彩贵州·中国原生态国际摄影展在贵阳举行。来自全球51个国家和地区的5万多幅摄影作品参评或参展。

27日

◎贵阳环城高速公路通车。公路全长121千米，由环城高速东北段（尖坡至笋子林），东出口高速、环城高速西南段、环城高速南环线四部分组成，全线按高速公路标准双向四车道设计，设计时速100千米/小时。

28日

◎第七届中国舞蹈荷花奖“宏立城”杯民族民间舞蹈大赛落幕。来自全国19个省份18个民族的43件作品参赛，由中央民族大学舞蹈学院选送的《翻身农奴把歌唱》和贵阳市选送的《古道行》分别获得群舞类别的一、二名，北京舞蹈学院选送的《闲鹤》夺得单（双、三）人舞类别的第一名。

◎贵阳市制定《关于支持驻筑省属高校建设与发展的意见》。贵阳市将用5年左右的时间建成花溪高等教育聚集区，在聚集区范围以外不再审批高校新增建设用地规划。

29日

◎贵阳市轻轨一号线市政配套工程会展中心车站开工建设。一号线起于金阳新区西侧，终于小河场坝村站，全长31.9千米，设车站23座。

◎贵阳市域快速铁路网开工建设。铁路网包括贵阳枢纽白云至龙里北联络线、贵阳

至开阳、久长至永温、林歹至织金（新店）铁路，以及贵阳枢纽改貌铁路货运中心等5个项目，总投资189亿元，新建铁路259千米，项目工期为4年。

10月

10日

◎市委副书记、市长袁周率贵阳市党政代表团赴兰州、成都、绵阳，就创建全国文明城市工作进行考察。

16日

◎《贵阳市促进生态文明建设条例（草案）》通过市十二届人大常委会二十次会议审议。

18日

◎“2009中国·贵阳避暑季”闭幕式、“2009中国·贵阳温泉月”开幕式暨“民族魂”音乐会在乌当区保利温泉广场举行。

19日

◎在苏州市召开的全国和谐社区建设工作会议上，南明区获“全国和谐社区建设示范城区（市）”称号，白云区艳山红街道获“全国和谐社区建设示范街道”称号，小河区红林社区、乌当区高新路街道新都社区、南明区兴关路街道送变电社区获“全国和谐社区建设示范社区”称号。

20日

◎筑台两地观光休闲农业交流研讨暨项目推介会活动开幕。来自台湾的70多名知名人士及台湾农业专家、农业企业家、农会负责人将与省内在筑农业专家、学者、企业家，就发展观光休闲农业进行经验交流。

21日

◎全国绿化模范城市复检组一行抵筑，对贵阳市获得“全国绿化模范城市”称号以来的林业绿化工作进行复检。

22日

◎中航工业贵阳航空发动机产业基地奠基。基地位于贵阳国家高新技术产业开发区沙文生态科技园，总占地面积100公顷，规划分3期进行建设，建设周期5年，建设总投资规模30亿。

27日

◎贵州省乡村旅游经验交流会在开阳县召开，会议提出每年重点打造2至3个有示范带动作用的乡村旅游示范点，力争2015年在全省建成20个左右的乡村旅游集散示范精品区，带动2000个以上村寨开展乡村旅游。

11月

6日

◎在2009第二届中国国际休闲发展论坛暨第二次休闲城市市长峰会上，贵阳市凭借“避暑之都、四季如春、高原特色、民族风情”的主题，成功入选“2009中国十大特色休闲城市”。

7日

◎国家首套自主研发的、利用合成氨尾气生产液化天然气设备，已在息烽县连续开机运行50多天。这标志着由市公交总公司自主研发的“变废为宝、双向减排、替代能源”项目已研发成功。

9日

◎市政府和亚洲开发银行联合举办的水资源综合管理国际研讨会开幕，国内外水资源管理专家围绕节水型社会及需求管理、贵阳节水型及需求管理、贵阳水资源综合管理行业项目等主题展开进行研讨。

17日

◎在国际金融协会、亚太金融业研究中心、中国博鳌经济研究中心、香港国际金融学院联合商务时报共同主办的2009年“亚洲金融、银行业领袖峰会暨中国金融生态城市发展战略峰会”上，花溪农村合作银行被评为“亚洲银行业影响力品牌”。

24日

◎《2008年贵州特大凝冻灾害》出版发行。

30日

◎黔中水利枢纽工程开工建设。一期工程包括平寨水库水源工程、灌区和贵阳市供水一期工程，工程总投资730371万元，建设工期48个月。

12月

2日

◎花溪城市湿地公园入选国家住房和城乡建设部公布的第六批国家城市湿地公园，这是全省首个国家级城市湿地公园。

7日

◎《贵阳市创建国家环境保护模范城市规划》通过省环境保护厅评审会评审。贵阳市创建国家环保模范城市活动启动。

14日

◎贵州省首个利用外资建设的水利项目、亚行项目的标志性工程——贵阳市鱼洞峡水库工程开工建设。该项目总投资5.91亿元，建成后年增3000万方用水。

16日

◎贵阳市非公有制经济人士"爱环境、保水缸"志愿行动捐赠仪式举行。313家非公有制企业、16个商会、74名个人共向两湖一库环保基金会捐赠资金2253万余元。

◎由市人大常委会组织编撰的《迈向现代生态农业——贵阳农业发展前瞻》首发。该书旨在探寻贵阳发展现代生态农业的现实路径，找出加快发展步伐的突破口。

19日

◎贵阳市开展"绿丝带"志愿服务活动。

◎贵阳旅游特色餐饮大赛落幕。通达饭店等17家参赛企业获"大众旅游套餐奖"，仟纳饮食等6家企业捧得"特色火锅奖"，此外还评出实惠推广奖、民族特色奖、文化底蕴奖、创意奖等奖项。

22日

◎利用世界银行贷款建设农村交通基础设施建设子项目二期的5个农村交通客运站点建设项目开工建设。项目共占地34亩，总投资729万元。

◎贵阳市命名丁芳等59名同志为贵阳市首批市管专家。同时决定建设贵阳市现代物流业人才基地、贵阳市高新技术产业人才基地、贵阳市先进装备制造业人才基地、贵阳市现代药业人才基地、贵阳市特色食品产业人才基地、贵阳市现代生态农业人才基地等6个生态产业人才基地。

23日

◎2009贵州省旅游商品"两赛一会"总决赛颁奖晚会举行。贵阳市获26个奖项，位列全省第一。贵阳选手严晓妮和黔东南州台江县国祥民族饰品有限公司的设计作品《银饰:蝶恋花、门神》，分获大赛最高奖项——"贵州名匠"和"贵州名创"特等大奖。

28日

◎清镇市铝工业及煤化工循环经济生态工业园区水、电、路三大基础设施建设项目开工建设。工业园区规划控制范围250.38平方千米。

30日

◎市委八届八次全体（扩大）会议闭幕。会议审议通过《中共贵阳市委 贵阳市人民政府关于提高执行力 抢抓新机遇纵深推进生态文明城市建设的若干意见》；对市信访局局长等4个职位人选进行推荐提名；对新选拔任用干部进行民主测评。

◎新庄污水处理厂建成并投入试运行。项目占地250余亩，总投资概算5.82亿元，设计日污水处理能力为40万吨，服务人口近108万人。

31日

◎蔡家关片区排水治污一期工程完工。工程总投资5300万元，将有效治理阿哈水库上游的水体污染。

◎黔灵山公园获"国家生态文明教育基地"称号。

媒体关注

MEI TI GUAN ZHU

【贵阳市生态文明城市建设外宣工作综述】 在贵阳市生态文明城市建设的对外宣传工作中，贵阳市委宣传部积极协调中央、境外驻筑媒体对生态文明城市建设进行全面深入的采访报道。2009年，人民日报、新华社、中央电视台、中央人民广播电台、光明日报、经济日报等中央媒体对贵阳的报道共计2627条（篇）（其中，人民日报刊载21条，头版头条1篇，专题1个，版面头条4篇；新华社贵州分社文字报道500余条，视频300条，图片800张，内参报道20余条；中央电视台各频道发稿127条，其中《联播》发稿17条，创历史最好；中央人民广播电台共播（刊）发贵阳市稿件329条，重点稿件149条（篇），其中在中国之声《全国新闻联播》及《新闻和报纸摘要》单发头条2篇，综合头条1篇；光明日报发稿12篇，其中一版2条，其他版头条5条；经济日报稿件及新闻图片42条，其中专题2个，其他版头条3条），香港文汇报、香港商报、香港大公报3家媒体发稿136条（篇）,图片96张（其中，香港文汇报发稿51篇约59张照片；香港商报发稿27条，图片15张，专版2个；香港大公报发稿58条，图片22张，专题3个），贵州日报等省级媒体发稿8800余条（篇）。（郑　汉）

【《9+2旅游大放送》互动联合体2009年年会暨“爽爽的贵阳”异地采访活动在贵阳举行】 为配合“贵阳避暑季”活动，贵阳电视台《天下旅游》栏目在避暑季期间利用“9+2”电视互动联合体这个传播平台，和广州电视台共同主办了《9+2旅游大放送》互动联合体2009年年会暨“爽爽的贵阳”异地采访活动，特别邀请广州电视台的异地采访摄制组摄制了宣传“贵阳避暑季”的专题节目《爽爽的贵阳 游客的天堂》在广州电视台播出，宣传推介旅游。“9+2”电视互动联合体是在“泛珠三角”合作的基础上发展起来的电视联制联播合作外宣平台，广州电视台是秘书长台，成员台包括香港宽频、澳亚卫视、重庆电视台、厦门电视台、长沙电视台、湖北电视台、山东电视台等共20家成员台；南方卫视不仅在全国落地，还同时覆盖广东、广西、海南、香港、澳门、东南亚，在北美、欧洲也能收看，拥有固定的收视群体。（郑　汉）

【2009生态文明贵阳会议引起国内外媒体广泛关注】 以“发展绿色经济——我们共同的责任”为主题的2009生态文明贵阳会议2009年8月21日至22日在贵阳召开，会议受到了国内外媒体的广泛关注。新华社、人民日报、中央电视台、光明日报、经济日报、21世纪经济报道、南方周末等国内知名媒体聚焦本次会议并刊发报道。人民日报刊载一期会议嘉宾发言专版，推出一篇贵阳市建设生态文明城市工作侧记；中央电视台财经频道经济信息联播栏目制作一期贵阳市生态文明建设新闻专题；光明日报刊登一期会议嘉宾发言摘登。同时，人民日报、光明日报、经济日报、贵州日报、贵阳日报、贵阳电视台等还陆续推出会议后续报道。此外，美国有线电视新闻网（CNN）、路透社、时代周刊亚洲版（Time Asia）、卫报（The Guardian）等国外知名媒体均对会议进行了采访报道。据统计，中央、省、市新闻媒体共刊发（播）稿件326条，图片245张，专版51个。其中，新华社（新华网）发稿19篇，图片50余张；中央电视台播出开幕式、闭幕式消息共2篇；人民日报、光明日报、经济日报头版刊发开幕式消息各1条；中央人民广播电台、中国广播网发稿10篇，中国国际广播电台5篇；中国环境报发稿2篇；中华工商时报、贵州经济新闻网发稿3篇；香港文汇报、香港大公报刊发托尼·布莱尔、李连杰考察“太阳能LED千村计划”项目报道及图片各1篇；香港商报发稿2篇，图片1张；21世纪经济报道专版1个；贵州日报发稿11条，图片20张，专版3个；贵州电视台发稿11篇；贵州人民广播电台发稿19篇；贵阳日报发稿145篇，图片132张，专版38

个；贵阳电视台发稿24篇，专题4期；贵州都市报发稿33篇，图片17张，专版5个；贵州商报发稿22篇，图片13张，专版5个；贵阳晚报发稿35条，图片10余张。（郑 汉）

【《绿色南江》专题片在贵阳首播】 位于贵阳市开阳县的南江大峡谷，以气势宏大的喀斯特峡谷风光、类型多样的瀑布群落，优越的生态为特色，峡谷两岸峰峦叠嶂，风光旖旎，景象万千，集奇、险、雄、秀、野、幽为一体，两岸植被茂密，被国际旅游联合会评为“中国最佳绿色生态景区”。2009年5月，贵阳电视台《天下旅游》以“绿”为主线，拍摄制作了题为《绿色南江》的专题片，充分展现南江大峡谷旖旎多姿的景色、漂流的惊险刺激和良好的生态环境等各方面的“魅力”。节目在贵阳电视台《天下旅游》栏目首播，并在“9+2旅游大放送”平台播出。（郑 汉）

【贵阳市学习实践活动受到各级媒体广泛关注】 按照中央和省委的统一部署，贵阳市学习实践活动从2009年3月开始，历时一年。全市7千多个党组织、14.8万多名党员先后分两批参加。学习实践活动开展以来，取得了良好成效，受到了各级媒体的广泛关注。中央学习实践办公室编发贵阳市学习实践活动简报3篇。中央主要新闻媒体和网站报道190余篇（条、幅），其中《人民日报》刊发23篇，《经济日报》刊发18篇，《光明日报》刊发9篇，中央学习实践活动官方网站发稿40篇，新华网发稿55篇，中国党建网发稿45篇。新华社《国内动态清样》分两期刊发了贵阳市“百姓—书记市长交流台”和组建“三保三实”工作队的做法。省级媒体刊播贵阳市学习实践活动相关新闻2515条。（王平安）

【媒体聚焦“2009中国·贵阳避暑季”旅游推介活动】 “2009中国·贵阳避暑季”围绕“避暑·生态·产业”这个主题，持续深入地打造“爽爽的贵阳·中国避暑之都”城市形象品牌，组织开展了40余项主题活动、宣传推介活动，实施了“京津唐百万游客游贵阳”、“长三角百万游客游贵阳”和“贵州人游贵阳”等活动，市领导亲自带队赴重庆、上海、广州及台湾等地，开展旅游推介活动，全方位展示贵阳旅游和城市品牌形象。中央和北京主要媒体、部分境外媒体共30余家对以上活动进行了广泛的采访报道。此外，市委副书记、市长袁周还做客中央人民广播电台直播访谈节目，在《直播中国》栏目为全国听众推介贵阳，中广网、国际在线、新浪、和讯四家网站以及贵阳人民广播电台、贵阳交通文艺广播电台同步转播，其它各大网站也对访谈做了大量报道。（郑 汉）

【贵阳交通基础设施建设受到社会关注】 2009年9月28日，贵阳环城高速公路建成通车，中央、省、市媒体对通车典礼进行了采访报道。贵阳日报推出8个专版，刊发了“谁持彩练当空舞”长篇通讯和“践行‘知行合一、协力争先’城市精神的重大成果”评论员文章等；贵阳晚报推出8个版的特刊；贵阳电视台播发稿件28篇，贵阳人民广播电台播发稿件18篇。省、市媒体还对环城高速公路通车后的利民、惠民、便民进行了系列宣传报道。9月29日，贵阳市域快速铁路和城市轻轨1号线会展中心站开工，中央、省、市媒体再次进行了报道。贵州日报刊发“奋力实现交通的历史性跨越—解读贵阳三大交通工程”专版文章；贵阳日报刊发“解放思想埋头实干的成功实践”评论员文章，开设“市域快铁及轻轨一号线建设”专栏解读贵阳市域快速铁路及市域轻轨建设；贵阳电视台、贵阳人民广播电台推出专题报道20余篇，着力宣传贵阳落实中央“扩内需、保增长”重大战略部署，切实把资源优势转化为经济优势、加快贵阳经济社会发展和城市化

步伐，积极构建贵阳现代化交通体系、凸显贵阳在西南地区的交通枢纽地位的战略部署和初步成效。（张红枫）

【媒体关注贵阳市“百万空巢老人关爱志愿服务行动”】 2009年12月5日，由中央文明办、民政部指导，中国志愿服务基金会主办的“百万空巢老人关爱志愿服务行动”启动仪式在贵阳市小河区兴隆社区拉开帷幕。新华社、《人民日报》、《中国青年报》等媒体对此进行了报道。“百万空巢老人关爱志愿服务行动”是中国志愿服务基金会资助开展的第一个志愿服务项目。中国志愿服务基金会将会同全国文明城市（区）和创建工作先进城市（区）文明办积极开展募捐工作，利用社会资金资助各地开展志愿服务活动。（王平安）

附录：建设生态文明城市外地动态

FU LU JIAN SHE SHENG TAI WEN MING CHENG SHI WAI DI DONG TAI

北京市：举办“生态文明与绿色北京建设”研讨会

2009年10月23日至24日，由北京市社会科学院城市研究所主办的“生态文明与绿色北京建设”研讨会在北京市怀柔区成功举办。来自中国人民大学、中国科学院、中国社会科学院、住房和城乡建设部研究中心、北京城市管理学会等多所高校或研究机构的专家学者，中共北京市委、市政府以及朝阳区、怀柔区、延庆县、密云县的政府机关工作人员，法国、奥地利等国家的生态专家，北京市社会科学院各相关研究所、科研处、《城市问题》编辑部等机构的研究人员等共50多人出席会议。

北京市社会科学院城市研究所所长黄序女士主持研讨会，北京市社会科学院院长刘牧雨研究员致开幕辞。刘牧雨院长在致辞中，对绿色北京建设中的生态问题进行了系统总结，强调了社会科学视角研究生态问题的重要性，并就本次研讨会的召开，集各方之力为“绿色北京”建设出谋划策发表了热情感言。16位专家学者和政府工作人员作报告，分别就“生态文明及生态文明建设理论”、“绿色北京建设”、“国内外经验与借鉴”等三个主题进行了研讨。北京市社会科学院副院长梅松研究员致闭幕辞，并向各位发言专家的精彩发言以及出席研讨会人员的积极参与表达了诚挚的感谢，对精心组织此次研讨会的主办方——北京市社会科学院城市研究所的工作给予充分肯定，并提倡要以此次研讨会成果为契机，促进经济学走向生态经济学阶段。

24日下午研讨会结束后，与会人员前往全国生态文明县——密云县考察，实地了解密云县生态文明建设思路和进展情况。

（摘自：中国社会科学院网站）

北京市：举办“2009中国生态文明与投资潜力高峰论坛”

2009年12月6日，“2009中国生态文明与投资潜力高峰论坛”在北京全国人大会议中心举行，论坛的主题是“推动城市生态文明建设，提升城市投资潜力增长”。

这次论坛由华商机构“世界著名品牌大会”主办。入选“共和国六十年最具投资潜力县级市”的河南省汝州市，入选“共和国六十年最具投资潜力百强县”的河北行唐县、山东金乡县应邀组团出席论坛。全国政协副主席陈宗兴致贺信祝贺论坛成功召开。

大会通过专题调研、专家函评、独立问卷调查方式，经过多轮筛选，根据城市生态文明、资源节约、环境友好、管理水平、对外交往水平、投资软硬环境、年度利用外资总量、GDP综合能耗和增长速度、可持续发展潜力等十五个方面的指标综合评定，河南省汝州市、河北省行唐县、山东省金乡县分别以城市独特的个性化魅力、巨大的投资潜力受到了中外专家们的一致好评。汝州市委常委丁国浩、行唐县委书记李震国、金乡县委副书记陆亚东分别在论坛上发布城市和百强县投资潜力报告。

美中经贸投资总商会会长、世界著名品牌大会主席周茳钐钧在致辞中表示，论坛旨在推动城市生态文明建设，创建最具投资潜力县级市和最具投资潜力百强县，为构建资源节约型、环境友好型和谐社会做出贡献。

（摘自：中国新闻网）

深圳市：打造可持续发展先锋城市

深圳将推进生态文明建设作为提升城市品位和内涵的一个重要手段，以建设生态文明为突破口，把深圳建设成为中国最干净、最美丽、最生态化的城市，同时，努力打造可持续发展的全球先锋城市和有中国特色的社会主义示范市。

制定规划，引领发展。深圳市政府发布了《深圳生态文明建设行动纲领(2008-2010)》和9个配套文件及80个生态文明建设工程项目。《深圳生态文明建设行动纲领(2008-2010)》是全国首个专题围绕生态文明建设而提出的地方政府文件。计划用两到三年的时间，从科学谋划城市功能布局、推进节能减排和生态建设、优化城市资源管理、提升人居环境质量四个方面入手，全力打造精品深圳、绿色深圳、集约深圳和人文深圳。9个配套文件分别是：《关于绿色政府的行动方案》、《关于提升城市规划品位与内涵的行动方案》、《关于打造最干净最优美城市的行动方案》、《关于推进节能减排的行动方案》、《关于打造绿色建筑之都的行动方案》、《关于水资源可持续利用的行动方案》、《关于推进住宅产业现代化的行动方案》、《关于建设绿色生态一体化综合交通体系的行动方案》、《关于打造安全深圳的行动方案》。市政府还提出了中心区完善等80项生态文明建设的具体工程项目。

健全机制，区域合作。深圳与香港的环保合作已经开展了几年时间，并建立起了环保对话机制和沟通机制，合作已经有了一个很好的基础，今后还会增加一些与香港特区政府的合作。深圳与惠州、东莞等周边城市在大气质量治理、水环境治理方面都有联席会议以及合作机制。如在汽车尾气的治理方面，当地市人大颁布了汽车尾气防治条例，对汽车尾气从监管、治理以及到推行新的排放标准等方面做了大量工作。特别是深圳市率先在广东省推行了国Ⅲ标准，对于舒缓汽车尾气污染起到很好的作用。

（摘自：洱源县人民政府网站）

珠海市：建设生态文明新特区

近几年，珠海在坚守青山绿水、蓝天白云这条底线的前提下，全力构建交通、产业和城市三大现代发展格局，全力建设生态文明新特区。

在产业选择上，珠海密切结合当地实际和未来发展方向，计划走出一条与珠三角其他城市“错位”发展的道路，即高端服务业、高端制造业、高新技术产业“三高并举”的产业发展道路。以新型装备制造业为龙头、以高新技术产业为骨干，就是珠海在新一轮制造业发展中的一个重要特点。目前，中国航空集团下属通用航空公司的总部和基地、中国海洋石油公司的深水海洋工程装备制造基地、中国船舶工业集团公司国内

苏州市：举办“江苏省生态文明建设高层论坛暨2009苏州环太湖生态保护论坛”

2009年10月22日至24日，由南京林业大学、江苏省生态学会和苏州市人民政府主办，江苏省水土保持学会等单位协办的“江苏省生态文明建设高层论坛暨2009苏州环太湖生态保护论坛”在苏州成功举办。

中国科学院院士、森林生态学家蒋有绪，中国工程院院士张齐生等专家学者为建设“太湖生态圈”献计。苏州市人大常委会主任杜国玲，苏州市副市长王鸿声，江苏省科协副主席张铁恒，中国生态学会副理事长、江苏省水土保持协会副理事长、南京林业大学副校长薛建辉教授出席并致辞。苏州市科协主席明亮主持了论坛开幕式。江苏大学副校长李萍萍教授，江苏省林业局造林处处长郑阿宝高级工程师，南京林业大学薛建辉教授、王全权教授、阮宏华教授等应邀作论坛主题报告。参加论坛的还有南京林业大学教授、水土保持协会秘书长胡海波，副教授、副秘书长鲁小珍，庄家尧以及来自全国农、林、环保领域的专家学者等。

本次论坛站在生态文明的高度，谈论生态学理论与实践，审视经济社会发展如何与生态环境保护相协调，寻求环太湖地区的生态保护新途径、新技术和新对策，搭建了学术团体与地方政府及其相关部门之间沟通的桥梁，取得了丰硕的成果。

（摘自：江苏水土保持学会网站）

最大的造船基地、中海油南海天然气陆上终端项目，以及英国石油（BP）、英荷壳牌、德国阿尔塔纳、荷银霸菱等世界大企业的一些几十亿元、上百亿元、几百亿元的大项目，纷纷落户珠海。在对中小企业的扶持方面，珠海也有明确的政策，其中包括鼓励支持用地少、用工少，有研发、有品牌，高技术、高效益的“两少两有两高”企业快速发展。

在现代城市发展上，珠海在继承的基础上不断创新，努力建设“一条主轴（情侣路—珠海大道）、两大板块（东部花园城市，西部田园风光）、三区一城（香洲城区 + 横琴新区 + 西部中心城区 = 新的主城区）、若干组团（与产业园区相配套的城镇组团）”的城市发展新格局。

2009年12月16日，在继上海浦东新区、天津滨海新区之后，珠海横琴新区正式挂牌，成为我国第三个国家级新区。新区市政基础设施建设项目、横琴多联供燃气能源站项目、珠海长隆国际海洋度假区项目、珠海十字门中央商务区项目等首期四大工程也宣布启动开工，累计投资将超过726亿元。横琴新区未来的区位优势及发展潜力，将对珠海经济发展产生更大的带动作用。

（摘自：经济日报）

张家港市：八大工程 推动国家生态文明试点城市建设

2009年7月，为尽快启动实施生态文明试点城市建设工程，张家港市专门召开了生态文明试点城市建设推进会，落实了以八大项工程为“龙头”的工程措施。

实施生态工业建设工程。进一步提高产业集聚度，通过“关、停、并、转、迁”，让化工企业进区入园率达到80%以上。在发展循环经济中，大力推行绿色招商，以钢铁、精细化工、粮油加工等产业链为重点发展补链产业，把循环经济型企业增加到100家。使清洁生产审核企业产值比例占到全市工业总产值的80%以上，通过ISO14000认证或者获得产品环境标志认证的企业达到300家。并以技术创新为支撑，对规模型企业进行生态化改造，形成一批技术含量高、经济效益好、生态环境影响小的主导产业，打造一批国际知名品牌。提高自主研发能力，大力发展高新技术产业，使高新技术企业产值占全市工业总产值的比例达到40%。

实施高端农业建设工程。首先，发展多功能农业。以“现代、都市、生态、景观”为主题，打造多功能农业。在现代农业示范园区、双山岛、乐余镇和南丰镇，以有机和绿色农业等高端农业生产方式为主，重点建设优质粮食、蔬菜、水果基地。其次，严格控制耕地资源数量减少和质量下降，充分发挥农田对城镇生态环境的调节作用，在现有农业用地基础上，划出农田核心保护范围（农业“绿区”），建立健全“绿区”生态补偿机制；大力推进有机、绿色、无公害产品认证工作；不断降低化肥、农药施用强度，扩大商品有机肥的施用范围，使有机、绿色、无公害生产面积达到85%，农业有害生物综合防治面积达到100%，测土配方施肥面积达到95%，积极推广农作物秸秆还田和其他综合利用技术。

实施现代服务业建设工程。在发展特色高效的生态物流业中，重点发展保税物流、巩固提升港口物流、大力拓展园区物流，积极发展企业物流，打造以港口、保税区、保税物流园区、冶金工业园为重点的沿江物流集聚带和省级开发区、杨舍镇、塘桥镇等为重点的综合物流产业集聚区；发展和谐绿色的房地产业和商贸业。改善房地产开发结构，提高土地资源利用效率。推动新型房地产业发展，引导住宅产业、商业地产健康发展；合理设计商贸中心，建立方便、高效、环保的商业网络。到2016年，使社会消费零售总额达到450亿元。

实施绿色生活营建工程。提倡健康简约的生活方式，开展节能器具推广行动，使节能器具成为市场和家庭的主流。同时，开展家用水电弹性收费行动，制定不同时段电价和不同用量水价方案供居民选择。开展生活垃圾分类投放和收集行动，在市区和各镇（区）建设生活垃圾分类收集站。建立高效节俭的办公模式，并制定政府绿色采购标准和办法，建立健全政府绿色采购机制。以节水、节电、节材、节地为重点，在餐饮、商贸、娱乐等行业建成一批绿色环保示范单位，减少资源能源消耗及废弃物排放。到2016年，建成绿色饭店50家，绿色商场10家，绿色宾馆创建率达到95%以上。

实施水体功能提升工程。实行污染物总量控制，提高工业污染治理水平。重点开展河道整治。进一步完善市区生活污水管网，加快实施各镇镇区、各办事处集镇生活污水处理厂扩建工程和管网建设工程，对新建居民集中居住区和农村保留村庄配套建设生活污水处理设施，到2016年，使全市生活污水处理率达80%。

温州市：举办“2009海洋生态文明（温州）国际论坛”

2009年11月16日至19日，“2009海洋生态文明（温州）国际论坛”在温州举行。

本届论坛以构建生态文明的目标体系为主题，从生物学、生态学、经济学等多个学科角度深入探讨了海洋生态文明建设的目标、内涵、核心价值观和重点领域。会议期间，来自9个国家和地区的近百位科学家充分展示了近年来国内外海洋资源深度开发的新成果；广泛交流了中外海洋渔业科技和管理的新理论、新方法；运用管理学、历史学、地理学等新老学科知识，总结和借鉴国内外的相关经验、教训，揭示了人类活动对海洋生态系统与沿海城市生态安全的影响；提出了全球变暖背景下的海洋生态危机的应对措施。共有30位专家做了大会主题报告和专题发言。

论坛副主席北京大学宋豫秦教授代表论坛组委会做了大会总结。他认为本届论坛各级领导重视，组织工作精细，学术气氛浓郁。“每个与会者都深感知识上获益良多，生活上舒适愉快”。最后他呼吁专家们积极拓展学术视野，努力工作，力争为共同拥有的海洋多付出一份关爱和贡献。

本届论坛进一步展示了“海洋生态文明”理念在海洋科技和文化意识方面的前瞻性。正如论坛的主办方－浙江省海洋水产养殖研究所谢起浪所长所说：论坛运用新思维、新价值观来探索海洋生态文明建设的目标体系，其目的是为了促进社会从全新的战略高度更好地发展海洋经济。

（摘自：中国环境报）

实施空气清新工程。调整优化集中供热布局，对全市热电联产企业进行归并整合，保留规划合理的热电企业。积极引入国内外先进治理工艺，重点实施钢铁行业烧结、焦化、炼钢、炼铁等环节的排放烟（粉）尘收集和治理。在重点区域、敏感区域的综合整治方面，继续推进全市化工企业的污染整治和结构调整步伐，实现产业结构的优化升级和经济增长方式的转变。

实施自然生态优化工程。按照生态功能区划，严格保护香山、凤凰山等山林资源，加强长江滩涂湿地和内陆水域的生态保护与涵养，长江沿岸自然岸线的长度保持在50%以上，并能有效发挥正常的生态功能。加强植物种质资源的保存、繁育，建成富有特色的绿色水系廊道和道路景观。保护自然生态用地，保护野生生物栖息环境，吸引鸟类及其它动物种群，实现生物物种多样性。加强生态恢复与建设。在长江沿岸湿地、江心岛状湿地、陆域坑塘水体周边湿地中各选1-2个典型湿地，城区及农村各选1条自然河道，应用湿生植物，防风、固土护岸的生态树种等乡土绿化植物，模拟自然群落，恢复自然生境。

实施文明宜居工程。建设舒适宜人的城市环境，打造以绿色生态廊道连接河港公园、沙洲公园、园林广场的生态群落，构筑城市生态绿化的核心。建设苏南水乡特色村居，加快实施农村集中居住区规划，配套建设生活污水收集管网和处理设施，实行雨污分流，达标排放。

（摘自：江苏省人民政府网）

温州市：加速城市转型

2009年，温州市全力推进污染减排，成效显著。全市化学需氧量和二氧化硫两项污染减排指标双双实现大幅下降，并超额完成“十一五”减排阶段性目标任务。

落实减排重点监管。市、县两级环保部门积极发挥职能作用，形成齐抓共管合力，有效落实各项污染减排措施，并全面完成了污染源普查工作，进一步完善了减排统计、监测、考核体系和督察办法。在工程减排上，不断加大污水处理厂建设投入。在结构减排上，积极推进严管区整治和小火电关停。在监管减排上，始终保持高压环境执法态势。在督察减排上，通过开展专项督察杜绝一切违法排污现象。在减排宣传上，通过组织开展“让江河休养生息”、“生态文明在温州”、“生态环保行”等大型主题宣传活动，增强了全民的减排意识，营造了良好的社会氛围。除此之外，还将节能减排指标完成情况，纳入各地经济社会发展综合评价体系和目标责任制考核，实行节能减排工作问责制和“一票否决”制。建立全市降低非电煤耗的专项考核机制，有效遏制非电煤耗的增长；加强减排统计、监测和考核体系建设；进一步完善环境监测监控体系建设，督促新建污水处理厂和工业企业治理工程安装在线监测监控系统。同时，努力深化减排政策，积极推行绿色信贷。

确定生态环境优先战略。合理开发生态资源，大力发展休闲旅游业和高效生态农业。温州市始终坚持生态立市的理念，建成一批省级和国家级生态县、生态乡镇、生态村，着力建设宜居城镇和优美乡村。截至2009年底，全市已建成11个全国环境优美乡镇，1个省级生态县，128个省级生态乡镇，165个市级生态乡镇和661个市级生态村。为加快产业结构转型升级，温州市加强生态环境保护工作，坚持把沿海产业带建设作为全局工作的重中之重来抓，2009年全面启动沿海产业带环境承载力研究暨规划环评，为温州产业、城市、生态和谐共融的“滨海时代”发展提供强有力的保证。

绿色创建蓬勃发展。生态市建设力度不断加大，生态保护取得显著成效。温州市环保局通过开展形式多样、内容丰富的宣传活动，着力营造全社会参与生态市建设和环境保护的良好氛围。环保局还建立市民环保督察团、环保讲师团等公众参与平台，积极引导广大群众树立生态意识，树立绿色消费理念，使生态建设理念更加深入人心。同时，绿色创建活动也蓬勃发展。调查表明，2009年，温州居民对环境保护问题的关注程度为13.7%，比上年明显下降，多数居民认为2009年温州市生态环境有所改善。近八成的被访者对全市主要干道的路面修整与亮化工程、日常生活垃圾收集、垃圾中转情况表示满意。

（摘自：中国环境报）

武汉市：打造国内最大绿色社区

2009年8月30日，武汉花山生态新城总体规划院士专家咨询会议在汉举行。中国工程院常务副院长潘云鹤院士率9位知名院士专家出席会议。这也预示着，历时一年多的花山生态新城项目总体规划工作全面完成。武汉市计划用5—8年时间将花山生态新城建成国内规模最大的绿色社区和一流的生态新城。

山水环抱生态新城。花山镇地处武汉市东部的洪山区，位于“一江三湖”（长江、北湖、严西湖、严东湖）交汇处。武汉花山生态新城东至左岭镇，南接武汉科技新城，西临东湖风景区，北抵武汉北湖新城，规划面积66.4平方公里，规划人口规模将达20万人。区域内山水资源丰富、自然环境保护良好。花山生态新城的规划结构为“群落分散＋指状集中的三心多组团带形城市”，城镇形态形成“水绕城、水穿城、水伴城”的空间格局。

起步六大先导项目。武汉花山生态新城将以“中部第一、国际知名的综合生态城”为总体目标，力争在5——8年内建成符合武汉城市圈“两型”社会建设标准，国内规模最大的绿色社区和一流的生态新城，将为武汉城市圈发展、中国城镇化进程提供宝贵的经验和引导示范。目前，花山生态新城3.5平方公里起步区及项目策划工作方案初步确定。起步区位于严西湖东南侧，总用地面积约3.5平方公里，带动发展旅游、研发培训、商业文娱、居住养生等先进产业，推行中水回收利用、绿色交通、生物能、太阳能等12大生态示范工程。拟重点建设中部地区最大的，集会展旅游、休闲度假、主题购物、特色餐饮、康体健身、体验娱乐于一体的滨湖亲水型高档会议度假中心，并依托其培育中部地区首个专职提供银行保险、法律政务、创意科研、酒店餐饮等现代服务业培训功能的产业集群。

首条生态景观路开建。2009年7月28日，武汉市首条生态景观路——花山大道正式开工建设。花山大道北起青化路延长线，南接光谷五路，全长约15.3公里，规划道路红线65至70米，双向六车道并预留八车道标准。建设周期为17个月，总投资约20亿元。花山大道沿线生态景观良好，道路施工采取敞开式下沉道路、湿地上跨建桥、中央分隔带和生态排水带等符合生态新城特点的建设方式实施，有效降低了对周边环境的影响，充分体现了生态、环保的特色。同时，生态新城与主城区东西方向交通联系的重要通道——花城大道于2009年10月开工建设。该道路西起三环线鲁磨路立交，东至严东湖西岸，全长约11公里，主线双向6车道，计划2011年10月建成。其他重要进出口道路——老武黄公路、土吴路等道路区域改扩建工程已安排于近期分别开工，计划于2010年底前完成。

（摘自：腾讯网）

九江市：正在崛起的宜居生态文明城市

九江是座拥有2300多年历史的江南古城。2009年，九江注重特色，突出重点，创新机制，狠抓文明城市创建，全市经济发展呈现出新的态势，城市面貌发生了新变化，精神文明孕育了新成果。

激活创建活力。九江倾听来自群众的声音，从“两场整治”入手，重拳治“乱”、重点治“玩”、重奖治“庸”，奖惩并举，刹住了乱风玩风，开启了清风学风。在“官场”整治中，九江共查处违规机关工作人员127人，党纪政纪处分17人，8人免职，3人调离岗位，2人被辞退。在市场整治中，重点解决了一些行业中存在的欺行霸市、垄断经营问题，共立案查处案件2868件，结案2696件，共处理各类人员2070人；打掉黑恶势力团伙9个，涉霸团伙37个；查处涉及招投标及公共资源交易的案件38件。通过“两场整治”，不仅带动了廉政建设与机关效能建设，而且优化了市场秩序和投资环境。围绕“讲文明、促和谐、促赶超”主题，九江市在全市范围内广泛开展了“爱国、爱市、倡文明”、“十百千万”文明志愿者系列活动。建立了一支100余人的城市文明创建督导员队伍，负责全面督导全市文明创建各项任务的落实。九江市还组织万名文明志愿者深入单位、社区开展文明创建宣传、卫生、服务、交通协管等实践活动，进一步提高文明程度，优化市民学习、生活、工作环境。

提升城市品位。九江市狠抓城市基础设施建设。充分利用九江的优势条件，高标准建设中心城区。从“两湖时代”走向“八里湖时代”的市政工程，长虹西路、环八里湖大道、十里河整治、体育中心、新区学校、医院等十大工程已开工建设，快速推进。近年来，九江市以优化、美化、亮化、绿化社区环境为突破口，大力实施“生态工程”，精心打造出了一批特色文化社区、科技文化休闲广场等城市亮点，如柴桑新湖社区、老年体协门球馆、庐山直升机场等，充分展示了九江山水城市的特色和风貌。除关系民生的小区建设和管理外，九江市还不遗余力地打造公共环境。充实完善了垃圾桶、垃圾站、公厕等环卫设施和红绿灯以及停车场、农贸市场等市政基础设施；实施拓城、扩路、增绿、添景工程，加强了广场、桥梁、公园、景观街道为主体的城市标志性工程的建设与管理。为了提升城市品位，九江市还强化了城市管理工作，重点整治城乡结合部、背街小巷、集贸市场、饮食摊点、交通结点、建筑工地的“三乱”现象，对污水、废气的排放加强了监督管理。大力实施了畅通工程，增强了市民交通安全意识。交警部门针对城区部分道路交通安全设施陈旧破损，标志标线模糊不清的状况，安排资金60余万元进行除旧更新，共施划标线8000余平方米。在生产、流通、餐饮等环节，对食品卫生和供水几方面加强了安全监管工作，开展了老百姓十分关心的食品加工和“小餐馆、小美容美发店、小熟食店、小旅馆、小副食店”等五小行业专项整治。

培育文明市民。九江市把人的素质提高放在重要位置，坚持以人为本，以创建学习型城市为抓手，大力加强人文环境建设，多层次、宽领域地开展了一系列卓有成效的活动。如“濂溪讲坛”、“寻庐讲坛”、“感动九江十大人物”、“十大道德模范”评选

承德市：建设生态文明　实现科学发展

河北承德是北京的水源涵养地和阻挡西北部风沙的一道生态屏障。生态环境的好坏不仅关系到自身利益，也直接关系到首都的水源安全与环境状况。近年来，承德市深入贯彻落实科学发展观，提出“生态立市”的发展思路，全力改善生态环境、繁荣生态文化、彰显生态文明，使城市面貌发生了深层次的变化。除了市本级被环境保护部批准为“全国生态文明建设试点地区”外，所辖8县中已有5县被授予“国家级生态示范区”称号。

改善生态环境。承德率先开展生态城市建设，进一步加快造林绿化、小流域治理、风沙源治理步伐，通过建立林药、林草等间作和林禽养殖等生态经济型造林模式，建起了优质果品、山杏、蚕桑、沙棘、杨树速生丰产林、刺槐原料林六大林果基地，使全市1.7万平方公里的水土流失面积得到治理，森林覆盖率达54.8%。生态环境的转变有效地阻止了风沙南侵，使涵养水源能力大大提高，有效地保证了北京、天津的生产、生活用水。

繁荣生态文化。承德市通过构建主题突出、内容丰富、贴近人民生活、富有感染力的生态文化体系，全面实施滨水新城、环境治理、景观打造、古城恢复、滦河水景观建设等重点环境美化工程。建成省级以上森林公园16处，开发景点380多处，大大提高了国际旅游城市的品位。2009年1月至10月，承德接待国际国内游客997.6万人次，创旅游总收入66.4亿元，分别比上年同期增长45.3%和44.2%。

彰显生态文明。为了做到生态与经济同步前进，承德大力调整产业结构，不断开发风能、太阳能、水能、生物质能等可再生能源，市区60万平方米建筑应用了地源热泵技术;建成了垃圾发电项目，即将建设生物质发电试点项目，发展户用沼气池达34万户，农户普及率超过39%。在开发新能源的同时，还按照“减量化、再利用、资源化”的循环经济思路，发展了七大现代农业产业集群。通过这样一些深层次的产业革命，使承德经济进入又好又快发展轨道。

（摘自：经济日报）

活动、“美化环境，爱我九江”、“志愿者行动”、“人人争当文明使者”为主题的系列活动等，用群众身边的先进典型教育身边的人。涌现出戈莲英、徐端怀、黄振波等先进典型人物，好人好事在九江随处可见。九江市还结合当地实际，出台了一系列公民道德建设意见和行为规范。目前，九江市各行业、各社区制定了岗位文明行为规范、小区文明公约、楼院公约；建立起了市、区、街、居四级教育网络，依托100多所市民学校，进行经常性、系统性教育。在九江，创建文明城市工作已经成为参与广泛、力度强劲、社会影响深远、成效显著、人民群众非常拥护的群众性创建活动。进一步唤起了人们的文明意识，使市民充分认识到创建文明城市必须从我做起、从小事做起。

（摘自：中国江西网）

韶关市：实施“绿色韶关”战略

韶关牢固树立全民忧患意识、公众生态价值意识和生态优先意识，积极实施“绿色韶关”战略，大力推进“全国生态文明试点工作地区”的建设，努力在生态文明建设方面充分发挥“试验田”和“排头兵”的作用。

将生态文明项目作为财政支出重点。韶关着眼于制定建设生态文明城市的保障措施，破解生态建设难题，形成促进生态良性发展的长效机制。确定了生态文明建设由市委、市政府统一领导，各级政府“一把手”亲自抓、负总责的责任制。制订并启动了生态文明建设规划和“百亿工程计划”，积极探索生态文明指标体系建设，持续推出生态文明建设系列工程。通过拓宽渠道，加大资金投入，把生态文明建设作为公共财政支出的重点项目，采取倾斜性措施，优先考虑安排环保建设或对生态环境有利的建设项目资金，切实加大对环境基础设施和改善生态环境项目的投入。

合理开发利用资源，打造三大基地。防止旅游区自然生态遭破坏。韶关要加快发展，目前面临的一道难题就是如何正确处理保护生态大屏障与发展大产业之间的关系,走出一条生态保护与经济发展相协调、相促进的发展新路。发挥生态效益打造三大基地。经济社会发展的一个重要“抓手”，就是打造“新兴制造业基地、农产品生产加工基地和旅游休闲基地”。打造“农产品生产加工基地”，大力发展优质、高效、生态、安全的现代农业。建设生态工业,努力将发展循环经济作为韶关产业发展的基本取向,走新型工业化道路；加快发展生态型第三产业，把打造旅游休闲基地作为发展第三产业的突破口，做强生态旅游业，努力提升韶关旅游档次。以创建促生态屏障保护。韶关已有13个镇(村、园)被省环保局命名为广东省生态示范镇(村、园)，始兴县被原国家环保总局命名为第四批国家级生态示范区，成为目前广东山区唯一的国家级生态示范区。目前，韶关正以创建国家卫生城市、国家园林城市和森林生态市为载体，按照生态文明建设规划，继续深入开展生态文明创建活动。

以全国试点为契机，推进生态发展区建设。韶关市委、市政府提出，到2010年，基本建立生态文明建设的基本框架、工作机制、支撑体系和指标体系，初步形成节约能源资源和保护生态环境的国民经济体系，努力实现资源利用效率和经济增长质量显著提高，生态环境和质量明显改善，可持续发展能力不断增强，为建设资源节约型、环境友好型社会奠定坚实的基础。制定严格的环保指标。保护生态纳入法制轨道。出台《关于大力加强生态文明建设的决定》，通过完善保护生态环境的体系和机制，实现生态发展区建设的制度化和规范化。积极改善市区生态环境。按照生态文明的要求提升人居环境，实现城市的可持续发展。加快城市环境基础建设，加强重点污染源的治理，保护好市区的“三水”和“三山”，抓好市区4个进入口道路及其周边山头的整治和绿化工作，形成建一房绿一点，修一路绿一线，建一区绿一片，塑造“山在城中”、“城在水中”、“水在山中”、“城在绿中”的山水城市。

（摘自：洱源县人民政府网站）

天水市：加大水土保持工作力度

近年来，天水市通过对南北两山的综合治理，城区水土流失基本得到了控制，市区生态环境、空气质量明显改善。

提高水土保持意识。为了使城市水土保持工作有章可循、有法可依，依据《中华人民共和国水土保持法》，先后制定出台了《天水市秦城区城市开发建设项目水土保持方案审批管理办法》、《天水市秦城区城市水土保持监督检查制度》等一系列法规制度，发布了《天水市秦城区人民政府关于划分城市水土流失重点防治区的公告》。在逐步完善城市水土保持工作的政策法规保障体系的同时，还将相关法律法规面向开发建设单位和市民进行了广泛宣传。同时，通过进行大规模的宣传活动，进一步提高全民的水土保持意识,增强市民的法制观念，有力地促进了城市水土保持生态文明建设管理工作的法制化、规范化和经常化。

加强部门合作。市、区两级政府通过对相关部门进行协调，将集雨节灌、水土保持、农业综合开发、退耕还林（草）等项目集中向城郊南北两山倾斜，农、林、牧、水利等部门带项目，带资金，带技术，定任务，按照各投其资、各负其责、各记其功的办法，加大了退耕还林种草力度。在城区绿化美化方面，采取部门分工，全民配合的办法，因地制宜，大力实施道路绿化美化、公共绿化、小区绿化，开展绿景工程和庭院绿化，加强古树保护，启动河道整治、污水处理等工程，营造符合天水实际的生态绿地系统。

大力发展民营水保生态产业。在城郊结合地带，按照“谁投资，谁受益”的原则，制定了一系列优惠政策，采取租赁、承包、拍卖、股份合作等多种形式，大力发展民营水保生态产业，吸引了大量的社会资金投入城市水土保持建设，为发展城郊生态型旅游业，促进区域经济发展创建了一种新的模式。

实行水土保持动态监测。成立了城市水土保持监测站，在具有代表性的区域，科学选点，精心布设，先后确定了20个典型农户，布设典型监测地块65处，综合治理工程监测点3个，水质监测点2个，对城市范围内的修路、建厂、取土、采砂、垃圾处理及基础建设项目造成的人为水土流失进行动态监测，对城市水土保持工程的质量和效益进行定期和不定期的监测与评价，以大量的实测资料，为市区生态文明建设科学决策提供了可靠依据，为进一步提高城市水土保持工作的科技含量，加快城区生态文明建设步伐起到了积极的助推作用。

严格执行“三同时”制度。天水市水土保持主管部门在市、区两级水土保持预防监督机构的基础上，均成立了城市水土保持预防监督站，各乡（街道办事处）、村（居委会）确定了水保预防监督员，明确职责，落实责任，针对城市化进程中的资源开发、基础设施建设等活动引起的人为水土流失，经过调查摸底，造册登记，对开发建设单位进行严格的监管，要求其依法编报水土保持方案，严格落实“三同时”制度，及时缴纳水土流失危害补偿费、防治费，基本上做到了边建设边治理边保护。

（摘自：水信息网）

丽水市：生态文明建设进展顺利

2008年2月底，丽水市明确提出了建设生态文明的总目标、总任务、总要求，在全国率先编制实施《丽水市生态文明建设纲要(2008-2020)》，计划以“三步走”的形式，力争到2020年与全省基本实现现代化同步，建设一个人与自然、人与人、人与社会和谐相处，富强、民主、文明、和谐的新丽水。其中，到2012年这5年，要通过统筹落实发展生态经济、优化生态环境、弘扬生态文化“三大任务”，做好生态保护、恢复、优化、建设“四篇文章”，实施生态产业、生态集聚、生态设施、生态涵养、生态文化“五大工程”，实现居住、饮食、休闲、旅游、创业“五个在丽水”，努力成为全国生态文明建设的先行区和示范区。目前，丽水市生态文明建设进展顺利，也取得了一些初步成效。主要表现为：

生态经济又好又快发展。着眼于打造长三角地区绿色农产品基地，大力发展生态农业。无公害、绿色、有机农产品“丽水制造”的生态品牌效应有了新提升。着眼于打造长三角地区特色制造业基地，大力发展生态工业。围绕“在哪里发展工业”，突出工业集聚集约集群式发展。着眼于打造长三角地区生态文化休闲度假旅游目的地，大力发展生态旅游业。

生态环境不断优化。以优化生产力空间布局增强发展的可持续性和可协调性。重点是深化“三大改革创新”。在深化生态功能区调整的改革创新上，致力于“该保护的严格保护好、该开发的科学开发好”，核心是解决“在哪里发展、怎样发展”的问题。在深化山区农民异地转移的改革创新上，致力于转移、减少、富裕农民，核心是解决“人往哪里去”的问题。在深化集体林权制度的改革创新上，致力于破解盘活森林资源资产和以林权为抵押物两大难题，核心是解决“钱从哪里来”的问题。以生态环境综合治理从源头上解决区域性、结构性和行业性的污染问题。一方面，全面实施“811”环境保护新三年行动计划，落实好节能减排“硬指标”。另一方面，加强生态创建、生态修复。与此同时，重点加强生态公益林建设。以推进基础设施的网络化、一体化和现代化促进城乡人居环境生态化。把实施“千亿富民强市工程”作为重要突破口来抓，建设“大交通”、“大电力”、“大水利”、“大森林”、“大景区”、“大城网”，加快完成骨干重点基础设施阶段性建设任务。以“六城联创”(中国优秀旅游城市、国家环保模范城市、卫生城市、园林城市、森林城市和全国文明先进城市)为突破口，扎实推进生态文明城市建设。

生态文化软实力持续增强。不断深化绿谷文化、民间艺术之乡建设。围绕丰富和发展山水古文明，对瓯江流域文化以及丽水特有的文化元素加强研究和整合、开发。加强历史文化遗产的挖掘、保护和利用，经联合国联农组织批准，青田县稻田养鱼系统成为首批五个世界农业遗产保护项目之一。发展生态会展经济，举办了首届“中国·丽水国际生态经济博览会”和中国第十三届国际摄影艺术展暨“2009中国·丽水国际摄影文化节”。不断推进文化为民、文化惠民，促进基本公共服务均等化。

“五个在丽水”初显成效。居住在丽水。通过推出不同区域、不同地段、不同层次的商品房来满足不同群体的需求。饮食在丽水。主要依托丽水丰富的绿色农产品，打造“处州菜”品牌。休闲在丽水。主要依托“天然氧吧”的生态优势，加快发展休闲养生经济。旅游在丽水。主要依托特色鲜明的

常熟市：七大工程打造生态文明城市

常熟把建设生态文明作为长期奋斗目标，重点实施产业转型升级工程、循环经济推进工程、高效生态农业工程、蓝天碧水宁静工程、植树造林绿化工程、城乡环境整治工程和文明素质提升工程等七大工程，以促进生态产业快速发展、绿色消费深入人心、生态环境质量稳步提升、生态文化特色进一步彰显，致力打造国家生态文明示范城市。

在实施产业转型升级工程时，常熟将按照布局集中、产业集聚、土地集约、生产环保的要求，根据不同区域的环境容量，科学划分功能分区，结合产业结构调整，突出园区带动作用，基本形成“两区两园”和乡镇工业集中区有机结合、错位发展的产业空间布局。编制、调整产业发展规划，提升改造纺织、服装、冶金、化工等传统产业，发展壮大机械装备制造、电子信息、汽车零部件、太阳能光伏等高技术产业和新兴产业，全面提升新型工业化水平，构建低消耗、高效率、可持续的现代产业体系。

同时，加快推进服务业扩容优化、升级，进一步落实鼓励现代服务业发展的政策措施，重点发展生产性服务业，大力培育新兴服务业，全面提升传统服务业。积极推进常熟科技城、大学科技园、文化创意产业园等载体功能配套，集成利用高校合作资源，大力引进和培养一批专业人才，鼓励建立系统软件、应用软件和设计软件研发机构，加快形成以软件开发、研发设计、动漫制作等为重点的服务外包和创意产业集聚基地。

2010至2012年，常熟将深入实施循环经济“346战略”，推动资源深加工、精加工，着力提高资源的产出效益，实现“最佳生产、最适消费、最少废弃”。在全社会倡导绿色消费理念，鼓励使用能效标识产品，把节能、节水、节地、减少一次性产品的使用，逐步变成全社会的自觉行动，着实推进循环经济工程的稳步实施。巩固发展传统优势农业，重点发展优质水稻，增加投入，推广新品，运用先进种植技术，提高水稻品质和产量。着力提高农业机械化水平。积极培育“名、特、优、新”农产品生产基地，重点推进环城观光农业生态区、北部无公害蔬菜种植区、阳澄湖无公害大米种植区等东部现代生态农业观光区七大特色农业区建设。启动“农村科技示范村”工程，加大新品种新技术示范推广力度，逐步构建多元化科技推广服务体系，推进现代农业科技示范区建设。

据悉，已经通过国家环保部论证的《常熟市生态文明建设规划》，将该市生态文明建设战略目标设定为三个阶段，第一阶段到2012年，重点是形成整个生态文明建设体系和框架，环境质量得到初步改善;第二阶段到2015年，主要是全面修复常熟生态，使得环境质量得到全面提升，初步达到生态文明建设基本要求，第三阶段到2020年，促进常熟经济、社会、生态和谐共生，建成国内领先的生态文明的示范城市。

（摘自：江苏日报）

山水、生态、文化旅游资源，打响“山水古文明、丽水好风光”的旅游品牌。创业在丽水。主要依托多渠道、多形式培育创业主体，使丽水成为想创业者敢创业、会创业者能创业、善创业者创成业的一方热土。

（摘自：浙江在线）

新乡市：以全新思路建设生态文化

位于太行山南麓的河南省新乡市，对当地传统的“太行文化、黄河文化、海河文化”等历史文化赋予新的内涵，大力培育现代生态文化体系，使多种文化交互辉映，促进了生态文明的快速发展。

弘扬传统文化，建设生态文明。新乡市始终坚持将传统文化与生态文化有机结合，在太行山生态建设和文化建设的构建中，十分注重弘扬郑永和、吴金印、张荣锁艰苦奋斗、自力更生、绿化荒山、造福百姓的“太行精神”，先后实施了太行山绿化工程、退耕还林工程、封山育林工程和飞播造林工程，山区生态环境得到明显改善，生态文化资源得到不断开发，先后开发了以关山、万仙山国家级地质公园、郭亮村影视基地、八里沟、百泉园林、潞王陵、比干庙等为主的森林旅游，以老爷顶、白云寺、西莲寺、大佛寺为代表的道教、佛教文化与生态文化的融合与研究,形成太行山人文文化、历史文化、生态文化与自然文化的有机结合。

提升城市文化品位，加大基础设施建设。一是完善自然保护区、生态旅游景区建设。新乡市先后建立和完善了辉县国家级猕猴自然保护区、原阳黄河湿地自然保护区、辉县白云寺国家森林公园、延津黄河故道省级森林公园、原阳博浪沙省级森林公园、凤凰山省级森林公园等保护区和森林公园。并扶持了一些生态景区的发展。二是建立了生态文化知识教育基地、生态科普教育基地、生态文化展览馆。为使广大市民有意识地去接受生态文化的教育，在全市建立了10个生态科普教育基地、5个生态文化知识教育基地、4个生态文化展览馆，让参观者领略生态文化的魅力。三是实施古树名木保护。新乡市对见证牧野遗址史迹和根植于名胜景区、文博寺院和旧城老街的古树名木，实施抢救与保护，挖掘其文化传承价值。对现有21处，14个树种，249株古树名木全部进行了登记、编号、建档，明确责任单位和责任人，落实管护措施，使古树名木得到有效保护。

搭建文化载体，繁荣生态文化。新乡从大力开展义务植树、扶持生态化文化、推进生态旅游入手，多层次繁荣生态文化载体，让更多的人参与生态文化的建设和传承。一是积极开展义务植树活动。新乡市积极倡导植绿、护绿、爱绿、兴绿的社会风气，广泛开展“三八林”、“八一林”、“共青团林”、“公仆林”、“民兵林”等纪念林活动。大力开展“造纪念林”、“植纪念树”、“绿地认养”、“绿地冠名”、“绿地认领”活动，坚持领导办绿化点制度。二是积极扶持花文化。新乡市将积极扶持花文化作为建设新乡地域特色生态文化的重要内容，每年举办延津槐花节、卫辉桃花节、封丘金银花节、长垣玉兰节、辉县连翘节以及百泉药交会，以花为媒，经济搭台，文化唱戏，生态文化理念深入人心。三是推进生态旅游。新乡市依托南太行山区和黄河故道区的旅游资源，推出了“精彩南太行、激情黄河湾”的旅游品牌，推出了一系列的精品旅游路线，大力发展生态游、乡村游和山水游，如今已成为崇尚绿色、倡导人与自然高度和谐的大众化旅游首选。

构建生态文化重点，传播和谐价值理念。多年来，新乡通过多种方法不断向广大市民普及生态文化知识，倡导绿色生活理念，为生态文化的进一步发展奠定了基础。一是通过文学、影视、戏剧、书画等形式，大力宣传林业在加强生态建设、维护生态安全、弘扬生态文明中的重要地位和作用，大力普及生态和林业知识，增强人民群众的生态意识和责任意识，树立生态伦理和生态道德。全市先后举办了生态建设成就摄影展、凤凰山森林公园书法摄影大赛、南太行风景画展、陈庄花卉展、森林旅游文化产品展、林产品交易会等，组织专场文

淮北市：举办“2009（中国·淮北）国际生态城市建设论坛”

2009年5月22至25日，由国际生态城市建设理事会（INTECOPOLIS）、国际科联环境问题科学委员会（SCOPE）和淮北市人民政府联合主办，中国生态学会城市生态专业委员会、淮北市科学技术协会承办的“2009（中国·淮北）国际生态城市建设论坛”在淮北市隆重举行。

此次论坛以资源型城市的生态修复和产业转型为主题，从生态城市规划、湿地及矿区生态修复、资源产业转型和生态文明能力建设等方面探讨了环境、经济双赢，自然生态和人文生态和谐的科学方法、技术途径和管理手段。来自亚洲、欧洲、美洲和大洋洲的30余位特邀外宾，国内19个省市109个单位的407位专家以及20多家中央、省、市的媒体记者参加了论坛。

论坛开幕式由国际生态城市建设副主席、国际科联环境问题科学委员会副主席、中国生态学会理事长王如松教授主持。国际生态城市建设理理会主席、英国曼彻斯特大学教授伊恩·道格拉斯、国家环境保护部生态司韩鸿飞处长、淮北市委书记毕美家先生发表了热情洋溢的讲话。

论坛紧密围绕城市、生态、资源和修复四个关键词进行了交流。王浩院士、许崇信市长、Ian Douglas、王如松、Jerome Glenn教授等75位国内外专家在大会和四个专题会场做了学术报告。通过典型案例解剖和实地考察，与会代表为淮北矿区的生态修复、资源产业转型和生态文明能力建设把脉开方、建言献策。代表们一致认为，这次别开生面、注重实效的国际生态城市建设论坛一定能为淮北乃至世界各国资源型城市的生态转型积累经验、交流技术、贡献方法，推进世界生态城市的健康发展。

此次论坛有以下特点：一是创新。会议提出了诸如矿区生态资产、复合生态修复、绿色基础设施、城市生态服务等新理念、新方法和新技术。二是用心。中外专家精心准备学术报告，热心参与建言献策的科学态度和认真负责的主人公精神深为与会代表和当地决策管理人员所感动。三是务实。报告内容充实、案例丰富，咨询言真意切、建言献策诚挚具体，会上还签署了有关产业生态转型和生态城市建设等四个合作意向书。四是交融。此次论坛是一个多学科、多部门、多机构、多地区参与，硬技术和软科学结合，研究、规划、建设管理协调，政、产、学、研交融的国际生态城市建设高层论坛。

（摘自：安徽日报）

艺晚会，创作林业主题歌、诗歌，制作宣传生态建设的专题片、画册，利用报纸、电视、广播、网络等新闻媒介广泛宣传，让更多的人知道森林、湿地、野生动植物、生物圈等对人类生存发展的重要性。二是在全社会开展“做生态文明的倡导者、实践者和推动者”活动，形成爱护森林资源、保护生态环境、崇尚生态文明的良好风尚。在广大群众中开展生态文化教育，培养和提高人们保护生态环境的自觉性，牢固建立起人与自然和谐相处的价值观念；加强党员干部的生态文化教育，对生态与经济的协调发展起到重要的影响作用。

（摘自：中国绿色时报）

阿尔山市：构建“健康阿尔山生态文明体验区”

2009年，内蒙古阿尔山市紧紧围绕“绿色兴安快速崛起”的发展主题，牢牢锁定构建“健康阿尔山生态文明体验区”的发展定位，理清发展思路，完善发展举措，在破解难题中突出抓好旅游产业、生态保护、通道建设和城市建设。

旅游产业破势升级。阿市按照“突出特色、培育亮点、寻求差异”的原则，围绕“七大类特色产品”的打造，高标准编制完成了乌兰浩特——阿尔山旅游线路详规。通过明水观景台及沿街商铺风情化打造项目、动力伞观光项目、白狼峰景区项目、蒙古国过境游项目等，实现旅游产业的破势升级。组织开展了国际雪联阿尔山夏巡赛、兴安红杜鹃摄影节、圣水节暨敖包相会情人节、追赶金秋健康阿尔山消夏之旅、白狼林俗文化节、百家媒体聚焦阿尔山、阿尔山国际冰雪节等一系列旅游宣传营销活动，达到了以赛事提名气、以节事增人气的目的，收到良好的效果。此外，阿市还以提升冬季冰雪旅游热度为目标全力开展工作，加强了与央视、莲花卫视、旅游卫视及北京交通台、1039俱乐部的合作，多角度、高效益地开展了“健康阿尔山”品牌宣传。“健康阿尔山”品牌价值得到有效提升，对外影响力不断增强。

生态保护提势强基。立足生态环境严重恶化、建设与保护任务较重的实际，阿市以深化生态市创建工作为载体，积极采取“三禁、一退、一转、一保”（三禁即禁猎、禁牧、禁伐，一退即退耕，一转即居民的转移和转产，一保即保水源）等综合措施，有效提升生态价值。编制完成了《阿尔山市生态建设与保护规划》、《阿尔山市生态保护和经济转型规划》等专项规划。加强了城镇环境综合治理，天池、白狼、五岔沟三镇被命名为自治区级环境优美乡镇。加强了重点污染源监督管理力度，重新修定了《阿尔山市饮用水源地保护规划》，圆满完成了年度污染物减排指标，建设项目环评率和“三同时”制度（即新建、改建、扩建项目和技术改造项目以及区域性开发建设项目的污染治理设施必须与主体工程同时设计、同时施工、同时投产的制度）执行率达100%。

通道瓶颈强势破解。阿尔山口岸已实现临时通关，随着机场、两伊铁路、乌阿一级公路、阿尔山——杜拉尔公路的相继开通，阿市的区位优势将日益凸显，多年来困扰阿市进入性的矛盾将彻底得到解决。2009年着力推进了两伊铁路、乌阿一级公路、阿尔山至杜拉尔公路、机场和口岸建设。其中，两伊铁路项目阿尔山段主体工程已经完工，乌阿一级公路已基本完成阿尔山段工程，阿尔山——杜拉尔公路项目已完成城市拆迁工作及部分路基施工工程；机场建设项目累计投资1.93亿元，已完成飞行区跑道、联络道、停机坪砼道面建设及航站楼主体钢结构框架安装等工程，预计2010年6月份试航；口岸建设项目累计投资7123.6万元，完成了国门、双方联检楼及联检区至界河桥两侧引道路基建设等工程，已于2009年10月25日——11

无锡市：生态文明继续推进

2009年，宜兴市、锡山区、惠山区、滨湖区相继通过国家生态市（县）、区创建考核验收，使无锡市成为首个获得生态市创建资格的地级市。同时，无锡市也成为国家第二批生态文明建设试点地区。

备受关注的太湖治理问题，2009年也取得了阶段性成效。截至2009年底，太湖无锡水域水质高锰酸盐、总氮、总磷和富营养化指数同比分别下降7.6%、8.3%、21%和4.3%，藻类聚集的时间延后、频次和面积大幅减少，12个国家考核断面水质达标率91.7%，主要饮用水源地水质全部达标。全市否决或劝退不符合环保要求的拟建项目达162个，全市下达的179个减排项目已基本完成，预计2009年COD和SO2的排放量将在2008年基础上分别削减4.6和3.5个百分点，累计削减可达30%，继续名列全省前茅。

无锡市还加大了对大气、噪声污染的治理力度。2009年，无锡市启动实施了机动车环保标志分类管理，推出了汽车冒黑烟有奖举报制度，完成了905辆公交车尾气整治；城市烟尘控制区和噪声达标区覆盖率达100%；全市良好以上天数达342天，空气优良率为93.7%；区域环境噪声较稳，噪声平均值为55.9分贝。无锡市也因此获得2009年度“全球绿色城市”称号。

（摘自：华东健康网）

月1日实现临时通关；机场路项目完成路基、路面9公里，路灯400盏，完成投资5000万元。

城市建设顺势起步。按照“城镇建设景区化”的思路，阿市在“靓”上用心思考、在“特”上寻求突破、在“新”上集中用力，使城市的容纳性进一步增强。按照“做靓阿尔山”的总体要求，坚持策划规划先行，重点完成了火车站地块、东沟里地块、西南沟地块、行政组团、林俗村组团、教育园区、医疗园区7个修建性详细规划和《人口和生产力布局规划》的修编工作，不断拉开城市框架、完善城市功能、增加城市亮点。投入资金1.87亿元，先后实施了滨河公园建设、北泉街建设、河西别墅建设、供暖站建设、污水管网铺设、垃圾处理厂建设、污水处理厂建设、自来水工程及城区亮化工程。还完成了景区宾馆、道路、核心景区步栈道、停车场、环卫设施等旅游基础设施建设，使交通保障、接待能力和景区标准化建设水平得到大幅度提升。通过大规模的集中建设，城市功能明显提升，群众生产生活条件明显改善。另外，棚户区改造、廉租房建设、界河治理、教育园区、医疗园区等一批重点建设项目进展顺利，一些有利长远发展的新项目也相继落地，为阿尔山的下一步发展奠定了良好基础。

（摘自：中国共产党新闻网）

密云县：掀起生态县建设高潮

2005年1月，密云县在北京市率先提出了利用4—6年时间实现创建国家生态县的奋斗目标。2007年，县委、县政府做出了全面提速创建步伐，确保在2008年奥运会前实现创建目标的决定。经过全县上下共同努力，2008年4月17日，密云县创建国家生态县顺利通过了国家环保部考核验收。8月1日，国家环保部正式命名密云县为“国家生态县”，标志着密云历时近四年的国家生态县创建工作圆满完成。同时，密云县还被确定为全国六个生态文明建设试点地区之一。几年来，密云举全县之力、集全民之智，掀起了大规模的生态县建设高潮，取得了显著成效。

实现了发展理念和思维方式的转变，增强了生态建设的自觉性。通过创建，密云更加清楚地认识到多年保水造就的良好生态环境已经成为全县发展的突出优势。全县干部群众的思想认识达到了空前统一。环境也是生产力，保护环境就是创造生产力的认识不断深化，全县上下和社会各界在思想上普遍实现了从“被动保水”向“主动保水”、从“不能污染”向“不会污染”的转变。全县人民保护水源和建设生态的主动性、自觉性大大增强。

实现了产业结构和生产方式的转变，增强了发展经济的自信心。通过创建，密云的生态优势正加速转变为经济优势。产业结构不断优化，经济总量稳步提升，全县经济在较高层次上实现又好又快发展，人民生活极大改善。通过建立和推行生态公益性就业机制，万余名农民走上了就业岗位，参与农民平均年增收5000元。创建国家生态县使密云的后发优势日益显现，发展经济的信心日益增强。2008年，实现了地区生产总值突破100亿元、税收突破30亿元、财政收入突破10亿元的新跨越，综合经济实力跃上了新台阶。

实现了城乡面貌和生活方式的转变，增强了密云人民的自豪感。通过创建，密云县城乡面貌发生了深刻的变化。旧城改造和新城建设稳步推进，城市基础设施不断完善。深化实施网格化管理，城市管理全面加强。大力实施“三治五化”工程，整治镇村环境，广大农村实现了硬化、净化、绿化、美化、亮化；垃圾和污水处理体系基本建立；普遍开展改水、改厕、新能源利用等“民心工程”，山区农村千百年来的生活习惯开始改变，生活环境质量明显提升。在四年的创建历程中，密云先后获得“国家卫生县城”、“国家园林县城”、“首都文明县”、“中国魅力名县”等诸多荣誉，所有乡镇成为全国环境优美乡镇，所有行政村都达到了市级文明生态村标准。

（摘自：洱源县人民政府网站）

汉语拼音音序索引

说　明

一、本索引按条目第一个汉字拼音字母顺序排列，第一个汉字相同时，比第二个汉字的音序，以此类推。

二、索引条目后的数字，表示在索引条目中的页码。

三、类目或条目之下，附有相关的条目，按汉语拼音字母顺序排列。

四、类目用黑体字，条目用宋体字。《专文》、《特载》、《文献选编》和《附录》的具体内容不作索引。

A

B

安吉县：生态文明建设成果受关注

2008年，安吉县被环境保护部确定为首批全国生态文明建设试点地区之一。两年来，安吉县以建设“村村优美、家家创业、处处和谐、人人幸福”的中国美丽乡村为总载体，以打造“环境优美、生活甜美、社会和美”的全国生态文明建设样板为目标，扎实推进试点工作，取得了阶段性成效。

2009年，生态文明建设进入攻坚阶段，安吉县全面推进全国生态文明建设试点县建设，已基本形成以“环境保护”和“资源永续利用”为核心的生态文明建设理论体系，打响“中国美丽乡村”为代表的生态综合品牌。

安吉县生态文明建设成果频频受关注。2009年9月15日，央视品牌栏目《新闻联播》在《经典中国 辉煌60年》的专题报道中，以《生态建设和保护并重 促进人与自然和谐》为题，报道了安吉县生态文明建设取得的辉煌成果。11月20日，《中国环境报》头版头条以《金饭碗里生出更多金豆子》为题，以2000多字的篇幅详细介绍了安吉县立足山区县情、保持生态特色，不断夯实乡村基础，在探索中推进生态文明建设、享受生态文明建设成果的成功之举。

安吉生态文明建设的突出成就，使安吉生态文明案例成功入选国家环保部《生态文明建设与可持续发展案例选编》。

（摘自：新华网浙江频道）

C

D

F

G

H

J

K

L

T

W

X

Y

Z